国家社科基金
GUOJIA SHEKE JIJIN HOUQI ZIZHU XIANGMU
后期资助项目

必然、蕴涵、世界与关系
——模态逻辑的历史和基本理论探究

Necessity, Implication, World and Relation: Research on History and Basic Theory of Modal Logic

周祯祥　著

北京师范大学出版集团
BEIJING NORMAL UNIVERSITY PUBLISHING GROUP
北京师范大学出版社

图书在版编目（CIP）数据

必然 蕴涵 世界与关系：模态逻辑的历史和基本理论探究/周祯祥著. —北京：北京师范大学出版社，2017.11

（国家社科基金后期资助项目）

ISBN 978-7-303-22522-4

Ⅰ.①必… Ⅱ.①周… Ⅲ.①模态逻辑一研究

Ⅳ.①B815.1

中国版本图书馆 CIP 数据核字（2017）第 145061 号

营销中心电话 010-58805072 58807651
北师大出版社高等教育与学术著作分社 http://xueda.bnup.com

BIRAN YUNHAN SHIJIE YU GUANXI

出版发行：北京师范大学出版社 www.bnup.com
北京市海淀区新街口外大街 19 号
邮政编码：100875

印 刷：北京京师印务有限公司
经 销：全国新华书店
开 本：787 mm×1092 mm 1/16
印 张：25
字 数：423 千字
版 次：2017 年 11 月第 1 版
印 次：2017 年 11 月第 1 次印刷
定 价：62.00 元

策划编辑：杜松石 责任编辑：齐 琳 王玲玲
美术编辑：王齐云 装帧设计：毛 淳 王齐云
责任校对：陈 民 责任印制：马 洁

国家社科基金后期资助项目

出版说明

后期资助项目是国家社科基金设立的一类重要项目，旨在鼓励广大社科研究者潜心治学，支持基础研究多出优秀成果。它是经过严格评审，从接近完成的科研成果中遴选立项的。为扩大后期资助项目的影响，更好地推动学术发展，促进成果转化，全国哲学社会科学规划办公室按照“统一设计、统一标识、统一版式、形成系列”的总体要求，组织出版国家社科基金后期资助项目成果。

全国哲学社会科学规划办公室

目 录

第一章　必　然

由直觉所认识的原始的真理，和派生的真理一样也有两种。它们或者是属于理性的真理之列，或者是属于事实的真理之列。理性的真理是必然的，事实的真理是偶然的。

——莱布尼茨

第一节　古典必然观

一、亚里士多德的必然

(一)引言

讨论模态逻辑的核心概念和基本理论，自然是从亚里士多德(Aristotle，前384—前322)开始，在亚里士多德之前几乎就没有关于模态的任何讨论。但是，亚里士多德之前对于证明及其有效性的考虑，已经涉及模态必然的概念，基于这个考虑，必然范畴可以追溯到毕达哥拉斯学派。

> 在柏拉图和亚里士多德的著作中保存了一些早期有关证明的残篇，亚里士多德的学生尤德慕(Eudemus)所写的几何学史中的一些材料可以在普罗克鲁斯(Proclus)的欧几里得注释中找到。因此我们可以有把握地说，演绎系统的概念在毕达哥拉斯学派和柏拉图学园里是知道的，这两个学派继承了这样一些传统。①

这告诉我们，在毕达哥拉斯时代，演绎系统的概念业已存在。而正是在古希腊几何学的演绎系统中，有关证明有效性的两个条件得到了关注。一个条件是，我们必须把两种全称命题区分开，按事情本性必然是真的全称命题和那些碰巧为真的全称命题。另外一个条件是，从那个必然真的前提出发，到达带有必然性的真结论。很难说毕达哥拉斯学派的几何学家对这两点非常清楚，但在勾股定理的几何证明中，已经体现了一个有效证明的这两个相关条件。很明显，这两个有关证明有效性的概

① 〔英〕威廉·涅尔，玛莎·涅尔：《逻辑学的发展》，张家龙，洪汉鼎译，北京，商务印书馆，1985，第8页。

念，都使用了我们在这里讨论的模态范畴：必然。但是，在亚里士多德之前，究竟什么是必然？并没有更多更详尽的论述。

因此，我们对古典必然的讨论，就从亚里士多德开始。

(二)三段论的必然

亚里士多德在《工具论》中最先构建起三段论的逻辑，同时也阐释了他关于必然模态范畴的一些基本思想。如同三段论逻辑原创于亚里士多德一样，最早系统讨论必然模态的也是亚里士多德。

在亚里士多德的《工具论》中，曾有两段对三段论推理的论述，这两段论述中，亚里士多德把三段论推理看作是一种必然地得出的东西。

> 三段论是一种论证，其中只要确定某些论断，某些异于它们的事物便可以必然地从如此确定的论断中推出。①

这里的必然是对演绎推理必然性的一种论述，它反映了有这么一种逻辑，当我们对进行推导的语言给予了严格的规定之后，由这些语言依据严格规定获得的结论，它就具有必然的性质。

亚里士多德关于必然的这一观点特别表现在后来称之为巴尔巴拉式，即所谓三段论第一格的陈述上。使用卢卡西维茨(Jan Lukasiewicz，1878—1956)的分析，亚里士多德的第一格三段论，可以用一个蕴涵式来表示，其中的一个译本是：

> 如果 A 表述所有的 B，并且 B 表述所有的 C，那么 A 表述所有的 C。

但卢卡西维茨发现，这个译本把希腊原本的一个重要的语词“必定”给略去了。② 所以，卢卡西维茨接着说：

> 但在这个公式和真正的希腊文原本之间还有差别。这两个前提的译文都与希腊文本相同，但结论的精确的翻译应当是：“A 必定表述所有的 C。”这“必定”(ἀνάγκη)一字是所谓“三段论的必然性”的记号。亚里士多德在几乎所有包含变项并表示逻辑定律，即换位律或三段论定律③的蕴涵式中都使用它。④

从卢卡西维茨分析的亚里士多德这种对必然性的强调，我们基本上可以理解亚里士多德有关必然的观点。但遗憾的是，亚里士多德在《工具

① 苗力田：《亚里士多德全集(第一卷)》，北京，中国人民大学出版社，1990，第 85 页。

② 〔波兰〕卢卡西维茨：《亚里士多德的三段论》，李真，李先焜译，北京，商务印书馆，1981，第 11 页，注 1。

③ 同上第 19 页，注 4。

④ 同上第 19 页。

论》以及他的其他文献中，对这样的必然并没有做更多的论述，我们仅能够用常规的必然含义来理解它。

然而，尽管亚里士多德没有专门的对于必然和可能范畴的哲学探讨，但从模态三段论的角度对几个模态词关系的探讨，却贯穿在他的《工具论》之中。他在《工具论》中讨论模态三段论的篇幅，远超过他讨论那些非模态三段论的篇幅。亚里士多德在《工具论》中呈现的模态逻辑，依据卢卡西维茨的意见，既包含着亚里士多德有关模态的天才猜测，当然也存在很多问题。

> 亚里士多德的模态三段论，由于其中包含许多缺点和自相矛盾之处而使人几乎不能理解。①

但是，尽管亚里士多德构造的模态逻辑混乱而且自相矛盾，但他为必然和可能之间建立的基本逻辑联系，他在这个模态三段论逻辑中给出的模态方阵，却是现代模态逻辑的基石。

(三)关于必然和可能的几个经典公式

在《工具论》"命题篇"②的第 12 章中，亚里士多德讨论了一个重要的问题：模态命题的矛盾命题是什么？也就是以下模态命题，我们如何考虑它们的否定情形。

$$\text{“可能}(\Diamond)P\text{”。} \tag{1.1}$$

$$\text{“必然}(\Box)P\text{”。③} \tag{1.2}$$

这两个模态命题的否定情形，我们该如何理解？他没有对这个问题做深入的讨论，但在"命题篇"中，亚里士多德却得出以下的结论：

> "某事物可能存在"的矛盾命题是"某事物不可能存在"。……
>
> "某事物必然存在"的矛盾命题不是"某事物必然不存在"，而是"某事物并非必然存在"，……④

接着，他又在"命题篇"的第 13 章中，给出一个经典的模态公式。

$$\text{并非必然并非 } P\text{。} \tag{1.3}$$

亚里士多德认为，公式(1.3)和公式(1.1)是可以互为定义的：

> 因为命题"某事物可能存在"蕴涵着双重可能性；而当前面的两个命题之一为真实时，这双重可能性便消失了。因为如果某事物可

① 〔波兰〕卢卡西维茨：《亚里士多德的三段论》，李真，李先焜译，北京，商务印书馆，1981，第 165 页。

② 〔古希腊〕亚里士多德：《工具论》，李匡武译，广州，广东人民出版社，1984，第 77～79 页。李匡武的译本将"命题篇"按文本原意译为"论解释"，此处遵从"命题篇"的翻译。

③ ◇表示可能，□表示必然，其他一些逻辑联结词的涵义详见本书末尾"主要逻辑符号"。

④ 〔古希腊〕亚里士多德：《工具论》，李匡武译，广州，广东人民出版社，1984，第 76 页。

能存在，它也可能不存在，但如果它必然存在或必然不存在，这两个选择件之一便被排除。因此，剩下的是：命题"某事物并非必然不存在"应该从命题"某事物可能存在"推得出来。因为这对于必然存在的事物也是真实的。①

由此我们就获得了以下两个经典定义：

$$\Diamond P \equiv \neg \Box \neg P;$$

$$\Box P \equiv \neg \Diamond \neg P。$$

在"命题篇"中获得的这两个互为定义的公式，是今天的任何一个模态逻辑系统模态词的基本定义。

由这两个互为定义的公式，我们自然能够得到亚里士多德构造的模态对当方阵。(如图 1-1)

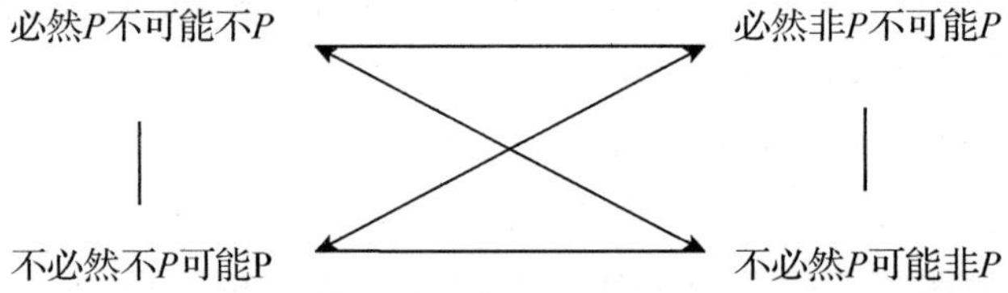

图 1-1 模态对当方阵

亚里士多德由于在他的模态理论中引入了一个很难定义的模态词"偶然"，由此而形成了一个混乱、矛盾的模态三段论。但他关于必然和可能之间关系的直观分析，在这种分析基础上构成的必然和可能之间的逻辑方阵，却完全符合现代模态逻辑关于这对范畴的基本观点。

二、麦加拉学派和斯多葛学派的必然

(一)引言

继亚里士多德之后，麦加拉学派和斯多葛学派，对必然与可能这些模态概念进行了较深入的探讨。亚里士多德是柏拉图(Platon，约前 427—前 347)的学生，在柏拉图时代还有一位著名的哲学家欧几里德斯(Eucleides，约前 450—约前 374)。他也和柏拉图一样，是苏格拉底(Socratēs，前 469—前 399)的学生。柏拉图创立柏拉图学园，欧几里德斯则在西西里岛的麦加拉城创立了麦加拉学派。麦加拉学派衍生出两个分支，这两个分支都关注模态词的分析。其中的一个分支有著名的古代逻辑学家第奥多鲁斯(Diodorus，约前 330—约前 275)，随后又有第奥多

① 〔古希腊〕亚里士多德：《工具论》，李匡武译，广州，广东人民出版社，1984，第 79 页。

鲁斯的学生菲罗(Philo)。另外一个分支则是承继麦加拉学派，由西蒂姆的芝诺(Zenon Kitieus，约前 336—约前 264)创立的斯多葛学派。斯多葛学派传承到第三代，出现第三代领袖克吕西波(Chrysippus，约前 280—前 207)①。克吕西波被看作是斯多葛学派最主要的代表人物，尤其是擅长于逻辑论证。据称，他在做学生时就对他的老师说过：

> 若送给我一些定理，我就找到对我自己的证明。②

在逻辑史上，这些人，他们既有对于模态必然的论述，也有对另一个重要逻辑范畴——蕴涵范畴的论述。遗憾的是，这两个一脉相承的学派，尽管有很多博学多智的人物，但在历史留存下来的文献中，几乎都没有原本。他们的观念零星地散布在其他学派著作家的记载之中，在保存下来的一些古代残篇中，我们还能看到一些有关这些代表人物的零散论述。

(二)麦加拉学派的必然观

1. 第奥多鲁斯的必然观

麦加拉学派关于必然的片断描述，最先是由第奥多鲁斯提出的，欧洲古代的最后一位，也是中世纪的最早一位哲学家鲍依休斯(Boethius，480—524)，对这一点有一段完整的说明：

> 第奥多鲁斯把可能的东西定义为或者现在是或者将来是的东西(quod aut est aut erit)，把不可能的东西定义为现在是假的、将来不是真的东西(quod cum falsum sit，non erit verum)，把必然的东西定义为现在是真的、将来不是假的东西(quod cum verum sit，non erit falsum)，把不必然的东西定义为或者现在已经是假的、或者将来是假的东西(aut jam est aut erit falsum)。③

第奥多鲁斯关于必然和可能所做的这个时态性的定义，人们常称为必然可能的第奥多鲁斯定义，它可以刻画为以下的时态逻辑公式：

$$\Diamond P = P \vee FP$$(F 表示“将来”模态词)。

“命题 P 是可能的”等于是说：现在某个时间或者在将来的某个时间，是 P 所表达的那个情形。

$$\Box P = P \wedge GP$$(G 表示“将来总是”模态词)。

“命题 P 是必然的”等于是说：既是现在时间也是整个将来的时间，都是 P 所表达的那个情形。

---

① 郑文辉：《欧美逻辑学说史》，广州，中山大学出版社，1994，第 104 页。(人名翻译不同)

② B. Mates：*Stoic Logic*，Berkeley，University of California Press，1961，p. 7.

③ 〔英〕威廉·涅尔，玛莎·涅尔：《逻辑学的发展》，张家龙，洪汉鼎译，北京，商务印书馆，1985，第 152 页。

这个有关必然的第奥多鲁斯定义，是现代时态逻辑的一个基础性定义。亚里士多德仅仅从必然、可能本身互为关联的角度，给出了必然的定义。而在第奥多鲁斯那里，必然范畴开始引向一种新的解释方向。显然，我们对必然范畴的理解在麦加拉学派那里出现了一个历史性的转折。必然是一个和时间范畴紧密相关的范畴，这种关于必然和时间范畴的联系，在现代时态逻辑领域之内，引发出有关哲学的宿命论和主观意志论之间的争论。按照第奥多鲁斯的定义，哲学的宿命论观点就是一个很容易获得的结论，而这正是其后的斯多葛学派所坚持的哲学观念。第奥多鲁斯的必然观，可以用以下对当图 1-2 来表示。

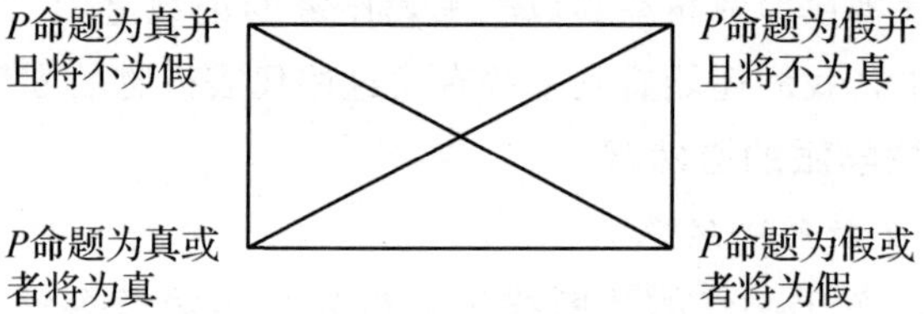

图 1-2　第奥多鲁斯模态对当方阵

第奥多鲁斯对必然可能的时态解释显得非常直观，以时间标准来解释必然，有些顺应人们对模态的常规理解，尽管这种解释似乎是为宿命论的哲学提供了依据，可是这种时态解释为我们理解模态必然开启了新的思路。

2. 菲罗的必然观

第奥多鲁斯的学生菲罗，却并未从将来、现在等时态的角度来看必然可能。菲罗再一次转换了对模态的思路，他把允许、性质和真值这三个东西合在一起，以说明必然可能范畴，同时还加上一个表达时间的副词：决不能。但这个“决不能”是个含义过于丰富的概念，以致很难给其确定的意义。

仍然是鲍依休斯，他记载了菲罗关于必然可能的以下一些基本想法。

> 菲罗说可能的东西是那种由于论断的内在性质允许是真的东西。例如，我说我今天将再一次读德奥克利特的田园诗。如果没有外在的情况阻止的话，那么就其自身而言，这件事就可以肯定是真的。用同样的方式，这同一个菲罗把必然的东西定义为真的，而且就其自身而言，决不能允许是假的东西。他把不必然的东西解释为就其自身而言可以允许是假的东西，把不可能的东西解释为按照其内在性质决不能允许是真的东西。①

① Boethius: *Opera Omnia*, ii, Ed. J.-P. Migne, Paris, Societe Garnier Freres, 1860, p. 234.

第奥多鲁斯和菲罗在必然的说明上是一个鲜明的对比：菲罗关于必然可能范畴的解释有些让人费解；第奥多鲁斯对必然可能的时态解释却显得简洁明了，有些顺应人们有关模态的直观，较容易为人理解。

但菲罗的必然观念也可以看作是，在对必然给出不允许为假的定义的时候，他是给这个定义增加了条件的。这个条件可以归结为两点，一个条件是“如果没有外来条件阻止”，另一个条件是“就其自身性质而言”。这两个条件具有假设的哲学背景，也许和菲罗所持有的哲学理念是紧密相连的。可惜的是，我们没有足够的文献资料来分析菲罗的这两个假设的哲学背景。

因此，撇开菲罗的这两个条件，菲罗的必然观可以用以下对当图 1-3 来表示。①

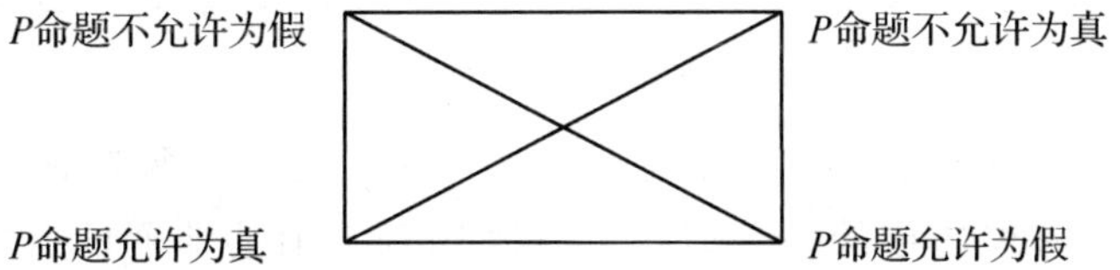

图 1-3　菲罗的模态对当方阵

这里的菲罗用不允许为假来表达必然，这就把那个时代关于必然的思考和现代模态逻辑中的道义模态允许联系了起来，这个联系表明，在古希腊时代，我们就已经有了对于允许这类道义模态的思考。

(三)克吕西波的必然观

正如我们在引言中所说的，第奥多鲁斯和菲罗都应该看作是麦加拉学派的代表人物。我们马上要讨论到的古典模态逻辑学家是克吕西波，在第奥多鲁斯、菲罗和克吕西波之间，似乎不能插进其他的人物。如同古典蕴涵由这三个人的基本观点来构成一样，从麦加拉学派到斯多葛学派有关必然的观点也是由这三个人的观点来构成的。

按照威廉·涅尔(William Neale)的说法，斯多葛学派的必然观可以有把握地说就是克吕西波的必然观，虽然克吕西波可能不是唯一持有这种必然观的人，第欧根尼(Diogenēs，约前 404—约前 323)曾经描述过斯多葛学派的这种必然观。第欧根尼是古希腊犬儒学派中一个颇具传奇色彩的哲学家，传说他住在一个木桶里，拥有的所有财产包括他住的这个木桶、一件斗篷、一支棍子、一个面包袋。有一次亚历山大大帝访问他，

① 〔英〕威廉·涅尔，玛莎·涅尔：《逻辑学的发展》，张家龙，洪汉鼎译，北京，商务印书馆，1985，第 163 页。引用时图中表述略有改动。

问他需要什么，并保证会兑现他的愿望。第欧根尼却回答说："我希望你闪到一边去，不要遮住我的阳光。"亚历山大大帝后来说："我若不是亚历山大，我愿做一个第欧根尼。"

第欧根尼对斯多葛学派的必然观做过以下一段论述，这段论述表明斯多葛学派承继了菲罗的一些基本观念，比如用到了允许、外在情况的阻止等，但是他们关于必然的观念似乎更加捉摸不定：

> 可能的东西就是那种允许是真的东西，倘若外在的情况不阻止它为真的话，例如"狄奥克纳活着"。不可能的东西就是那种不允许是真的东西，例如"地球在飞"。必然的东西就是那种是真的而且不允许是假的东西，或者允许是假的，但被外在的情况所阻止，不能是假的东西，例如"美德是有益的"。不必然的东西就是那种是真的，但如果外来的情况不阻止的话也可能是假的东西，例如"狄翁在散步"。①

第欧根尼所描述的这一必然观，反映的就是克吕西波的观点，这个观点似乎是两种情形的一个组合，它既用到了前述菲罗的"允许"范畴，又用到了菲罗曾经提及的"外来情况阻止"这一特殊概念。这个特殊概念的提出，似乎暗含着斯多葛学派的某种宿命论的哲学。有一种可以阻止一切的外来情况，它既可以阻止一个命题为真，也可以阻止一个命题为假。说一个东西是必然的，是那种由外来情况决定不能为假的东西。所以，这个"外来情况阻止"的概念，也许是斯多葛学派宿命论哲学的一个关键概念，值得我们认真地加以琢磨。它是逻辑的必然性，还是物理的必然性，抑或是某种特殊的必然性？等到我们对必然性范畴做出了较为全面的诠释的时候，也许会找到某种恰当的答案。

第欧根尼概括的克吕西波必然观，可以归结出斯多葛学派的第三个代表人物克吕西波关于必然和可能的对当图示。

克吕西波的必然观，可以表述为两个逻辑方阵。一个方阵应该等同于上述给出的菲罗方阵，另一个方阵则用以下对当图 1-4 来表示。② 在这个方阵图中，我们似乎找不到对应的模态词，因为这个方阵中的模态词理解是相对的。

---

① Diogenes Laertius：*Live of Eminent Philosophers*，vii，Ed. R. D. Hicks，London，Harvard University Press，1925，p. 75.

② 〔英〕威廉·涅尔，玛莎·涅尔：《逻辑学的发展》，张家龙，洪汉鼎译，北京，商务印书馆，1985，第 163 页。引用时图中表述略有改动。

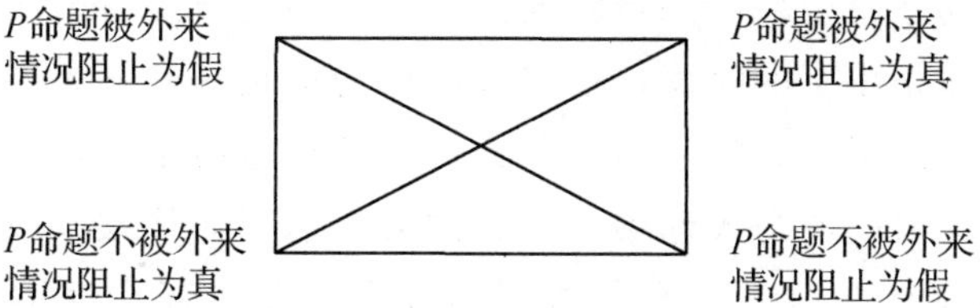

图 1-4　克吕西波模态对当方阵

其中，被外来情况阻止为假，这大概可以用来表示“必然”；不被外来情况阻止为真，这大概可以用来表示“可能”。

对克吕西波的这个方阵，人们肯定会感到奇怪，这个方阵似乎是更加偏离我们对模态必然的现代解释，它对模态词的刻画比菲罗给出的刻画还要难解。

麦加拉和斯多葛学派这三位当时具有代表性的逻辑学家，可以用以上不同的对当方阵表达他们的模态思想。但是这些思想的文献来源稀缺，全都来自后世学者的简略转述，因而我们很难准确地了解他们关于模态的本原性思想，特别是克吕西波的必然性观念，更显得迷离恍惚，颇为难解。但是，我们还是可以说，现代时态逻辑的源头可以追溯到第奥多鲁斯关于模态的时间解释；现代道义逻辑有关道义模态的讨论，可以追溯到菲罗对模态的允许和必然之间的模态解释；而斯多葛学派的克吕西波，他用外在事物和阻止的概念来解释模态命题之间的关系，“必然”似乎为外在的情况所决定，这大概和斯多葛学派所秉承的宿命论、决定论的观点紧密相连。尽管克吕西波没有在模态方面给我们以清晰的观念，但斯多葛学派讨论过这些抽象范畴，则是不容否认的。

三、《墨经》的必然

(一)引言

古代中国似乎没有关于必然的系统阐释，古文字简练，多单字表达式，“必”字大体应该是表达必然、必定的含义。那么古代中国的学者对于这个表达必然含义的概念，做过什么分析和讨论呢？这些讨论概括出了有关必然模态的一些基本特征吗？本节，我们将对这个问题给予关注。

说中国有没有逻辑，英国有没有逻辑，这本就是个带情绪性的伪问题。知识和学问都是具体的人创造的，或者是具体的学派创立的。把个人和学派的独创看成是一个地域的创造，其实在学理上什么都没有说明，说一个地域有某个学问，这只是为了表述方便而已。比如说，亚里士多德是希腊人还是马其顿人呢？

当你认为亚里士多德是希腊人的时候，则逻辑是希腊人创立的，但谈及亚里士多德生平的时候，很多人都认为他是马其顿人，那岂不是马其顿人创立了逻辑？看整个西方逻辑史，逻辑这门学科，有时候是希腊人称雄，有时候是罗马人称雄，有时候又是英国人称雄，似乎和那些弄逻辑的学者在什么地方没有什么根本性的关系。近代哲学的泰斗康德(Immanuel Kant，1724—1804)的情形也是如此，他是德国人还是俄国人呢？康德任教的哥尼斯堡大学(今加里宁格勒国立大学)曾经是德国的地域，但这个地方现在属于俄罗斯的加里宁格勒。所以，本节的古典中国和古代印度都不过是为行文的方便而给出的概念，并没有更多的其他的意义。

(二)《易经》和《墨经》中的“必”

古代中国论及必然的学者当首推墨子，虽然在中国的元典《易经》中已经出现“必”字，但《易经》对这个“必”字并没有特别的关注。

上六：大君有命，开国承家。小人勿用。

《象》曰：大君有命，以正功也。小人勿用，必乱邦也。[①]

在《易经》的这段文字中，“必”显然就是必然或者必定的常规意义，一般的解读中，大都译为必定。在中国的古典文献中，很少看到对这个语词的特别关注。但在另一个中国元典《墨经》中，“必”字显然受到了格外的关注。

依据中国学者张忠义对《墨经》一书的统计，《墨经》原文中，总共出现 68 处“必”字。他继续对其进行分类，其中有 16 处的“必”作“必须”讲，另有 46 处也使用了“必”字，都应该作“必然”“必定”的涵义理解。[②]《墨经》短短几千言，“必”字出现这么多，应该有点什么特别的意义。

《墨经》对“必”字的偏好，不在于对“必”的模态解释，而是在于，这样的一个“必”字几乎表达了和亚里士多德“必然地得出”中的“必然”同样的含义，并且反映出中国古代学者讨论推理问题时不同的着眼点。亚里士多德从对三段论的思考归结出逻辑推理的一个根本的特征是“必然地得出”，《墨经》对“必”的关注，则为逻辑呈现了一个不同于三段论，但又具有鲜明的“必然得出”特点的推理模式。《墨经》的“小取”篇是墨家逻辑体系的一个简纲，其中的第二段似乎简要地勾勒了墨家逻辑的几个基本命题形式、推理法则和推理格式，现照录如下。

---

① 徐子宏：《周易全译(修订版)》，贵阳，贵州人民出版社，2009，第 42 页。

② 张忠义：《中国逻辑对“必然地得出”的研究》，北京，人民日报出版社，2006，第 15～16 页。

“或”也者不尽也。“假”者今不然也。“效”者为之法也，所效者所以为之法也，故中效则是也，不中效则非也，此“效”也。“譬”也者举他物而以明之也。“侔”也者比辞而俱行也。“援”也者曰：“子然，我奚独不可以然也?”“推”也者，以其所不取之，同于其所取者，予之也。“是犹谓”也者，同也。“吾岂谓”也者，异也。①

在“小取”篇的这段引文中，给出了墨家逻辑中的“譬”“侔”“援”“推”四种推理模式，沈有鼎先生还在《墨经》中概括出另一种特殊的推理模式“止”，这就分析出《墨经》的 5 种推理模式。在这些推理模式中，类比是其中的一个重要特性。除“止”之外，“譬”“侔”“援”“推”四种推理模式都有一个“比”的因素贯穿其中。既然是类比，说这些推理有“必然得出”的特性就有些勉强，但其中的“侔”式推论值得特别一提。即使其他的推理模式没有必然得出的特性，“侔”式推理，本书赞成张忠义先生的意见，的确是体现了推理的必然性。

(三)《墨经》中的必然性推理

“小取”篇分析了 4 种推理模式，但其主论证是在论证“侔”式推理。依孙中原先生的分析，“侔”式推理是指对照不同语言表达式的类比推理，孙先生把“侔”看作是类比推理，他没有做具体的分析，但是把“侔”看作是类比推理好像十分牵强，从“小取”篇“侔”式推理的可能性分析中就可以看到，它应该是一种特殊的演绎推理，是亚里士多德和斯多葛学派似乎都没有认真考虑过的一种演绎推理模式。

“小取”篇分列了“侔”式推理的各种情形，一为“是而然”，二为“是而不然”，三为“不是而然”，四为在《墨经》的“大取”篇中出现的“不是而不然”的情形，在“小取”篇中还有“一周而一不周”的二种可能情形。这就把“侔”式推理前提和结论关系所有可能的情形，包括量词的情形都通盘予以了考虑，可以用表格来粗略陈述一个“侔”式推理可能遇到的各种情形。

“侔”式推理的典型例句是：白马，马也；乘白马，乘马也。

借鉴亚里士多德开创的变元运用模式，我们可以把这个例句用半符号语言形式来加以表示，以上典型例句就成为：A 是 B，所以 CA 是 CB。

那么，在“侔”式推理中，什么情形可以得到结论，什么情形得不到结论呢？根据《墨经》的原文，大概可以得到表 1-1。

① 孙中原：《中国逻辑研究》，北京，商务印书馆，2006，第 658 页。

表 1-1 “侔”式推理的若干可能情形分析

可能情形	前提	结论	有效性判定
是而然	肯定：A 是 B	肯定：CA 是 CB	有效
是而不然	肯定：A 是 B	否定：CA 不是 CB	无效
不是而然	否定：A 不是 B	肯定：CA 是 CB	无效
不是而不然	否定：A 不是 B	否定：CA 不是 CB	有效

在上述四种情形中，张忠义先生的解释是有道理的，其中有两种是有效式，另外两种不是有效式。① 但要保证那两个有效模式，还需要相应的推理规则，这些推理规则是由墨家对“侔”的描述所决定的。《墨经》“小取”中有：“侔也者，比辞而俱行也。”张忠义先生对“比辞而俱行”，有一段很精彩的论述，说明了“小取”的“侔”不是类比推理，而是具有明显必然性质的演绎推理。他根据“比辞而俱行”的特征，归纳出“侔”的 5 条推理规则，保证了在“侔”式推理中，有真的前提，就必然地得出真的结论。他在用《说文解字》指出“侔”的“齐等也”的词义之后，论述道：

> 从现代逻辑角度看，一个命题不算推理，须至少有两个命题才能组成推理。逻辑实质上就是研究一命题在什么条件下可以从另一个(些)命题演绎地推出。大概侔的作者也认识到至少有两个命题(即“比辞”)才能算推理(即《墨经》中“以说出故”的“说”)，所以才用“比”来限制“辞”来定义侔。由此可见，所谓“比辞”，即两“辞”(命题)相比，犹如比翼鸟一般，不比不飞。飞则并行不悖，故称“俱行”。用逻辑的术语说，作为前提的命题，如“白马，马也”真(成立)，在其主谓项上“齐等”地加上“乘”后，所得的结论“乘白马，乘马也”也真(成立)。因此，侔是一种只有一个前提的直接推理。②

“侔”到底是属于一个什么特殊性质的直接推理，还需要做许多精致的逻辑分析，也可能仁者见仁智者见智。但《墨经》的“侔”是具有演绎性质的推理模式，这点好像不难认同。这表明，在和亚里士多德差不多的年代里，《墨经》也和亚里士多德的《工具论》一样，建立了某种必然地得出的推理模式。但遗憾的是，《墨经》对于“必”的推理有所建树，却未见《墨经》把“必”单独作为一个逻辑范畴来加以讨论。这一点，《墨经》如此，可以猜测，佛教因明学的三支论式推理，它本质上也是演绎的必然地得

---

① 张忠义：《中国逻辑对“必然地得出”的研究》，北京，人民日报出版社，2006，第 41～47 页。

② 同上第 36～37 页。

出，但专门把“必然”作为一个逻辑范畴来加以讨论，大概也没有文献可供参考。

第二节 近代必然观

一、概述

(一)引言

从古代骤然跨到近代，似乎对模态必然的思考中断了1000多年。我们不愿意持有这样的观点，中世纪应该在模态必然的观念上有它的独特之处。但和我们论述麦加拉—斯多葛学派的必然观一样，这依然是个文献资料稀缺的时代。而且，文献资料的稀缺程度比古代还要严重，很难寻找到相关的文献，这大概和希腊衰亡后哲学的退化有关。衰败的希腊精神让位于基督教的经院哲学，基督教的全面胜利和基督教作为官方宗教地位的确立，导致各种哲学观念的渐趋稀少。随着罗马帝国的消亡，希腊哲学的最后一个据点，多神论的雅典学园在公元529年被查士丁尼大帝关闭。显然，在基督教占统治地位的中世纪，神学的荣光远超于所有其他的东西。①

但经院逻辑学家依然有对模态必然的思考，只不过这种思考打上了明显的教义痕迹，必然变成了和上帝紧密相关的模态。但有意思的是，这个时候的神学家还是有一些有创意的逻辑思考的。例如，中世纪的神学家托马斯·阿奎那(Thomas Aquinas，约1225—1274)，在他对模态必然的思考中，联系到了对认知模态知道、相信、意愿、爱慕这样一些认知动词的考察。在他对伦理规范的探讨中，也对表达规范的“应该”这样类似模态的东西予以了考察。② 再比如，阿拉伯哲学家把模态必然的思考更具体地和时态概念联系起来③，中世纪的奥卡姆(W. Ockham，约1285—1349)既把模态的理解引申到认知概念相信、怀疑和希望等领域，还把对模态必然的理解和道义范畴应该等联系起来。④ 但这些新的思考，

① 〔德〕艾尔弗雷德·韦伯：《西洋哲学史》，詹文浒译，上海，华东师范大学出版社，2007，第150页。

② 周祯祥：《道义逻辑——伦理行为和规范的推理理论》，武汉，湖北人民出版社，1999，第18页。

③ N. Rescher：*Studies in the History of Arabic Logic*，Pittsburgh，University of Pittsburgh Press，1963，pp. 17-56.

④ R. Hilpinen：*New Studies in Deontic Logic*，Boston，D. Reidel Publishing Company，1981，p. 236.

它们对模态逻辑的影响力十分有限，对模态逻辑具有决定性影响的思想还未在这个时期产生，而是产生在以下所界定的近代时期。

(二)近代时期的界定

姑且把牛顿(Isaac Newton，1643—1727)和莱布尼茨(Gottfried Wilhelm von Leibniz，1646—1716)之后一直到模态逻辑建立的这段时间称作近代时期。在这个时期，莱布尼茨关于必然和可能世界的思考，成为其后300年建立模态逻辑系统的一个重要引擎。本节将对莱布尼茨及他之后的一些哲学家有关必然性的一些思想予以论述，莱布尼茨和其后学者有关可能世界的基本观念则留在“可能世界”那一章中予以讨论。

在这段时期，除了欧洲的一些逻辑学家有关于模态必然的进一步思考之外，中国的学者和其他地域的学者，似乎没有什么文献来表明讨论过这个问题。当欧洲进入到本节所指的近代时期的时候，由对古希腊文化的审视和回归，生发出今天品类纷繁的各种各样的新学科，自然包括模态逻辑。同时期的其他地域，则没有碰到这样的机遇。因此，尽管这些地域的学者也讨论到必然地得出的推理，但对必然本身却并没有留下什么思考。他们对这类范畴的思考，那是欧洲文化扩张后的结果，差不多从近代过渡到现代了。因此，本节的近代必然观，将集中在欧洲学者的哲学思考之中。

二、莱布尼茨的必然观

莱布尼茨是一个罕见的天才，法国著名哲学家狄德罗(Denis Diderot，1713—1784)在他主编的《百科全书》中，有一条“莱布尼茨主义”的词条，狄德罗在其中写道：

> 当一个人考虑到自己并把自己的才能和一位莱布尼茨的才能来作比较时，就会弄到恨不得把书都丢了，去找个世界上极偏僻的角落躲藏起来以便安静地死去。这个人的心灵是混乱的大敌：最错综复杂的事物一进入他的心灵就弄得秩序井然。他把两种几乎彼此不相容的品质结合在一起了，这就是探索发现的精神和讲求条理方法的精神；而他借以积累起最广泛的各种不同种类知识的最坚毅又最五花八门的研究，既没有削弱这一种品质，也没有削弱另一种品质。就哲学家和数学家这两个词所能具有的最充分的意义来说，他是一

位哲学家和一位数学家。①

正是这样一位哲学家和数学家，自“必然”范畴进入逻辑学家的视野之后，对这个范畴做了最有条理和哲理的分析。

什么是必然？我们在亚里士多德和麦加拉—斯多葛学派那里，是用模态方阵的方式或者是用时间序列界定的方式来加以简要说明的。应该说，这些古典的说法是理解必然的很好的方式。那么，莱布尼茨对必然是如何论述的呢？你一看就会觉得技高一筹，他转换了一个视角来看必然，把必然用真理的性质来理解。

在莱布尼茨《人类理智新论》一书中，其“论语词”那一卷中的第二章，莱布尼茨借用书中的德奥斐勒之名，说了这么一段话：

> 由直觉所认识的原始的真理，和派生的真理一样也有两种。它们或者是属于理性的真理之列，或者是属于事实的真理之列。理性的真理是必然的，事实的真理是偶然的。②

我们再来看莱布尼茨所讲的“理性的真理”是什么，将事实的真理暂且搁置一边。在该书“论我们的知识的等级”那一章中，中文版从 412 页到 418 页，莱布尼茨几乎是全部地在讨论理性的真理，仅有一段是讨论事实真理，理性真理显然是他所关注的重心。

他对理性真理的论述，可以归结为如下一段语录。

> 原始的理性真理是那样一些真理，我用一个一般的名称称之为同一的(identiques)，因为它们似乎只是重复同一件事而丝毫没有教给我们什么。③

这又可以分成两种情形来讨论。

第一种情形，肯定的情形，也可以叫作肯定的同一性真理。这类真理由以下的例句来说明。

可以是全称直言命题：每一事物都是它所是的。

可以是重写式直言命题：A 是 A；B 是 B。

可以是假言命题：如果正四边形是一个等边矩形，则这个图形是矩形。

可以是选言命题：一个命题或者是真的或者是假的。

这些同义反复的命题都属于理性真理的例子。

---

① 转引自〔德〕莱布尼茨：《人类理智新论》，上册，陈修斋译，北京，商务印书馆，1982，第 xvii～xviii 页。

② 〔德〕莱布尼茨：《人类理智新论》，下册，陈修斋译，北京，商务印书馆，1982，第 411～412 页。

③ 同上第 412 页。

第二种情形，否定的情形，莱布尼茨称作“异类”的情形。

这种表现为“异类”的理性真理，莱布尼茨没有给出更多的例句，但以下摘引足以表达他关于“异类”的基本思想。

> 至于那异类的，是说一个观念的对象不是另一个观念的对象这样一些命题，如说热不是和颜色同样的东西；还有，人和动物不是同样的，虽然所有的人都是动物。这一切都可以独立地加以断定而不依赖于一切证明，或依赖于归结到对立或归结到矛盾律，只要这些观念是被充分理解而无需乎在这里分析的；否则它们也易被误解；因为，说三角形和三边形不是一样的，我们就错了，因为仔细考虑一下就会发现三条边和三个角永远是在一起的。①

莱布尼茨对理性推理所做的以上论述，落实到逻辑规律上，就是逻辑基本规律中的同一律和矛盾律，莱布尼茨称之为原始的原创，它们表现出的性质就是必然性。在这个意义上，那些最纯粹又显得最无用，而且同语反复地反映同一性，表达累赘地反映不矛盾性的命题，最典型地体现了某种必然性。

这用不着奇怪，尽管这些理性的真理似乎没有十分优美的表达式，但正是这种同语反复的同一性，看似琐屑说法的不矛盾律，它们在数学中，在几何学中，在逻辑学中提供给了我们进行必然性证明的基石。所以，莱布尼茨论及数学的基础时，把矛盾律看成是数学的主要基础，并断言：

> 这条根本规律本身就足够证明全部的算术和全部的几何，即所有的数学定理。②

同时，莱布尼茨还用矛盾来诠释必然。

> 一种真理是必然的，如果它的否定导致矛盾；一种真理是偶然的，如果它不是必然的。③

莱布尼茨如此地把必然范畴，紧密地和逻辑的几个基本规律联系在一起来加以描述和解释，毫无疑问，是必然范畴能够在现代逻辑中变成一个模态算子的重要动因。

三、康德的必然观

(一)康德的赞辞和迷失

康德是西方哲学史中集大成的哲学家，康德一生也在教授逻辑学，

---

① 〔德〕莱布尼茨：《人类理智新论》，下册，陈修斋译，北京，商务印书馆，1982，第413页。

② 周礼全：《模态逻辑引论》，上海，上海人民出版社，1986，第380页。

③ 同上第379～380页。

但在讨论逻辑学科的时候，却意外地对逻辑学科做了一个很为尊崇，但又不是那么开放的评论。他在对属于理性的工作的那些知识所做的探讨中提出了一个问题：对这些理性和知识的探讨，以及对它们的研究，究竟是否走在一条可靠的道路上？

康德的回答是否定的。

> 我们总是可以确信，这样一种研究还远远没有走上一门科学的可靠的道路，而只是在来回摸索。①

然而，康德对逻辑学却有一种特别的关照。接下来的一段，就是他论述逻辑学的一段著名语录。在这段语录中，康德高度赞扬了逻辑学，但同时又因为对逻辑学的这种高度崇敬，而关闭了逻辑学这门学科发展的大门，以致逻辑史家在讨论逻辑发展的时候，往往是越过康德，很快地就从近代进入到现代。

> 逻辑学大概是自古以来就已经走上这条可靠的道路了，这从以下事实可以看出：它从亚里士多德以来已不允许走任何回头路了，如果不算例如删掉一些不必要的细节、或是对一些表述作更清楚的规定这样一些改进的话，但这些事与其说属于这门科学的可靠保障，不如说属于它的外部修饰。还值得注意的是，它直到今天也不能迈出任何前进的步子，因而从一切表现看它都似乎已经封闭和完成了。②

把逻辑看作“已经封闭和完成了的东西”，把逻辑看作是具有“如此巨大的成功”的东西，这是康德对逻辑的尊崇，但这也是康德对逻辑学发展前瞻的一个迷失。逻辑并没有封闭或者是已经完成了，恰恰相反，自康德之后，逻辑学家发现了古典逻辑形态许多不完善的东西，并且也创建了许多古典逻辑形态所完全没有的内容。

康德也许没有意识到，他在断言逻辑学已经到达成功顶点的时候，一种不同于古典逻辑的新逻辑正处在孕育的时期。莱布尼茨为这种逻辑的发现提供了一些卓越的见解，但真正的进展是在数学发展出一系列成熟的概念，如公理化概念、函数概念、集合概念和数字扩展的概念之后的时期，这个时期恰好是休谟(David Hume，1771—1776)、康德和黑格尔(Georg Wilhelm Friedrich Hegel，1770—1831)哲学处于主流地位的时期。③

在这个时期，不是哲学家对逻辑的思考来推动逻辑学的发展，而是

① 杨祖陶，邓晓芒：《康德三大批判精粹》，北京，人民出版社，2001，第 47 页。

② 同上第 47 页。

③ 〔英〕威廉·涅尔，玛莎·涅尔：《逻辑学的发展》，张家龙，洪汉鼎译，北京，商务印书馆，1985，第 485～513 页。

相反，由于这些哲学家对数学的浅见，实质上阻碍了这门学科的发展。康德对逻辑学发展的断言，其后也明显地体现在黑格尔的哲学之中，但在黑格尔哲学中所论及的逻辑，已经全然不是我们现代逻辑意义上的逻辑。因此，讨论逻辑学的发展，黑格尔也常常是被忽略的。现代逻辑学家对黑格尔的排斥，也就是十分自然的现象。有一位所谓学贯中西的学者把黑格尔的逻辑称作泛演化逻辑，更多的人称这个逻辑为辩证逻辑。但把这种东西称作逻辑，不如还是叫哲学为好。把这个逻辑叫作智能逻辑，或者叫作逻辑的逻辑，实在是出于对逻辑的无知。

康德有一段名言在这里是能够起作用的。

> 古人以辩证法为学问技术名称之用者，其意义虽种种不一，吾人就彼等于此名词之实际用法所能断言者，则在古人，此名词绝不出乎“幻相逻辑”(Logik des Scheins)之外。此乃由于模拟逻辑所规定之严密方法，及以逻辑的论题掩藏其主张之空疏，而使其无知及伪辩具有真理外形之伪辩技术。今当注意下述一点引为安全而有益之警惕，即普泛逻辑若被视为机官则常为幻相逻辑，即辩证的。①

(二)康德的感性和知性

我们现在回到本题。康德对逻辑发展的断言，有其失之偏颇的地方，但也明显地给我们以暗示，他虽然认为逻辑的发展是不可能的，却并没有坚定地断言逻辑在和其他学科的结合中不能够有所作为。逻辑学其后的发展表明，逻辑学真正发展的动力，它的新的生命力，来自那些熟悉自己专业进展的数学家。

尽管康德对逻辑学的发展做了一个不那么合适的断言，但这位伟大的哲学家却在他对必然范畴的论述中，留给了我们许多宝贵的东西。尤其是康德对必然的论述，可以看作是现代模态逻辑重要的理论源泉之一。

我们首先来看康德和逻辑紧密相关的几个概念。

在《纯粹理性批判》中，康德区分了感性和知性。人类依据感官来获得的表象，即人在以某种方式受到刺激的时候，人的感官会对这种刺激所产生的表象具有接受能力，这种感官对于表象的接受性就是感性。人的直观只能是感性的，因为直观就是在运用人的感官。

那么，什么是知性呢？康德说：

> 我们的本性导致了，直观永远只能是感性的，也就是只包含我们为对象所刺激的那种方式。相反，对感性直观对象进行思维的能

① 〔德〕康德：《纯粹理性批判》，蓝公武译，北京，商务印书馆，1982，第76页。

力就是知性。①

那么，什么是逻辑呢？康德告诉我们，知识是感性和理性相结合的产物，但我们又不应该将这两者混淆起来。

> 但我们却不可因此把它们应分的事混淆起来，而有很重要的理由把每一个与另一个小心地分离出来并区别开来。所以我们就把一般感性规则的科学，即感性论，和一般知性规则的科学，即逻辑，区分开来。
>
> 而逻辑又可以依两方面的意图来处理，要么是作为普遍的知性运用的逻辑，要么是作为特殊的知性运用的逻辑。前者包含思维的绝对必然的规则，舍此则根本没有知性的任何运用，所以它针对这种运用，而无视这种运用所可能指向的那些对象的差别。②

康德的这个描述告诉我们，逻辑是什么呢？逻辑就是绝对必然规则所构成的学科。讨论逻辑，我们实际上就是在讨论必然。可以看到，这个简短的说法和亚里士多德关于必然地得出的说法是高度一致的。而康德把他关于知性逻辑的分析所给出的最高原理称之为“不矛盾律”，这又和莱布尼茨关于必然真理的说法高度一致。

> 不论我们知识的内容是什么，也不管这知识与客体有怎样的关系，一般说来，我们所有判断的普遍的、虽然只是消极的条件终归是：它们不自相矛盾；否则的话，这些判断自在地就本身而言(即使不考虑客体)便什么都不是。③

康德必然性理论作为模态逻辑的重要源泉，并不在于他关于逻辑到达尽头的观点，也不在于他的逻辑观保持了与亚里士多德和莱布尼茨的一致；而是在于康德关于纯粹知性命题和范畴的划分，这个划分是史无前例的，它源于亚里士多德命题的分类理论，却又极为卓越地超越了古典的命题分类。

(三)康德的判断表和范畴表

1. 康德的判断表

> 如果我们抽掉一般判断的一切内容，而只关注其中的知性形式，那么我们就发现，思维在判断中的机能可以归入四个项目之下，其中每个项目又包含有三个契机。④

这就是康德判断表的来源，它可以用表 1-2 来加以刻画。

---

① 杨祖陶，邓晓芒：《康德三大批判精粹》，北京，人民出版社，2001，第 106 页。

② 同上第 107 页。

③ 同上第 160 页。

④ 同上第 115 页。

表 1-2 康德的判断表

判断的量	判断的质	判断的关系	判断的模态
全称的	肯定的	定言的	或然的
特称的	否定的	假言的	实然的
单称的	无限的	选言的	必然的

限于篇幅和本文所涉及的主题，我们把对康德判断的理解，定位在判断表的模态领域。或然命题表达的是一种逻辑的可能性而不是其客观可能性，它接受为知性的东西只是因为我们有把其变为知性的可能；实然命题表达的则是逻辑上的现实和真理，它具有知性的特性不仅仅是可能，还因为这类命题已经按照知性的规律和知性结合起来了；至于必然命题，它把实然命题思考为由这些知性规律本身所规定的，因而也就成为先天断言的，并以这种先天断言的方式表达了命题的必然性。这样，所有这三种模态形式的命题就都和知性联系起来，并进入了知性之中。由此，这三种命题形式就在逻辑上具有了某种类似于蕴涵式的关系，用康德的描述就是这么一段话：

> 现在，由于在这里一切都逐步并入了知性之中，以至于我们首先是或然地判断某物，然后也可能就实然地把它看作是真实的，最后才断言为与知性不可分地结合着的，即断言为必然的和无可置疑的，这样，我们也可以把模态的这三种机能叫作一般思维的三个契机。①

康德的这段对于模态命题的论述，从时间上规定了这三种命题的生成程序，先有或然命题，再有实然命题，最后生成必然命题。那么，作为反映知性的命题又是由概念组成的，何以是先有命题，然后才讨论概念呢？康德把他的分析过程和亚里士多德进行了比较，康德发现，亚里士多德虽然也有概念的分类，也就是范畴的分类，但亚里士多德的范畴分类没有任何原则，因此，他的分类是混乱的和不完备的。而且，用归纳的方法，意图用碰运气的方式来寻求纯粹概念，“永远也看不出究竟为什么恰恰是这些而不是那些概念寓于纯粹知性中的”②。而康德的纯粹知性概念，则是先有判断表，从判断表所依据的共同原则，亦即从判断的机能中产生的。所以，康德也就避免了亚里士多德的混乱。而这个判断的机能正是我们在前面的引文中已经表明的，这里再引用一次：

---

① 杨祖陶，邓晓芒：《康德三大批判精粹》，北京，人民出版社，2001，第 119 页。

② 同上第 123 页。

如果我们抽掉一般判断的一切内容，而只关注其中的知性形式，那么我们就发现，思维在判断中的机能可以归入四个项目之下，其中每个项目又包含有三个契机。

康德在对命题做出上述分类之后，再依据这些判断，对纯粹知性概念予以了界定，他把纯粹知性概念规定为：

赋予一个判断中的各种不同表象以统一性的那同一个功能，也赋予一个直观中各种不同表象的单纯综合以统一性，这种统一性用普遍的方式来表达，就叫做纯粹知性概念。①

2. 康德的范畴表

康德的这些纯粹知性概念，就是他给出的基本范畴。由此，我们就有康德的范畴表，见表 1-3。

表 1-3 康德范畴表②

量的范畴 数学范畴	质的范畴 数学范畴	关系的范畴 关联范畴	模态的范畴 关联范畴
单一性	实在性	内在性	可能性
多数性	否定性	因果性	存在性
全体性	限制性	协同性	必然性

康德的这个十二范畴表，每一组范畴呈现一种三要素的整合关系。

每组的第三个范畴都是第二个范畴与第一个范畴的结合。第一组量的范畴：全体性是把多数性看成为统一性。第二组质的范畴：限制性是实在性与否定性的结合。第三组关系范畴：共存是一个实体与另一个实体由于各自的动因互相规定。第四组样式范畴：必然性的存在正是通过可能性本身被给定的。③

从康德的判断表演化为康德的范畴表，他在图表的前三组的对应上是有所更动的，以适应他哲学体系所渗透的三分法。康德的整个哲学体系有理论、实践和鉴赏三个部分；人的意识活动包含着认识、情感、欲望三种能力；而认识能力又是知性、判断力、理性三个阶段；人的活动则体现于自然、艺术、自由三个不同的方面，等等。④ 这样一种三分的考虑又兼顾到每一组分类中三者之间的关系问题，由此而在两个表格的

① 杨祖陶，邓晓芒：《康德三大批判精粹》，北京，人民出版社，2001，第 121 页。

② 〔美〕John F. Sowa：《知识表示》，英文版，北京，机械工业出版社，2003，第 18 页。

③ 齐良骥：《康德的知识学》，北京，商务印书馆，2000，第 123～124 页。

④ 同上第 122 页。

对应上有所不同。但在模态判断和模态范畴这两组类别的表述上，康德则表现了高度的一致。这正像我们在简略讨论康德判断表时所指出的，这三种命题形式在逻辑上具有了某种类似于蕴涵式的关系，也就是，必然命题蕴涵着实然命题，实然命题蕴涵着或然命题。表现在康德的范畴表上，那就是：必然蕴涵着存在，存在蕴涵着可能。康德之后的 100 多年，模态逻辑的近现代发展，一直都是遵循着康德的这一思路。

如果说，亚里士多德有关模态的思考，给我们留下了关于必然和可能的古典定义以及模态方阵，那么，康德对模态的思考，则为模态逻辑留下了几个基本的模态公理。这就是模态 T 系统的(T)公理，由(T)公理导出的定理和模态 D 系统的(D)公理。

(T)公理：$\Box p \rightarrow p$(必然 p 蕴涵着 p)。

(D)公理：$\Box p \rightarrow \Diamond p$(必然 p 蕴涵着可能 p)。

(T)中导出定理：$p \rightarrow \Diamond p$(实然 p 蕴涵着可能 p)。

其中的(D)公理在亚里士多德的模态方阵中已经出现，但另外两个公式的存在也可以导出(D)公理。尽管康德也许没有意识到对必然、实然和可能的这种链式理解体现了模态逻辑的某种性质，但是康德所做的这种分析已经包含了模态逻辑的一些要素。

此外，康德的判断表和范畴表所提及的关系范畴，对于现代模态逻辑也有重要的启示功能。现代模态逻辑的必然概念，是在关系性质的条件下描述的。我们将在“可能世界”和“可通达关系”的章节中讨论这类关系，由可通达关系与可能世界构成的框架和模型关系性质的刻画，在相当的意义上就是康德关于关系思考的延续。

最后，康德关于必然的观念和他的哲学三分的观念也是紧密相连的，这个三分法的哲学观念深刻地影响到其后的哲学家和逻辑学家，特别是我们马上会讨论到的美国哲学家皮尔斯(C. S. Peirce，1839—1914)。康德对于三分法的偏爱，可以用他《判断力批判》中的一段话来表述。

> 人们弄不清我在纯哲学的区分上何以几乎总是采取三分法。实际上这是根据着事情的本性。我们如果进行一种先天的区分，那么或者是分析的，按照矛盾律，因而总是二分的(讨论的对象或是 A 或是非 A')；或者就是综合的，而如果在这种情况下要是从先天的概念(而不是像数学那样从与概念相符合的先天直观)出发，就必须按照一般的综合统一性所要求的，也即(1)条件，(2)一个为条件所制约的，(3)由那个为条件所制约的同它的条件的结合所产生出来的

概念，从而这种区分必然是三分的。①

自康德之后，逻辑学出现革命性的变革，推动这场逻辑学变革的重要逻辑学家，在19世纪的末叶，一个是弗雷格(Gottlob Frege，1848—1925)，一个是皮尔斯。其中美国的皮尔斯受到康德必然三分法的深刻影响，既对经典逻辑学有其独特的贡献，又对非经典的模态逻辑进行了颇有成效的思考。

第三节 现代必然观

一、概论

(一)逻辑学的巨大进展

康德之后的整个19世纪，逻辑学出乎康德意料，朝着和数学紧密结合的方向迅速地成长起来。在这个成长的过程中，出现了许多具有卓越贡献的学者，以下一段引言可以概括逻辑学在这个发展进程中的基本特点。

> 当逻辑在十九世纪中叶振新的时候，新的生命力是来自那些熟悉自己专业进展的数学家，而不是来自那些从事唯心主义和经验主义争论的哲学家。②

1847年，英国数学家布尔(George Boole，1815—1864)出版《逻辑的代数分析》，成功地构造了一种包含所有传统逻辑定理的代数，这本书为逻辑学科变成精确的计算开辟了道路。

1870年，皮尔斯发表了第一篇论关系逻辑的论文，进一步发展了布尔的逻辑代数理论。

1881年，文恩(John Venn，1834—1923)出版《符号逻辑》一书，使用了文恩图的表达方式来解释类与类、命题和命题之间的关系。

1883年，皮尔斯和米切尔(H. Mitchell)把布尔代数扩展到相应于谓词演算的形式。

而弗雷格则几乎是在和皮尔斯相同的时间，发表了他的《概念文字》一书，构造了一个纯思想的形式语言。

逻辑学由于他们以及许多逻辑学者的工作，在19世纪中叶之后，走

① 齐良骥：《康德的知识学》，北京，商务印书馆，2000，第123页。

② 〔英〕威廉·涅尔，玛莎·涅尔：《逻辑学的发展》，张家龙，洪汉鼎译，北京，商务印书馆，1985，第484页。

上了一条全新的振兴之路。

(二)弗雷格的必然观

弗雷格用其《概念文字》的天才构想，为现代逻辑的发展打下了坚实的基础。但是，弗雷格在创建他的"概念文字"的时候，他对模态是忽视的，他在《概念文字》一书中没有考虑模态的区别，并把对模态的考虑看作是与他的目的无关的东西。按照弗雷格的反心理主义的逻辑观，必然、可能这样的语词不应该属于纯逻辑讨论的对象。在《概念文字》中，弗雷格更多使用的是推理有效性概念。例如，他在该书的序言中有这样一段话：

> 因为它首先应该用来以最可靠的方式检验一个推理串的有效性，指出每一个悄悄潜入的假设前提，以便能够研究这些前提的根源。①

所以，在弗雷格的著作中，我们很少看到他对于必然模态的专门论述。

而这个时候的皮尔斯，他深受康德哲学体系思想的影响，又超越了康德的观点来看待当时的逻辑。如同我们在康德篇中所讲的，康德把现存的逻辑看作是终极的，到达顶点的东西。皮尔斯则恰好相反，他从康德的方法那里获得了对于逻辑完全不同的想法，逻辑理论需要做根本的改革。他作为一个学者的使命，首先就是为逻辑学的变革做一些工作。皮尔斯的这种逻辑视野，自然不会让他忽视对于必然性范畴的哲学思考和逻辑思考，因此，我们关于现代必然观的论述也就自皮尔斯开始。

二、皮尔斯的必然观

(一)引言

皮尔斯一生著述甚多，但在其生前，他的绝大多数著作都没有发表。据估计，他大约有10000张手稿留存下来，多以论文、书信形式撰写，而无康德式的大部头专著。关于皮尔斯的著述，在其逝世20年之后哈佛大学出版社出版了他的文集6卷，以后又有一些他的文集问世。他关于必然的一些观点没有专门的论述，仅散见于其不同的论文之中，但依然可见他关于必然的一些基本看法。这些看法可归纳为以下几点，现分述如下。

(二)演绎类别和必然性推理

作为美国著名数学家的儿子，皮尔斯接受过良好的数学教育。② 因

---

① 〔德〕弗雷格：《弗雷格哲学论著选辑》，王路译，王炳文校，北京，商务印书馆，2006，第2页。

② 〔美〕约瑟夫·布伦特：《皮尔士传》，增订版，邵强进译，上海，上海人民出版社，2008，第34～43页。

此，他关于必然性的思考总是和数学与逻辑联系在一起，特别是和数学联系在一起。在皮尔斯讨论数学的本质的一篇论文中，一开始就是这么一句说明数学本质的语句：

> 正是本杰明·皮尔斯(Benjamin Peirce)——我自豪是他的儿子——在1870年第一次把数学定义为"可以引出必然结论的科学"。①

关于这个数学是导出必然结论的科学的观点，在皮尔斯的多篇论文中都有阐释，下面以他《数学，第一科学》这篇论文中的一个范例——十点定理为例，来说明皮尔斯关于必然性的基本观点。在解释之前，我们先给出几个基本概念，一个是演绎概念，然后是演绎的两个类别。

皮尔斯用一个实验性的状态描述来给我们说明"什么是演绎"，也就是"什么是必然推理"。

假定我们处于这样一个情景："到12月28日，我自己已经有两天可怕的经历了。现在，我就像一只快淹死的小老鼠。而昨晚整个晚上，我的朋友朱丽特都是病恹恹的。如果持续了两个小时的华氏50度(摄氏10度)的气温还要继续下去，而我们又不能离开这个地方，朱丽特要活过这个冬季似乎毫无希望。"

皮尔斯把这种对事物状况的描述，由这种描述条件所获得的结论，称之为推理。按照皮尔斯的意见，如果一个人的推理是从某个事物状况获得的，这个事物状况又能够用命题来表达(一般是某种复杂的用联结词连接的命题)，并且，当每一种事物状况并不被这个命题所否定的时候，由这种事物状况所获得的结论就是真的。这样的推理就是演绎，这种演绎推理也可以称作必然性推理。

(三)两类必然性推理

皮尔斯认为，有两类必然性推理，它们都可以用图表的方式来加以刻画。一类必然性推理可以表示为一个事物状况的图表：在这个图表中，由推理的前提真，表达出了那个结论也必然是真的。这样的必然性推理，他称之为自然的推理，因为所有那些由不同的编者加进欧几里得元素的自然推理适合于这个本性。

第二类必然性推理可以表示为一个真值图表。对于这个图表，某些别的东西必须增补，这通常是一个也许，然后结论就呈现了。这类推理称之为定理性推理，因为所有最重要的定理适合这个本性。

---

① 〔美〕皮尔斯：《皮尔斯文选》，涂纪亮，周兆平译，北京，社会科学文献出版社，2006，第219页。

皮尔斯为这个定理特性的必然性推理给出了一个他认为非常好的例子，这就是十点定理的图表(如图 1-5)。

我们先给出这个十点定理的图表，然后对这个图表予以解释。

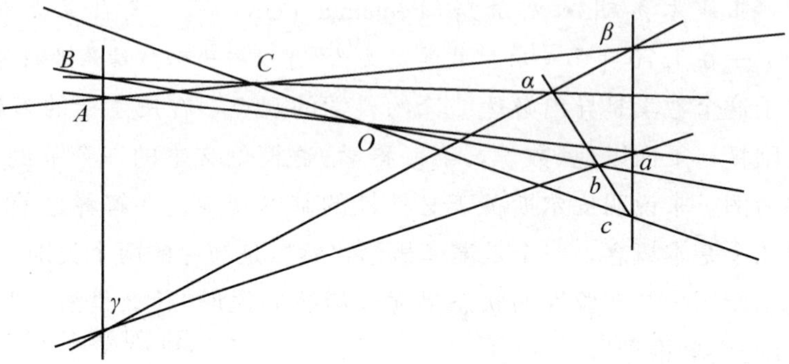

图 1-5　十点定理

在图 1-5 中，我们看到：

中间的 O 点是三条放射线的交点，A 和 a 点在一条线上，B 和 b 点在另一条线上，C 和 c 点在第三条线上；

如果从这六个点的每一个点出发，画出两条线和一些点，这些点属于通过 O 点的不同射线；

则这些新的射线可以标上字母 AB，AC，BC，ab，bc，ca，对于通过 O 点的三条射线的每一条将会有最后画出的六条射线中的两条，这六条线中最后画出的两条并不通过在那些射线上的字母点，但是这样的两条射线会互相切割并且再出现另外的三个交叉。

那就是，BC 和 bc 交叉，交叉点是 α；CA 和 ca 交叉，交叉点是 β；AB 和 ab 交叉，交叉点是 γ。一个奇异的结果是，这些交叉点都在同一条射线 $\beta\alpha\gamma$ 上。

皮尔斯说："至少超过 200 年，如果不是超过 300 年的话，最伟大的数学家一直在试图证明这个结论，仅用图表来显示这个结论，但全都是徒劳无用的。"

实际上，通过对这个图表附加的想象，很容易用几种方式来证明它。例如，借助于想象，射线 OBb 是那个通过 O 点的一个射线投射的影子，不是在 $AOCac$ 平面上。

那么，这就成为证据，从以下事实，即维度 M 和 N 这两个平台，它们位于维度 P 的一个平台之中，这个 P 平台并不大于 $M+N$，由此我们就必然地有一个公共的平台，这个平台是 $M+N-P$。所以，在一个三维度的平台中的两个平面就一定有 2+2－3=1，或者说，有一条公共的射线，而这个射线就是那个公共的射线 $\beta\alpha\gamma$。①

皮尔斯给出的这个十点定理图是定理性推理的绝妙例子，在作图的过程中，必然性的结论就蕴含其中，以致我们有可能回过头来再用图形来证明这种必然的结果。用皮尔斯的说法，很多数学家都没有找到证明的思路，但是用我们人类头脑的想象力，把那条射线想象成是一条不属于同一平面上的一个三维图形中的射线，必然性结论就显现出来了。皮尔斯这里的必然似乎和古典必然的实例不同，但就必然性的理解来讲，仍然是古典必然性的一个延续。

(四)皮尔斯图表逻辑(EGs)

作为现代逻辑的一个开创性的学者，1870 年，皮尔斯发表的《描述一种关系逻辑记法，源于对布尔逻辑演算的扩充》这篇论文，是现代逻辑史上最重要的著作之一，因为它第一次试图把布尔的逻辑代数扩充到关系逻辑，并在历史上第一次引入多元关系逻辑的句法。在 1883 年之前，他已经发展了量化逻辑的完全的句法，与直到 1910 年才出现的、标准的罗素怀特海句法相比，仅仅在特殊符号上有点不同。

皮尔斯没有创立模态逻辑，但他在十点定理中所使用的图表方法，贯穿在他对逻辑的许多思考之中。在他的图表逻辑(Existential Graphs，EGs)中，他已经对模态的一些基本算子有所考虑。

在 EGs 中，实际上在皮尔斯设想的许多领域，他都继承了康德对范畴分析的三分法偏好。他把图表分为 Alpha 图表、Beta 图表和 Gamma 图表三种，在表达力上大致可分别与命题逻辑、谓词逻辑和模态逻辑、高阶逻辑等相对应。这种图表逻辑不同于以往用符号表达的逻辑，主要是用图形来刻画人的思维。皮尔斯认为，人的一些无法用文字表达的思想可以用图形表达，因而图表逻辑可以弥补其他用文字表达的逻辑系统在表达力上的不足。

皮尔斯在对他的存在图表逻辑系统 EGs 的分析中发现，可以用 Alpha 图表和 Beta 图表分别处理经典逻辑中的许多问题。但这两类图表在遇到抽象概念的时候似乎就无用武之地，如实在性、可能性、必然性、内涵等概念。于是按照他的三分偏好，在 Alpha 和 Beta 图表之外，又有 Gamma 图表来表达这些抽象概念，而 Gamma 图表中的 tinctured 图表，表明了他对模态逻辑的关注，其中也明显蕴涵着他关于必然模态的基本思想。

---

① John J. Stuhr：*Classical American Philosophy*，New York，Oxford University Press，1987，p. 53.

皮尔斯的Gamma图表中有这样的图表，他称之为tinctured图表。也许它像一个药片，也许这个词所表达的含义是某种抽象特性。这个椭圆标记的图表方式，意图表达的是那些具有非实在性的对象，它不仅用来标记不同种类的可能性，也用来标记不同种类的实在性，它还意图标记由无知、变化、动力和未来之事构成的各种不同的可能性。并且，不同种类的意向，也在这个图表的标记对象的考虑之中。①

以下选录的是部分表达可能性与必然性的图表(如图1-6)：主观的可能性、客观的可能性和形而上学必然性的Gamma图表。

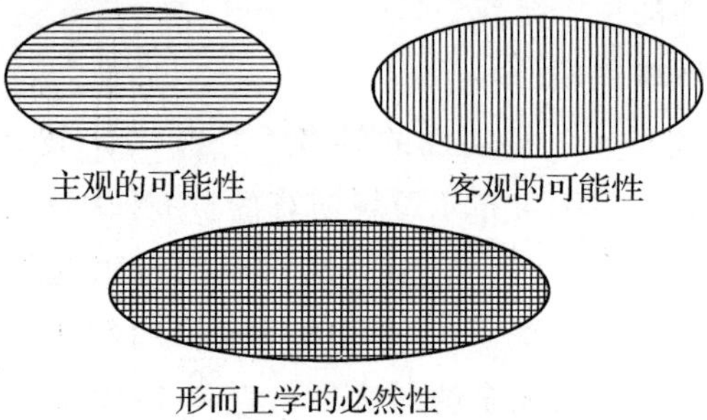

图1-6 可能性与必然性的图表

对这些图表的解释可以参看皮尔斯文集的相关内容，但讨论这些图表的一本研究皮尔斯逻辑符号思想的专著，在给出这类图表符号后，有一段有趣的对皮尔斯有关模态逻辑思想的论述，颇值得一录：

> 一个有趣的记载存在图表EGs的遗嘱附件，这个EGs图表不清楚是Beta图表还是Gamma图表，在皮尔斯的逻辑笔记本中被发现(LN：340r，7/01/1909)。在这个附件中可以看到，皮尔斯提到了各种各样类似于Beta图表的那些图表，如"p在某些情景下是真的""p在所有情景下是真的""p在某些时候是真的并且q在某些时候是真的""p并且q有时是真的""p在某些情景下是真的并且q在另外情景下是真的"，等等。由此，那些等同的行被用来量化各种不同的情景或者时间点，而不仅仅是如同以前的个体。这里还有另外一些为表达各种不同类别模态的可能世界语义学的论述，包括对时间模态的论述(见该书第三章和第六章)。虽然这个文本在12页(341r)和21页的草图中(342r和343r，16-17/02/1909)有一个奇怪的题头，《相关于特别宇宙的模态，时间，和其他逻辑形式的研究》，但没有对于

① N. R. Hanson：*What I do Not Believe and Other Essays*，Ed. Stephen Toulmin，H. Woolf，Berlin，Springer Netherlands，1971.

> 模态或时态的修正文本被发现。这些手稿显然提供了皮尔斯对他的三元逻辑系统的考虑。①

由这个摘录可以发现，也许皮尔斯并没有系统地讨论模态逻辑的必然模态，但在他广泛的思考中，已经意识到这一逻辑的可能性了。

三、刘易斯的必然观

（一）引言

逻辑学关于模态必然的思考，康德的影响是巨大的。康德不仅深深地影响到皮尔斯，另一位重要的哲学家和逻辑学家刘易斯（Clarence Irving Lewis，1883—1964）也被康德的魅力所倾倒。刘易斯在20世纪30年代就逻辑和实用主义关系所写的一篇论文中，在描述自己理智发展的经历时，这样提及康德：

> 康德的魅力难以抗拒。我觉得，他把怀疑论带到了不可避免的最后阶段，并把自己立论的基础放在了不容动摇的位置上。无论是在当时还是在以后，我都对那些似乎不把怀疑论当回事的人没有太大的兴趣。康德之所以吸引我，还因为其理智的完整性以及其思想结构的宏大和清晰。自此之后，康德对我思想的影响是显而易见的，尽管我还远没有具备曾唤起我青春热情的那些优点和美德。②

刘易斯承继了康德关于先天概念的一些基本思想，同时又用实用主义的观念对先天和经验之间的关系给出了一些新的见解，刘易斯对康德先天概念的诠释，实际上陈述的是关于必然的观念，本书将在这里做简要的评述。

（二）承继康德而又异于康德

刘易斯认为，康德的先天概念至少有两个解释。

一个解释是，先天的东西是必然的，先天的东西表现为必然的真理。那么，什么是必然的真理呢？在这一点上，从古代的亚里士多德一直到现代的刘易斯，都保持了对必然真理对象的一致性理解。必然的真理不是别的，它的典型的例证就是逻辑规律。作为必然性的逻辑规律，它是独立于经验之外的先天的东西，康德就是这么认为的，刘易斯用一段很坚定的陈述，表达了逻辑规律作为必然真理的事实。

---

① Ahti-Veikko Pietarinen：*Signs of Logic*，Berlin，Springer Netherlands，2006，pp. 127-128.

② [美]刘易斯：《刘易斯文选》，李国山，方刚等译，北京，社会科学文献出版社，2007，第4页。

有何种经验能违背任何事物或者存在或者不存在这个原则？能违背任何事物都不可能既存在又不存在这个原则？能违背如果 x 是 y 并且 y 是 z，则 x 是 z 这个原则？如果有任何可想像的或不可想像的东西能够破坏这样一些规律，那么变易这个常在的事实就会每天进行这种破坏了。①

显然，刘易斯这里提及的逻辑规律，是一种纯粹形式的逻辑规律，依据这些规律来做出的推导，前提和结论之间的关系就是一种必然性的关系。

另一个解释是，先天的真理，也就是必然的真理是根据定义而成为真的命题。用刘易斯的说法：任何科学的基本定律或被视为基本的那些定律都是先天的、必然的，因为它们表述的是人们进行科学研究所依据的定义概念和范畴标准。这些概念如此地带有一般性，以致常常会被人们认为是空洞的、虚无的东西，但正是这些基本范畴的规定，使得科学研究和科学理论成为可能。

刘易斯宁愿相信先天的真理是确实存在的，而且是独立于经验得到的，人们无法从经验中获得先天的真理。在《逻辑与实用主义》一文中，刘易斯这样来讨论先天真理独立于经验的特性。

先天真理之所以是独立于经验的，是因为它对于我们的概念意义而言是纯粹分析的，而且不把任何东西强加给所予物。逻辑学、数学以及凡是有结构、有次序、有系统的东西均可脱开所有经验考虑而仅靠纯逻辑分析发展起来。它只消假借自身的概念完整性便可获致对于抽象系统而言是可能的那类真理。②

这段话足以表明先天真理作为必然真理的属性，在讨论先天真理的同时，刘易斯也对逻辑真理和经验做了相应的区分，在做出这两者之间区分的时候，刘易斯实际上表达了他关于必然和或然的基本观念：

我们似乎必须接受一种双重真理：确定的真理，如数学（逻辑）的确实性，它是关于抽象的东西；经验真理，它只是或然的。③

那些数学的定律而且只有那些定律具有必然的真理性。④

从刘易斯的阐释中可发现，逻辑真理作为非经验的真理，应该看成是必然的真理，因此它们是确定的、真的；而经验真理因为是经验的，

---

① [美]刘易斯：《刘易斯文选》，李国山，方刚等译，北京，社会科学文献出版社，2007，第208页。

② 同上第14～15页。

③ 夏基松：《现代西方哲学教程新编》，上册，北京，高等教育出版社，1998，第176页。

④ [美]刘易斯：《刘易斯文选》，李国山，方刚等译，北京，社会科学文献出版社，2007，第210页。

它就是不确定的，因而是或然的。于是他得出结论说，逻辑的“有效性”即是真，它能够在经验之前被确认。

刘易斯认为，这是解决许多问题的一条线索。它不但解决了心灵贡献于真理和知识的东西与独立于心灵的东西之间的标准问题。它还清晰地展示了我们借以做出能应用于经验却又独立于其内容的设定的那样一种意义，如果没有定义性的标准，经验就成了不可理解的。这些标准尽管不是纯粹所予物的先决条件，却是真理和知识的先决条件。定义性的原则乃是“必然的”真理：它不可能是假的；它是可理解性的先决条件；它必须先于特殊经验被获得；它不决定任何与经验内容有关的东西。①

从刘易斯的这些论述中可看到，他承继了康德的先验论，把逻辑系统当作是先验的系统，认为逻辑真理是纯粹由概念分析而来。正像康德认为后天的经验要通过先天的范畴整理一样，刘易斯认为人们的实际经验要经过这种逻辑系统的概念来进行分析，才有明确的意义。但应该指出的是，与康德承认经验由自在之物的作用所引起不同，刘易斯对经验贴上了称为实用主义的标签，他不是直接用经验来评判所谓先天的逻辑系统，而是企图用所谓经验的效用来做评价标准。换言之，我们用什么样的概念系统来分析经验呢？要以对经验分析的功用、效果为根据。因此概念系统由此而成为工具性的，这实际上就是将康德的先验论置于实用主义的框架之中。②

为此，刘易斯对“先验性”做了阐释，他把“先验性”理解为先天地存在于理性之中，认为“先验性”仅是指在经验之前就可以确认的，只有对概念和范畴进行分析批判才能显现出来。所以他说：“我们主张先验的东西之存在于经验之前，几乎与目的之为先验的是一样的意思。”③而这又离不开“实在”的标准，他说：“实在所以可以先验地加以界定，那并不是由于限制经验内容的直观形式或范畴，而只是由于下面的事实，即凡称为‘实在’的东西，必然是依先前所定的标准在经验中辨别出来的某种东西。”④可见，作为评价经验的准则，自然应存在于被评价者(经验)之先，因而它是先验的。对于先于经验的评价准则的来源问题，刘易斯认为它不是天赋的，而是“人们的活动态度加之于感觉材料之上的”。⑤

① [美]刘易斯：《刘易斯文选》，李国山，方刚等译，北京，社会科学文献出版社，2007，第15页。

② 刘放桐：《实用主义述评》，天津，天津人民出版社，1983，第35～36页。

③ 夏基松：《现代西方哲学教程新编》，上册，北京，高等教育出版社，1998，第177页。

④ 同上第176页。

⑤ 同上第176页。

刘易斯已经认识到：必然的逻辑规则必须符合实用主义的评判标准。“逻辑原则将服从于那类可称为实用的一般标准，而在经验证实派不上用场、逻辑‘必然性’本身又不够用的情况下，我再也找不到除此之外的任何意义上的终极标准了。”①

从以上论述可见，刘易斯实际上已经把实用主义原则引进了逻辑领域，他主张用严格蕴涵去弥补实质蕴涵远离直观缺陷的设想，恰好就是这种实用主义原则在他的逻辑创新中的体现。

作为一名新实用主义者，刘易斯促成了实用主义与逻辑实证主义的合流，由此而创建了一个重要的实用主义派别，这就是“概念论实用主义”，他自嘲地称为“异端的实用主义”，这种异端实用主义从一个侧面表明他承继了康德的思想，但又异于康德先天概念的独立哲学立场。

而对于实用主义与逻辑而言，刘易斯认为，实用主义的据点是建立在经验之上；而逻辑则是理性主义的堡垒，通常所理解的实用主义似乎将本末倒置了：心灵贡献给真理和知识的那种要素才可能是实用的；而所予的原始经验事实则是绝对的材料。逻辑不包含任何实质真理；它之独立于所予物，恰恰是因为它不决定任何与经验内容有关的东西，而只决定心灵借以应对经验内容的模式。这一思想让人联想起其他一些思想，后者会随即伴之而来并减缓它因处于孤立无援状态而显示出的那种有悖常理的外观特征。②

(三)爱因斯坦的例子

刘易斯用爱因斯坦(Albert Einstein，1879－1955)相对论中的一个例子，来表明他的必然观。爱因斯坦在其《狭义与广义相对论浅说》中讨论物理学的时间观，他举出了以下想象的例子。

在长长的铁路路基上有两个点 A 和 B，它们相距甚远。雷电击中了这条铁轨。爱因斯坦认为，对于这两个点 A 和 B 而言，雷电的闪光是同时发生的。

对于一个科学家来说，这个命题是否为真自然就有一个实验判定的问题。但在设计实验以判定这两个事件是否同时发生的时候，按照爱因斯坦的说法：

> 对于物理学家而言，在他有可能判断一个概念在实际情况中是否真被满足以前，这概念就还不能成立。因此我们需要有这样一个

① [美]刘易斯：《刘易斯文选》，李国山，方刚等译，北京，社会科学文献出版社，2007，第13页。

② 同上第13页。

同时性定义，这定义必须能提供一个方法，以便在本例中使物理学家可以用这个方法通过实验来确定那两处雷击是否真正同时发生。如果在这个要求还没有得到满足以前，我就认为我能够赋予同时性这个说法以某种意义，那么作为一个物理学家，这就是自欺欺人。（当然，如果我不是物理学家也是一样）①

爱因斯坦这个闪电命题的判定步骤所表明的，也就是刘易斯所概括的东西，这可以表述为以下的陈述：定义为定义项提供了概念或者范畴的标准，它们在实际运用中就显现成了本质的或者必然的规律。

（四）模态逻辑的奠基人

刘易斯在这里不仅说明了必然真理之所以为真的依据，同时也论证了，先天的范畴和概念实际上在我们判定任何命题的事实真或者必然真时，一定是我们所要遵循的标准。这个概念和范畴标准的说法，典范地体现在刘易斯作为现代模态逻辑的创始人他所创立的严格蕴涵逻辑演算之中。

逻辑，按照康德的说法，是一门一直走在可靠道路上的知识，是知识中最为可靠的一个部分。尽管康德把逻辑的界限终止在古希腊，但是在康德之后，先是出现了超越古典逻辑的经典的现代形式逻辑，这是布尔、弗雷格、罗素（Bertrand Arthur William Russell，1872—1970）等人为经典逻辑所做的贡献。一个非常有趣的历史现象是，几乎是在经典逻辑创立的同时，一门新的逻辑也在酝酿之中，这就是模态逻辑。历代逻辑学家对模态必然和可能的思考，成就了这门新逻辑的诞生。

这个新逻辑创立的奠基人，毫无疑问，应该是刘易斯。由于刘易斯的工作，紧接着这个经典逻辑之后，几乎是同时地出现了依赖于经典现代逻辑的又一门新的逻辑，把模态算子添加到经典逻辑之中而形成的模态逻辑。刘易斯的严格蕴涵演算，把必然和可能作为这个逻辑的一对可以互为定义的算子，融入严格的形式系统之中，这被公认为是模态逻辑最早的形态。因此，刘易斯也就自然地被看作是现代模态逻辑的奠基人。

---

① 〔美〕爱因斯坦：《狭义与广义相对论浅说》，杨润殷译，胡刚复校，北京，北京大学出版社，2006，第18页。

第二章 蕴 涵

在命题之间最重要的一种关系是蕴涵，即一个命题的真强制着另一个命题的真。

——克莱因

第一节 古典蕴涵

一、麦加拉学派和斯多葛学派的蕴涵观

(一)引言

模态的核心概念，在必然之后，应该讨论的是蕴涵概念。亚里士多德最早讨论了模态的必然范畴，创立了他的三段论逻辑系统，但命题逻辑的一些联结词却并未为亚里士多德所考虑。卢卡西维茨把亚里士多德的三段论概括为一个蕴涵式①，给我们的感觉是，似乎对蕴涵的讨论也要从亚里士多德开始。但从史料的记载来看，作为条件句的蕴涵式，虽然也为亚里士多德所用，亚里士多德学派却对蕴涵式的讨论取排斥态度。他们认为，"如果φ则ψ"这种命题形式，那是斯多葛学派的一种毫无意义的赘语。把"如果，则"这样的句式和模态词一起来思考，这更是亚里士多德所没有想到的。

所以，逻辑史上关于蕴涵的讨论，往往从麦加拉学派开始，依据现有逻辑史料的记载，最早讨论蕴涵性质的逻辑学家是麦加拉学派的第奥多鲁斯和他的学生菲罗。② 这个关于蕴涵的讨论在古代实际上是关于条件句的讨论，蕴涵是一个较为现代的逻辑术语，只是在现代逻辑建立起来之后才代替条件命题的含义。所以麦加拉学派关于蕴涵的讨论，也就是关于条件句的讨论。

---

① 〔波兰〕卢卡西维茨：《亚里士多德的三段论》，李真，李先焜译，北京，商务印书馆，1981，第9页。

② 〔英〕威廉·涅尔，玛莎·涅尔：《逻辑学的发展》，张家龙，洪汉鼎译，北京，商务印书馆，1985，第166页。

(二)关于条件句讨论的三种观点

一个命题，如果它由条件联结词“如果，那么”来连接，构成“如果φ，那么ψ”的命题形式，用我们今天的说法，就是前件φ蕴涵后件ψ。也就是，我们把φ和ψ之间所具有的关系称作蕴涵，由这种关系构成的命题，相应地称为蕴涵式。由于前件φ是后件ψ成立的条件，古希腊的麦加拉学派将其称为条件句。这一句式从古到今，在日常语言中被我们经常使用。古希腊的麦加拉学派和后继的斯多葛学派的学者，他们特别关注这一句式，他们常常就条件句的性质进行辩论。古希腊的加里马丘斯(Callimachus)还写了一首打油诗，其中有这样的诗句来描述当时人们对条件句的高度关注：

甚至屋顶上的乌鸦也在叫嚷条件句的性质。①

我们从对模态必然的讨论中就知道，麦加拉学派是在公元前4世纪末期与柏拉图学派几乎同时存在的一个学派。但他们关于条件句性质的讨论，则见之于公元2世纪的怀疑主义哲学家塞克斯都·恩披里柯(Sextus Empiricus，约160—约210)的《反数学家》一书。在该书中，恩披里柯三次提到古希腊麦加拉学派关于这个题目的讨论。麦加拉学派的两个代表人物，第奥多鲁斯和菲罗关于条件句的意见能流传至今，很明显，得益于恩披里柯的这本书。

麦加拉学派关于条件句的讨论还不限于此，恩披里柯还为我们留下了一些有关条件句的其他一些有趣的论述，这可以称为除第奥多鲁斯和菲罗之外，有关条件句性质的第三和第四个观点。后两个观点恩披里柯未提到具体的人名，据推测，第三个观点可能出之于克吕西波，斯多葛学派的代表人物，这就让有关条件句的讨论从麦加拉学派延续到之后的斯多葛学派。这个联系是由罗马时代的逻辑学家西塞罗(Marcus Tullius Cicero，前106—前43)指出的，西塞罗在讨论条件句的争论时，明确地把这三个人联系起来。

> 关于逻辑理论的那个基本观点存在有相当大的争论，我们如何能判断象[像]“如果是白天，那么天是亮的”这样一个复杂陈述句的真或假呢？第奥多鲁斯主张一种观点，菲罗主张另一种观点，而克吕西波则主张第三种观点。②

那么，关于条件句性质的第四个观点指的是什么呢？依据前面所论

---

① 〔英〕威廉·涅尔，玛莎·涅尔：《逻辑学的发展》，张家龙，洪汉鼎译，北京，商务印书馆，1985，第166页。

② 同上第150页。

述过的引自亚历山大的说法，第四种观点大概是逍遥学派，即亚里士多德学派的观点，他们把条件句看作是一种毫无意义的赘语。

这表明，我们讨论古典蕴涵，依现有文献，实际上就是有关条件句的三种观点。前两个是麦加拉学派的第奥多鲁斯和他的学生菲罗的观点，第三个是斯多葛学派克吕西波的观点。

(三)麦加拉学派的蕴涵观

第奥多鲁斯和菲罗虽为师生，如同他们在模态必然和可能的理解上具有明显差别一样，他们关于蕴涵的观点也是有区别的。第奥多鲁斯偏好用时间来理解模态，他在对蕴涵的理解上仍然坚持这一点，偏好用时间模态来理解蕴涵。

1. 第奥多鲁斯蕴涵

依据恩披里柯的论述，第奥多鲁斯认为：一个完善的条件句是一种过去不可能，现在也不可能开始于真并且结束于假的条件句。显然，他是把一个条件句的真值指派，和我们前面已经讨论过的模态词结合起来加以判定。

在第奥多鲁斯看来，一个条件句所表达的应该是这样的思想，它无论什么时候都不可能后件假或者后件根本不存在，如果前件为真，或者事实上是得到实现了的命题。因此，对第奥多鲁斯来讲，条件必然引起受条件制约的东西，同时，后者并没有带来新东西。所以，在恩披里柯的著作集中，对一个条件句就有这样的断定：一个条件句

不仅没有、而且也决不会有真前件(同时)又有假后件。①

如果我们用一个条件命题的实例来表述，则条件句“如果是白天，那么我们在谈话”，按照第奥多鲁斯的观点，这就是一个假命题。因为这个命题的前件可以是真的，但它的后件“我们在谈话”却可能是假的。一个显然的理由是，当处在白天的情境中时，保持沉默是可能的。

但另外一个条件句实例，则被第奥多鲁斯看成是一个真命题。“如果事物的原子成分不存在，则事物的原子成分存在。”因为，这个条件句的前件开始于假，但后件结束于真。

在恩披里柯《反数学家》一书中揭示的这个蕴涵观念，可以称作第奥多鲁斯蕴涵，蕴涵借助于模态来描述，从这个角度看，第奥多鲁斯蕴涵是刘易斯严格蕴涵概念的先驱。因为文献资料的稀缺，对这个蕴涵的讨

---

① 〔苏联〕П. С. 波波夫，Н. И. 斯佳日金：《逻辑思想发展史——从古希腊罗马到文艺复兴时期》，宋文坚，李金山译，马玉柯校，上海，上海译文出版社，1984，第28页。

论也就暂且到此。

2. 菲罗蕴涵

依据古典文献的记载，第奥多鲁斯的蕴涵和他的学生菲罗所持的蕴涵观不同，他们有过激烈的争辩。对以上所给的两个条件句实例，菲罗持有不同的观点，我们把以下菲罗对条件句的解释，称为菲罗蕴涵。

菲罗认为，条件句的真值不需要第奥多鲁斯那么严格的规定，一个完善的条件句，也就是真的条件句，仅当其不是前件开始于真，后件结束于假，这就够了。只要不是这种前真后假的情形，这样的条件句就都是完善的。

所以，一个条件句"如果是白天，我们在谈话"，如果它以真的前件"现在是白天"开始，以真的后件"我们在谈话"结束，则这个条件句就是完善的。

同样，如果这个条件句的前件不真，后件也不真，出现了由假话导出假话的条件句，这也可以看作是完善句。

最后，如果这个条件句的前件不真，后件真，出现了由假话导出真话的条件句，这仍然可以看作是完善句。①

菲罗为什么会提出这样的蕴涵观，在恩披里柯《反数学家》一书中给出了一些对应的条件句实例，这些实例有助于我们对菲罗蕴涵的理解，但进一步的分析材料却难以见到。然而，我们在这个菲罗式的蕴涵规定中，却可以看到菲罗的观点和现代实质蕴涵的对应。正是这个对应，我们就可以在现代逻辑学家的著述中看到关于实质蕴涵和菲罗蕴涵的论述。

> 这是有趣的事情，关于蕴函的讨论，在古代就已开始，希腊哲学家费罗(Philo of Megara，纪元前四世纪)在逻辑史上大概是第一个传播了实质蕴函的用法的人。这个主张和他的老师克朗纳斯(Diodorus Cronus)是对立的；克朗纳斯主张把蕴函用成较狭的意义，后者与我们前面所讲的形式蕴函比较接近。稍后，到了纪元前第三世纪，——可能是受了费罗的影响，——希腊的斯多噶学派(Stoic School)的哲学家与逻辑家们又讨论了许多种可能的关于蕴函的概念。②

塔尔斯基(Alfred Tarski，1901—1983)的这段摘引，自然把我们对古代蕴涵的讨论，从麦加拉学派引向斯多葛学派。

---

① 〔苏联〕П. С. 波波夫，Н. И. 斯佳日金：《逻辑思想发展史——从古希腊罗马到文艺复兴时期》，宋文坚，李金山译，马玉柯校，上海，上海译文出版社，1984，第28～29页。

② 〔波兰〕塔尔斯基：《逻辑与演绎科学方法论导论》，周礼全，吴允曾，晏成书译，北京，商务印书馆，1963，第24页，注1。此处费罗即菲罗，克朗纳斯即第奥多鲁斯。

(四)斯多葛学派的蕴涵观

塔尔斯基猜想到，古希腊的斯多葛学派讨论了许多种可能的关于蕴涵的概念，但遗憾的是，关于其代表人物克吕西波的第三种观点，却没有多少可供征引的依据。我们仅从第欧根尼·拉尔修(Diogenēs Laertios，约200—约250)《著名哲学家评传》中可知：克吕西波曾经著书反对菲罗的理论，由此断定他提出了关于蕴涵的第三种观点。① 这个观点认为：在任何一个完善的条件句里，后件的否定是与前件不相容的。对这个观点所做的一个可能解释是：

> 当跟后件相抵触的论断同承认前件不一致时，条件命题是真的。因此，每当反驳它的后件同承认它的前件相矛盾时，条件句式总是真的。例如，命题"如果是白天，那么就有光亮"是正确的，因为命题"没有光亮"显然是同命题"是白天"相矛盾，命题"如果现在是白天，那么约翰走来走去"应该认为是假的，因为在这个场合否定后件同承认前件并不是不相容的。②

因为这种蕴涵解释引进了蕴涵前后件的"联结"或者"相关"概念，所以这种蕴涵被称为联结蕴涵，又因为把这种蕴涵的解释归之于克吕西波，也被人称作克吕西波蕴涵。但是否真正由克吕西波所提出，这是值得怀疑的。③ 正因为如此，我们用斯多葛学派的蕴涵观来称呼这样一种蕴涵概念。显然，这种对蕴涵的解释既不同于第奥多鲁斯，也不同于菲罗，它给出了关于蕴涵的另一种解释，这个解释似乎接近于今天的相干逻辑的蕴涵观念。

关于克吕西波或者斯多葛学派的蕴涵观，还有一点值得特别一提。条件句的陈述可以表达逻辑推出的关系，一个具有条件句关系的前件和后件，我们总是可以从前件推导出后件。这个解释接近于第奥多鲁斯关于条件句的解释，它表示的实际上就是从前件过渡到后件的一种必然联系，但似乎和第奥多鲁斯的观点又有些差异。

对这种蕴涵推出关系，在古希腊时期几乎看不到任何讨论的痕迹，但在中世纪的经院哲学时期，则先有法国哲学家阿伯拉尔(Pierre Abelard，1079—1142)的《论辩术》中的论述，后由托马斯·阿奎那表达为

---

① 〔英〕威廉·涅尔，玛莎·涅尔：《逻辑学的发展》，张家龙，洪汉鼎译，北京，商务印书馆，1985，第210页。

② 〔苏联〕П. С. 波波夫，Н. И. 斯佳日金：《逻辑思想发展史——从古希腊罗马到文艺复兴时期》，宋文坚，李金山译，马玉柯校，上海，上海译文出版社，1984，第29～30页。对译文某些语词的翻译有改动。

③ 郑文辉：《欧美逻辑学说史》，广州，中山大学出版社，1994，第120页。

“推论”一词，这里的推论似乎就有条件命题的意义。12世纪的伪斯考特(Pseudo-Scot)，则继续发掘了对这个推论的研究。伪斯考特这个人的生平难考，按威廉·涅尔的说法，他可能不是一个大博士，但极可能是一个很有才能的逻辑学家，他在中世纪有许多重要的逻辑论著。[①] 伪斯考特可以说是：第一个揭示了菲罗的连接是如何与推出关系相联系的人，以及这样一个连接和推出关系为什么值得引起逻辑学家的注意。在古典文献中虽未使用实质蕴涵的名称，但正是这个伪斯考特关于推论的定义，让我们看到了古代实质蕴涵的影子：一个命题的当下真的实质推论必定是一个菲罗的条件句。

二、古代中国的蕴涵观念：墨子的“使”

(一)引言

古代中国似乎没有关于蕴涵的系统阐释，古文字简练经济，多单字表达式，双音字是稀罕之符号。就蕴涵两字的意义来看，属于同义叠加，但古代中国文献似乎很少从哲学或者逻辑学的意义来讨论“蕴”或者“涵”。然而，如同必然在《墨经》中有所论述一样，蕴涵这个词，尽管没有出现在中国的古典文献之中，但和蕴涵相近的另外一个语词“使”，则是《墨经》论述过的。那么，《墨经》中出现的假使，涉及本文所重点论述的蕴涵概念吗?

(二)墨子的“使”

1.“使”和“蕴涵”

与墨子对“侔”式必然性推理所做的较为精细地分析相比，墨子文献中对于类似于蕴涵概念的分析则少见。但就语言的共通性而言，当西方语言符号有表达蕴涵概念的语词的时候，古代汉语同样具有这样内容的语词表达式。在墨子的文献中，“使”“若……则”这类语词非常切近于我们所讨论的蕴涵概念，其中的“使”字在墨子《经说》中还得到特别的解释。由此可窥见，现代汉语中的假使、若使、纵使、假如、假设、假定，等等，大概都由这个使字衍生而来，最后形成了我们今天常用的一个命题类别“条件命题”。尽管墨子文献中的分析很少，但通过这用笔甚少的分析，我们却能看到不同地域不同语言的学者虽经历悬殊，其基本思路则有惊人的相同之处。

2.“使”与“故”的解读

关于“使”，依伍非百《墨辩解故》的解读：

---

① 〔英〕威廉·涅尔，玛莎·涅尔：《逻辑学的发展》，张家龙，洪汉鼎译，北京，商务印书馆，1985，第314、363页。

使：谓、故。说曰，使，令谓。谓也，不必成。湿，故也，必待所为之成也。[下28]此言使有谓、故二义。使，假设也，犹今言“立意”，大取谓之“立辞”。《经下》云：“使，假意，说在使。”说曰：“使，令也。”亦假设。①

《经说》中没有例证来说明这个有假设意义的“使”，但在墨子的《耕柱篇》中有一例：“今使子有二臣于此，其一人者见子从事，不见子则不从事；其一人者，见子亦从事，不见子亦从事，子谁贵于此二人?”这个例子显然表明的是，“使”后面的语句是“则”后面语句的条件。

墨子文献对“使”的运用如果仅限于理解为“假设”，理解为前后件之间的条件关系，还不值得我们多做关注。奇妙之处在于，墨子文献把对假设的理解和“故”联系起来了，“故也，必待所为之成也”。这告诉我们，给出了假设，由假设相连的语句是否成立，还需要一些相关的东西，它的成立与否是有所待的。

有趣的是，这个有所待的东西恰恰就是《墨经经说》中的第一条：

故，所待而后成也。说曰，故：小故，有之不必然，无之必不然，体也。若尺有端。大故，有之必然，兼也。若尺之成尺。②

把《墨经》中的小故、大故与西方蕴涵式的理解联系起来考察，可以发现，一些精巧的对应特性会呈现出来。伍先生尽毕生之力专攻名学，在名家文献的解读上颇令人信服③，我们继续来看伍先生的诠释：

故，思辨之根据或理由，常语谓之“所以然”。当因明之“因”，演绎推理之“前提”，归纳法之“与件”。凡立一说必得与此说相依之“故”，而后其说始能成立。故曰：“故，所待而后成也。”④

那么，何为大故，何为小故呢？伍先生接着讲道：

大小，犹特尽也。《经下》“推类之难，说在之大小特尽”，是其义。大故，指故之全量而言。小故，指故之部分而言。⑤

伍先生对大故和小故的这一量化解释，恰好应和了由一个假设所获得的某个结果成立与否的判定标准。这个标准涵盖了量化命题的推导，如伍先生所举的实例：

“生必有死，以一切生物皆有死之一现象故”。此“大故有”也。

---

① 伍非百：《中国古名家言》，北京，中国社会科学出版社，1983，第72～73页。
② 同上第17页。
③ 同上第3页，沈有鼎序。
④ 同上第17页。
⑤ 同上第17页。

斯语具足，无可驳难。故曰“大故有之必然”。又如眼之能见，必须空、明、根、境、意五者具备，而后能见。若曰，“有眼必见”。或曰“有境必见”。或云“有光必见”，皆不必然，所谓“小故有”也。若缺其一，则必不见，所谓“小故无”也。若五者具备，则必能见，所谓“大故有之必然”也。①

同时，这个标准也隐含着假设条件和其结果之间的条件关系的判定。很明显，我们对墨子提及的条件命题的理解，恰好可以从两个“故”的角度来加以审视。“小故，有之不必然，无之必不然”的小故判定标准，揭示了一个条件命题前后件之间的必要条件关系。而“大故，有之必然”的大故判定标准，揭示了一个条件命题前后件之间的充分条件关系。

这个量化式的条件解释，非常贴切地表达了必要条件命题和充分条件命题的基本含义。当一个假设只是一个结果的必要条件的时候，必要条件只是一个“小故”，它是一个使结果能够成立的众多条件中的一个，如墨子所言，“小故，体也，如线段中之一个点”。所以，我们不能肯定一个“小故”，而获得有效的论证，这只能是“有之不必然”。但是，如果我们否定了一个“小故”，我们则丢弃了一个结果成立必须具备的条件，当然就是“无之必不然”了。而当一个假设是一个结果的充分条件的时候，充分条件就是一个“大故”，如墨子所言，“大故，有之必然，兼也，若尺之成尺也”。用量化的形式来理解大故，大故就是所有必要条件的一个集成，它是一个所有条件合成的整体，在这个整体之下推出其部分，这个结论自然是成立的、有效的。所以，自然也是“有之必然”了。因为“大故无”涵摄着“小故有”，在“大故”的说明中，也就无须设立“大故无之不必然”了。

(三)真值判定和量化判定的比较

菲罗蕴涵式是用真值的方式判定的，从给前后件赋值的角度来判定蕴涵式的真假，真假似乎是西方语言很早就使用的一个基本范畴。但转到墨子的条件命题的时候，我们看到，判定方式所使用的基本范畴不是真假，而是使用的“大故”和“小故”，在此把这解释为量化式的判定。

对真假范畴的忽略，这是汉语文化的一个特点。

希腊意义上的真与假，是西方人所关心的；中国的哲学家在接受某个信念或主张时对此很少加以认真考虑。②

另一位研究中国语言和逻辑的汉学家陈汉生，也有大致相同的评价。

---

① 伍非百：《中国古名家言》，北京，中国社会科学出版社，1983，第17～18页。

② 〔美〕唐纳德·J.蒙罗：《早期中国“人”的观念》，庄国雄，陶黎铭译，上海，上海古籍出版社，1994，第54页。

中国思想较少关心语义上的真假，而较多地关心语用上的可接受性。但这并不是说，他们的语言在某个基本方面是不同的，使得判别真假的准则不能适用——对他们的语言是能适用的。不过，在他们自己陈述哲学问题和处理争端时，表达恰当性或“可接受性”（“可”）的广泛语用检验，比类似语义真假概念的任一种观念较常受到注意。因而中国哲学家不问哲学断言是否为真，而代之以问它是否可断定，即“可”。①

但是，当我们用墨子的“大故”和“小故”来说明汉语的条件命题的时候，由“大故”和“小故”所决定的必要条件和充分条件所做的推导判定，似乎和西方蕴涵式的判定有着异曲同工之妙，它们在逻辑的本性上是一致的。西文有效蕴涵式的保真性恰好对应于汉语有效条件命题的“有之必然”，而关于蕴涵的保真性，数学家克莱因（Felix Christian Klein，1849—1925）有一个恰当的描述：

在命题之间最重要的一种关系是蕴涵，即一个命题的真强制着另一个命题的真。②

《墨经》的“有之必然”，正好表达的是同样的含义，有一个涵盖整体的“大故”势必强制地就有在这个整体之下的部分的成立。

相应地，有关蕴涵式的几个推导定理，蕴涵式的逆否命题对应于量化式判定的小故“无之必不然”，蕴涵式的“肯定后件不能肯定前件”规则，则对应于小故的“有之不必然”。

但是，这种一致性对应之外的其他性质，则还值得我们做进一步地分析。

不难断定，以赋值来确定一个蕴涵式的“真”或者“假”，由于我们抽象掉其命题的内容，仅仅凭真值的组合来判定蕴涵式本体的真值，这时候，该语句就超越了自然语言，变成了不同于自然语言的形式语言。实际上，西方蕴涵式正是在这个方向上不断地延伸，延伸的结果就是形成越来越复杂的形式语言体系。所以，从菲罗实质蕴涵演变而来的现代形式系统，因为出发点的简洁、可操作并且摒弃掉了自然语言所蕴涵的心理、认知、情感、形而上学等方面的意义和暗示，这就为建构现代形式语言体系准备了条件。

---

① 〔美〕陈汉生（Chad Hansen）：《中国古代的语言和逻辑》，周云之，张清宇，崔清田等译，李先焜校订，北京，社会科学文献出版社，1998，第74页。

② 〔美〕M. 克莱因：《数学：确定性的丧失》，李宏魁译，长沙，湖南科学技术出版社，2001，第221页。

蕴涵发展史上另外一个现象是耐人寻味的，就蕴涵向形式化方向发展的轨迹来看，实质蕴涵最先是舍弃命题内容的考察，由此而产生以弗雷格和罗素为代表的外延逻辑。当现代逻辑学家对直观和经验有其偏好之后，形式化的语言仿佛有一种向语言直观的回归，命题的内涵重新获得了关注。这大概应和了维特根斯坦(Ludwig Wittgenstein，1889—1951)对于生活形式哲学的推测。

> 他以一种“生活形式”的哲学来取代逻辑经验主义以科学经验为基础的哲学，以“家族相似性”概念来取代“普遍性”概念，以由历史积淀、文化背景等构成的生活形式所产生的习俗的“确定性”，来取代严格的逻辑的确定性。①

在实质蕴涵基础上产生的严格蕴涵逻辑，继而产生的现代模态逻辑，就笔者理解，有点类似于维特根斯坦所设想的生活形式哲学中可能出现的逻辑。这种逻辑因为开始关注命题的内容，它被看成是在外延逻辑基础上生成的内涵逻辑。

所以，西方蕴涵式概念在其发展进程中尽管也有断层，但呈现出一条脉络分明的发展轨迹。蕴涵式的这样一条发展轨迹当然还有让我们感到困惑的地方，弗雷格和罗素对蕴涵式的规定是出于建构形式语言的需要，当把命题函数概念设想进逻辑之后，对蕴涵式作这样的规定实属自然。但两千多年前的第奥多鲁斯和菲罗，还有拥有第三种观点的克吕西波，他们是依据什么需要来设想这种蕴涵式的规定的呢？这大概对于我们来讲，永远都只能是猜想了。

现在我们来看《墨经》。墨学自先秦与儒学并称为显学，所谓天下之言，不归杨则归墨。《墨经》中用小故和大故对条件命题所做的理解，尽管其中隐含着颇有意味的量化式判定标准，但先秦之后，墨学在汉语言范围之内却几无进展，悄然隐退于历史进程之外，再也难享显学之荣。那么这种量化式的判定标准是否是一种独特文化的产物，是否会有一种不同于西方蕴涵式的逻辑呢？对此暂不做答复，仅做以下简短的联想。

(四)墨子“假使”论的联想

对西方蕴涵式和墨子“假使”论的比较，让笔者产生一些联想。

我们对已经产生的历史现象予以因果分析，尽管是仁者见仁智者见智，但总还有历史事实作依据。对于没有产生的东西也拿来予以因果分析，这种分析的结论，随意性往往大于它的逻辑性。实质蕴涵定义所产

---

① 陈嘉明：《知识与确证：当代知识论引论》，上海，上海人民出版社，2003，第12页。

生的一些定理常被称作怪论，怪论之一是：假命题蕴涵着任何命题。用常识的话语来表达，一句没有事实支撑的话语，可以导出任意的话语。尽管这被称为怪论，但也不是全无道理。有一条谚语所表达的意思，其实和这个怪论也差不了多少。"一句谎言要靠无数的谎言来遮掩"，的确和那个怪论很相像。就此而言，如果我们讨论"为什么墨子用小故和大故的量化式判定标准来处理条件命题没有一条历史的线索"，那么，这种对无事实支撑的问题讨论，我们从中所获得的结论，大概也是随意性大于其逻辑性的。我想，大都不过是论者用个人偏好或者其他因素来支持他们的结论罢了。

正因为如此，本文不做这种虚拟式的讨论，仅作一些联想。我想说明的是，墨学的研究在汉语背景下虽有中断，但也时断时续。魏晋南北朝时的鲁胜就延续了对墨子学说的讨论，此时离墨子的年代也就几百年，大体相当于欧洲历史上的东西罗马帝国相交时代。鲁胜对先秦名家，特别是墨子的学说感兴趣，特意抽取墨子著作中的《经说》四篇作注，称为《墨辩注》并在其中作序，《墨辩注》遭乱遗失，但《墨辩注叙》则因为收入《晋书·隐逸传》得以保存并流传下来。全文 294 个字，其中有一段特别有趣：

> 自邓析至秦时，名家者世有篇籍。率颇难知，后学莫复传习，至于今五百余岁，遂亡绝。《墨辩》有上下经，经各有说，凡四篇；与其书众篇连第，故独存。今引说就经，各附其章，疑者阙之。又采诸众杂，集为《形名》二篇。略解指归，以俟君子。其或兴微继绝者，亦有乐乎此也。①

尽管先秦之后，历代王朝大都以儒学为正宗，儒家学说由此便延绵不绝。但也有兴微继绝者，独拣那些他们感兴趣的东西而习之，而这墨学就有能引起人们兴趣的东西。当我们把墨学和创立蕴涵思想的斯多葛学派相比较时，墨学这一作为兴微继绝对象的学科，很有点类似于西方学者研究的蕴涵。回顾西方逻辑的历史不难发现，亚里士多德逻辑的彰显，如果不是天主教徒的最高权威托马斯·阿奎那的推崇，恐怕很难在中世纪成为天主教的显学。

> 由于特殊的历史条件，出现了一种乍看起来叫人奇怪的情况——新的基督教教义在亚里士多德那里找到自己的支柱。这位斯塔吉拉人在某种意义上成了神圣不可侵犯的。
>
> 天主教徒的最高思想权威托马斯·阿奎那以基督教化了的亚里

① 温公颐，崔清田：《中国逻辑史教程》，修订本，天津，南开大学出版社，2001，第 208 页。

士多德作为自己学说的基础。①

就此而言，亚里士多德三段论逻辑的境遇类似于儒学，从 9 世纪到 15 世纪，它一直作为西方教会学校的必读之书。而斯多葛学派的蕴涵式理论的境遇则类似于墨学理论。由于西方学者的兴趣，蕴涵式理论得以绵延。同样地，由于汉语学者的兴趣，对墨学的研究实际上并没有完全中断。从 15 世纪到现在，儒学尽管一直是中国文化传统的正宗，作为子学组成部分的墨学，也总能得到一些学者的关注。

第二节 从古典蕴涵到现代蕴涵

一、蕴涵观的现代传承

(一)引言

古希腊哲学家对条件句所做的解释，让现代学者似乎看到了我们今天对蕴涵的基本观念。2000 多年前麦加拉—斯多葛学派呈现的三种蕴涵观，虽经悠悠岁月，但当我们透过古老的文字，用我们今天的逻辑观念来考察它们的时候，古典中显露的神韵，不能不让我们感到惊奇。

和我们讨论中世纪的必然观一样，中世纪学者也有对蕴涵的讨论，但他们对当时语言的直观透析，大都在经院哲学的框架之中。而经院哲学主要依存的，基本上是亚里士多德的逻辑，这是一种忽视蕴涵的逻辑，对构成命题的词项有更多的关注。我们在前面提及伪斯考特的推论，但实际上这种有关推论的讨论，还不是直接地和蕴涵相关。所以，我们有理由把对蕴涵的讨论跨过中世纪阶段，甚至跨过近代，直接过渡到蕴涵的现代理念，从弗雷格对蕴涵的讨论开始。

(二)逻辑在现代的巨大变革

我们已经在第一章提到，19 世纪的末叶到 20 世纪的初叶，是逻辑发生重大变革的年代。

1847 年，英国人布尔用代数的方法来处理逻辑。1879 年，命题逻辑的现代系统由德国逻辑学家弗雷格创建。19 世纪另一位卓越的逻辑学家，美国人皮尔斯以他的逻辑矩阵的发现(1885 年)对命题逻辑做出了重大贡献。其后，《数学原理》的作者怀特海(Alfred North Whitehead，1861－1947)与罗素，以“演绎理论”的名义把命题逻辑系统看成是全部数学的基础。

---

① 〔苏联〕П. С. 波波夫，Н. И. 斯佳日金：《逻辑思想发展史——从古希腊罗马到文艺复兴时期》，宋文坚，李金山译，马玉柯校，上海，上海译文出版社，1984，第 201 页。

现代逻辑的巨大进展，在对蕴涵式的理解上，似乎一直都是延续着我们前面所描述的菲罗的蕴涵观。从弗雷格、皮尔斯，一直到罗素，这些开创性的逻辑学家，他们在使得逻辑形式化的方向上，共同秉承了菲罗关于蕴涵式的基本理解。

二、弗雷格的蕴涵观

(一)延续菲罗的蕴涵概念

在弗雷格用概念语言所表达的逻辑系统中，蕴涵式也被弗雷格称为条件性的表达式，如同古代的菲罗一样。然而很难断定，弗雷格是否看到过恩披里柯关于菲罗和第奥多鲁斯的论述。但是，弗雷格关于条件句的解释，几乎完全和菲罗蕴涵相同。

当我们用φ和ψ表示两个有条件关系的判断，φ是ψ产生的条件的时候，这恰好类似于一个条件命题“如果φ，那么ψ”。由此就有对于φ和ψ的四种肯定和否定的情形：

(1)肯定φ，并且肯定ψ；

(2)肯定φ，并且否定ψ；

(3)否定φ，并且肯定ψ；

(4)否定φ，并且否定ψ。

则如果我们要否定“如果φ，那么ψ”这个命题，我们就必须接受第(2)种情形，肯定φ并且否定ψ。或者如同弗雷格的说法：不出现这些可能性中的第三种情况，而出现其他三种情况之一。①

重要的是，弗雷格给出蕴涵的这种菲罗式规定的同时，他超越了菲罗，把蕴涵的这种规定和演绎系统的严格性联系在一起来表述。

(二)弗雷格蕴涵和分离规则

弗雷格关于蕴涵的基本构想，虽然他很可能完全不知道菲罗蕴涵，但他对蕴涵的解释方式却完全和菲罗一样。分析他对蕴涵的这种解释，可以发现，这与他对演绎系统的严格性的兴趣是紧密联系在一起的。

在对条件性命题做出以上菲罗式规定之后，弗雷格接着强调了三点。

第一，我们必须肯定φ，在肯定φ的条件下，ψ的内容完全是无关紧要的，因此，上述情形(1)和(2)就是可能的，在(1)和(2)中，前后件的内容之间不必存在因果联系。

第二，我们必须否定ψ，在否定ψ的条件下，φ的内容也完全是无关

① 〔德〕弗雷格：《弗雷格哲学论著选辑》，王路译，王炳文校，北京，商务印书馆，2006，第10页。

紧要的，因此，上述情形(4)和(2)就是可能的，在(4)和(2)中，前后件的内容之间也不必存在因果联系。

第三，人们在做出一个条件式命题的断定的时候，如我们获得了这个条件句的断定：

$$\vdash \varphi \to \psi 。$$

他们往往不知道在这个断定中，是应该肯定还是应该否定φ和ψ。为了明确这个条件式的断定，这就需要增加获得这个断定的前提，这个前提就是需要肯定φ。

由此，我们就有了一个演绎系统的推理规则：分离规则。

按照弗雷格的解释，有两个断定，一个断定是$\vdash \varphi \to \psi$，一个断定是$\vdash \varphi$，根据这两个断定，我们就能够获得$\vdash \psi$这个新的断定。而这两个前提所起的作用，条件句的断定$\vdash \varphi \to \psi$排除了蕴涵式规定的第(2)种情形，前件的断定$\vdash \varphi$排除了第(3)和第(4)种情形，获得的结论就只能是第(1)种情形。①

从弗雷格的这个解释中可以看到，他在对蕴涵式的规定上和菲罗一致，但在对菲罗蕴涵的解释上明显地超越菲罗，他分析了条件句前后件之间因果联系的几种情况，并用分离规则来保证前提和结论之间的必然推导关系。

三、皮尔斯的蕴涵观

(一)皮尔斯论假言命题

条件式语句到了斯多葛学派的晚期，更多地被称作假言命题。罗马时期最后的一位斯多葛学派的逻辑学家鲍依休斯，他系统地讨论过这种假言命题。皮尔斯承继了这一传统，它对蕴涵的讨论，使用的是假言命题的名称，而不是蕴涵的名称和条件式语句的名称。有趣的是，皮尔斯对假言命题的讨论，我们现在不知道皮尔斯是否看过弗雷格关于条件式语句的论述，但讨论的思路竟然和弗雷格的论述十分类似。

皮尔斯认为，在假言命题的情况下，该语句所描述的东西可能超出事物的实际状态，那是一种虚拟的语气而非是现实的一种描述。借助于“如果，那么”这样一种描述形式，我们可以认识到一些另外的东西，或者是我们不知道的东西。那么，对于这种假言命题，我们该如何来判定它的真假值呢？皮尔斯说：

> 所以，假言命题在单一的事物状态下可以是假的，即仅仅是在φ真而ψ假的情况下假言命题是假的。在φ假以及ψ真的事物状态下

① 〔德〕弗雷格：《弗雷格哲学论著选辑》，王路译，王炳文校，北京，商务印书馆，2006，第10～12页。

假言命题不可能是假的。不过，在涉及可能性整个范围的每一种情况下，如果ψ是一个真命题，那么，考虑其逻辑意义，该假言命题应该被看作是真的，而不用管普通话语的用法是什么。另一方面，如果φ在涉及可能性范围的任何情况下都不是真的，那么该假设被理解为真还是假就是无关紧要的问题，因为那是没有价值的。①

从皮尔斯的上述论述中可以看到，开创现代逻辑新思路的两位逻辑先驱，在对蕴涵式的理解上是高度一致的。显然，皮尔斯和弗雷格一样，他关于蕴涵的解释也超越了菲罗。

(二)皮尔斯的真值表

皮尔斯对现代逻辑的贡献，近来受到越来越多的关注，他对逻辑的贡献是多方面的，除了以上提到的对蕴涵的解释之外，真值表方法也是他众多贡献中的一种。皮尔斯不仅特别地提到假言命题的真值判定问题，他还独创性地提出了真值表理论。由于真值表理论的提出，命题逻辑的演算就真正成为可能。我们不仅能够用真值表刻画蕴涵，也可以用它来刻画命题逻辑中的任意逻辑联结词。而且，这些逻辑联结词之间的转换，因为有真值表作为基础，也成为十分自然的事情。

皮尔斯关于真值表的设想，有一段很精彩的论述。他在讨论两个命题 x 和 y 的值的断定情形时，这样来设想其可能情形：

设 v 和 f 表示命题的两个值，v 可以看作是对命题的肯定，这可以表示为$\underline{x}$，或者$\underline{y}$；f 可以看作是对命题的否定，这可以表示为 $\overline{x}$ 和 $\overline{y}$；任意一个命题，它只能是这两种值之中的一个值。由此，命题 x 和 y 所能取值的情形只能是 $2^2=4$ 种，这可以用图 2-1 来予以说明。

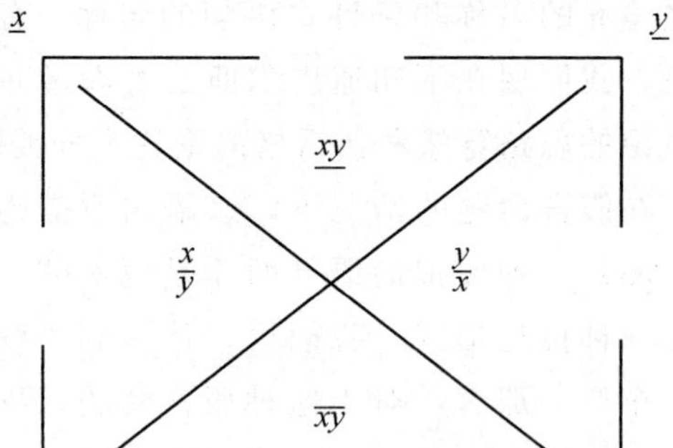

图 2-1 皮尔斯真值表

① I. M. Bochenski: *A History of Formal Logic*, South Bend, University of Notre Dame Press, 1981, p. 313.

皮尔斯对这个图 2-1 给以如下解释：设 m 为组合总数，n 为命题数量。

图中的短横线段表示对命题 x 或者 y 的真值断定，在线段上面表示 x 是 v 的情形，即 x 为真，或者 y 为真。在线段以下表示 x 是 f 的情形，即 x 为假，或者 y 为假。自然，一个短横线段上下都有命题，则在上的为真，在下的为假。由此，皮尔斯做出结论。

> 这样，m 将是 2^2，而 n 将是 2；而且将会有 n^m 或者 2^4 或者 16 种可能断定，……
>
> 对于三个量(指命题)则有 2^3 或者 8 种值的可能组合，因而有 2^8 或者 256 个不同的命题组合。在这些组合中，只存在 38 个能够清楚地被认为是可由用在两个量的逻辑中的那些记号所表达。①

皮尔斯的这个真值表当然不是那么直观，但意味深长，其后，卢卡西维茨和维特根斯坦进一步发展了这一理论，他们用矩阵来刻画命题逻辑的真值表。在卢卡西维茨的著作中，他把皮尔斯的真值表描述为图 2-2 的矩阵形式。

	→	q: 1	0	¬
p	1	1	0	0
	0	1	1	1

图 2-2 矩阵式真值表②

借助于这个真值表，我们不仅定义了蕴涵式，也定义了在命题逻辑中出现的任意的逻辑联结词，并使得一命题演算系统中的任何表达式，都能够机械地得到验证。

四、罗素的实质蕴涵

(一)罗素对实质蕴涵的解释

实质蕴涵的称呼可能来自于怀特海和罗素的巨著《数学原理》，古典和中世纪的学者是用条件句和假言命题的形式来讨论蕴涵的。就目前能

① I. M. Bochenski: *A History of Formal Logic*, South Bend, University of Notre Dame Press, 1981, pp. 330-331.

② 〔波兰〕卢卡西维茨：《亚里士多德的三段论》，李真，李先焜译，北京，商务印书馆，1981，第 194 页。此处引用时作者用通用符号代替了原作中的符号。

够看到的文献，怀特海和罗素在对他们的逻辑系统用非形式的方法加以说明的时候，曾用“p 实质蕴涵 q”这个短语作为 $p \to q$ 的一种翻译，以说明一个有效的推理规则分离规则的正当性。罗素 1908 年发表在《美国数学评论》杂志上的一篇论文中是这样来定义实质蕴涵的，在该文中他直接就称作蕴涵：

> 在继续讨论初始命题之前，我们需要一些定义。在下列定义，以及在初始命题中，字母 p，q，r 用于指谓命题。
>
> $$p \to q =df \neg p \vee q \quad \text{定义。}$$
>
> 这个定义说的是“$p \to q$”（读作“p 蕴涵 q”）的意思是“p 假或者 q 真”。我不想断言“蕴涵”不能有其他的意思，只是认为在符号逻辑中将这个意思给与“蕴涵”是最便利的。①

弗雷格的条件句，皮尔斯的真值表图示，似乎都没有引起多大的争论。怀特海和罗素在《数学原理》中对条件句所给出的这个实质蕴涵的解释，也就是菲罗蕴涵的解释，则从提出之日起，似乎就成为一个争议的焦点。

罗素在《数学原理》中是用“$p \supset q$”表示“p 实质蕴涵 q”或“如果 p，则 q”的，他把实质蕴涵定义为：

$$p \supset q =df \neg p \vee q\text{。}②$$

这个公式表明“p 实质蕴涵 q”可以定义为“p 是假的或者 q 是真的”。这个定义是从真假值的角度考察了否定、析取和蕴涵三种命题间的关系，其中任何一种关系都可以由另外两种关系表示，这样“p 实质蕴涵 q”就可以等价为 $\neg p$ 和 q 的析取（$\neg p \vee q$），即是或者说 p 是假的或者说 q 是真的。当然，$\neg p \vee q$ 也可以表示为合取的否定：$\neg(p \wedge \neg q)$。这三种关系的真假值都是只依赖于它们命题变元的真假值，所以罗素把实质蕴涵称为“真值蕴涵”。

（二）罗素对实质蕴涵的辩护

蕴涵一词，尤其是实质蕴涵一词，罗素的原意也许是指具有条件关系的前件和后件，它们的实质关系仅仅就是真值关系，真值关系就是这个前后件关系的实质。

但是，实质蕴涵的称呼给人以命题记号之间的意义联系的暗示，前件所表达的含义一定是包含了后件所表达的含义。而且，就日常语言的

---

① 〔英〕伯特兰·罗素：《逻辑与知识（1901—1950 年论文集）》，苑莉均译，张家龙校，北京，商务印书馆，1996，第 101 页。此处引用时作者用通用符号代替了原作中的罗素符号。

② Whitehead, Russell: *Principia Mathematica*, Vol. 1, second edition, Cambridge, Cambridge University Press, 1925, p. 94.

直观来看，命题和命题之间的关系，如果仅仅只有真值作为其实质的联系，那就远远脱离了蕴涵一词所表达的含义。于是，这个实质蕴涵的定义，一开始就出现不同的意见。刘易斯是这场争论的一个积极参与者，查阅刘易斯的论文，你会发现，他有多篇论文是讨论这个实质蕴涵的。

罗素显然感觉到这一点，他也觉得这个命名不那么合适，所以，他在他那本著名的著作《数理哲学导论》中做了以下辩护：

> 刘易斯教授(Prof. C. I. Lewis)曾经特别着力研究较狭的形式关系，这种关系我们可以称为"形式的可推演性"(formal deducibility)。他极力主张用"非 p 或 q"表示的较广的关系不应该称为"蕴涵"。不过这是一个用字的问题。假使我们用字前后一贯，我们如何定义它们并不关紧要。……作者认为，无论是否有象他所说的这样一种关系，总之数学不需要这种关系，因之根据一般的经济理由，也不该取为我们的初始概念，无论何时在二命题间有"形式的可推演性"的关系，我们就可知道或者前一命题假，或者后一命题真，二者必居其一，除此之外，再不需要任何东西进入我们的前提中；最后，刘易斯所持以反对作者的见解的种种详细理由全可详细答复，并且那些似是而非的理由全依赖于一种隐蔽的无意识的假定，这假定是作者所不取的。因此作者得出结论，我们不需要任何不能以真值函项表达的任何蕴涵形式作为基本概念。①

罗素的这个辩护显然不是那么有力，实质蕴涵虽然在古典命题演算中是一个很好的定义，但这个定义显然舍弃了命题和命题之间一定应该有的意义联系，不然我们真的可以在我们的思考中，将任意的真命题联系起来作为条件命题。这样的泛条件的实质蕴涵，的确应该有更好的东西来说明它。

刘易斯也承认，实质蕴涵也包含了一些有用的推理模式，但令人遗憾的是，实质蕴涵系统却包含了更多的无用的推理模式和近似荒唐的悖论的模式。我们要消除掉那些无用和荒唐的推理模式，需要对罗素的系统予以改进。刘易斯认为，可以用不同于实质蕴涵的严格蕴涵来修正罗素系统的弊病。对此，刘易斯说：

> 无论世界是否能够满足我们更多的合理需要，又如何使备受怀疑的实质蕴涵定理有效，在可能性和不可能性的方法的指引下，我们的逻辑探索总是会不断地超越现实而前进的。尽管如此，我们仍

---

① 〔英〕罗素：《数理哲学导论》，晏成书译，北京，商务印书馆，1982，第 145 页。

然要指出实质蕴涵的错误，最好是要对这种错误了解清楚，当前的命题演算仅仅是这些系统中的一部分，其中的每一个可能都是自我一致的和作为应用逻辑的一种可能选择。①

刘易斯对实质蕴涵的批判，的确是打中了它的要害，并不是如罗素所言只是一些似是而非的理由。刘易斯对实质蕴涵进行批判的结果，是构建了一种新的蕴涵，这就是刘易斯为之命名的严格蕴涵。

第三节 实质蕴涵批判和严格蕴涵

一、实质蕴涵批判

(一)实质蕴涵悖论

实质蕴涵在弗雷格、皮尔斯和罗素、怀特海等逻辑大师的菲罗式解释中，对蕴涵的语义解释不要求前件 p 和后件 q 之间具有意义上的联系，只具有依赖真值来定义的意义。$p\rightarrow q$ 仅仅定义为前件真，后件假，该蕴涵式就是假的。这样一个定义的结果，使得实质蕴涵可以概括出以下几个特征。

第一，实质蕴涵具有保真性，如果前件真，后件假，则这个蕴涵本身就是不成立的。第二，实质蕴涵适用于一切不相干的命题，它丝毫不要求命题之间具有内容方面的联系。由此自然就有第三个特征。第三，用这样的蕴涵作前提进行的推理，会出现推出过多、推出太强的结论。第四，由于前后件内容不相关，实质蕴涵中，那个蕴涵的意味似乎就丧失了，它脱离了蕴涵的原意。

实质蕴涵的这些特征在以下的一些有效式，即古典逻辑的定理中有十分突出的表现。

(1)$\neg p\rightarrow(p\rightarrow q)$。

它可演算为：

$$\begin{aligned}p\vee(p\rightarrow q)&\equiv p\vee\neg p\vee q\\&\equiv\neg(p\vee\neg p)\rightarrow q\\&\equiv(\neg p\wedge p)\rightarrow q。\end{aligned}$$

这就是著名的假命题蕴涵任何命题的定理。

① C. I. Lewis: The Calculus of Strict Implication, *Mind*, Vol. 23, No. 90, 1914, p. 247.

(2)$p \to (q \to p)$。

它可演算为：

$$\begin{aligned} p \to (q \to p) &\equiv \neg p \vee \neg q \vee p \\ &\equiv \neg p \vee p \vee \neg q \\ &\equiv q \to (\neg p \vee p)。\end{aligned}$$

这就是著名的真命题被任何命题所蕴涵的定理。

(3)$(p \to q) \vee (q \to p)$。

任意两个命题，或者是前者蕴涵后者，或者是后者蕴涵前者。这个概括的确离我们对语言的直观太远了一点。用刘易斯自己的评论来表述，他在讨论逻辑规律终极标准的时候说道：

> 例如，罗素先生以蕴涵关系作为他的逻辑的基础。照此逻辑，如果从一张报纸上剪下20个句子并把它们放在一顶帽子里，然后随意取出其中两个句子，那么其中一个就一定会蕴涵另一个，而且我们也可以说，这种蕴涵是相互的。然而《数学原理》的整个结构就是建立在这样一种与普通推论方式大相径庭的基础之上的。①

(4)$(((p \wedge q) \to r)) \to ((p \to r) \vee (q \to r)))$。

一个合取命题做前件，另一个命题做后件，则从这个蕴涵命题可以推出，每个合取支有可能蕴涵着那个作为后件的命题，这依然是个推出过强的结论。

但上述定理一直是经典逻辑的有效式，这种背离直观的特征，自然就有逻辑学家提出异议，认为这和我们进行思考的常识和直观是背离的，他们称这些定理为实质蕴涵悖论。

罗素看到了这一点，所以，他后来在《数理哲学导论》一书中引进了形式蕴涵的概念，以和实质蕴涵相区别。罗素可能是首次使用“实质蕴涵”和“形式蕴涵”的逻辑学家，罗素提出实质蕴涵，主要是立足于构造命题演算系统，他的形式蕴涵用来说明全称肯定命题SAP(一切人是有死的)：x是人，蕴涵着x是有死的。有死的性质包含在是人的性质之中，罗素对于形式蕴涵的阐述开始于对命题函项的说明，但这里解决的方式是谓词逻辑的方式。

关于命题函项，罗素有如下的表述：

一个“命题函项”其实就是一个表达式，这个表达式包含了一个或多

---

① [美]刘易斯：《刘易斯文选》，李国山，方刚等译，北京，社会科学文献出版社，2007，第209页。

个未定的成分，当我们将值赋予这些成分时，这个表达式就变成了一个命题。换句话说，一个命题函项即是其值为命题的函项。①

> 单单一个命题函项可以看成是一个模式，一个空壳，一个可以容纳意义的空架子，而不是一个已经具有意义的东西。②

从罗素的描述中可以看出，命题函项与命题存在必然的联系，它们都是罗素表述形式蕴涵的重要成分，这种说法指出了命题函项和命题之间存在差别。

命题的意义是确定的，能立刻判断其真假；而命题函项的意义没有确定，需要先对表达式中的未知成分进行赋值，之后才能判断其真假。

> 假使我们讨论的是"一切人是有死的"这个命题，我们先从"如果苏格拉底是人，苏格拉底是有死的"开始，然后有"苏格拉底"出现的地方用一个变元 x 替换，于是得到"如果 x 是人，x 是有死的"。虽然 x 是一个变元，没有任何确定的值，但当我们断定"ϕx 蕴涵 ψx"常真时，在"ϕx"中和在"ψx"中 x 要有同一的值，这就需要我们从其值为"ϕa 蕴涵 ψa"的函项入手，而不是从两个分离的函项 ϕx 和 ψx 入手；假若我们从两个分离的函项入手，我们决不能保证这一点：一个尚未规定的 x 在两个函项中有同一的值。
>
> 为简单起见，当我们的意思是"ϕx 蕴涵 ψx"恒真时，我们说"ϕx 恒蕴涵 ψx"。"ϕx 恒蕴涵 ψx"这种形式的命题称为"形式蕴涵"(formal implication)；这名称也可用于变元不只是一个的命题。③

罗素在《数学原理》中也是如此表述的："如果每一个对象既填充了空白形式 φ 而成为真的命题，也填充了空白形式 ψ 成为真命题，命题函项 φ 形式蕴涵 ψ。"④

罗素还认为，"传统逻辑将'所有的 S 都是 P'看成与'x 是 p'为同一种形式的命题"是传统逻辑缺少分析的典型实例，"从以上所说，我们已经知道，前一命题具有'φx 恒蕴涵 ψx'的形式，而后者所有的形式乃是'ψx'。"罗素指出："将这两种形式着重分开的是皮亚诺和弗雷格，这种分辨在符号逻辑中是一个至关重要的进步。"

从罗素的以上论述可以看到，形式蕴涵只是实质蕴涵在谓词演算中

---

① 〔英〕罗素：《数理哲学导论》，晏成书译，北京，商务印书馆，1982，第 146 页。

② 同上书第 148 页。

③ 同上书第 153 页。

④ Whitehead，Russell：*Principia Mathematica*，Cambridge，Cambridge University Press，1903，p. 21.

的表现而已，究其根本，并没有解决实质蕴涵的怪论问题。但罗素把蕴涵解释建立在纯粹的真值判定基础上，影响了同时代及后来的逻辑学家。实质蕴涵概念也因为具有明显的方便性和简洁性广为逻辑学界接受，实质蕴涵的真值定义模式也为蕴涵理论的进一步发展奠定了基础。

此外，还有一些具有哲学倾向的逻辑学家，试图用新的途径来解决这个怪论问题。当然，也有一些逻辑学家认为，实质蕴涵悖论根本就不是怪论。塔尔斯基就持这种态度，他认为，逻辑上的蕴涵本来就应该和日常语言有差别。

(二)蕴涵概念的新解释

关于实质蕴涵的这些讨论，并没有消灭这个看似有问题的"实质蕴涵"，实质蕴涵仍然是经典逻辑的经典定义。有趣的是，这个批判性的讨论反倒推动了逻辑学科的进一步发展，产生了一些不同于实质蕴涵的新的蕴涵解释，引入了一些新的蕴涵概念，其中的一个重要蕴涵类型，是由刘易斯所创立的严格蕴涵。

我们在考察实质蕴涵的时候，把这个蕴涵的源头追溯到古希腊的菲罗。对严格蕴涵的设想，如果我们追溯其起源的话，似乎追溯不到那么久远，但可信赖的文献资料显示，还可以找到更早一些就有这个设想的学者。一般认为，最早提出类似于刘易斯严格蕴涵观念的逻辑学家，是英国逻辑学家麦考尔(Hugh MacColl，1837—1909)。

二、麦考尔严格蕴涵雏形

(一)严格蕴涵概念的先驱

对蕴涵和必然概念的反复思考是现代模态逻辑创立的契机，把握住这个契机的第一位逻辑学家可以说是麦考尔。由于麦考尔的工作，一个新的蕴涵概念，严格蕴涵的概念引进到现代的经典逻辑，又由于这个新蕴涵概念的引入，现代模态逻辑开始初露曙光。而刘易斯对这个严格蕴涵概念的系统刻画，则标志着现代模态逻辑的诞生。

> 朝向现代模态逻辑的第一步，事实上是在19世纪的末叶由麦考尔开始的。麦考尔引入了析取符号($a+b$)的运算，否定符号(a')的运算和蕴涵符号($a:b$)的运算。[①]

麦考尔的这三个逻辑运算符号，用现代逻辑符号来理解，+表示析

---

① G. E. Hughes，M. J. Cresswell：*A New Introduction to Modal Logic*，London，Routledge，1996，p. 193.

取∨，'表示否定¬，而冒号：则表示的蕴涵→，因此，上述引文中符号表达式就分别是：$\varphi \vee \psi$，$\neg\varphi$和$\varphi \to \psi$。麦考尔用这三个析取、否定和蕴涵符号进行逻辑演算，并把以下公式看作是逻辑演算中的一个有效式：

$$(\varphi \to \psi) \to (\neg\varphi \vee \psi)。$$

但麦考尔不认为以下公式为有效式：

$$(\varphi \to \psi) = (\neg\varphi \vee \psi)。$$

麦考尔用一个语言实例来说明他关于这些符号的独特解释。

假定φ表示："他将坚守他挥霍浪费的生活习惯。"ψ表示："他将被毁掉。"那么，我们对$(\varphi \to \psi)$的否定$\neg(\varphi \to \psi)$就可以表示为：

"他可能在不是必然地被毁掉的情况下，坚守他挥霍浪费的生活习惯。"

(He may persist in his extravagancy without necessarily being ruined.)

我们对$(\neg\varphi \vee \psi)$的否定$\neg(\neg\varphi \vee \psi)$则可以表示为：

"他将坚守他挥霍浪费的生活习惯并且他将不被毁掉。"

(He will persist in his extravagancy and he will not be ruined.)

麦考尔认为，$(\varphi \to \psi)$和$(\neg\varphi \vee \psi)$是两个不等价的符号表达式，第一个带蕴涵的否定表达式只是断定了可能性，后一个带析取的否定表达式则表达的断定要更多一些，它超越了可能性。

麦考尔关于两种运算符号的思想，对蕴涵否定的理解是一种关于必然性的蕴涵模式，对析取否定的理解则是其后出现的实质蕴涵的模式。

麦考尔 1880 年发表论文《符号推理 1》，对蕴涵的解释实际上就超越了实质蕴涵。他后来在 1897 年的论文《符号推理 2》中，更明确地指出，命题除了有真值和假值之外，还有必然、不可能、不确定等值。

我们经常不仅必须考虑一个命题是真或是假，而且还必须考虑一个命题是不是必然的(象 2＋3＝5 那样)，是不是不可能的(象 2＋3＝8 那样)，是不是不确定的，……①

(二)把必然模态引进蕴涵解释

可贵的是，在麦考尔 1906 年出版的《符号逻辑及其应用》一书中，麦考尔对他的上述思想又做了更为清晰的论述，他明确地反对把他的逻辑蕴涵联结词仅仅理解为真值函项解释的联结词。他把$(\varphi \to \psi)$定义为$(\neg\varphi \vee \psi)^{\epsilon}$，其中的上标$\in$表示必然性。所以，麦考尔的$(\neg\varphi \vee \psi)^{\epsilon}$恰好

① 周礼全：《模态逻辑引论》，上海，上海人民出版社，1986，第 388 页。

是理解为$\Box(\neg\varphi\vee\psi)$。就此而言，麦考尔最早提出了超越实质蕴涵的严格蕴涵概念。

但是，麦考尔也仅仅只是提出了严格蕴涵的概念雏形，他没有给出任何公理，也没有给出任何有关严格蕴涵的逻辑系统。所以，他关于蕴涵的必然解释几乎就不可能称之为现代意义的模态逻辑。然而，正是他的这些有关严格蕴涵的思想，启发了他的同时代人，特别是对现代模态逻辑的创始人刘易斯有深刻影响。可以毫不夸张地说，刘易斯的许多重要概念来自于麦考尔。如果说现代模态逻辑的创始人是刘易斯，那么麦考尔当之无愧地是现代模态逻辑的先驱。

三、刘易斯的严格蕴涵系统

(一)严格蕴涵

几乎是紧跟麦考尔之后，刘易斯也讨论了实质蕴涵怪论问题，但他关于蕴涵的设想是针对罗素的实质蕴涵的，他在自己的一系列的著作和论文中针对罗素的蕴涵理论发表了自己的批评意见，这些论文多半发表在当时《心灵》和《哲学杂志》等刊物上。

1910 年，怀特海和罗素的《数学原理》出版，1912 年刘易斯在《蕴涵和逻辑代数》一文中就指出，这个实质蕴涵的说法和我们的语言直觉相距太远。

刘易斯说：

> 把"恺撒不死"这个命题看作是蕴涵"月亮是由绿奶酪所做成"或者认为"巴黎在法国"这个命题由"伦敦不在英国"这个命题所蕴涵，这实在是荒唐，而实质蕴涵实际上就是在作这种荒唐的推理。①

于是，刘易斯在其论文中设想了纠正这种蕴涵的方式，提出了用严格蕴涵来代替实质蕴涵，并给出了严格蕴涵的定义。到目前为止我们能够发现的历史事实是，词项"严格蕴涵"首先出现在刘易斯 1912 年发表的论文中②，在该文中，他给出了严格蕴涵的概念，而鱼钩符号$\prec$则首次出现在他 1918 年的论文中。③

p 严格蕴涵 q，可以用一个不同于一般蕴涵符号的带鱼钩的符号来表示，那么，什么是严格蕴涵呢？他给出了以下的严格蕴涵定义：

$$p \prec q = df\ \neg(p—q) = \text{不可能}(p\text{ 真并且 }q\text{ 假})。$$

在这个定义中，鱼钩符号代表了严格蕴涵的逻辑联结词，同时又使

---

① C. I. Lewis：Implication and the Algebra of Logic，*Mind*，Vol. 21，No. 84，1912，p. 527.

② Ibid. pp. 522-531.

③ C. I. Lewis：*A Survey of Symbolic Logic*，Berkeley，University of California Press，1918.

用了否定符号和表示模态不可能的符号。该定义中的¬不是我们常用来表示否定的意义，它表示的是不可能；该定义中的—，表示的是否定的含义，否定的命题是 q；而两个命题的横向并列则表示的是命题的合取。由此，上述定义的自然语言解释可以描述为：

命题 p 严格蕴涵 q 的含义是：不可能 p 真并且 q 假。

这个定义看起来和实质蕴涵没有什么区别，任意实质蕴涵的解释也恰恰是：并非 p 真并且 q 假，这里把并非转换成不可能，有哪些重要的逻辑意义呢？

至少有以下几个重要的结果值得我们注意。

(1)引入了表示模态的词项：不可能。

罗素和弗雷格的系统中没有模态词的考虑，这就增加了蕴涵解释的一个参照系。

(2)说 p 真 q 假不可能，强调了命题之间的必然联系。

这种联系排除了前述怪论 1 和 2。恺撒不死是假命题，它就不能蕴涵任何命题，至少不能蕴涵真命题，蕴涵假命题还情有可原。

恺撒不死—⥽月亮由绿奶酪做成。

这种蕴涵情有可原，但假命题蕴涵真命题则被排除。

伦敦不在英国—⥽巴黎在法国。

这种蕴涵明显排除了。伦敦不在英国是假命题，巴黎在法国是真命题，这在实质蕴涵中被看作一个真命题，但在刘易斯的严格蕴涵中，如果我们给出了这么一个命题，它被理解为：必然地伦敦不在英国蕴涵着巴黎在法国。说这样两个命题之间有必然联系，这当然是无法接受的。

(3)说 p 真 q 假不可能，强调了蕴涵的内涵意义的联系。

当我们用鱼钩符号来联系 p，q 两个命题符号时，除了它们之间的真值关系外，我们给出了确定其真值的其他因素，这样的因素超越了外延逻辑仅凭真假来决定函项值的标准，使得内涵因素悄然地进入逻辑学的视野。

(4)严格蕴涵可以包含实质蕴涵，但反过来不成立。

严格蕴涵公式可以转换为模态公式$\Box(p \to q)$；而这个带有必然算子的公式可以在标准模态系统的 T 系统中蕴涵实质蕴涵：

$$\Box(p \to q) \to (p \to q),$$

但反过来则是不成立的。

刘易斯在引入严格蕴涵之后，1914 年又发表两篇关于严格蕴涵演算的论文，一篇是发表在《心灵》杂志上的《严格蕴涵的演算》(*Calculus of Strict Implication*)，另一篇是发表在《哲学心理学方法论》杂志上的《蕴涵的矩阵代数》(*The Matrix Algebra of Implication*)。在这些论文中，刘易斯的系统仅被称之为严格蕴涵的逻辑。

探寻刘易斯对实质蕴涵诘难的动机，可以看到，正是蕴涵问题本身存在远离我们思维的实效，不符合语言的直观，刘易斯才试图提出严格蕴涵，以弥补实质蕴涵的缺陷。按照他的意见，他的逻辑推断理论是与有内容的逻辑推断的直观要求相适应的，这种内容上的联系依赖某种模态范畴来实现。这正如研究刘易斯思想的费伊斯的一段评论所指出的："刘易斯的思想就在于引入表达逻辑必然的联系与不表达这类必然的联系之间的区别。"①区分实质蕴涵和严格蕴涵的思想，如同我们在"必然"章中对刘易斯的分析，源自于他对效用的重视，这正是实用主义者对实在世界进行思考时，一个一贯的出发点。②

弗雷格在他的《概念文字》中没有考虑到模态，皮尔斯有关模态的论述因为他的特殊遭遇而尘封多年，我们从罗素有关逻辑的论述中，几乎可以感受到他对模态的排斥。然而，刘易斯的严格蕴涵，他在严格蕴涵概念基础上建立的严格蕴涵系统，这个系统中对必然和可能模态的设想，显然是在酝酿一门新的逻辑——模态逻辑。正因为如此，构造严格蕴涵逻辑演算的刘易斯，自然就是现代模态逻辑的奠基人。

(二)刘易斯的严格蕴涵系统 S1—S5

1. 严格蕴涵系统概述

在刘易斯的早期论文中，他曾试图以严格析取作为系统的初始符号，也曾试图以逻辑的不可能性为初始符号，当然，他有时也以严格蕴涵作为其系统的初始符号。在其 1920 年《符号逻辑概论》的修订版中，他再次以逻辑不可能作为初始的模态算子，以合取和否定作为真值函项的运算子，建立了一个公理化的逻辑系统，这大概是刘易斯最早的模态系统。到 1930 年，另一位逻辑学家贝克(Oskar Becker，1889－1964)给刘易斯建议：对于这个概论系统，应该再增加几个公理，以便能够把所有的模态归约到少数几个非等价的模态中去。但是这样的系统显然还不是严格蕴涵系统，模态算子和严格蕴涵还没有得到系统地处理。然而，这样的思路为其后来的严格蕴涵系统打下了基础。

---

① 弓肇祥：《广义模态逻辑》，北京，中国社会科学出版社，1993，第 140 页。

② 杜任之：《现代西方著名哲学家述评(续集)》，北京，生活·读书·新知三联书店，1983，第 184 页。

到 1932 年，刘易斯和兰福德(Cooper Harold Langford)合作出版《符号逻辑》一书，在这本书中，刘易斯和兰福德对严格蕴涵给出了第一个系统的公理化处理。可能性被作为初始的模态运算子，严格蕴涵和模态算子都得到了综合性的处理，在该书的 177～178 页上，它们分别被命名为系统 1 和系统 2①，很可能，系统 1 和系统 2 恰好就缩写为 S1 和 S2。在该书的附录中，也概括了几个其他的公理系统，这就是在《符号逻辑概论》一书中提及的最早系统 S3(1918 年)，以及由贝克提议而引进的归约公设所构成的另外两个系统，这就是 S4 和 S5。② 而所有的 S1 到 S5 系统的公理，全都是以严格蕴涵的形式给出，因此这个 S1—S5 的模态系统也被人们称作严格蕴涵系统。以下，我们将依据出现在《符号逻辑》一书中的形式，分别给出刘易斯和兰福德为模态逻辑最早建立的这 5 个系统，按照数字顺序从 S1 到 S5 依次给出。

刘易斯和兰福德在该书中使用了不同于现今表达式的符号，我们在此一律采用常规的逻辑符号，在本书附录中，对所有的符号表达式的基本含义都做了统一的处理。

2. 模态逻辑的早期系统 S1—S5

(1)系统 S1。

初始符号：

[命题变元] p，q，r，…

[一元运算子] $\neg$，$\Diamond$

[二元运算子] $\wedge$

[小括号] (，)

公式形成规则：

①任意命题变元是合式公式。

②如果φ是合式公式，则$\neg\varphi$是合式公式。

③如果φ和ψ是合式公式，则$\varphi\wedge\psi$是合式公式。

④如果φ是合式公式，则$\Diamond\varphi$是合式公式。

定义 *def*：

[*def* $\vee$] $(\varphi\vee\psi)=def\ \neg(\neg\varphi\wedge\neg\psi)$。

[*def* $\rightarrowtail$] $(\varphi\rightarrowtail\psi)=def\ \neg\Diamond(\varphi\wedge\neg\psi)$。

---

① Clarence Irving Lewis, Cooper Harold Langford: *Symbolic Logic*, New York, The Century Company, 1932, pp. 177-178.

② G. E. Hughes, M. J. Cresswell: *A New Introduction to Modal Logic*, London, Routledge, 1996, p. 206 note11.

$[def \equiv]\ (\varphi \equiv \psi) = def\ (\varphi \dashv\!\!\!\rightarrow \psi) \wedge (\psi \dashv\!\!\!\rightarrow \varphi)$。

$[def\ \Box]\ \Box\varphi = def\ \neg\Diamond\neg\varphi$。

公理：

AS1.1 $(\varphi \wedge \psi) \dashv\!\!\!\rightarrow (\psi \wedge \varphi)$。

AS1.2 $(\varphi \wedge \psi) \dashv\!\!\!\rightarrow \varphi$。

AS1.3 $\varphi \dashv\!\!\!\rightarrow (\varphi \wedge \varphi)$。

AS1.4 $((\varphi \wedge \psi) \wedge \rho) \dashv\!\!\!\rightarrow (\varphi \wedge (\psi \wedge \rho))$。

AS1.5 $((\varphi \dashv\!\!\!\rightarrow \psi) \wedge (\psi \dashv\!\!\!\rightarrow \rho)) \dashv\!\!\!\rightarrow (\varphi \dashv\!\!\!\rightarrow \rho)$。

AS1.6 $((\varphi \wedge (\varphi \dashv\!\!\!\rightarrow \psi) \dashv\!\!\!\rightarrow \psi$。

AS1.7 $\varphi \dashv\!\!\!\rightarrow \neg\neg\varphi$。①

转换规则：

①一致性替换规则 US。

用任意的合式公式φ_1，…，φ_n，分别一致地替换在一个定理当中的任意变元或者任意几个变元 p_1，…，p_n后所获得的结果，它本身仍然是一个定理。

②可证合取导出规则 ARJ。

$$\vdash\varphi，\vdash\psi，\Rightarrow\vdash\varphi\wedge\psi。$$

③严格分离规则 MP。

$$\vdash\varphi，\vdash\varphi\dashv\!\!\!\rightarrow\psi，\Rightarrow\vdash\psi。$$

这里的⇒符号表达了合式公式的导出，从一个或者多个其他的合式公式导出。例如，使用 US 规则，我们可以从$\vdash\varphi\Rightarrow\vdash\varphi[\varphi_1/p_1，\cdots，\varphi_n/p_n]$。

使用 MP 规则，可以从$\vdash\varphi$，$\vdash\varphi\rightarrow\psi\Rightarrow\vdash\psi$。

以上的 S1 系统和经典命题逻辑 PC 系统有着明显的区别，它和最早从 PC 出发构造的模态公理化系统不一样，它不是为扩张 PC 而构造的。S1 中的公理，实际上没有一个是 PC 的合式公式。而且它的分离规则不是 PC 的，而是面对严格蕴涵的分离规则。它的等值替换规则也不是 PC 的，而是面对严格蕴涵的等值替换规则。但有趣的是，S1 包含了 PC，所有 PC 的定理都是 S1 的定理。如同刘易斯本人所做的那样，我们很容易引进运算子→和≡来说明 S1 和 PC 之间的这种包含关系。

$[def \rightarrow]\varphi \rightarrow \psi = def\ \neg(\varphi \wedge \neg\psi)$。

$[def \equiv]\ (\varphi \equiv \psi) = def\ (\varphi \rightarrow \psi) \wedge (\psi \rightarrow \varphi)$ 。

---

① S1 本有这个公理 7，但 1934 年麦金西证明了这个公理是非独立的。

按照刘易斯的说法，S1 称之为普遍推理的演算，它的 7 个公理的设立意在：

> 去掉古典命题演算中那些导致实质蕴涵悖论的原则和假设，只保留那些可以把其中的蕴涵解释为推理(可逻辑地推出)关系的原则和假设。①

但是，尽管刘易斯把 S1 称为普遍推理的演算，因为它是后来所有 S 系统的基础，但他认为 S1 在其假设中是简朴经济的，还不能算是体现严格蕴涵的系统。因为 S1 的公设并没有包括任何从范畴上区分两种蕴涵，即严格蕴涵和实质蕴涵的东西。开始做出这种区分的系统，是更能体现严格蕴涵观念的系统 S2。②

(2)系统 S2。

系统 S2 是给 S1 增加公理 AS2.1 而构成的。

AS2.1 $\Diamond(\varphi\wedge\psi)\prec(\Diamond\varphi\wedge\Diamond\psi)$。

刘易斯称这个公理为一致性公设，其意义是：一个可能的命题(或者一致的命题)是在一个一致性的合取中的一个项。

一致性概念在刘易斯那里被看作是一种关系，两个命题之间的关系。

> 当我们说两个命题是“一致的”时候，我们的意思是“无论其中哪一个命题做前提，推出另一个命题是假的”这是不可能的。所以，如果我们打算用“$\varphi\prec\psi$”表示由“φ 可以推出 ψ”的话，“φ 和 ψ 是一致的”可以定义为：
>
> 17－01 $\varphi o\ \psi = df\ \neg(\varphi\prec\neg\psi)$。③

在这个定义中，符号 $\varphi o\ \psi$ 表示 φ 和 ψ 是一致的，这个定义所导出的性质，用刘易斯的陈述，完全可以作为通常意义的“蕴涵”和“一致性”以及函数“$\varphi\prec\psi$”和“$\varphi o\ \psi$”之间相协调的一个判定标准。④

对这个公理更为通俗的解释是，若有一个合取公式，如($p\wedge q$)是一致的，则这个合取公式中的 p 本身就一定是一致的，p 本身不可能推出 $\neg p$。若它推出了 $\neg p$，不仅它本身不一致，它所在的合取命题自然也是不一致的。

($p\wedge q$)是一致的还表明，我们从 p 推不出 $\neg q$，用严格蕴涵的符号来

---

① 周北海：《模态逻辑导论》，北京，北京大学出版社，1997，第 190 页。

② Clarence Irving Lewis, Cooper Harold Langford: *Symbolic Logic*, New York, The Century Company, 1932, p. 178.

③ Ibid. p. 153.

④ Ibid. p. 124.

表示这种一致性的性质，上述两个结论可以表示为：

$$\neg(p \prec \neg p)。 \quad (1)$$

$$\neg(p \prec \neg q)。 \quad (2)$$

因为我们可以从(2)导出(1)，所以就有：

$$(\neg(p \prec \neg q)) \prec (\neg(p \prec \neg p))。 \quad (3)$$

而根据严格蕴涵的定义：

$$[def \prec]\ (\varphi \prec \psi) = def\ \neg\Diamond(\varphi \wedge \neg\psi)。$$

上述公式(1)和(2)可以变形为：

$$\neg(p \prec \neg p) \equiv \neg\neg\Diamond(p \wedge \neg\neg p) \equiv \Diamond(p \wedge p) \equiv \Diamond(p)。 \quad (4)$$

$$\neg(p \prec \neg q) \equiv \neg\neg\Diamond(p \wedge \neg\neg q) \equiv \Diamond(p \wedge q)。 \quad (5)$$

再根据严格等值替换规则 SEQ 得：

$$\Diamond(p \wedge q) \prec \Diamond(p)。$$

$$\Diamond(p \wedge q) \prec \Diamond(q)。$$

再根据可证合取规则 ARJ 得：

$$(\Diamond(p \wedge q) \prec \Diamond(p)) \wedge (\Diamond(p \wedge q) \prec \Diamond(q))。$$

所以，我们就能够得到 S2 的那个特征公理，即刘易斯所说的一致性公设。

AS2.1　$\Diamond(\varphi \wedge \psi) \prec (\Diamond\varphi \wedge \Diamond\psi)$。

正是因为这个公设是根据我们对一致性概念的分析而获得的，这个公设又是表明 S2 特征的公理，所以，S2 也就被刘易斯称为一致性演算。而由于在 S2 中出现了可能模态，它也可以看作是表达可能性的某些性质的推理系统。

(3)系统 S3。

上述关于可能性质的系统 S2，加上一个新公理 AS3.1，构成了刘易斯的系统 S3。对 S3 的理解有一个曲折的过程，最初的 S3 是在 S1 的基础上增加两个公理而获得的系统。

AS3.1　$(\varphi \prec \psi) \prec (\neg\Diamond\psi \prec \neg\Diamond\varphi)$。

AS3.2　$\neg\Diamond\varphi \prec \Diamond\varphi$。

但后来发现 AS3.2 是 S1 的公理，因而就去掉 AS3.2，成为现在的 S3。这个系统的直观意味很明显，S2 是有关可能性的系统，S3 则是有关不可能性的系统。S3 由于莱蒙(E. J. Lemmon)和贝克的工作，后来也被看作是增加一个有关必然模态的公理而形成的系统，这个公理称之为 AS3.3。

AS3.3　$(\varphi \prec \psi) \prec (\Box\varphi \prec \Box\psi)$。

该公理的产生既有莱蒙的工作，也有贝克的工作。莱蒙在分析S1系统的时候，为S1设想了一个基于PC的公理和转换规则，这可以简略描述如下。

S1公理有以下三个：

S1.1 每一个PC重言式都是S1的定理；

S1.2 $\Box\varphi\rightarrow\varphi$；

S1.3 $\Box(\varphi\rightarrow\psi)\wedge\Box(\psi\rightarrow\rho))\rightarrow\Box(\varphi\rightarrow\rho)$。

转换规则：

①US规则相同。

②MP规则由对严格蕴涵的MP变成对实质蕴涵的MP。

新增两条规则：

③N′必然规则：

如果φ是PC重言式或者公理，那么$\vdash\Box\varphi$。

④Eq′严格等价替换规则：

如果有φ不同于ψ，φ和ψ不同仅在某些地方φ有合式公式A，而ψ有合式公式B，并且$A\equiv B$，那么，$\vdash\varphi\equiv\psi$。

在刘易斯最初形成他的严格蕴涵演算系统的时候，另一位逻辑学家贝克在20世纪30年代为必然模态提出了一个规则，这个规则后来被逻辑学家切尔奇曼(A. Churchman)[①]在1938年命名为贝克规则，我们简称这个规则为BR，这就是模态K系统中那个著名的分配公理。

$$(\text{BR})\quad \vdash\Box(\varphi\rightarrow\psi)\Rightarrow\vdash\Box(\Box\varphi\rightarrow\Box\psi)。$$

用严格蕴涵来表达BR，这个BR可以转换如下：

$$(\text{BR})\quad \vdash\varphi\prec\psi\Rightarrow\vdash\Box\varphi\prec\Box\psi。$$

这个规则属于系统S2，但奇怪的是，和这个规则类似的一个公式，却不属于系统S2，它不是S2的一个定理。而且，这个公式可以加到S2中去，由此形成的系统，演绎地等价于刘易斯1918年著作中的一个系统，这个系统就是S3。因此，我简称这个公式为S3.2。[②]

$$\text{S3.2}\quad (p\prec q)\prec(\Box p\prec\Box q)。$$

显然，在S2中关注可能的性质，到了S3，就有了刻画必然性质的公理，这意味着刘易斯的严格蕴涵系统实际上就是关于必然和可能的模态系统。这个关于模态的刻画到了S4和S5就更为明显，严格蕴涵系统

① G. E. Hughes, M. J. Cresswell: *A New Introduction to Modal Logic*, London, Routledge, 1996, p. 206 note20.

② Ibid. pp. 198-201.

从对单一模态的关注转向了对叠置模态的关注。

(4)系统 S4。

如果我们给系统 S1 增加一个有关叠置模态的公理 AS4.1，这就形成了系统 S4。

AS4.1 $\Box\varphi \rightarrow \Box\Box\varphi$。

因为严格蕴涵的定义，叠置模态问题的出现是自然的。刘易斯把严格蕴涵定义为：

$$[def \rightarrow](\varphi \rightarrow \psi) = def \neg\Diamond(\varphi \wedge \neg\psi) = def(\varphi \rightarrow \psi)。$$

在 S1 中就已经有类似叠置模态的形式出现了。例如，S1 有定理$\Box(\Box p \rightarrow p)$，这已经类似于模态叠置形式。增加新公理后形成的 S2 和 S3，模态叠置的现象则到处呈现，如 S2 中的定理$\Diamond\Diamond q \vee \Box\Box(p \rightarrow p)$，S3 中的定理$\Diamond\Diamond q \vee (\Box p \rightarrow \Box\Box p)$，$\Box\Box p \rightarrow \Box\Box\Box p$，等等。这些叠置模态应该如何理解，有没有办法来处理这些叠置模态就是严格蕴涵演算需要面对的问题。

在 S1 中，我们有定理$\Box p \rightarrow p$，显然$\Box\Box p \rightarrow \Box p$ 就是这个定理的特例，这就很自然地解释了这种情况下的叠置模态，若有$\Box\Box p$ 真，则$\Box p$ 不可能为假。所以，我们就可以设想一个反方向的定理，从而有一个$\Box\Box p \equiv \Box p$ 的等价公式作为新系统的公理。

> 一个像这样的等价定理，它有资格让我们把一些模态算子的序列取代为更短的模态算子序列，我们将把这个等价公式的定理称作任意系统的归约法则，这个等价公式即是这个系统的定理。把归约法则$\Box\Box p \equiv \Box p$ 看作为有效法则会是解决有关“必然地必然的”表达式给我们困惑的一个方法，因为我们接之就应该说，当 p 是必然的时候，p 就是必然地必然的，而不是用其他的说法。[1]

这就是出现 S4 以及 S5 的原因。很明显，当我们有$\Box\Box p \equiv \Box p$ 的等价公式作为新系统的公理时，实际上就是在 S1 的基础上增加了公理 AS4.1。

(5)系统 S5。

如果我们给系统 S1 增加一个有关叠置模态的公理 AS5.1，这就形成了系统 S5。

AS5.1 $\Diamond\varphi \rightarrow \Box\Diamond\varphi$。

---

① G. E. Hughes, M. J. Cresswell: *A New Introduction to Modal Logic*, London, Routledge, 1996, p. 52.

在 S1 中，我们可以获得$\Box\Box p \multimap \Box p$的定理，从而用$\Box\Box p \equiv \Box p$的等价公式作为新系统的公理，从而构成 S4。同样的，我们在 S1 中，也可以获得：

$$\Box\Diamond p \multimap \Diamond p。$$

推导过程很简单，因为$\Box p \multimap p$是 S1 的定理，自然就得出：$\Box\Diamond p \multimap \Diamond p$的定理。依据构建 S4 同样的思路，我们先有一个$\Box\Diamond p \equiv \Diamond p$的等价公式作为归约法则，这就自然地可以把"必然地可能的"归约为"可能的"，或者说当p是可能的时候，p就是必然可能的。

3. 外延蕴涵和内涵蕴涵

刘易斯很早就对实质蕴涵表示担忧，但实际上，他最早认为有问题的联结词还不是实质蕴涵词而是析取词，在分析蕴涵悖论的同一篇论文中，他首先讨论的两个命题是析取命题。①

(1)或者恺撒死了，或者月亮由绿奶酪做成。

(2)或者麦梯尔达不爱我，或者我被爱。

在经典命题逻辑 PC 中，这两个命题都可以用符号表示为：

$$(1')\, p \vee q。$$

但刘易斯论证，这两个析取命题是有很大区别的。因为我们可以知道(1)是真的，恺撒死了这个事实为我们所知。而命题(2)是真的，我们却不用知道其中的哪一个析取支是真的。所以，命题(2)表达了纯粹的逻辑的或者形式的特性，命题(1)则没有这种特性。但是这种区别我们如何加以陈述呢？刘易斯引入了一个断定符号，这里用$\vdash$表示。刘易斯引入这个符号的用意是为了说明这两种析取之间的区别：如果命题(1)用符号$(1')\, p \vee q$表示的话，命题(2)则需要用到这个断定符号，表示为：

$$(2')\vdash p \vee q。$$

这里的符号$\vdash$，表示在某个合适的系统中被断定或者是可证的。刘易斯认为，命题(1)和(2)的区别是意义上的区别，因此，命题(1)和(2)中的析取是不同类型的。前者是外延的析取，后者则是内涵的析取。由对析取的这种分析进而引申到蕴涵，于是有内涵的蕴涵和外延的蕴涵：

$$(3')\, p \rightarrow q。$$

$$(4')\vdash p \rightarrow q。$$

很显然，(4′)中的断定蕴涵式类似于刘易斯的严格蕴涵，刘易斯也

① D. M. Gabbay, F. Guenthner: *Handbook of Philosophical Logic*, Second Edition, Vol. 3, Dordrecht, Kluwer Academic Publishers, 2001, p. 4.

认为，在他的严格蕴涵前加上断定符号构成的表达式即$\vdash p \prec q$是等价于(4′)的。然而，刘易斯在用这样的内涵蕴涵来构建其演算系统的时候，实际上把他的整个演算系统建立在触犯了使用和提及区别的基础上。因为我们使用的命题符号和运算子符号属于对象语言，断定符号则属于元语言的一部分。正是这样一种触犯，刘易斯的严格蕴涵演算系统，在其语义学的构建上就失去了方向，元语言和对象语言的区别在这个演算系统中被混淆了。

如前所述，刘易斯构建严格蕴涵演算系统，使用的是由罗素和怀特海在其《数学原理》中体现的公理化方法。但在刘易斯的系统中，伴随着上述“使用与提及混淆”的缺陷，这个系统没有健全的语义学。逻辑必然性范畴、逻辑可能性范畴还有其他一些相关的范畴，在这个系统中，都是借助于直观的理解，却并未对这些范畴做系统的处理。尽管有很多的直觉理解非常漂亮，但是，在这个系统中，许多基本语义概念的刻画都是用分散的非形式的评注做出的。这就是说，严格蕴涵演算系统的语义问题，只是在一个非形式的层次上。

所以，在模态逻辑的发展史上，刘易斯的严格蕴涵演算系统既被看作为模态逻辑的起点，同时，就其研究传统来看，它也是模态逻辑语形传统的起点。这个系统所表达的模态逻辑基本上只有语形上的创造，在逻辑的语义学方面，它仅停留在非形式的层次上。在刘易斯的这一系统中，你既不可知，一个可证的模态命题是不是有效的；你也不知道，所有那些有效的命题是不是在系统中可证。

然而，这些缺陷正是刘易斯的光辉所在，因为刘易斯为模态逻辑的生成打下了坚实的理论基础。他未能构建模态语义学理论，却为其后模态语义学的发展，展现出广阔的拓展空间。

第三章 可能世界

可能世界恰恰就是我们在学校所学的那个概率的微型世界的扩充……“可能的世界”完全是“世界可能会采取的各种方式”，或者是整个世界的状态或者历史。

——克里普克

第一节 可能世界及其语义学的基本概念

一、模态逻辑发展的三个传统及其发展源流

(一)模态逻辑发展的三个传统

自刘易斯之后，模态逻辑作为一门非经典的逻辑进展神速。这个逻辑迅速发展的关键，是其语义学理论找到了一个很好的基点，这就是建立在可能世界观念基础上的可能世界语义学。就模态理论的发展方向看，它主要表现为三个传统：语形传统、代数传统和模型论传统。此外，还可以在证明论、直觉主义、多值逻辑等领域中找到模态逻辑发展的轨迹。① 但就模态逻辑的语义学而言，最重要的模态语义学成果是在模型论影响下成长起来，并成为主流模态语义理论的可能世界语义学。

1. 语形传统

如同我们在“蕴涵”章中所说的，对模态逻辑研究的语形传统是从刘易斯开始的，语形传统的第二个重要人物则是冯·赖特(Gerog Henrik von Wright，1916－2003)，他把模态逻辑看作是一个存在模式的逻辑。在语形传统之下有两个子传统，一个子传统是试图用相干逻辑和衍推逻辑来取代有问题的经典逻辑，贝尔纳普(N. D. Belnap)和安德森(A. R. Anderson)以及他们的一些学生在这个方向上做了一些努力；另一个子传统是在证明论方向上的努力，根岑(G. Gentzen)的方法虽然在模态逻辑方面没有什么实际成果，但这方面的努力却一直都没有停止过。

① D. M. Gabbay，F. Guenthner：*Handbook of Philosophical Logic*，Second Edition，Vol. 3，Dordrecht，Kluwer Academic Publishers，2001，pp. 4-15.

2. 代数传统

代数传统主要表现在对命题真值函项的理解上，传统的真值 4 函项为等同、否定、重言式和矛盾式，在分析模态词的时候是否仍然按这 4 种真值函项来分析？或者，一个命题是否只有真或者假这两种值，是否还有其他的值？这都是秉承代数传统的模态学者考虑的问题。

卢卡西维茨在 1918 年就给出了 3 值的说法，在真假之外给出了近似于可能性的第三值，可能性等于 1/2 的真值。这是所谓多值逻辑的开端，这个开端开启了模态逻辑的代数传统。也就是，如果我们是在分析一个满足某个条件的命题类，我们就可以用一个代数式来表述它，布尔代数式在这里发挥了作用，模态逻辑的命题可以用布尔代数和集合的方式来加以表述。同时，某个二元关系 R 的概念被引进了对模态的分析中，等价、封闭等代数观念也引入了模态的分析。这些概念的引进，对于模态逻辑的发展是革命性的，但在模态发展的经典时期，模态逻辑的代数传统和模型论传统相比，还不是最重要的。

3. 模型论传统

20 世纪初叶由塔尔斯基等人为经典逻辑建立的模型论语义学，因为有了可能世界观念的引入，使得模态逻辑可能世界语义学，也叫作克里普克(S. A. Kripke)语义学的建立有了可能。以下，我们将对这一基于模型论的可能世界语义学它的历史源流和基本观念做较为详细的讨论和评价。

(二)可能世界语义学的源流

1. 莱布尼茨的可能世界和现实世界

模态逻辑的发展，最重要的理论成果是把语义学理论引进模态逻辑，语义学理论置入模态逻辑，得力于可能世界的观念。因此模态逻辑的语义学，直接就称作可能世界语义学。

没有文献表明，在莱布尼茨之前就有关于可能世界观念的讨论，莱布尼茨很可能是第一个使用“可能世界”这个概念的人。莱布尼茨对必然范畴作过精辟的论述，他用来解释必然的一个方式，就是用可能世界来说明必然。依据周礼全先生的考证，莱布尼茨在他的《神正论》一书的第 413 节中，讲了一个生动的故事，这大概就是可能世界概念的原初出处。

> 塞克斯图向朱庇特抱怨他的命运，朱庇特就命令塞克斯图到雅典去。到了雅典，帕拉斯就把塞克斯图带到一个皇宫中。皇宫中有无穷多的房间，在每一个房间中都展示了一个可能世界。在一个可能世界中，展示出塞克斯图住在卡林斯的一所大花园洋房中并有无

数财宝，他过着豪华和受人尊敬的生活。在另一可能世界中，展示出他去到色雷斯，他和皇帝的女儿结婚，并且继承了皇位。①

在该书的另一处，莱布尼茨继续说：

> 世界是可能的事物组合，现实世界就是由所有存在的可能事物所形成的组合(一个最丰富的组合)。可能事物有不同的组合，有的组合比别的组合更加完美。因此，有许多的可能世界，每一由可能事物所形成的组合就是一个可能世界。②

莱布尼茨关于可能世界的描述，在莱布尼茨写给他朋友布克的一封信中也有很明确的记载，在这封信中，他对可能世界观念描述得更为明确。

> 当我说有无限地众多的可能的世界时，我指的是这些世界不包含任何矛盾，**正如人们能够撰写那样的小说**，其中的情节并不真实，然而是可能的。凡是可以理解的事物，都是可能的。③

当然，作为一个极具现实感的学者，莱布尼茨在提出可能世界观念时，虽然也把现实世界看作是可能世界中的一个分子，但他同时也把现实世界放在一个突出的位置加以特别说明。莱布尼茨认为，“在无穷多的可能世界中，每一个单独的可能世界如果进行比较，它们的完美程度是不相同的，这就需要对世界的可能性进行选择。而由于上帝具有我们普通人所不具有的最高智慧，上帝的选择自然总是最好的。”

> 由上帝的最高完满性产生的结果是，在创造宇宙时，他曾选择了最大可能的计划，其中有着与最大的秩序一起的多样性；场所、位置、时间都尽可能作了很好安排；用最简单的方式产生出最大的效果；宇宙所允许的在创造物中的最大权力、知识、幸福和至善。因为当上帝理智中的所有可能的事物都要求按照它们的完美性的比例而存在时，所有这些要求的结果必然是可能的最完美的现实世界。离开这个，就不可能对事物何以是这样而不是别样提供出理由。④

从以上摘录可以看到，莱布尼茨关于可能世界有两个基本观点。

一个基本观点是：在莱布尼茨的心目中，存在无穷多的可能世界，

---

① 周礼全：《模态逻辑引论》，上海，上海人民出版社，1986，第378页。

② 同上第379页。

③ 〔德〕费尔巴哈：《对莱布尼茨哲学的叙述、分析和批判》，涂纪亮译，北京，商务印书馆，1985，第199页。

④ 〔德〕莱布尼茨：《莱布尼茨自然哲学著作选》，祖庆年译，北京，中国社会科学出版社，1985，第133页。

这些可能世界之间是可以互相比较的。“各个可能世界的完美程度是不相同的，有的较为完美，有的较不完美。上帝选择其中最完美的那个可能世界使其现实，这就是现实世界，这就是我们生活于其中的世界。”①而逻辑上的可能世界，只是无穷多可能世界中的一个而已。

另一个基本观点是：莱布尼茨是用“不矛盾性”(或者称为“一致性”)来描述可能世界特征的。莱布尼茨的定义方式是首先借助于逻辑一致性来界定可能性，进而给出可能世界的概念(可能性与可能世界的概念是密切相关的)，再通过可能世界来刻画逻辑的必然性和描述逻辑的可能性及偶然性，全部定义的基础和始发点是逻辑的一致性。②

2. 可能世界观念的两种解释

莱布尼茨的可能世界观念，在引入模型论语义学的过程中，主要有两种解释。这两种解释都借鉴经典一阶逻辑的量词理论，把可能世界看作是可以量化的对象，这就为可能世界观念融进模型论语义学创造了条件。

解释 1：一个命题是必然的(当然是在现实世界中)，当且仅当③，它不仅在现实世界里为真，而且在所有可能世界里都真。

这个解释可称为可能世界语义学的莱布尼茨观念，它用可能世界来解释必然，是一个直观的有关必然的解释。在这种解释中，现实世界是可能世界的一种实现了的世界，它在可能世界中似乎占有某种特殊的位置。

解释 2：一个命题在某个可能世界里是必然的，当且仅当，它在所有可能世界里都是真的。

这个解释抽象掉了莱布尼茨的个人偏好，让所有的可能世界成员处于同等的地位，而不在意现实世界究竟是不是可能世界的一个特殊成员。

但这两个直观解释，它们在量的分配上依然是一致的。只不过后一个解释取消了现实世界的特殊地位，把现实世界只看成是可能世界中的一个元素。

一个令人惊异的现象是，莱布尼茨可能世界的原初观念是在 300 多年前萌生的，但许多现代逻辑学家虽然不是用的同样的名称，却似乎有

① 周礼全：《模态逻辑引论》，上海，上海人民出版社，1986，第 378 页。

② 冯棉：《“可能世界”概念的基本涵义》(哲学社会科学版)，华东师范大学学报(哲学社会科学版)，1995 年第 6 期。

③ 这里的“当且仅当”＝*iff*＝if and only if，即表示后者是前者的真值条件，相当于自然语言的充分必要条件。为了行文的方便，以后的陈述中用到的“当且仅当”，有时用中文，有时用英文字母 *iff*，意义完全相同。

着和莱布尼茨完全类似的想法。在这类想法中，他们对可能世界的解释也和莱布尼茨非常类似。他们把可能世界这个有关世界的观念，天然地和模态逻辑基本范畴“必然”和“可能”的解释关联起来。

3. 卡尔纳普的状态描述

在莱布尼茨之后，很可能第一个使用类似莱布尼茨可能世界概念的逻辑学家是卡尔纳普(Rudolf Carnap，1891－1970)。应该说，现代逻辑发展的三个伟大人物的观念都集中到了卡尔纳普身上，他从弗雷格那里获得了语义学的观念，知道在内涵和外延之间进行区分；他又从莱布尼茨那里获得了把必然分析为在所有可能世界真的观念；而从维特根斯坦那里，他进一步获得了对模态进行分析的出发点，即所谓状态描述(state-description)的观念。可以说，卡尔纳普的状态描述概念是对莱布尼茨的可能世界概念或者维特根斯坦的事件的可能状态概念的精确化。① 蒯因(W. V. Quine，1908—2000)在《经验论的两个教条》中也对此这样评价：“这种说法是莱布尼茨‘在一切可能的世界里都真’的翻版。”②

一个状态描述可以理解为是一个原子命题的集合，设 S 为一个状态描述，如果我们要表达一个公式φ在 S 中是成立的，那么，我们可以将其用符号表述为：

$$\vDash_s \varphi\text{，公式}\varphi\text{在 }S\text{ 中成立。}$$

这样一个表达式，依据我们对公式φ的分类，它自然包含以下一些更为具体的结果：

(1)$\vDash_s P$，*iff* $P \in S$，如果 P 是一个原子命题。

(2)$\vDash_s \neg\varphi$，*iff* 并非$\vDash_s \varphi$。

(3)$\vDash_s \varphi\wedge\psi$，*iff* $\vDash_s \varphi$并且$\vDash_s \psi$。

(4)$\vDash_s \varphi\vee\psi$，*iff* $\vDash_s \varphi$或者$\vDash_s \psi$。

(5)$\vDash_s \varphi\rightarrow\psi$，*iff* 如果$\vDash_s \varphi$那么$\vDash_s \psi$。

设状态描述的一个有定集合为 C，T 是 C 的任意成员，则我们可以获得一组相关于模态公式有意义的条件表达式。

(6)$\vDash_s \Box\varphi$，*iff* 对所有 $T \in C$，$\vDash_T \varphi$。

(7)$\vDash_s \Diamond\varphi$，*iff* 对有些 $T \in C$，$\vDash_T \varphi$。

卡尔纳普的这些描述，把一个公式的有效作了很好的设想，一个公式在 C 中是有效的，如果这个公式在 C 中每一个状态描述中都成立。这

① 朱水林：《逻辑语义学研究》，上海，上海教育出版社，1992，第 112 页。

② 〔美〕威拉德・蒯因：《从逻辑的观点看》，江天骥等译，上海，上海译文出版社，1987，第 22 页。

个定义很合适地挑选出了或者勾画了所有公式中的一个子集，有趣的是，这个子集恰好和刘易斯的 S5 系统一样，但在表现方式上显得十分不同。其主要的不同在于，卡尔纳普的这个构想虽然并没有构想出现代模态逻辑的语义学，但在这样的思想下，卡尔纳普得以用精确的方式来描述可能世界，这已经非常接近于可能世界语义学的基本观念。

这里可以借用另一位著名现代逻辑学家辛提卡(Jaakko Hintikka)他对卡尔纳普的评价：

> 卡尔纳普非常接近于可能世界语义学的基本观念，但没有把这一构想模式化，他只是在命题逻辑的层次上给出了一条非常好的思路。①

卡尔纳普的确非常清楚地在这里表达了莱布尼茨关于必然的一个设想：必然真就是在所有的可能世界中都成立的公式。状态描述的观念恰好可以看作是后来的可能世界概念，如果我们找到了处理前述条件(1)中"在……成立"的方法，也许在卡尔纳普那里，也能够有我们今天的可能世界语义学。

4. 普莱尔的时态算子

对模态逻辑给予模型论考虑的另一个重要人物是普莱尔(A. Prior)。他在 1957 年依据时间和时态概念来解释模态，时间成了取代卡尔纳普状态描述的一个集合。在普莱尔那里，一个特指的时间集合 w 代表时间点的集合，由此而形成了所谓时态逻辑，时间成了判定公式成立的相关条件，必然和可能算子可以依据时间条件来获得定义。例如：

$\vDash_t \Box\varphi$，iff 对所有 $u \geq t$，$\vDash_u \varphi$。

$\vDash_t \Diamond\varphi$，iff 对有些 $u \geq t$，$\vDash_u \varphi$。

这个定义后来进一步严格化，成为以下关于必然和可能的定义。

$\vDash_t \Box\varphi$，$iff \vDash_t \varphi$，并且$\vDash_{t+1} \varphi$。

$\vDash_t \Diamond\varphi$，$iff \vDash_t \varphi$，或者$\vDash_{t+1} \varphi$。

普莱尔的工作为其后的开姆普(J. A. W. Kamp)构造第奥多鲁斯逻辑铺平了道路，这样一种逻辑不像刘易斯 S5 那么强，但又强于 S4。普莱尔的时态逻辑是卡尔纳普的一个进步，其中很重要的一个进步是，普莱尔用可能世界的有序集合代替了卡尔纳普用状态描述来表述的非有序集合。

所以，回顾一下这段历史，似乎就是，卡尔纳普和普莱尔为我

① Jaakko Hintikka：*Rudolf Carnap，Logical Empiricist：Material and Perspectives*，Dordrecht，D. Reidel Publishing Company，1975，pp. 217-242.

> 们今天所知道的模态逻辑提供了所有必要的原材料。约森和塔尔斯基已经探索出了所需要的数学，在卡尔纳普和普莱尔那里，则已经奠定充分的哲学基础促成现代模态逻辑的建立。现代的模型概念是一个三元组$\langle U, R, V\rangle$，其中U是一个集合(可能世界的，或者更自然地说，索引的，或者点的)，R是U上的一个二元关系(即可通达关系(吉奇)或者可选关系(辛提卡))，并且V是一个赋值。当我们说，这些元素U和V由卡尔纳普所奉献，关系R则似乎是对普莱尔观念予以概括后而获得的。普莱尔的工作可以看作是关系R的一个特例，关系R的一般要求是：R是一个二元关系，而并非必然是一个序。①

从卡尔纳普和普莱尔那里，我们可以看到，模态逻辑的模型论构想已经奠定了基础。现代模态逻辑的模型要素已经基本具备，一个模型的三元素，可能世界、可通达关系，以及赋值概念都已经有了雏形，可能世界语义学在这样的条件下也就应运而生。

(三)克里普克的可能世界观念

现代模态逻辑的语义学，也称克里普克语义学，一般认为是由克里普克奠定的基础。克里普克在1959年至1965年期间发表的论文，是可能世界语义学中最有影响力的几篇论文。但并不是仅仅只有克里普克有这种语义学的构想，在20世纪50年代到60年代，还有一些逻辑学家也曾有过类似的设想，只是影响力相对较小而已。至少可以提到以下一些逻辑学家在那个时期发表的论文，一个是辛提卡于1957、1961、1963年发表的论文，另一个是康格尔(S. Kanger)于1957年发表的几篇论文，还有蒙太格(R. Montague)，他也在20世纪50年代设想到模型论在模态领域的运用。② 这几个人的论文都是独立发表的，出版最早的是康格尔，而辛提卡在哲学界的影响力最大。因为可能世界语义学常被人们称为克里普克语义学，我们对这种语义学的论述也就主要依据克里普克的基本思想。

1. 克里普克观念的通俗解释

就历史源流而言，先有莱布尼茨的可能世界概念，然后，卡尔纳普设想到类似于这个概念的状态描述，普莱尔则给出了有序关系的构想。那么，克里普克是如何来看待可能世界的呢？和可能世界相关的还有一

① D. M. Gabbay, F. Guenthner: *Handbook of Philosophical Logic*, *Second Edition*, Vol. 3, Dordrecht, Kluwer Academic Publishers, 2001, p. 13.

② Richmond H. Thomason: *Formal Philosophy*, New Haven and London, Yale University Press, 1979, pp. 40-47.

些什么东西需要我们去关注呢？

通俗地说，我们生活于其中的一个世界是现实世界。留在人记忆中的世界也可以说曾经是现实世界。能够为人们接受的历史事实，同样可以说曾经是现实世界。因为人对世界具有的选择性，现实世界应该看作是可能世界集合中的一个可能性。克里普克的可能世界观念也来自于这种通俗说法，他把可能世界看作是“我们这个世界的可能状态”或“未实现的情况”①。这种对现实世界和可能世界的理解，克里普克使用了一个很具有生活气息的比喻，他用人掷骰子这种博弈方式来说明何为现实世界，何为可能世界。

以下几段克里普克关于可能世界的论述，典型地表达了他关于可能世界及其相关的现实世界的基本观念。

> 当我们用骰子投掷的时候，骰子上每一个数字作为正面出现的可能性是六分之一，在骰子落地之前，朝上的数字是哪一种情形，只要投掷的方式是公道的，没有舞弊的，6种可能性都是存在的，从这个意义上讲，每一个可能性都可看做是一个可能世界，而一旦落地以后朝上一面所显示的数字这样一种可能世界就成了现实世界。②

这就很生动地说明了，可能世界是在没有成为现实之前的种种可以想象的状态，现实世界不过是那众多可能性中的一种。克里普克在做出这种比喻之后，对可能世界又做了如下描述：

> 可能世界恰恰就是我们在学校所学的那个概率的微型世界的扩充——可能世界完全是世界可能会采取的各种方式，或者是整个世界的状态或者历史。③

2. 克里普克观念产生的动机

那么，克里普克为什么要使用这样一个很带哲学意蕴的范畴，将其作为模态逻辑的语义学基本范畴呢？可能世界产生的观念动机何在？对于这个问题，克里普克也作了非常明确的回复。

> 一种对“可能世界的分析”——及其澄清模态逻辑的方式——的主要的和最初的动机在于，它能使模态逻辑得到模型论的集合理论技术的论证，而后者在应用于外延逻辑方面时被证明是非常成功的。④

---

① 〔美〕索尔·克里普克：《命名与必然性》，梅文译，涂纪亮，朱水林校，上海，上海译文出版社，2001，第24～28页。

② 胡泽洪，周祯祥，王健平：《逻辑学》，广州，广东教育出版社，2007，第125页。

③ 同上第125～126页。

④ 俞吾金：《二十世纪哲学经典文本　英美哲学卷》，上海，复旦大学出版社，1999，第721页，注1。

这就很清楚，经典逻辑的模型论技术为可能世界语义学的创立准备了条件。从刘易斯设想最初的模态逻辑系统以来，作为一门数理逻辑分支的模型理论逐渐形成。模型论用来研究数学结构，它是通过在这些数学结构中考虑一阶公式的真来研究这些数学结构的。[①] 模型论的这样一种考虑，为经典逻辑的语义学，即外延语义学提供了分析的工具，从而建构了一个成熟的语义学理论。模型论既然在应用于外延逻辑方面是非常成功的，那就有可能在增加了模态范畴的逻辑领域获得成功。为此，我们将给出模型论基础上的可能世界语义学基本范畴，并进一步阐释可能世界观念在这一语义学中的作用。

二、可能世界语义学的基本范畴

(一)可能世界语义学的形式刻画

我们讨论严格蕴涵演算 S1—S5 的时候，还没有对系统的语义进行刻画，如果说有一些讨论的话，也只是在非形式的层次上讨论 S1—S5 的语义。刘易斯的 S1—S5 问世，模态逻辑开始成为逻辑学家关注的热点。而由于可能世界语义学观念的出现，模态逻辑就有可能在统一的语义学框架下予以系统地、形式地讨论，这个讨论的基点是经典命题逻辑 PL(以下我们用 PL 作为经典命题逻辑的缩写)，以及在 PL 基础上，以克里普克首字母命名的模态 K 系统。对于模态基本系统的语义讨论，我们将在其后的章节里集中论述，本节，我们将对可能世界语义学的基本范畴做一概略式的形式描述。

1. 模型论语义学中的可能世界

可能世界(以下简称世界)是我们对一个模态语句[②]所在语境的一个俗称，我们把世界的集合用 W 来表示，W 这个集合可以理解为一个模态算子所对应的所有语境。我们要判定一个模态语句的真，世界集合 W 就是模态语句所面对的所有语境的一个总和。我们无须定义 W 是什么，因为我们要面对形形色色的模态逻辑，而每一个不同的模态逻辑都可能有它特指的世界。

因此，世界这一概念是一个非常弹性的基本概念。如果我们面对的是 K 逻辑中的必然性，世界就仅仅理解为没有任何特殊条件的空语境。如果我们面对的是时间逻辑，时间被我们看作是线性的，世界就可能成

---

① David Marker: *Model Theory*: *An Introduction*，模型论引论，北京，科学出版社，2007，第 1 页。

② 本文中使用的命题、语句和公式，如无特别说明，都是可以等义使用的语词。

为这个线性时间序列的总和，这个时间序列上的任意一个时间点，就成为世界这个集合的分子。而如果我们面对的是定位逻辑，世界就可能既包括时间，也包括空间，它又可能是由一个时间轴和空间轴交叉所决定的，一个立体空间中的一个点。所以，克里普克所设想的这个世界概念，为我们理解模态语境提供了极为广阔的、极便于腾挪的想象空间。

可能世界概念有助于我们使用外延逻辑的模型观念，它使得内涵语义学在外延语义学的技术基础上得以建立。因此在继续展开可能世界语义学讨论的时候，对内涵语义学和外延语义学做出区分是必要的。

2. 外延语义学和内涵语义学

外延语义学(Extensional Semantics)是这样一种语义学，它的真值直接指派给语句，一个语句真假的判定完全和语境没有关系。这种语义学主要用在对经典逻辑的语义分析之中，当我们在经典逻辑中引入了模态算子之后，外延语义学的这一语义分析方法就不大够用，因为对模态的语义理解不仅仅依赖于一个语句的真值，它还紧紧依赖于我们对模态的理解，也就是依赖于我们对世界之间关系的理解。而对模态的理解需要我们在语义学的框架中也引入和模态相对应的一些东西，由此而形成一种和外延语义学正相对应的语义学，这就是**内涵语义学**(Intensional Semantics)。

内涵语义学的中心概念是关于语境的，内涵语义学的基本思想是，一个模态语句的真值是需要条件的，语境就是一个语句为真或假的真值条件。在关于模态逻辑的内涵语义学中，描述模态语境的一个恰当而典型的基本概念就是“可能世界”，在有了“可能世界”的概念之后，我们可以在可能世界概念的理念之下建立某个模态逻辑的内涵模型。由于可能世界概念几乎等同于内涵语义学的语境概念，可能世界语义学自然就属于内涵语义学的一个类别。

(二)模型和内涵模型

可能世界语义学的另一个重要概念是内涵模型，内涵模型恰好是借用外延语义学的模型概念，用以判定一个模态语句的成真条件。因此，我们对内涵模型概念进行理解时，其中的模型概念，可以照搬外延语义学的模型定义。外延语义学的模型概念把一个经典逻辑命题的真，和这个逻辑所给出的解释联系起来判定，由此建立外延模型。内涵语义学遵循的也是这一思路，由此建立内涵模型。这个内涵模型的概念最先为克里普克所引入，我们一般也称之为克里普克模型。

1. 模型

模型也可以称为结构，演绎逻辑学中的模型概念总是相对于一个形式语言系统的，一个形式系统中的所有语句和词项总有一些相应的解释，词项可以给它们以论域，语句可以给它们以关系或者其他什么东西。如果我们对一个形式语言系统给定了解释，经过解释之后的所有真语句的汇集，就构成了一个语言的模型。从这个意义上讲，一个模型 M 和这个模型中的一个语句 φ 就构成了某个关系：$M\vDash\varphi$，这个符号串表达了 φ 在 M 中为真。由此，我们对模型可以给出以下较为严格的定义。

设语言 L 是一个形式系统，设 φ 是 L 中的一个任意语句，如果 φ 在 M 中为真，那么，M 就是对于语句 φ 的一个模型。由模型 M 和其语义蕴涵着的 φ 所获得的关系 $M\vDash\varphi$，其中的 $\vDash$，我们称之为语义蕴涵关系，它恰好和逻辑语形学中的语形断定关系 $\vdash$ 相对应。

由此，我们还可以得出一个和模型相对应的概念：反模型。如果 $M\vDash\varphi$ 不成立，我们可以写作 $M\nvDash\varphi$，或者称之为 φ 在 M 中为假。这时候的 M，就是对于语句 φ 的反模型，也可以称之为：模型 M 拒绝 φ。

2. 内涵模型

可以看到，以上的模型是一种外延的模型，模型的建立只与一个语句的真假相关联，没有任何其他相关因素。正是这种模型的方法为内涵语义学奠定了基础，内涵模型就是在外延模型的基础上增加了一个有内涵意味的因素：世界。在我们对一个语句真值的判定中，世界这个要素成为判定语句真值至关重要的参照系。

设语言 L 是一个形式系统，W 是一个世界的非空集合，V 是一个对语言 L 的赋值函数。在外延语义学中，赋值 V 直接给语句指派真值，我们给任意语句 φ 和 ψ 赋值就可以直接表示为 $V(\varphi)=\mathrm{T}$ 和 $V(\psi)=\mathrm{F}$。但在内涵语义学中，这种直接的指派不复存在，对语句真值的指派必须依赖于世界 W。

所以，如果我们给一个模态系统的语句 φ 和 ψ 赋值，这个 φ 和 ψ 一定要相关于某个可能世界。假定 φ 相关于 w_1，ψ 相关于 w_2，语句 φ 和 ψ 的赋值就分别可以用内涵语义学的模型方法表示为：$V_{w_1}(\varphi)=\mathrm{T}$ 或者 $V_{w_2}(\psi)=\mathrm{F}$。显然，$V_{w_1}(\varphi)$ 是语句 φ 的外延，$V_{w_2}(\psi)$ 是语句 ψ 的外延。真值是语句的外延，正是外延语义学这一名称的由来。那么，何为内涵呢？这里对内涵的理解程序有些特殊，我们在给出了内涵模型的概念，并且给出了一些基本模态命题的真值条件描述之后，再来对这个内涵概念做出专门的定义。

基于上述理解，一个内涵模型 M 可以定义为一个序偶 $\langle W, V\rangle$，它表示我们给一个语句的赋值 V 需要参照语句所在的语境，也就是语句所在的世界，而世界显然是语句的内涵因素，非外延可以说明。一个经典逻辑语言的外延模型只关注语句的真值，它可以给语句的真值以直接指派，不涉及语句的内涵因素。而一个模态语言的模型则是一个内涵模型，它依然需要给语句以真值指派 V，但这种指派 V 不是直接的而是间接的，要依赖于语句的世界 W 来判定语句的真值。正是在这个意义上，这一模型称为内涵模型。

第二节　可能世界的内涵语义学

一、PL 命题的真值条件

(一)语句真值条件

一个形式语言的语义学是干什么的？按照我们对逻辑语义学最具一般性的了解，它讨论的是语言符号和符号意义之间的关系，这种关系集中地体现在一个语句的成真条件上。所以，这里的符号和符号意义之间的关系，在逻辑语义学当中，就体现为一个语句在一定范围内的真值条件，在什么条件下一个语句是真的？在什么条件下一个语句是假的？在 PL 中，一个语句的真值依赖于该语句所涉及的逻辑联结词，真值条件是由逻辑联结词的定义所决定的。当一个语句的逻辑联结词被给定的时候，因为逻辑联结词已经通过真值表有了固定的意义，则由这些逻辑联结词所联结而成的复合语句它们的真值被组成这个复合语句的各个原子命题的真值所决定。这一点，最先为弗雷格所说明，也就成为一个著名的原理：弗雷格原理。这个原理可以被表述为：一个复合命题的真值依赖于组成它的各个支命题的真值。

在模态逻辑中，由于引入了“世界”概念，其语义学的描述自然就超越了外延语义学，当然也超越了弗雷格原理。我们在此先给出 PL 逻辑的两个初始符号→和⊥的真值条件，然后再分析一般的模态范畴。模态的真值条件陈述需要使用内涵语义学的模型论技巧，其中的要点是，把“世界”概念引入对于初始概念的真值条件分析。

(二)基本真值条件

命题的真值条件描述，可以是纯符号的，但使用图形来描述逻辑命题的真值条件，往往可以给人以更为直观清晰的印象。本书对于命题真值条件的描述，在能够使用图形的地方将坚持前后一贯的图形描述方式。在给出 PL 中命题的真值条件之前，我们先给出基本真值条件的语义描述，这就是真命题的真值条件和假命题的真值条件。从这个描述中可以看到，对命题真值的指派是紧密相关于“世界”这个条件的。

1. 真命题的条件

设φ为任意命题标记，大写 W 是所有可能世界的一个非空集合，小写 w 是世界 W 的任意一个成员，V 是对 PL 的一个赋值函数，它给 PL 中的合式公式指派真值真，或者真值假。φ在世界 w 中为真，我们用一个方框来表示φ所在的世界 w，φ处在这个世界之内，w 是给这个方框的一个名称。公式 $V_w(\varphi)=\mathrm{T}$ 的含义为图 3-1 所示，世界 w 中的命题φ是真命题，或者说：我们在世界 w 中，给命题φ指派的真值为真。

我们用图形所描述的命题真值条件，实际上隐含着逻辑学家对于世界的这样一个假定：一个命题φ，我们把它置于世界的方框之内，则φ是真的。如果它不在某个世界的方框之内，则这个命题是假的。这个假定也可以换一个视角来理解，一个不在某个世界方框 w 之内的命题φ，它对于 w 而言当然是假的，但是，当我们把这个命题φ予以否定，这构成否定命题$\neg\varphi$，则这个否定命题$\neg\varphi$，它就在世界方框 w 之内是真的。由这个假定而生成的命题成真条件和成假条件，自然就可以用图形来表示。

真命题的条件，可以用图 3-1 来表示。

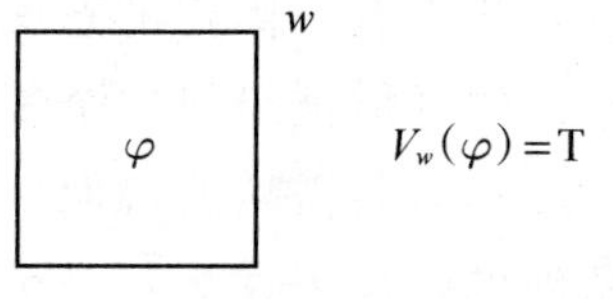

图 3-1

2. 假命题的条件

φ在世界 w 中为假，我们用一个方框来表示φ不在世界 w 之内，而是在这个世界之外，φ写在该图形左侧，w 是给这个方框的一个名称。同理，公式 $V_w(\varphi)=\mathrm{F}$ 的含义如图 3-2 所示，世界 w 之外的命题φ是假命题，或者说：我们在世界 w 中，给命题φ指派的真值为假。

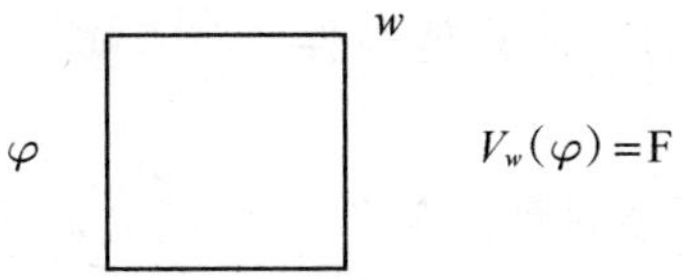

图 3-2

(三)PL 中常元⊥和基本逻辑联结词→的真值条件

1. ⊥的真值条件

我们先对⊥做如下的语义描述。

因为⊥在 PL 系统中代表矛盾语句，它总是在所有可能世界中指派假值，所以，我们可以将⊥的真值条件描述为：

$$(\bot)\quad V_w(\bot)=\mathrm{F}。$$

(⊥)表示⊥这个逻辑符号的真值条件。以下，我们总是用圆括号把一个逻辑符号包括于其中，表示这个逻辑符号的真值条件公式的缩写。

显然，如果用图形来对⊥予以语义描述，该符号总是在任意世界之外，设 w 为任意世界，这可以表示为图 3-3。

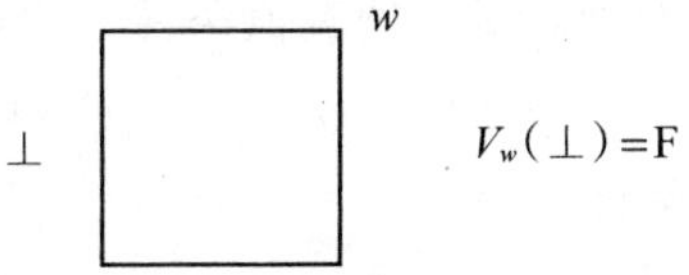

图 3-3

2. →的真值条件

依据实质蕴涵的真值表，在世界 w 中的 $\varphi\rightarrow\psi$ 可以将其描述为：

$$(\rightarrow)\quad V_w(\varphi\rightarrow\psi)=\mathrm{T}\quad iff\quad V_w(\varphi)=\mathrm{F}，或者 V_w(\psi)=\mathrm{T}。$$

这个→真值条件的图形如图 3-4 所示。

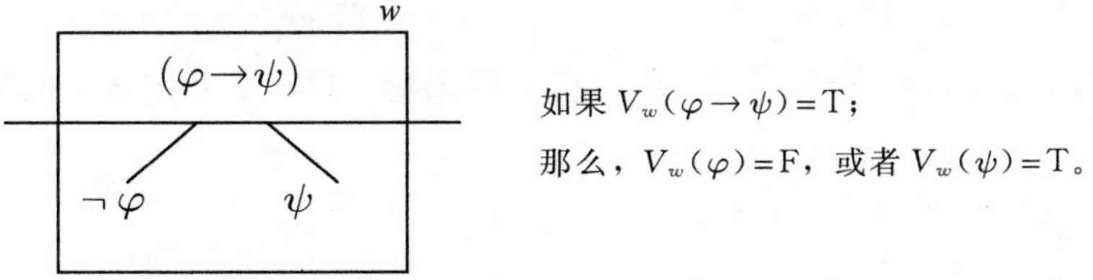

图 3-4

因为这里还没有引入¬的真值条件，在引入¬后，我们还会对→的真值条件的两个方面再作说明。

（四）导出逻辑联结词¬的真值条件

1. PL 中¬的定义

由上述初始逻辑符号的真值条件，我们立刻可以导出其他逻辑联结词的真值条件。

在 PL 中，因为可以用基本的初始符号→和⊥来定义否定符号¬，所以¬是导出的逻辑联结词，¬在 PL 中可以定义如下：

$$\neg\varphi = \varphi \to \bot。$$

这个定义很恰当地表达了否定的含义，因为⊥恒假，仅当φ真时，$\neg\varphi$就是假的，而当φ假时，$\neg\varphi$就是真的。

对于¬，我们可以给出以下的真值条件：

$$\text{因为：} V_w(\neg\varphi)=\mathrm{T} \quad \textit{iff} \quad V_w(\varphi\to\bot)=\mathrm{T}。\qquad (\textit{def}\ \neg)$$

依据→的真值条件公式，

$$V_w(\varphi\to\bot)=\mathrm{T} \quad \textit{iff} \quad V_w(\varphi)=\mathrm{F}\ \text{或者}\ V_w(\bot)=\mathrm{T}。\qquad (\to)$$

显然，不可能有

$$V_w(\bot)=\mathrm{T}。\qquad (\bot)$$

所以，仅有一个条件来决定¬的真值条件，也就是，

$$V_w(\neg\varphi)=\mathrm{T} \quad \textit{iff} \quad V_w(\varphi)=\mathrm{F}。\qquad (\neg)$$

这也就是¬的真值条件。

$$(\neg) \quad V_w(\neg\varphi)=\mathrm{T} \quad \textit{iff} \quad V_w(\varphi)=\mathrm{F}。$$

根据以上有关¬的真值条件，我们可以给出两个与之等价的图表。以下两个图形都是关于$\neg\varphi$的真值条件，显然，图 3-5 和图 3-6 是等价的。

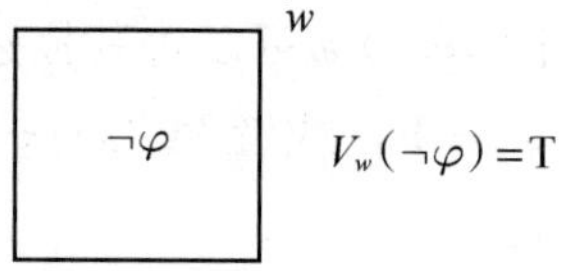

图 3-5

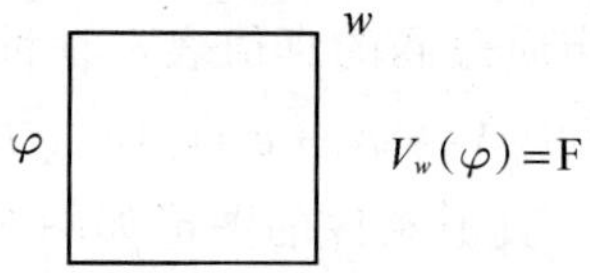

图 3-6

同样，我们可以给出关于φ的真值条件图形，图 3-7 和图 3-8 也是等价的。

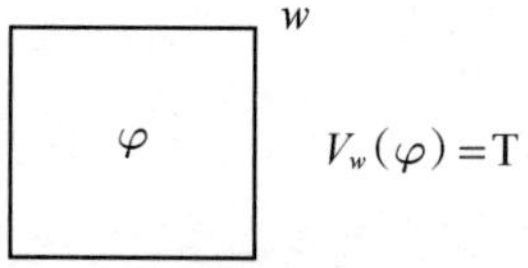

图 3-7

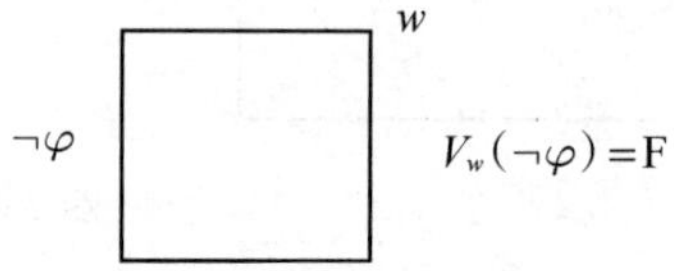

图 3-8

2. (¬F) 真值条件

上述等价图形表明：

如果 $V_w(\neg\neg\varphi)=\mathrm{T}$，那么 $V_w(\varphi)=\mathrm{T}$。

这一语义描述对应于直观的双重否定规则，它可以用图 3-9 表示。

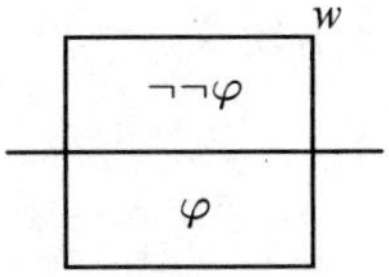

如果 $V_w(\neg\neg\varphi)=\mathrm{T}$；
那么，$V_w(\varphi)=\mathrm{T}$。

图 3-9

其中的水平横线表示从语义中导出了结果 φ，相当于我们在说明模型概念时使用的符号 $\vDash$，下同。

3. (→F)的真值条件

如果 $V_w(\varphi\to\psi)=\mathrm{F}$，那么 $V_w(\varphi)=\mathrm{T}$ 并且 $V_w(\psi)=\mathrm{F}$。(如图 3-10)

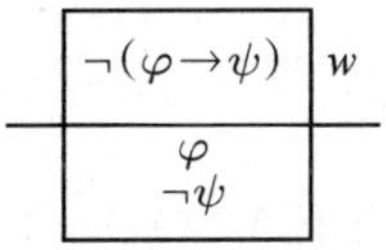

如果 $V_w(\varphi\to\psi)=\mathrm{F}$
那么，$V_w(\varphi)=\mathrm{T}$ 并且 $V_w(\psi)=\mathrm{F}$。

图 3-10

一个→公式取值假，依据我们对¬的定义，当然是它的否定取值真，这就可以把这个(→F)真值条件描述为图 3-10 的形式。这个图形告诉我们，当图形中语义推出线下的命题以纵向排列的时候，表示纵向排列的每一个命题指派真值，而如果图形中的语义推出线下的命题以横向排列的时候，表示这一排列中的命题总有一个取真值，但谁取真值未能确定。以下(→T)的真值条件图形，表达的就是这种情况。

4. (→T)的真值条件

如果 $V_w(\varphi\to\psi)=\mathrm{T}$，那么 $V_w(\varphi)=\mathrm{F}$ 或者 $V_w(\psi)=\mathrm{T}$。(如图 3-11)

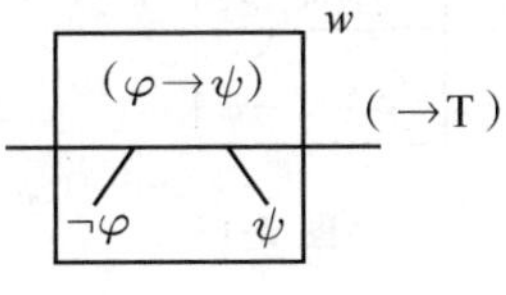

图 3-11

很显然，φ 指派假，依据我们对¬的语义描述，当然是 $\neg\varphi$ 指派真，这就形成以上图形，它表明了实质蕴涵语义指派真的特征。

(五)PL 逻辑联结词的其他导出定义

完成以上对初始符号和否定联结词的真值条件描述后，下一阶段在 PL 中的真值条件的刻画，自然是合取∧、析取∨和等值联结词≡。

我们在前面已经依据初始联结词→和逻辑常元⊥，定义了否定联结词¬。有了→、⊥和¬这些逻辑符号，经典逻辑符号合取∧、析取∨和等值≡都很容易得到导出的定义，以下给出这三种导出定义。

(Def ∧) $\varphi \wedge \psi = df\ \neg(\varphi \rightarrow \psi)$。

(Def ∨) $\varphi \vee \psi = df\ \neg\varphi \rightarrow \psi$。

(Def ≡) $\varphi \equiv \psi = df(\varphi \rightarrow \psi) \wedge (\psi \rightarrow \varphi)$。

(六)合取∧的真值条件

1. ∧的真值条件(∧)

我们用缩写符号(∧)表示∧的真值条件，(∧)可以表达为：

(∧)　$V_w(\varphi \wedge \psi) = \mathrm{T}$　*iff*　$V_w(\varphi) = \mathrm{T}$ 并且 $V_w(\psi) = \mathrm{T}$。

对于(∧)所表达的真值条件，自然也分为取真值真和取真值假两种情况，它们的公式和语义图如下。

2. (∧T)及其图形

(∧T)　$V_w(\varphi \wedge \psi) = \mathrm{T}$　*iff*　$V_w(\varphi) = \mathrm{T}$ 并且 $V_w(\psi) = \mathrm{T}$。

(∧T)的语义图如图 3-12：

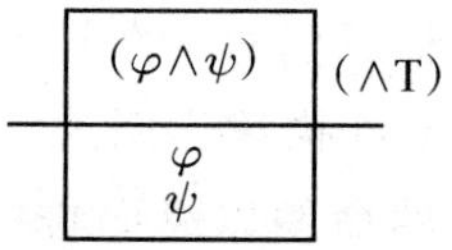

图 3-12

3. (∧F)及其图形

(∧F)　$V_w(\varphi \wedge \psi) = \mathrm{F}$　*iff*　$V_w(\varphi) = \mathrm{F}$ 或者 $V_w(\psi) = \mathrm{F}$。

(∧F)的语义图如图 3-13：

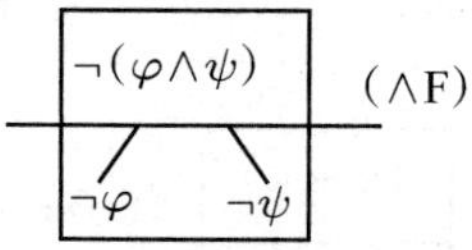

图 3-13

(七)析取∨的真值条件

1. ∨的真值条件(∨)

我们用缩写符号(∨)表示∨的真值条件，(∨)可以表达为：

(∨)　$V_w(\varphi \vee \psi) = \mathrm{T}$　*iff*　$V_w(\varphi) = \mathrm{T}$ 或者 $V_w(\psi) = \mathrm{T}$。

对于(∨)所表达的真值条件，自然也分为取真值真和取真值假两种情况，它们的公式和语义图如下。

2. (∨T)及其图形

(∨T)　$V_w(\varphi \vee \psi) = \mathrm{T}$　*iff*　$V_w(\varphi) = \mathrm{T}$ 或者 $V_w(\psi) = \mathrm{T}$。

(∨T)的语义图如图 3-14：

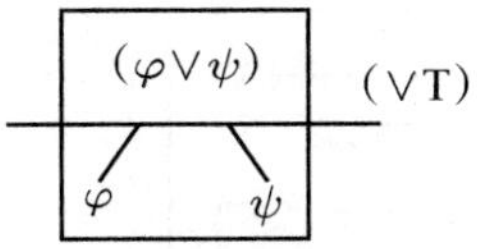

图 3-14

3. (∨F)及其图形

(∨F)　$V_w(\varphi\vee\psi)=\mathrm{F}$　*iff*　$V_w(\varphi)=\mathrm{F}$ 并且 $V_w(\psi)=\mathrm{F}$。

(∨F)的语义图如图 3-15：

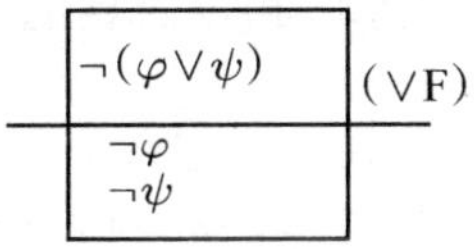

图 3-15

(八)≡的真值条件

1. ≡的真值条件

≡的真值条件可以用一个连续的等价公式来加以表示，该公式如下：

(≡)　$V_w(\varphi\equiv\psi)=\mathrm{T}$　*iff*　$V_w(\varphi)=\mathrm{T}$ *iff* $V_w(\psi)=\mathrm{T}$。

或者是：$V_w(\varphi\equiv\psi)=\mathrm{T}$　*iff*　$V_w(\varphi)=\mathrm{F}$ *iff* $V_w(\psi)=\mathrm{F}$。

这个公式表明，(≡)的真值条件取决于该逻辑符号前后命题的匹配，如果我们从指派真和指派假两个方面来做更明确地说明，这就成为以下两种真值条件公式和图形。

2. (≡T)的真值条件

(≡T)　$V_w(\varphi\equiv\psi)=\mathrm{T}$　*iff*　$V_w(\varphi)=\mathrm{T}$ 并且 $V_w(\psi)=\mathrm{T}$ 。

或者是：$V_w(\varphi\equiv\psi)=\mathrm{T}$　*iff*　$V_w(\varphi)=\mathrm{F}$ 并且 $V_w(\psi)=\mathrm{F}$。(如图 3-16)

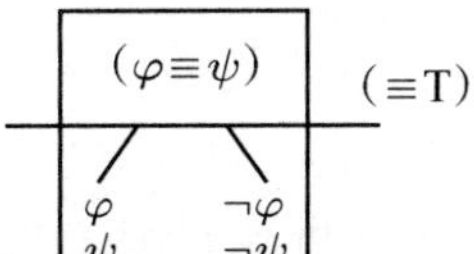

图 3-16

这个逻辑符号的真值条件可以描述为：如果为真，则其支命题的取值一致，要么都取值真，要么都取值假。

3. (≡F)的真值条件

(≡F)　$V_w(\varphi\equiv\psi)=\mathrm{F}$　*iff*　$V_w(\varphi)=\mathrm{T}$ 并且 $V_w(\psi)=\mathrm{F}$。

或者是：$V_w(\varphi\equiv\psi)=\mathrm{F}$ *iff* $V_w(\varphi)=\mathrm{F}$ 并且 $V_w(\psi)=\mathrm{T}$。（如图 3-17）

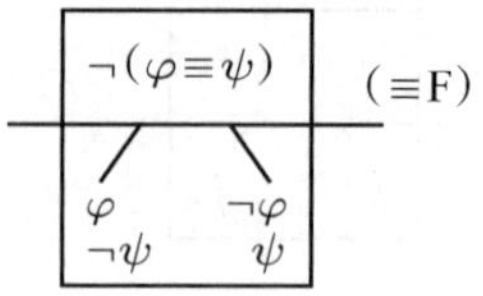

图 3-17

这个逻辑符号的真值条件可以描述为：如果为假，则其支命题的取值不一致，要么前真后假，要么前假后真。

二、模态□和◇的真值条件

（一）概述

现在我们来讨论模态运算子□和◇的真值条件，我们以□为例。一个最直观的描述方式是莱布尼茨的方式，□φ为真，当且仅当命题φ在每一个可能世界中为真，这被称之为□的全域解释。但这种全域解释对于某些模态是不合适的，如对于表示未来的时间模态，对于表示规范的道义模态。对于时间而言，似乎很难设想把所有的时间点都放在一个时间的总体之中。例如，一个未来的时态运算子，它只能是有起点的时间。对于表示规范的模态算子也有这样的问题，很难设想一个规范在所有的可能世界之中都是有效的。这使得我们在探讨模态的真值条件的时候，引进了一个相应的二元关系。这种二元关系是克里普克的设想，他第一个提出了这种关系，因此，这种二元关系也称克里普克关系。在内涵语义学中，我们称之为可通达关系，用 R 来表示，这个可通达关系我们将在下一章做更详细地讨论。本节我们仅给出可通达关系的一般意义，以方便对于基本模态算子真值条件的讨论。

（二）可通达关系和内涵模型的新结构

1. 可通达关系

设 W 是可能世界的集合，w_1，w_2，w_3，…，w_n，…是 W 的成员，如果 w_1，w_2，w_3，…，w_n这些可能世界之间，有些是可通达的，有些不一定是可通达的，设可通达关系为 R，则我们说，任意两个可能世界之间，比如 w_1，w_2之间具有的这样一种二元关系 R 就是可能世界之间的可通达关系。

可能世界之间的这种可通达关系依赖于我们对模态的读法，如果是在未来的时间模态逻辑中，可通达关系就可能是时间集合 W 中的早于关系。如果是在直觉主义逻辑中，可通达关系就可能成为一个线性序列中的后继关系。如果是道义逻辑，则可通达关系也许就理解为人群社区之间的可沟通关系。

2. 内涵模型的新结构

因为基本模态算子的真值条件需要可通达关系的引入，这就形成了一种新的内涵模型，我们称之为克里普克模型，简称K模型。

设W是可能世界非空集合，R是在W上的二元可通达关系，V是对形式语言中语句的真值指派，则三元组$\langle W, R, V\rangle$称之为K模型，其中的序偶$\langle W, R\rangle$称作K模型的框架，也称克里普克框架。可以看到，这个三元组$\langle W, R, V\rangle$恰好就是我们在讨论卡尔纳普状态描述和普莱尔时态设想时，所给出模型$\langle U, R, V\rangle$的另一种表达方式。

借用K模型和K框架的概念，我们可以对模态□的真值条件做如下的描述。

这里的K模型和K框架概念，后面的章节还会加以阐述。

（三）模态□的真值条件

1. □的真值条件(□)

设W是非空可能世界集合，u，w是W的任意成员，R是W上的二元关系，即可通达关系，V是某个模态语言合式公式的指派函数，由此，□的真值条件可以用以下语句来说明。

(□)　$V_w(\Box\varphi)=\mathrm{T}$　*iff*　对于任意u使得wRu，$V_u(\varphi)=\mathrm{T}$。

这个模态符号的真值条件表明：如果由必然模态所辖公式构成的公式为真，则其所辖的公式φ，在它所在的世界w可通达的所有世界上都为真；如果这个公式为假，那么一定不会满足以上为真的条件。这两种情况可以用以下的真值条件来说明，一个是(□T)，一个是(□F)，它们用分开描述的方式表达以上(□)语句的含义。

2. (□T)的真值条件

设W是非空可能世界集合，w，u是W的任意成员，R是W上的二元关系，即可通达关系，V是某个模态语言合式公式的指派函数。我们可以给出以下关于□的两种真值条件，一个真值条件是给模态指派真值真，这个真值条件公式用(□T)来表示。

(□T)的真值条件可以描述如下：

(□T)　如果$V_w(\Box\varphi)=\mathrm{T}$，那么对于任意$u$使得$wRu$，$V_u(\varphi)=\mathrm{T}$。

这就是说，如果我们给模态公式$\Box\varphi$指派值为真，则φ在它所在的世界w可通达的所有世界上都为真。

3.(□F)的真值条件

同理，(□F)的真值条件就是：

(□F)　如果 $V_w(\Box\varphi)=F$，那么对于有的 u 使得 wRu，$V_u(\varphi)=F$。

这就是说，如果我们给模态公式□φ指派值为假，则φ在它所在的世界 w 可通达的所有世界上，至少有一个可通达的世界，在这个世界上它不是真的。

(四)相关于模态□的语义图

模态的语义涉及世界与可通达关系，世界我们已经用方框的图形来标示，对于可通达关系，我们则用可以指示方向的箭头来形象地给以标示。如图 3-18 我们在两个方框之间标以箭头，箭头表示世界 w 可通达世界 u，w 和 u 之间是可通达的，用符号 wRu 来表示。

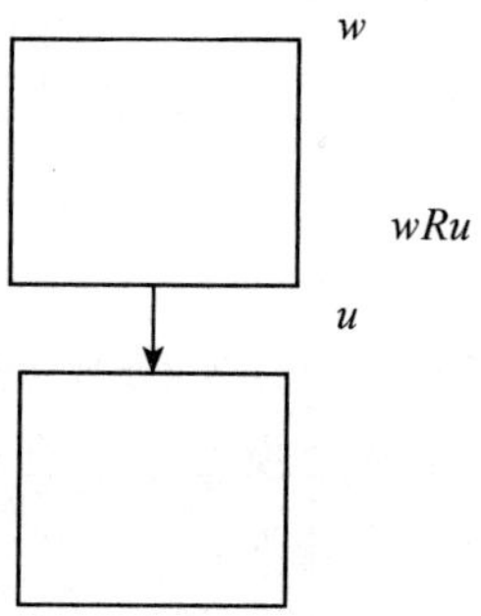

图 3-18

由此，□φ的真值条件就可以用两个语义图来表达，一个语义图表示(□T)，一个语义图表示(□F)。

1.(□T)的语义图

如果 $V_w(\Box\varphi)=T$，那么对于任意 u 使得 wRu，$V_u(\varphi)=T$。

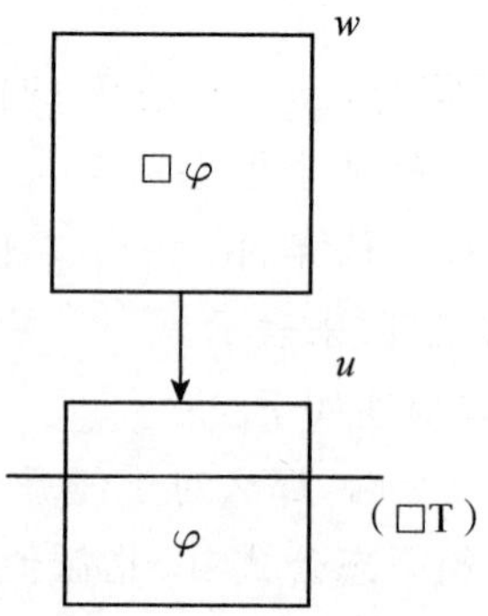

图 3-19

2. (□F)的语义图

如果 $V_w(\square\varphi)=\mathrm{F}$，那么对于有的 u 使得 wRu，$V_u(\varphi)=\mathrm{F}$。

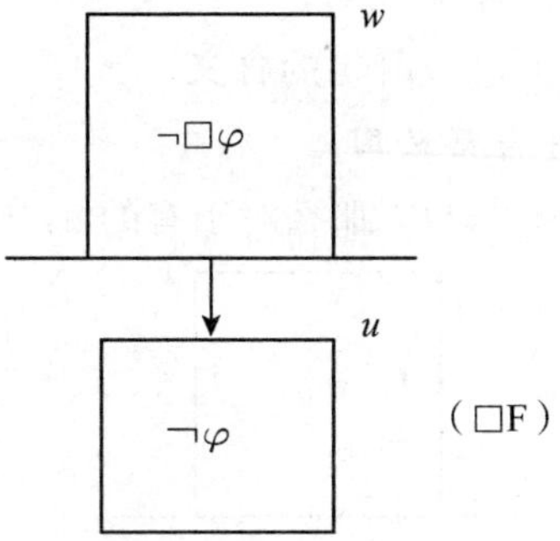

图 3-20

3. 两个语义图的简要说明

由于引进了可通达关系，在模态中所面临的世界就不是单一的，而是多元的世界了。在多元的世界中，我们从一个世界中的公式，语义导出另外一个可通达世界的公式。这就产生一个问题，在作这种语义导出的时候，是先有可通达的世界存在，还是无须考虑这个可通达世界的存在？

显然，在(□T)语义图中，我们从 $\square\varphi$ 导出 φ，一定是先有可通达世界 u 存在并且 wRu，我们才能导出公式 φ 为真，因为这是 φ 为真的先决条件。所以，该语义图的导出线一定要置于可通达世界 u 的中间，表示这个世界 u 的存在并且有 wRu。

而在(□F)语义图中，我们从 $\neg\square\varphi$ 导出 $\neg\varphi$，则无须这样的先决条件。因为我们知道 $\square\varphi$ 取值为假，那就一定至少有一个在 w 所通达的世界中为假的公式 φ。所以，那个语义导出线条就放在世界 w 通向 u 的箭头之前。导出线条的这样一种定位表明，只要我们在 w 中有 $\neg\square\varphi$，那就总有一个可通达世界中的公式 φ 是假的，即 $\neg\varphi$ 在这个可通达世界中为真。

(五)模态◇的真值条件及图形

◇是依据□来定义的，依据关于必然和可能互为定义的经典公式：

(Def ◇) $\Diamond\varphi=def\ \neg\square\neg\varphi$。

所以，前述语义描述对于◇是可导出的，我们先给出一个关于可能的语义描述，然后给出其语义图。

1. ◇的真值条件(◇)

(◇) $V_w(\Diamond\varphi)=\mathrm{T}$，*iff* W 是可能世界集合，w，u 是 W 的成员，对于有的 u，wRu，并且 $V_u(\varphi)=\mathrm{T}$。

模态符号◇的真值条件(◇)表明：如果由可能模态所辖公式构成的

公式为真，则其所辖的公式φ，在它所在的世界 w 可通达的有些世界上为真；如果这个公式为假，那么一定不会满足以上为真的条件。这两种情况可以用以下的真值条件来说明，一个是(◇T)，一个是(◇F)，它们用分开描述的方式表达了(◇)语句的含义。

2. (◇T)的真值条件与语义图

(◇T) 如果 $V_w(\Diamond\varphi)=\mathrm{T}$，那么对于有的 u，wRu，并且 $V_u(\varphi)=\mathrm{T}$。

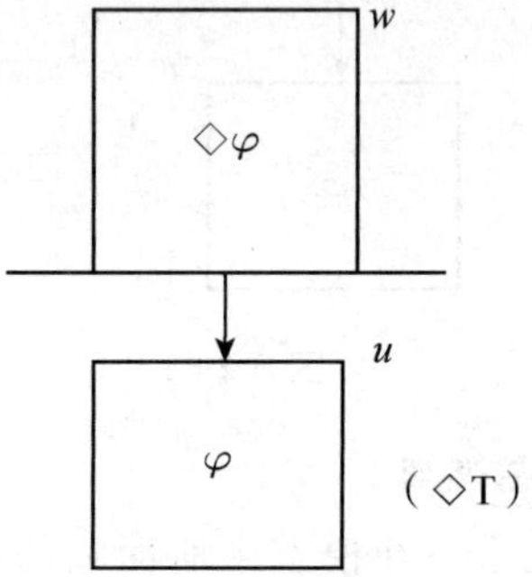

图 3-21

3. (◇F)的真值条件与语义图

(◇F) 如果 $V_w(\Diamond\varphi)=\mathrm{F}$ 并且有 wRu，那么 $V_u(\varphi)=\mathrm{F}$。

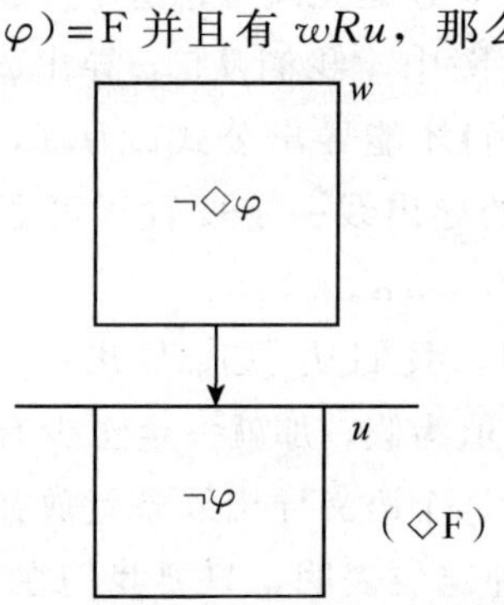

图 3-22

因为◇由□导出，所以对这两个真值条件图图 3-21 和图 3-22 的理解，完全可以转换为对□真值条件图形的理解，它们恰好是正相对应的。

第三节 内涵和 K 模型的其他概念

一、内涵概念

(一)引言

我们讨论了外延语义学和内涵语义学，讨论了内涵语义学中的内涵模型概念，并且给出了可能世界语义学对逻辑符号真值条件的若干描述。在这样的背景下，给出内涵概念的基本含义就是十分自然的事情。本节，我们将对内涵概念予以专门地讨论，并相应地给出K模型其他概念的含义。

（二）内涵概念的由来

从逻辑史的角度看，17世纪之前，尽管逻辑一直都是大学的必修科目，但还没有产生今天的逻辑学教材所提到的内涵和外延概念。1662年，法国巴黎郊外的波尔·罗亚尔修道院修士、笛卡尔派的安东尼·阿尔诺（Antoine Arnauld，1612—1694）和皮埃尔·尼柯尔（Pierre Nicole，1625—1695）合著了一本逻辑教科书。原书名为《逻辑或思维的艺术》，这就是著名的逻辑教材《波尔·罗亚尔逻辑》，也曾被译为《王港逻辑》。该书1662年出版法文本，后翻译为拉丁文，1685年又在伦敦出版了英译本，以后曾多次再版。《波尔·罗亚尔逻辑》是17～19世纪在西欧流传甚广、影响很大的逻辑著作，它的大部分内容可以说是当时已有逻辑知识成果的汇集，基本上反映出了当时的逻辑科学水平，反映出了这时期一般逻辑教本的面貌，并且对欧洲后来的逻辑教本亦产生了相当大的影响。

> 《波尔·罗亚尔逻辑》最令人难忘的贡献是它区分了一般词项的内涵（comprehension）和外延（extension）。在他们第一次引进这些专门用语时，这两位作者讲的是一般观念的内涵和外延，但在其他一些地方，他们把这两个用语指定给词项，我们在下面遵照他们这种用法是不会有错的，因为按照他们的用法，观念就是词项。一般词项的内涵就是它所蕴涵的一组属性或者象[像]作者自己说的，就是不消灭观念就不能被除去的一组属性。这样，三角形这个观念的内涵包括广延性、形状、有三条边，有三个角以及它的内角之和等于两直角。①

（三）内涵和函数概念

1. 内涵概念的迁移

自《波尔·罗亚尔逻辑》一书给出最初的内涵概念之后，逻辑学的发展似乎是在逐渐淡化这个概念在逻辑中的具体作用，而把内涵这个概念的作用迁移到另外的概念之中。内涵概念迁移的一个最重要的进展是由弗雷格实现的，弗雷格在他的《概念文字》一书中构想了不同于传统逻辑的全新体系结构，建立起逻辑史上第一个初步自足的逻辑演算系统。这

---

① 〔英〕威廉·涅尔，玛莎·涅尔：《逻辑学的发展》，张家龙，洪汉鼎译，北京，商务印书馆，1985，第409～410页。

个系统能够建立起来，一个很重要的因素是弗雷格突破了自亚里士多德以来分析判断的主词和谓词传统，把数学的函数概念第一次引入逻辑。这个函数概念，在很大程度上是对内涵概念理解的一个延伸或者迁移，用弗雷格的语言则称作是一种偏离。

> 在我看来，这种概念文字的发现本身就促进了逻辑的发展。我希望，如果逻辑学家们没有被对这种奇特东西的第一印象吓倒，他们将会赞同我由这个问题本身内在的必然性的推动下做出的这种新创造。对传统东西的这种偏离是有理由的，因为迄今为止逻辑总是过分紧密地同日常语言和语法结合在一起。特别是我相信，用自变元和函数这两个概念替代主词和谓词这两个概念将能经受住长时间的考验。很容易看出，把内容理解为自变元的函数在概念形成方面是怎样起作用的。①

弗雷格1878年的这段文字，是新逻辑诞生的一个标志，也是内涵概念的一个突破。关于内涵的概念，虽然并非由亚里士多德提出，但是亚里士多德在陈述他的命题理论时，很明确地表示：主词可以通过表达许多个体所共同具有的某种属性或者一类属性来分别指示或者指称这一个体或者许多个体，谓词则是单纯地表达属性，整个命题的职能就是把这种属性归属于主词所指示的个体。② 亚里士多德在这里提及的属性，正好类似于我们今天的内涵概念，内涵是各种属性的一个总称，一般词项的内涵就是它所蕴涵的一组属性。

自亚里士多德之后，这个命题的主谓词理论一直影响着其后的逻辑学家，特别是影响到了莱布尼茨。莱布尼茨为逻辑学的发展做过很多很有创意的设想，但由于他对亚里士多德的尊崇，特别是对其主谓词理论的尊崇，使得他的哲学概念紧密地依赖于亚里士多德的主词和谓词概念，并在这个主谓词理论的基础上建立起他关于实体的概念和理论以及其他一些相关的理论。

> 正是逻辑主项的这一特殊形式，连同那个主张存在着的只能是主项而不能是谓项的学说一起，构成了莱布尼茨所运用的实体概念。③

---

① 〔德〕弗雷格：《弗雷格哲学论著选辑》，王路译，王炳文校，北京，商务印书馆，2006，第4～5页。

② 〔古希腊〕亚里士多德：《工具论》，李匡武译，广州，广东人民出版社，1984，第60～61页。

③ 〔英〕罗素：《对莱布尼茨哲学的批评性解释》，段德智，张传有，陈家琪译，陈修斋，段德智校，北京，商务印书馆，2000，第48页。

但是，莱布尼茨执着于亚里士多德的主谓词理论，束缚了他关于普遍形式理论的构想。他甚至把他曾经设想到的关系命题的形式也试图套用这种主谓词理论，这当然只能获得不幸的结果。① 而弗雷格正是在这一点上，超越了亚里士多德，自然也超越了莱布尼茨。莱布尼茨最先发现和使用了函数概念②，但这个由他发现并最先使用的函数概念，并没有被他运用在逻辑学的创新构想之中，这个函数概念在逻辑领域的创新是由弗雷格开创的。

2. 弗雷格的函数概念

在这里，使用弗雷格的原文来描述他的函数概念。在弗雷格的概念文字系统中，函数是个什么性质的概念呢？弗雷格在其《概念文字》一文中，先用一个实例来说明函数。

> 如果我们考虑用我们的形式语言表达氢气轻于碳酸气这种情况，那么我们可以用表示氧气的符号或表示氮气的符号替代表示氢气的符号。这样一来涵义发生了变化，因为"氧气"或"氮气"进入了"氢气"以前所处的关系。当我们认为一个表达式以这种方式发生变化时，同一个表达式分解为表现这种关系整体的固定组成部分和可由其他符号替代的符号，而且这个符号意谓处于这种关系中的对象。我称第一个组成部分为函数，称第二个组成部分为它的自变元。③

在弗雷格的这段引文中，函数概念被定义为：当同一个表达式分解为表现这种关系整体的固定部分时，这个固定部分就是弗雷格的函数概念。显然，在这个例子中，氢气是自变元，轻于碳酸气就是函数。在"氢气轻于碳酸气"这个命题中，我们当然也可以用另外的方式来解释它的自变元部分和函数部分，但实质是一样的。所以在同一篇论文中，关于自变元和函数的概念就可以用更严格一些的表述来说明：

> 如果在一个其内容不必是可判断的表达式中在一个或多个位置上出现一个简单的或复合构成的符号，并且我们认为在所有位置上或几个位置上可以用其他符号、但是只能到处用相同符号替代它，那么我们就称这里表达式所表现出的不变部分为函数，称可替代的

① 〔英〕威廉·涅尔，玛莎·涅尔：《逻辑学的发展》，张家龙，洪汉鼎译，北京，商务印书馆，1985，第416～419页。

② 莱布尼茨在其《有关切线的逆方法即函数》的论文中，最先使用了函数概念，虽然并不完全是现今所用的函数概念的含义。该论文发表于1673年。见〔美〕莫里斯·克莱因：《古今数学思想》，第二册，朱学贤，申又枨，叶其孝等译，上海，上海科学技术出版社，2002，第46页。

③ 〔德〕弗雷格：《弗雷格哲学论著选辑》，王路译，王炳文校，北京，商务印书馆，2006，第22页。

部分为其自变元。[①]

既然一个符号表达式的不变部分是一个函数，其符号所指的对象有自变元的称谓，则这个自变元自然有一个变域。弗雷格在逻辑中引入了函数概念，并最先注意到语句的意义和所指，但他关于函数的概念仍然是外延式的，他考虑的是个体，个体类或者是语句的真值，而这些都是关于表达式的外延的东西。

把函数概念和内涵概念联系起来，那是模态逻辑产生后的事情。

3. 内涵语言和内涵算子

弗雷格的语言是外延的，但弗雷格最早注意到，一个语句可以嵌套到更为复杂的语句之中去。例如：苏格拉底相信他的灵魂是不朽的。可以发现，这个更为复杂的语句常常不是一个外延的语句，而是一个内涵的语句。这类语句，在外延逻辑的框架下，好多看似合理的推理就失效了。自然语言中这样类型的语句还真是到处都有，本书所讨论的模态逻辑中的语句，大抵都是这样的。简单地说，由这种类型的语句构成的一个语言就是内涵语言，很明显，自然语言在很大程度上是一个内涵的语言。于是，在弗雷格函数概念的基础上，具有内涵意味的内涵算子，如知道、相信、断定，以及最基本的模态算子必然、可能，这样的抽象语词就都可以用函数的概念来加以理解，而这样理解的结果，传统的内涵概念就变成了真值函数概念的一个集成。

二、模态逻辑中的外延和内涵

(一)外延

在模态逻辑中，外延承继了弗雷格在其《概念文字》中的延伸传统，把外延扩充到语句真值的说法上。我们在世界 w 上借助指派 V 给命题 φ 赋真值真，这可以用符号表示为：$V_w(\varphi)=\mathrm{T}$。则这个 T 就是公式 φ 在世界 w 上的外延；而如果我们在世界 w 上借助指派 V 给命题 φ 赋真值假，这可以用符号表示为：$V_w(\varphi)=\mathrm{F}$。则这个 F 也是公式 φ 在世界 w 上的外延。很明显，命题的真值就是这个命题所具有的外延。

(二)内涵

那么一个模态语句 φ 的内涵是什么呢？对内涵的描述要复杂许多，它不仅涉及真值，涉及指派，涉及世界，它还需要一个特别的方式来说明。

---

① 〔德〕弗雷格：《弗雷格哲学论著选辑》，王路译，王炳文校，北京，商务印书馆，2006 年，第 23 页。

在指派 V 上的一个语句φ，这可以表示为 $V(\varphi)$，$V(\varphi)$可看作是公式φ在指派 V 上的内涵。这个内涵概念继承了弗雷格真值函数的创意，它不仅是一个真值函数，它还是一个依赖于内涵语境即世界概念的真值函数。并且，这个函数相关于公式φ所依赖的所有指派真值的可能世界。该函数在不同的可能世界上通过指派 V 给公式φ指派真值，该函数描述了这一真值指派的全部模式。①

这就是说，在模态的模型论语义学中，内涵概念也和弗雷格的设想一样，弗雷格把语句的真值看作是一个语句的外延，这里发展了弗雷格的构想，既然我们有语句的外延，当然就有语句的内涵。一个模态语句的内涵是依赖于内涵语境的真值函数，它不仅是从真值到真值的函数，当我们指派真值的时候，还要参照这个语句所在的可能世界。因为可能世界是决定一个语句内涵的要素，在这种意义上，我们称：对公式φ给以指派 V 所形成的符号表达式 $V(\varphi)$就可以看作是公式φ在指派 V 上的内涵。这似乎和内涵的原意离得太远，但是，如果我们从更为抽象的层面来考虑决定一个语句真值的各种要素，可能世界恰好表示的就是这些要素的集成。

为了更准确地理解模态逻辑中的这个内涵概念，以下，我们用一个具体的实例来加以说明。

(三)内涵概念的一个实例说明

设想有一个有限的语言片断。

这个语言片断有 3 个语句，g=海水是蓝的，s=雪是红的，c=猫是宠物。

再假设有 3 个可能世界 w，u，v。

w 可以理解为一个实在的世界，即我们人类生活繁衍的世界，这通常被称为是现实的世界。在这个世界中，我们显然可以接受语句 g 和语句 c，但不接受语句 s。

u 可以理解为一个不同于实在世界，却有些类似于实在世界 w 和 v 的一个世界，在这个世界中，用视觉所感觉到的海水颜色也许不是蓝的，而是别的什么颜色。因此，我们或许可以接受语句 s 和 c，但不能够接受语句 g。

v 则可以理解为一个不同于实在世界，但又有点类似于实在世界 w 和

① James W. Garson：*Modal Logic for Philosophers*，Cambridge，Cambridge University Press，2006，p. 70.

u 的一个世界，在这个世界中，我们可以接受语句 g，但不接受语句 s 和 c。

由此，我们总共仅有 9 个指派，这些指派的结果都相应于某个语句的外延，如下表 3-1 所示。

表 3-1 指派结果列表

语句所在世界	对 g 语句指派	对 s 语句指派	对 c 语句指派
世界 w	$V_w(g)=\mathrm{T}$	$V_w(s)=\mathrm{F}$	$V_w(c)=\mathrm{T}$
世界 u	$V_u(g)=\mathrm{F}$	$V_u(s)=\mathrm{T}$	$V_u(c)=\mathrm{T}$
世界 v	$V_v(g)=\mathrm{T}$	$V_v(s)=\mathrm{F}$	$V_v(c)=\mathrm{F}$

根据上表，我们可以看到，不同的语句在不同的可能世界中的不同指派。

对于语句 g 的指派，在世界 w 和 v 上指派 T，在世界 u 上指派 F，g 的外延因世界的不同而有所不同，当然也有相同的。g 的内涵则根据我们对内涵的定义，那就是 $V(g)$，$V(g)$ 函数在不同的可能世界 w，u，v 上通过指派 V 给 g 指派真值，该函数描述了这一真值指派的全部模式，也就是上表对 g 指派的那个竖行所示的指派结果。

同理，$V(s)$，$V(c)$ 分别是 s 和 c 的内涵。

由此，一个语句 φ 的内涵就是指派 V 对语句 φ 的指派函数

$$f = W \to \{\mathrm{T}, \mathrm{F}\},$$

f 的定义域是世界的集合 W，它的值域是真值的集合 $\{\mathrm{T}, \mathrm{F}\}$。该函数是一个从可能世界到真值集合的函数，它指派 W 中的某个成员给真值集合中的某个成员。

三、关于可满足性的几个概念

(一)引言

为一个语言建立语义学的目的是什么呢？如果我们在某个语言内做出了一个论证，我们常常要确定这个论证是否有效，确定某个论证是否有效需要给出关于有效的详细定义，从而用来判定论证的有效性。语义学就是根据对论证的有效性判定而建立的，外延语义学的有效性概念建立在无条件的外延模型之上，模态逻辑的内涵语义学则建立在真值条件的内涵模型之上，这一内涵模型的一个典型例子就是我们在前面已经定义过的 K 模型 $\langle W, R, V\rangle$。有了这个 K 模型，通过和有效性相关的一些概念的定义，这些概念包括可满足、K-可满足和 K-反例，我们就可以定义一个模态逻辑的有效性概念。

(二)可满足及其相关概念

1. 可满足

一个语句 H 序列在世界 w 上对指派 V 是可满足的，*iff* 对于 H 中的每一个成员 φ，$V_w(\varphi)=\mathrm{T}$。

这就是说，一个语句 H 序列对指派 V 是可满足的，H 中的任意语句指派都是在 w 上的成真指派。

这可以写为：$V_w(H)=\mathrm{T}$。

2. K-可满足

一个语句 H 序列是 K-可满足的，当且仅当有一个具备下述条件语言的 K 模型 $\langle W, R, V\rangle$。这个语言的条件是：该语言包含 H 语句，包含在 W 中的一个世界 w，并且在这个语言的 H 序列中，$V_w(H)=\mathrm{T}$，也就是 H 在世界 w 上对指派 V 是可满足的。

当一个语句序列 H 是 K-可满足的，H 的所有语句为真就在逻辑上是可能的，这个可满足概念也可以称之为在逻辑上是一致的。

3. K-反例

一个论证 H/C 有一个 K-反例，当且仅当，语句系列 H，$\neg C$ 是 K-可满足的。

说一个论证 H/C 有一个 K-反例，恰好是在说，我们有可能找到一个模型、一个世界，在这个模型和世界之中，所有的假设前提皆为真，但其结论 C 却是假的。这个模型就是我们前面提到的反模型，假定这个 K-模型为 M，我们在 M 中发现了反例 C，也就是 M 拒绝 C，这种有反例 C 的模型 M 就是 C 的反模型。

由此我们获得 K-有效概念。

(三)K-有效及其相关概念

1. 论证 K-有效

一个论证 H/C 是 K-有效的，当且仅当，H/C 没有 K-反例。

这就是说，一个论证的有效性有非常强的反例限制，只有在从前提导出结论的时候，没有出现反例的可能，没有出现 C 的反模型的可能，我们才能说这个论证是有效的。

一个论证 H/C 是 K-有效的，可以表示为：$H \vDash_K C$。

一个论证 H/C 不是 K-有效的，它就是有 K-反例的，也就是从 K 导不出 C，这可以表示为：$H \nvDash_K C$。

2. 语句 K-有效

一个语句 φ 是 K-有效的当且仅当有一个无假设的论证 φ 是 K-有效的。

这表明我们获得φ是没有假设前提的，φ是作为零前提而获得的结论，并且φ作为结论是 K-有效的。

一个无前提语句φ是 K-有效的，可以表示为：$\vDash_K \varphi$。

3. 直觉的有效性概念

上述关于论证有效性的概念，似乎兜了很大一个圈子，显得冗长而啰唆。有没有一个更直接更直观的方式，来说明论证的有效性概念呢？以下，我们先给出一个有关有效性的、简要的历史陈述，以及有关有效性的直觉描述，然后给出论证有效性的另一种形式表达方式。①

很难判定有效性概念的来源，但是从柏拉图和亚里士多德留下的文献中，我们可以清楚地看到，在亚里士多德的《工具论》之前，希腊哲学家已经开始讨论推理的有效性问题。这个讨论的结论可以归结为：在形式证明中，我们从真前提出发，并且必然地达到真结论。这个从真前提获得必然结论的过程就是一个形式证明，这个结论的必然性，是由证明的有效性来保证的。②

所以，一个论证的有效性具有这样的直观特点：如果该论证的所有假设为真，那么由这些假设获得的结论也为真。如果我们面对的是模态逻辑论证，根据这个直觉，我们就可以给出更直接的有关有效性的另一种定义。

4. 有效性的直觉定义

由以上有效性的直观描述，我们可以把有效性用以下的定义来刻画，其中 H 是假设的前提，C 是由前提获得的结论。

$H \vDash_K C$ 当且仅当对于所有的 K-模型$\langle W, R, V\rangle$和所有在 W 中的 w，如果 $V_w(H)=\mathrm{T}$，那么 $V_w(C)=\mathrm{T}$。

显然，这个有效性的直观定义更容易为我们所理解。那么，该如何理解这个直观定义和前述定义之间的关系呢？可以清楚地看出，这两种关于有效性的定义其实是等价的。

如果 $H \vDash_K C$ 成立，那么必然的结果是，我们在论证 H/C 中找不到 K-反例。

我们说在论证 H/C 中找不到 K-反例，也就是说，H，$\neg C$ 不是 K-可满足的。

---

① James W. Garson：*Modal Logic for Philosophers*，Cambridge，Cambridge University Press，2006，pp. 568-569.

② 〔英〕威廉·涅尔，玛莎·涅尔：《逻辑学的发展》，张家龙，洪汉鼎译，北京，商务印书馆，1985，第 4 页。

这意味着，你不可能找到一个 K-模型 $\langle W, R, V\rangle$，在这个模型中，W 中的 w 上对前提 H 和结论 C 有这样的指派：$V_w(H)=\mathrm{T}$ 并且 $V_w(C)=\mathrm{F}$。

如果不可能有这样的真值指派，那就意味着，对于所有的 K-模型 $\langle W, R, V\rangle$ 和所有在 W 中的 w，如果有 $V_w(H)=\mathrm{T}$，那么就有 $V_w(C)=\mathrm{T}$。

这个结果恰好就是我们给出的有效性的直观定义。

这表明，我们对有效性给出的直观定义完全等价于用 K-反例、K-可满足概念给出的有效性定义。

第四章　可通达关系

关系的理论，是逻辑中的一个专门的而且非常重要的部分；关系的理论研究带有完全任意性质的关系，并且确立关于这些关系的一般定律。

——塔尔斯基

第一节　可通达关系的基本概念和性质

一、关系和框架

(一)关系理论

对模态的语义学考察有多种方式，可以在代数语义学的范围内予以考察，在这种方式中，模态逻辑是讨论带有运算子的布尔代数的一个工具。模态逻辑也可以在拓扑语义学的范围内考察，这时候，模态逻辑又是讨论拓扑现象的一个工具。但是最重要的模态语义学，是克里普克创建的可能世界语义学，这一语义学也是最直观的。因为在这一语义学中，模态逻辑成为讨论时间、信念、必然、可能等概念的有力工具。并且，正是在这种语义学中，我们可以讨论关系结构。从这个意义上讲，克里普克的可能世界语义学，借助于引进可通达关系的观念，就是一个研究各种关系的关系语义学。①

依据塔尔斯基的论述，由德·摩根(Augustus de Morgan，1806—1871)和皮尔斯首先发展了一个有关关系及其性质的关系理论，他们特别地发展了关系理论中称作关系演算的那一部分。其后，德国的逻辑学家施罗德(E. Schröder)则系统地扩充，并且完成了我们今天称作关系理论的东西。在施罗德撰写的一本著作《关于逻辑的代数学》中，其中的第三卷，他称之为《关系的代数和逻辑》，就是一本详细讨论关系演算的文献。② 塔尔斯基的那本《逻辑和演绎科学方法论导论》一书，也用专门的

① Patrick Blackburn，Johan van Benthem，Frank Wolter：*Handbook of Modal Logic*，Vol. one，Amsterdam，Elsevier，2007，p. 2.

② 〔波兰〕塔尔斯基：《逻辑与演绎科学方法论导论》，周礼全，吴允曾，晏成书译，北京，商务印书馆，1963，第84～85页，注1。

一章来讨论关系理论。[①] 关系理论发展到今天，出现了一个奇异的巧合，由克里普克等人创建的模态逻辑可能世界语义学，除了可以称之为模型论语义学之外，还有另外一个以关系为头的名称，这就是关系语义学。因为，我们在前面已经提及的可通达关系，正是可能世界语义学得以建立的基础性概念，这些基础性概念又天然地和关系理论中的基本关系有密不可分的联系。这使得我们在对可能世界观念有了初步的讨论之后，接之就来专门讨论可通达关系的概念，以进一步理解模态逻辑的可能世界语义学。

(二)关系 R 和框架$\mathbb{F}$

广义地说，任何元素之间总会有某种关系。普通逻辑在描述概念外延间关系的时候，概括出概念与概念之间的 5 种关系。命题逻辑中的命题与命题之间，也因为联结词的不同而具有不同的关系。这些关系基本上是二元的，也有一元的或者多元的关系。我们在这里把关系概念不看得那么广义，仅仅把关系放在世界和世界之间的某种二元关系的范围之内。在具体讨论各种可通达关系的性质之前，首先给出有关可通达关系的几个基本概念，然后给出和模态类别紧密相关的二元关系中最为基本的几种关系性质。

1. 关系 R

我们已经知道了有关可通达关系的基本定义。首先，由可通达关系和可能世界的集合可以形成一个克里普克框架$\mathbb{F}=\langle W, R\rangle$，然后，由这个框架和真值指派概念 V 的组合可以构成一个语言的克里普克模型$\langle W, R, V\rangle$。进一步的思考可以发现，在模态逻辑中，框架的性质是重要的，它是从语义上刻画各种模态逻辑的决定因素。因此，考察模态框架的性质，考察各种各样的可通达关系，就是模态逻辑语义学的重要任务。本章，我们将集中讨论克里普克模型中的框架性质，这种框架的性质总是由世界和世界之间的可通达关系的性质所决定的，所以这里的讨论也就是对于可通达关系性质的讨论，以下我们把可通达关系简称为关系，并用大写英文字母 R 表示。

2. 克里普克框架

一个克里普克框架$\mathbb{F}$(以下简称为框架)是一个二元组$\mathbb{F}=\langle W, R\rangle$，它也可以称为一个关系结构，其中的 W 是世界，R 是二元的可通达关系。

---

① 〔波兰〕塔尔斯基：《逻辑与演绎科学方法论导论》，周礼全，吴允曾，晏成书译，北京，商务印书馆，1963，第 84～106 页。

从框架的命名中就可以感知，框架的一个非常明显的特征是适宜于用图形的方式来表达，专论关系的这一章，我们将有更多的图形运用。在框架$\mathbb{F}$中，W 相当于框架的一个论域，R 则是这个论域中两个世界(或者个体，或者点，或者时间，或者状态，或者情景，等等，依你讨论的对象而定)之间的某种关系。一般而言，框架的论域是可变的，随我们的兴趣，我们的目标，我们的任务不同，论域会随之而不同。但论域中世界与世界之间的二元关系却不容易转变，对框架性质的研究表明，我们对框架中体现的二元关系，已经揭示出一些确定的性质，这些性质被逻辑学家很恰当地运用到模态的关系语义学中。

本节我们首先给出其中的一些基本关系性质及其图形，在随后的讨论中，将继续给出由这些基本性质派生出的更多的框架性质及其图形。

二、基本关系性质及其图形

(一)引言

关系理论研究的一个重要领域是研究一些在其他科学中，特别是在数学中，常常碰到的那些特别的关系。塔尔斯基在讨论这些关系时，首先给出的是自反、传递和对称性关系。[①] 自然，我们也首先给出这些基本的关系性质和它们的示意图形，并延伸出与模态理论相关的一些新关系性质和示意图形。

(二)自反性及其图形

1. 自反性

模态逻辑的一个重要框架条件是自反性，自反性的含义是，每一个世界成员自身和自身是可通达的。

设 W 是世界的集合，w 是 W 中的任意成员，则自反性能够给出以下的定义：

如果 R 是自反的，则对于所有在 W 中的 w 而言，都有 wRw。

2. 自反性框架图

可以继续用方框来表示世界的不同成员，这样，一个自反性 R 的图形可以用图 4-1 表示：其中的水平横线之上的图形表示下属定义的条件，水平横线之下的图形表示由该条件获得的 R 性质。图形中箭头表示从一个世界通向另一个世界，在自反性条件下，这个箭头是 w 通向 w 自身。

---

① 〔波兰〕塔尔斯基：《逻辑与演绎科学方法论导论》，周礼全，吴允曾，晏成书译，北京，商务印书馆，1963，第 31～33 页。

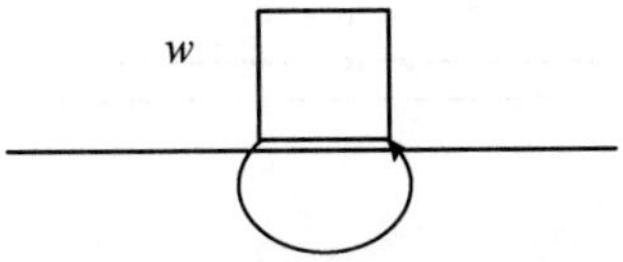

图 4-1

当然，也可以把世界看成是点的集合，一个黑点表示一个世界，如图 4-2。

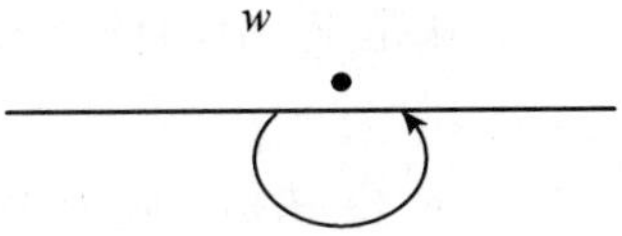

图 4-2

(三)传递性及其图形

1. 传递性

设 W 是世界的集合，w，u，v 是 W 中的任意成员，则传递性能够给出以下的定义：

如果 wRv 并且 vRu，那么 wRu，则 R 具有传递性。

2. 传递性框架图

传递性 R 的图形可以用图 4-3、图 4-4 表示。

我们继续用方框来表示世界的不同成员，这样，一个传递性 R 的图形可以用图 4-3 表示：其中的水平横线之上的图形表示下属定义的条件，水平横线之下的图形表示由该条件获得的 R 性质。从 w 通向 u 的箭头表示 w 和 u 之间的二元关系性质。

R 是传递的：如果 wRv 并且 vRu，那么 wRu。

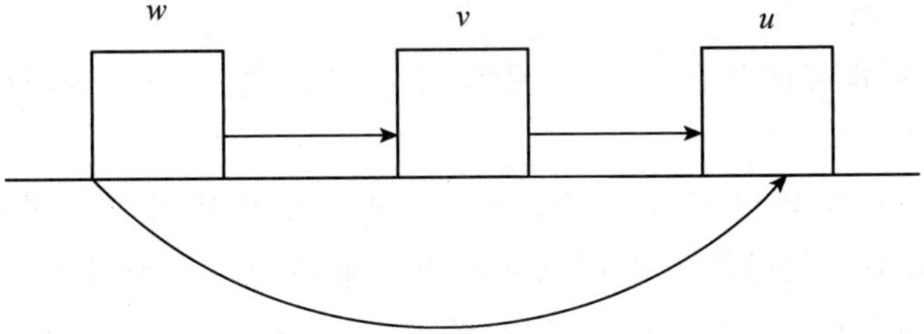

图 4-3

如果我们把世界理解为所有点的集合，如我们可以把时间看成是一个一个的时间点构成的集合，上述传递性框架也可以描述如下：

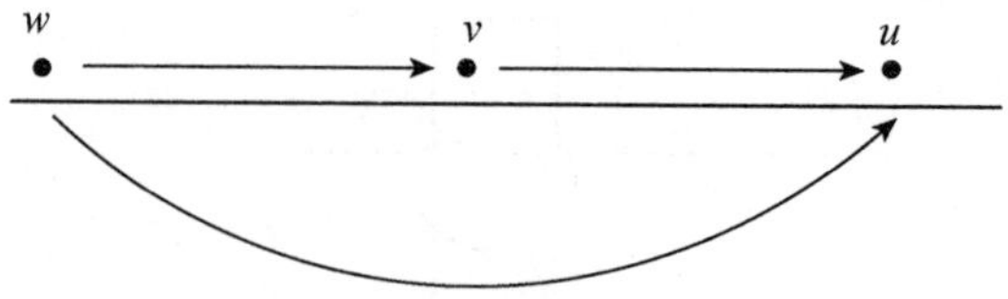

图 4-4

(四)对称性及其图形

1. 对称性

设 W 是世界的集合，w，u 是 W 中的任意成员，则 R 具有对称性，能够给出以下的定义：

R 是对称的，如果 wRv，那么 vRw，则 R 具有对称性。

2. 对称性框架图

以下如无特别说明，我们都用点状的框架图来表示不同的框架性质，如图 4-5。

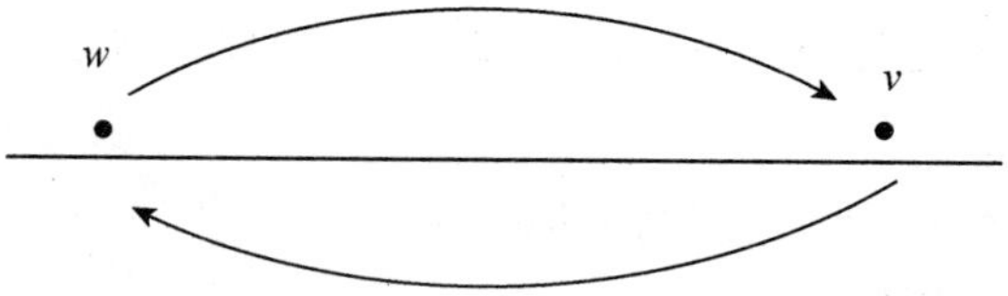

图 4-5

(五)持续性及其图形

对框架性质的进一步研究，除了以上常见的三种框架性质之外，数学和图形结构中还有许多经常出现的性质，其中一个常见的框架性质是持续性。持续性表示我们对世界的这样一种理解，一个世界 w 总存在有和它相通的世界。

1. 持续性

设 W 是世界的集合，w，v 是 W 中的任意成员，则持续性能够给出以下的定义：

对于任意在 W 中的 w 而言，至少存在一个在 W 中的 v 使得 wRv。

R 所具有的持续性可以用以下的设想来说明，一个形象比喻是：设想一个平面上有无数个点(也可以是单点)，这无数个点上的任意一个点，至少存在一个点和这个点相通达。如果这个平面只有一个点，它就自己和自己相通；如果它有两个点，它就可能互为相通或者由一个通向另一个；如果它有三个点，我们就需要用图形来说明，该图形的一种图示方法是可以画成图 4-6 的图样来满足持续性，当然，在三个可能世界的情况下，有多种图形来满足这种持续性。

2. 持续性框架图

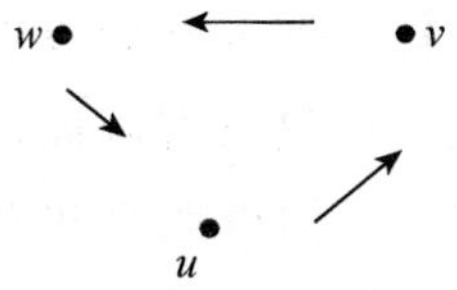

图 4-6

显然，w，v，u 每一个世界都至少有一个可通达的世界，所以这个框架图满足 R 的持续性。

图 4-7 显示了，每一个世界都有从自身产生的一个箭头指向另外的世界，也就是：在我们任意想象的世界之中，一定会有从这些世界可通达的世界，这个想象世界中的这种关系性质，就是 R 的持续性。

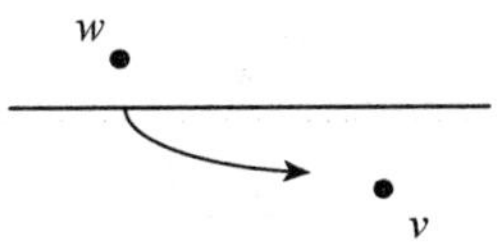

图 4-7

(六)稠密性及其图形

对于任意两个可能世界 w 和 u 而言，两者之间总存在着另一个可能世界 v。这和我们讨论两个实数之间关系时，说两个实数之间总可以插入另外的实数的性质是一样的。所以，我们可以给出稠密性的定义。

1. 稠密性

设 W 是世界的集合，w，u，v 是 W 中的任意成员，则稠密性能够给出以下的定义：

如果有 wRu，那么对于某些 v，总有 wRv 并且 vRu，则 R 具有稠密性。

2. 稠密性框架图

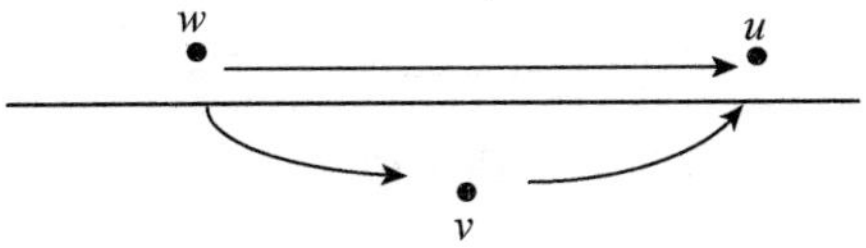

图 4-8

(七)非自反性及其图形

在对框架性质的探讨中，我们既可以从正面刻画他们的框架性质，也可以从反面来探讨这些框架的性质。如此探讨的结果，和自反性相反的框架性质是非自反性，和传递性相反的框架性质是非传递性，和对称性相反的框架性质是非对称性。但要注意的一点是，相关于自反性的反面性质是非自反性，相关于自反性的性质仅有正反两个方面。然而，相关传递性的反面性质则可能不仅仅只有两面，我们可能有非传递性，我们也可能有反传递性。同样，我们可能有非对称性，我们也可能有反对称性。本节我们仅给出非对称性和反对称性的定义和图形，反传递和非传递的情形留给读者思考。

1. 非自反性

设 W 是世界的集合，w 是 W 中的任意成员，则非自反性能够给出以下的定义：

对于所有在 W 中的 w，并非 wRw，则 R 具有非自反性。

2. 非自反性框架图

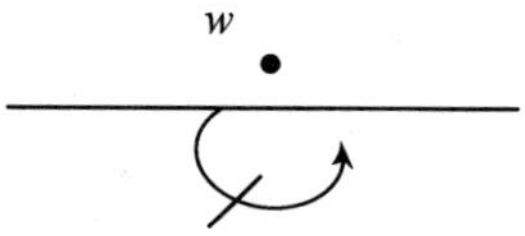

图 4-9

在表达可通达关系的箭头线上插上一条斜线，这个斜线表示的就是两个世界不相通，自然包括自身和自身不相通，这里表示的是 w 和 w 不相通。

(八)非对称性及其图形

1. 非对称性

设 W 是世界的集合，w，v 是 W 中的任意成员，则非对称性能够给出以下的定义：

R 是非对称性的，如果 wRv，那么并非 vRw。

2. 非对称性框架图

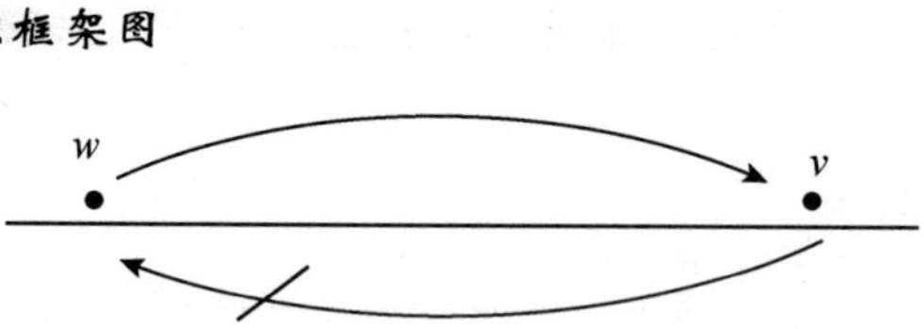

图 4-10

(九)反对称性及其图形

1. 反对称性

设 W 是世界的集合，w，v 是 W 中的任意成员，则反对称性能够给出以下的定义：

R 是反对称性的，如果 wRv 并且 vRw，那么 $v=w$。

2. 反对称性框架图

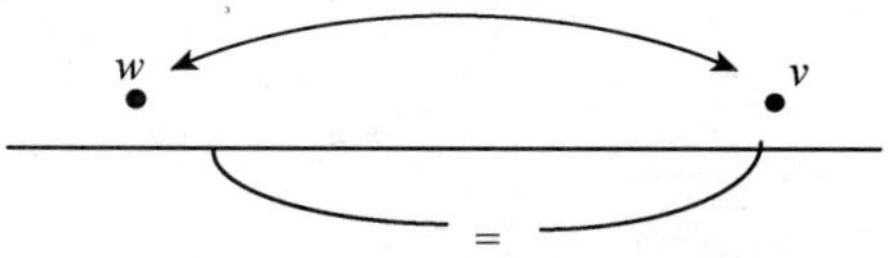

图 4-11

反对称性给人的感觉不是那么直观，当框架中的两个点互为关系 R 的时候，这两个点变成了一个点，即 $v=w$，这时候的关系 R 就是反对称的。对反对称的这样一个定义表明，反对称问题有点特殊，当我们说有两个单体是反对称性关系的时候，这两个单体就成为同一个单体了。

（十）连通性及其图形

当时间类似于实数，被认作是一个线形的和稠密的序列时，这个序列上的每一个时间点就会是以下三种时间中的一种，它或者早于某个时间，或者晚于某个时间，或者等于某个时间。时间的这种特性，我们称之为连通性。

1. 连通性

设 W 是世界的集合，w，v，u 是 W 中的任意成员，则连通性能够给出以下的定义：

如果 w，v，u 之间有 wRv 并且 wRu，那么，或者是 vRu，或者是 uRv，或者是 $u=v$，则 R 具有连通性。

2. 连通性框架图

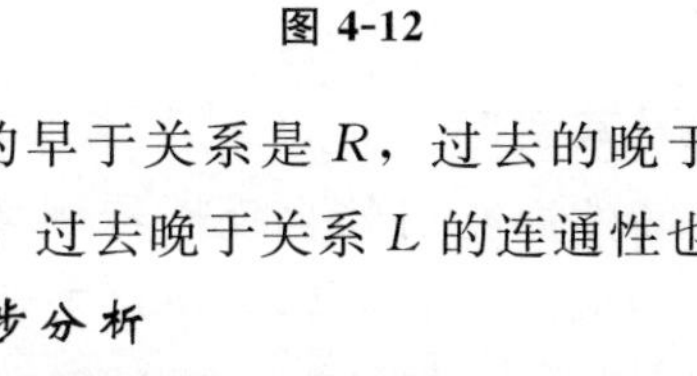

图 4-12

显然，如果未来的早于关系是 R，过去的晚于关系是 L，则图 4-12 既表示了 R 的连通性，过去晚于关系 L 的连通性也可以用上图表示。

3. 连通性的进一步分析

我们还可以对连通性做进一步的分析。

连通性有一个潜在的分叉，由世界 w 所连通的两个世界 v 和 u，可以理解为从 w 出发通向 v 和 u 的两个分支，这可以用图 4-13 表示：

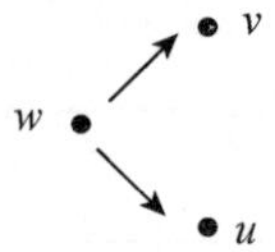

图 4-13

但这个分叉实际上被连通性框定为三个可能的时间序列，仅此三个，别无其他。所以，连通性所蕴涵的分叉表现的还是线形序列，连通性排除了时间分叉的可能。下面三个分解图形说明了这一点，如图 4-14。

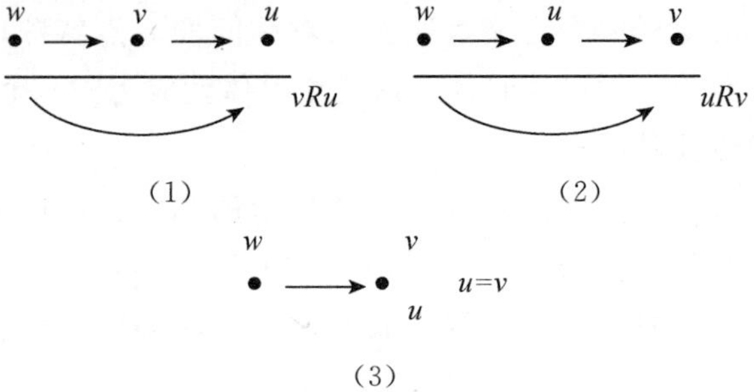

图 4-14

(十一)普遍性 *R* 的定义及其图形

1. 普遍性定义

普遍性 R 因为其世界之间的全通达关系，它的定义自然可以表示如下。

设 W 是世界的集合，w，v 是 W 中的任意成员，则普遍性能够给出以下定义：

对每一个在 W 中的 w 与 v，都有 wRv，则 R 具有普遍性。

2. 普遍性框架图

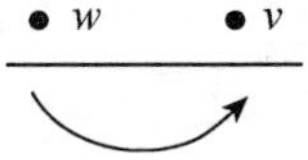

图 4-15

(十二)转换自反性及其图形

除了上述相关于持续性而获得的自反性特例之外，R 还有一个相关于自反性的转换自反性特例。当有世界 v 相对于我们的世界 w 时，则 v 这个世界对于自身是可选的。这可以用以下定义和图形来加以表述。

1. 转换自反性

设 W 是世界的集合，w，v 是 W 中的任意成员，则转换自反性能够给出以下定义：

R 是转换自反的，如果 wRv，那么 vRv。

2. 转换自反性框架图

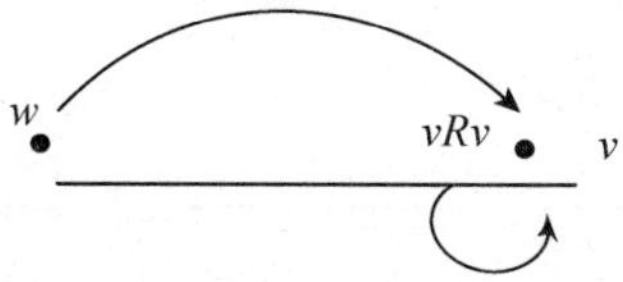

图 4-16

(十三)唯一性及其图形

1. 唯一性

设 W 是世界的集合，w，v，u 是 W 中的任意成员，则唯一性能够给出以下定义：

R 是唯一的，如果 wRv 并且 wRu，则有 $v=u$。

2. 唯一性框架图

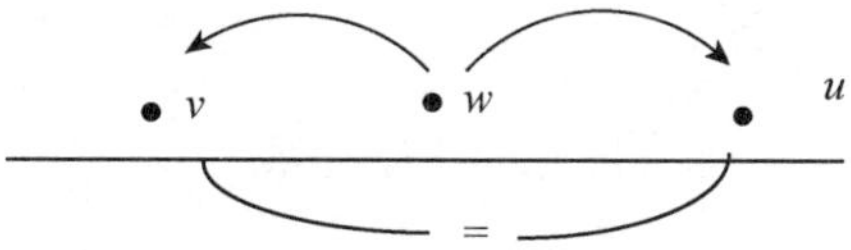

图 4-17

(十四)收敛性及其图形

1. 收敛性

设 W 是世界的集合，w，v，u，x 是 W 中的任意成员，则收敛性能够给出以下定义：

如果 wRv 并且 wRu，那么，对某些在 W 上的 x，vRx 并且 uRx，则 R 具有收敛性。

2. 收敛性框架图

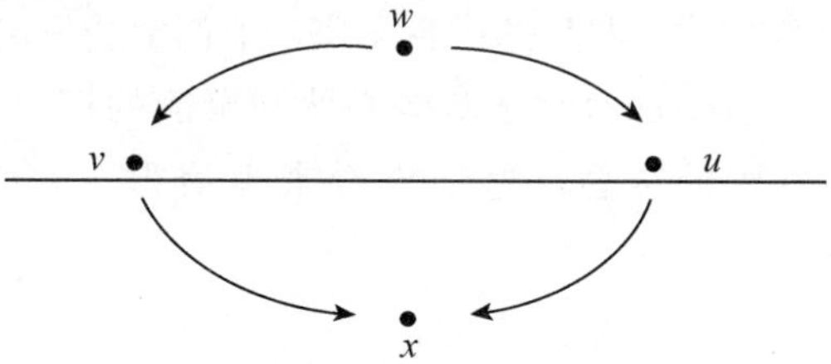

图 4-18

(十五)欧性及其图形

1. 欧性

设 W 是世界的集合，w，v，u 是 W 中的任意成员，则欧性能够给出以下定义：

如果 wRv 并且 wRu，那么有 vRu，则 R 具有欧性。

2. 欧性框架图

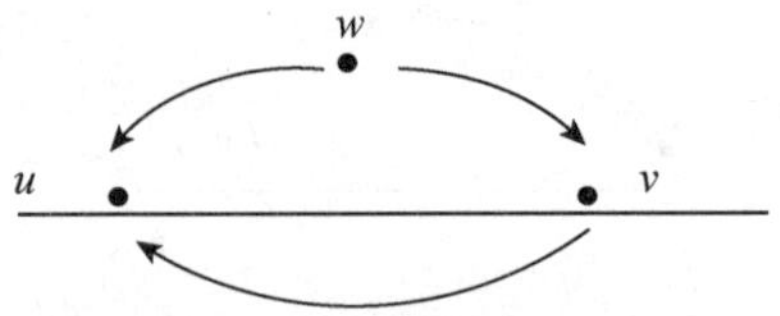

图 4-19

还有更多的二元关系 R 性质，但就模态逻辑所涉及的 R 基本特性而言，上述基本特性足以说明模态逻辑中的一些基本系统的语义学特征。我们对 R 基本特性的描述，也就暂且到此为止。

第二节 基本关系 R 的组合关系

一、组合关系

(一)从基本关系可以产生组合关系

框架中的 R 性质，我们给出了以上 14 种，这些特性是基本的。其中最为基本的是排在前面的自反性、传递性和对称性，这些关系也是我们最能够直观体会到的 R 性质。其中的收敛性也是很基本的，在后面的论述中我们还会看到，收敛性可以用来作为更基本的性质来描述那些看起来基本的性质。模态逻辑发展到用这种关系的方法来刻画它的语义学，也许纯属偶然。因为在一百年前，大概还没有人会想到，模态运算子竟然和这些看起来毫不相干的 R 性质有如此紧密的对应。这很是明显地表达了逻辑的魅力，尽管很多研究逻辑的人，包括那些成就斐然的逻辑学家，他们常会发出感叹，逻辑这东西是个地狱。① 当你看到从对哲学范畴必然和可能的探讨出发，它竟然和二元关系有如此奇妙的结合，这地狱看来也值得下，因为这真是太奇妙了。

上述 14 种关系之所以是基本的，是因为我们还可以把这些基本特征组合起来，形成一些新的 R 性质。如果我们的目标是用内涵模型来刻画模态基本系统的语义学，以下的 R 组合性质是值得关注的，它们可以用来描述不同模态逻辑的语义学性质。

---

① 〔英〕路德维希·维特根斯坦，〔芬〕冯·赖特，海基·尼曼：《维特根斯坦笔记》，许志强译，上海，复旦大学出版社，2008，第 52 页。

(二)基本关系 R 的组合关系及其图形

1. R 线性及其图形

我们有传递性：如果 wRv 并且 vRu，那么 wRu。又有连通性：如果 w，v，u 之间有 wRv 并且 wRu，那么，或者是 vRu，或者是 uRv，或者是 $u=v$。还有反对称性：如果 wRv，那么并非 vRw。如果把这三个关系合取起来，就形成了线性关系，线性关系也称全序关系，塔尔斯基称之为序列关系。[1] 这种关系使得世界和世界之间构成的一个关系链条是一个有序的链条，世界和世界之间是可比较的。所以，这样一种关系也可以称作是线性有序世界集合，或者称作可比较的世界集合。

线性定义：

如果一个关系 R 它既是传递的和反对称的，又是连通的，那么，这个关系 R 就是线性的。

任意的线性关系都体现这样一种性质，具有线性关系集合中的任意两个 W 中的成员 w 和 v，或者是 wRv 或者是 vRw，则这个关系 R 是线性的。如果 wRv，则这种关系可以用图 4-20 右边的表示方式加以刻画。如果 vRw，为示区别，用 v'表示对应的世界，R'表示对应的关系，即 $v'R'w$，则这种关系可以用图 4-20 左边的表示方式加以刻画。这种关系恰好类似于数之间的大于等于或者小于等于关系，两者合在一起正好构成了以 w 为一个方向终点，为另一个方向起点的一个完整的数链条。所以，在数中，一个线性有序集的构成条件可以简单地规定为，对任意数 a 和 b，如果或者是 $a \leqslant b$ 或者 $b \leqslant a$，则这样关系的数所组成的序列就是线性有序集。

一个 R 线性性质的图形可以不完全地表示出来，如图 4-20 。

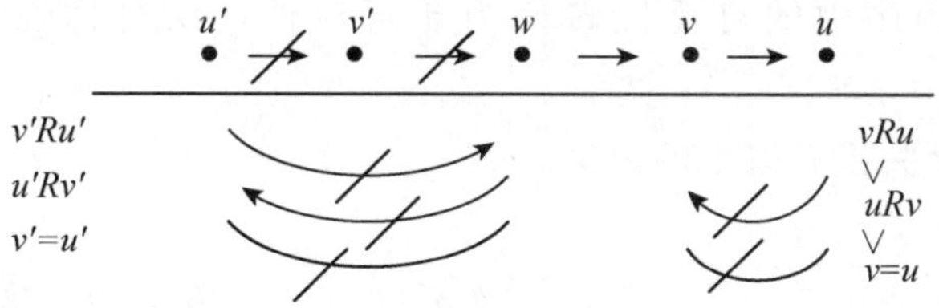

图 4-20

2. 偏序关系 R 及其图形

和 R 线性关系有重要关联的是偏序关系，在集合论中，线性关系被

---

① 〔波兰〕塔尔斯基：《逻辑与演绎科学方法论导论》，周礼全，吴允曾，晏成书译，北京，商务印书馆，1963，第 94～95 页。

看作是偏序关系的一个类别，我们在给出偏序关系定义之后，再来讨论偏序关系的一些类别。

偏序关系定义如下：

如果一个关系它既是自反的和反对称的，又是传递的，这个关系就是偏序的。

R 偏序关系的示意图形如图 4-21。

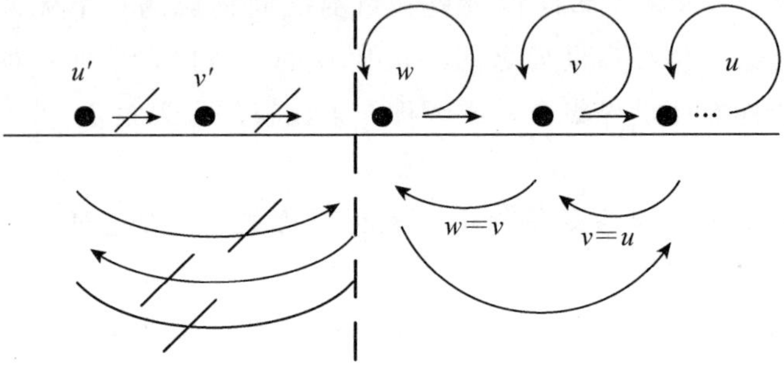

图 4-21

偏序似乎是全序的一半部分，去掉 R 线性的左半部分(反之亦然)，大概就是偏序的一个示意图，这个图形表达了从 w 出发可通达的各个世界之间有一种传递关系、自反关系和反对称关系。数的大于关系和等于关系的合成，或者数的小于和等于关系的合成应该是这样的偏序关系。

3. 严格偏序关系及其图形

还有一种合成的 R 关系是严格偏序关系，它是框架中一个非常重要的性质。严格偏序关系虽属于偏序关系的一种，但在关系性质上有很大差别。偏序中的自反性转换为非自反性，反对称性被连通性所取代。

严格偏序关系有以下的定义。

严格偏序关系 R：

如果一个关系它是非自反的，连通的，又是传递的，这个关系就是严格偏序的关系。

R 严格偏序关系的示意图形如图 4-22。

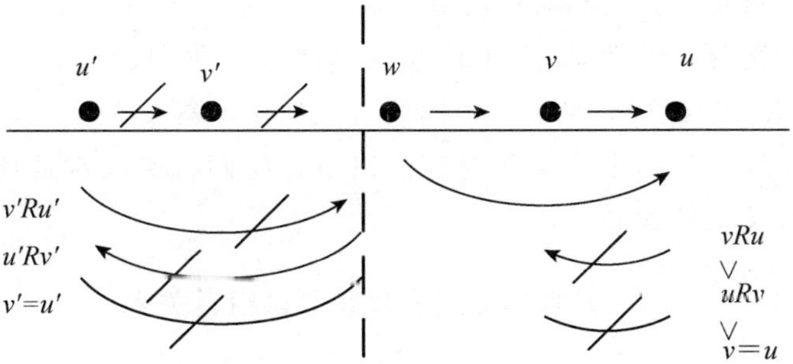

图 4-22

严格偏序关系有和偏序相似的地方，也是一个全序列的一半，这种框架结构可以用实例来说明，自然数中的大于关系和小于关系，它们都是严格偏序关系典型的实例。

4. 等价关系及其图形

等价关系是逻辑学中很重要的一种关系，这种关系也是上述基本二元关系合成的结果，等价关系是这样定义的：

如果一个关系 R 既具有自反性，又具有对称性和传递性，则这种关系是**等价关系**。

等价关系 R 的示意图：以 x，y，w，u，v 这 5 个成员构成一个世界集合为例，如果它们之间具有等价关系，可以用图 4-23 表示。

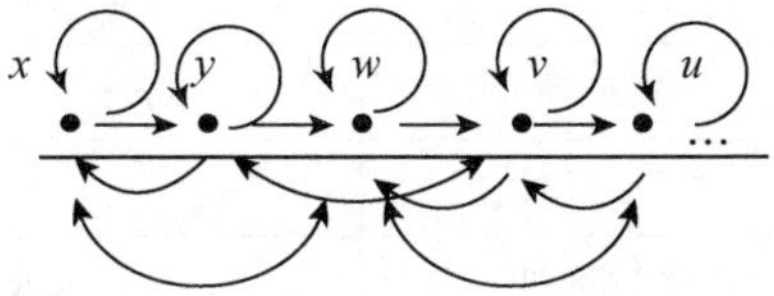

图 4-23

如果一个框架中的任意世界和世界之间的关系是等价的，那就是说，这个框架中的任意世界之间全都是可通达的。

在塔尔斯基的那个时代，还没有一个普遍接受的术语来表示所有那些既是自反的，又是对称的与传递的关系。有时候，我们一般地将这样的关系叫作相等或者等值。但是等价不是相等的同义词，它更多地和等值的含义相似，它是一种不同于相等，只在某些地方和相等类似的关系术语。它表示的是两个类之间不同于相等，严格讲也不同于等值的关系。一般而言，相等是等价的一种特殊关系。所以，我们最好还是按照这三种二元关系自反、传递和对称的组合来理解。①

在讨论蕴涵、必然以及可能世界的部分，我们已经用≡，或者用 *iff*，或者用“当且仅当”来表示不同语言层次中的等价关系，这恰好和塔尔斯基关于等价的两个定义相对应。以下，我们将更经常地使用≡来表达这种等价关系的含义。

二、关系名称图表及其等价组合关系

(一)关系名称图表

1. 基本关系的名称及定义表达式图表

以上基本关系可以用一个 R 基本关系图表来集中描述，以下是这 14 种基本关系的一个图表。设 w，u，v 等字母是世界 W 中的任意成员，R 是世界间的可通达关系，R 的 14 种基本性质和它的定义表达式可以简化，见表 4-1。

表 4-1 R 的 14 种基本性质和它的定义表达式

序号	基本性质	定义表达式
1	自反性	wRw
2	传递性	$wRv \wedge vRu \rightarrow wRu$
3	对称性	$wRv \rightarrow vRw$
4	持续性	$\exists v\ wRv$
5	稠密性	$wRv \rightarrow \exists u\ (wRu \wedge uRv)$
6	非自反性	$\neg wRw$
7	非对称性	$wRv \rightarrow \neg vRw$
8	反对称性	$wRv \wedge vRw \rightarrow v=w$
9	连通性	$wRv \wedge wRu \rightarrow vRu \vee uRv \vee u=v$
10	普遍性	wRv
11	转换自反性	$wRv \rightarrow vRv$

① 这里需要指出的一点是，塔尔斯基没有用等价这个术语来命名我们所说的等价。他后来在讨论演绎方法时这样来定义等价：设一个给定的理论有两个语句系统，如果第一个语句系统中的每一个语句都可以从第二个系统中的语句以及在先的理论的定理中推出，并且第二个系统中的每一个语句可以从第一个系统的语句中推出，我们称这两个系统是等价的。(〔波兰〕塔尔斯基：《逻辑与演绎科学方法论导论》，周礼全，吴允曾，晏成书译，北京，商务印书馆，1963，第 126 页)塔尔斯基在这里对等价的定义，可以说，它与传递性、自反性、对称性组合成的关系性质是一种等价的描述。

续表

序号	基本性质	定义表达式
12	唯一性	$wRv \wedge wRu \rightarrow u = v$
13	收敛性	$wRv \wedge wRu \rightarrow \exists x\ (vRx \wedge uRx)$
14	欧性	$wRv \wedge wRu \rightarrow vRu$

2. 组合关系的名称及定义表达式图表

以上基本关系的组合关系也可以用一个图表来描述，我们用表 4-2 给出已经讨论过的组合关系。

表 4-2　基本关系的组合关系

序号	组合关系性质	组合关系定义
1	线性关系	传递性＋反对称性＋连通性
2	偏序关系	传递性＋自反性＋反对称性
3	严格偏序关系	非自反性＋连通性＋传递性
4	等价关系	自反性＋对称性＋传递性

(二)等价组合关系

上一节，我们给出了基本的关系定义，也给出了在基本关系基础上几个组合关系的定义。这一节，我们对于关系的讨论将在这两类关系的基础上继续深化，讨论这些基本关系和组合关系之间的关系，主要讨论基本关系性质组合结果的等价性问题。我们还将讨论任意关系的合成问题，这类合成，不是指基本关系性质的组合，而是指一般关系的合成。这里的一般关系是一种任意性质的二元关系，这些二元关系可以合成一些新的关系出来。我们将在第三节专门讨论这种合成关系，这一节讨论基本关系性质组合的等价性关系。

1. 对称＋传递≡对称＋传递＋欧性

关系性质的组合产生一些奇妙的等价性结论，以下两组组合关系就是等价的组合关系：

对称＋传递≡对称＋传递＋欧性。

很明显，说一个关系性质合成是传递＋对称＋欧性的组合，那么，它也一定可以说成是传递＋对称的，反过来也是一样。这个结论的一个方向是直观的，前者既然包含了后者，那自然就具有后者的关系性质。接下来需要证明的是另一个方向，当一个关系是传递且对称的时候，它是否体现了欧性？

证明：当一个关系 R 性质是传递且对称的时候，它也是欧性的。

这个证明的已知条件是，当有 wRv 且 vRu，我们有 wRu，并且有 uRv 和 vRw，那么这个关系是否包含欧性呢？这可以用图形表达出来，如图 4-24。

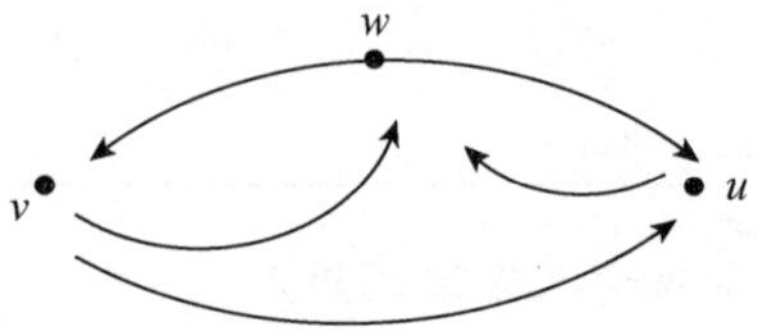

图 4-24

这个推导过程是很自然的：

因为 wRv 是对称性的，所以有 vRw。

因为 wRv 和 wRu 有传递性，所以有 vRu，而这正是欧性的特点。

所以，对称＋传递≡对称＋传递＋欧性。

2. 持续性＋对称性＋传递性≡欧性

利用同样的推导方式，既然仅仅对称＋传递就已经使得这个关系性质的合成具有欧性，那么，我们当然可以从持续性＋对称性＋传递性推得，这种复合关系是具有欧性的。

问题是反过来能否成立？一个欧性的关系性质，它可能既具有持续性，又具有对称性和传递性吗？

证明：如果一个关系 R 性质是欧性，那么，它也是传递、对称并且持续的。

一个关系性质是欧性的，这表明，有任意点 w，v，u，若 w 既通向 v 也通向 u，那么必定有或者 v 通向 u 或者 u 通向 v，我们取其一种情况就可以说明，在这样的情况下，这个欧性就一定有这三种性质：持续性，对称性和传递性。

当一个关系 R 的性质是欧性的时候，显然，它一定是持续性的，因为欧性条件下的任意世界成员都必定存在一个可通的成员，这恰恰就满足了持续性的要求。

当一个关系 R 的性质是欧性的时候，它也一定是传递的，因为从任意一点出发所连接的两个点总是相通的，它们又都通向出发点，这就构成了一个传递的链条，在任意三点之间形成了传递性。

当一个关系 R 的性质是欧性的时候，它也一定是对称的，因为从任意一点出发所连接的两个点总是相互通达的，这就在任意三点之间形成了对称性(如图 4-25)。

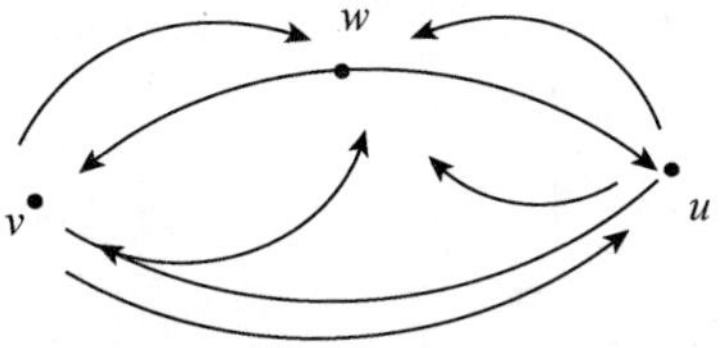

若 wRu 并且 wRv，则有 vRu，那么，…?

图 4-25

3. 持续性＋对称性＋传递性≡自反性

我们还可以证明一个也许会让人感到惊奇的结果，那就是 R 持续性、对称性和传递性的组合，竟然是自反性的关系。

这个等价关系的证明方式有点特别，它不是先从关系性质的组合导出某个关系，而是先从单个的关系性质自反性导出 R 组合的性质：持续性＋对称性＋传递性。

我们先证明：自反性蕴涵着持续性＋对称性＋传递性。

证明：如果 R 是自反的，即 wRw，这首先满足了持续性，w 存在一个可通达的世界，那就是 w 本身；

如果 R 是自反的，即 wRw，这也满足了对称性，因为 wRw 显然就是对称性的一个特例，它自然等同于 wRw，这证明了对称性；

如果 R 是自反的，即 wRw，它是否满足传递性呢？答案是肯定的，自反性也满足传递性，因为自反性涉及的对象本身和本身之间的关系当然是可传的。

这个证明过程如图 4-26 所示。

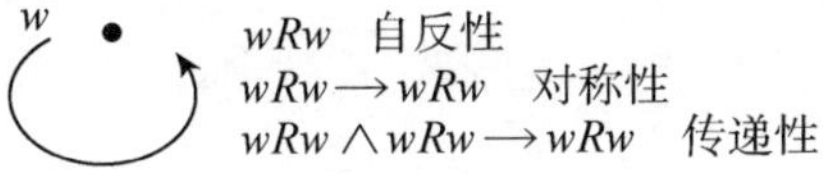

图 4-26

我们再证明：持续性＋对称性＋传递性这三种性质的组合蕴涵着自反性。

证明：如果一个世界集合中每一个世界都具有持续性＋对称性＋传递性，那么这个集合中的每一个世界必定是自反的。

假定有任意世界 w，v，u，它们之间的 R 具有持续性＋对称性＋传递性，这可以表示出来，如图 4-27。

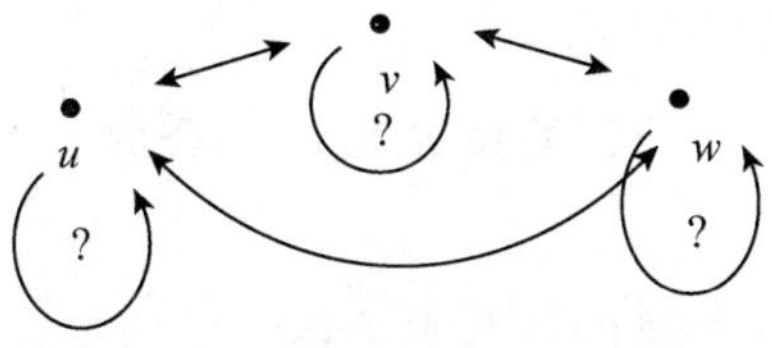

图 4-27

那么，这些任意世界 w，v，u 本身具有自反性吗？

答案是肯定的，这可证明如下：

因为有持续性，所以，任意 w，v，u 都一定存在一个可通达的世界，以 w 为例，有 wRv。

因为有对称性，所以，从 wRv 可得 vRw。

再因为有传递性，从 wRv 并且 vRw，又可得，wRw。

同理，我们可以证明，任意的 v，u 也可以获得同样的结论。

所以，任意世界 w，v，u 本身具有自反性。

可以把上述图形两两成对地加以证明，证明方式完全类似，我们给出 w 和 v 之间具有持续性＋对称性＋传递性的图形。

w 和 v 之间具有持续性：wRv。（如图 4-28）

图 4-28

w 和 v 之间具有对称性：wRv 并且 vRw。（如图 4-29）

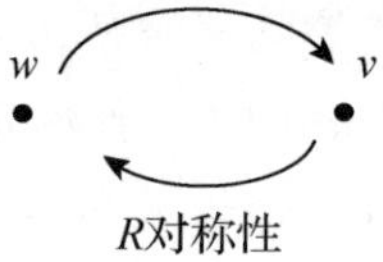

图 4-29

w 和 v 之间具有传递性：wRv 并且 $vRw \rightarrow wRw$。（如图 4-30）

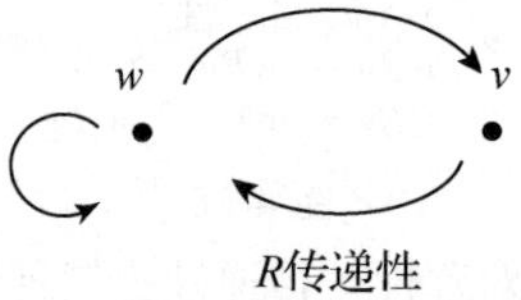

图 4-30

显然，我们可以推出：wRw，这就是自反性。

第三节　关系 R 的合成

一、关系 R 和 R' 的合成

（一）引言

前述几种关系的组合指的是基本关系性质的组合，这一部分将在更一

般的关系上讨论关系上的合成。合成不同于组合，我们既可以把不同的基本关系简单地并起来，讨论这种合取的组合关系。换一个思路，我们也可以把关系合成起来，构成更为复杂别致的关系类别。在此，先给出这种合成新关系的定义，我们用符号 RoR'表示关系的合成，并对之定义如下。

(二)合成关系 *RoR′*的定义和解释

1. 合成关系 *RoR′*的定义

符号 RoR'表示关系 R 和关系 R'的合成，o 表示合成运算的符号，对这个运算符号可定义如下。

(Def o)　$wRoR'v$ *iff* 对某些 u，wRu 并且 $uR'v$。

2. 关系合成运算的解释

显然，RoR'就是世界和世界之间的一种合成关系，因为有这种关系的引入，我们又看到了一种新的关系，它使得我们对二元关系 R 的理解更为丰富多彩。

现在以一个日常的实例来说明这种合成关系。如果 R 是成为兄弟的关系，R'是成为父母的关系，那么 RoR'则是成为叔伯的关系。

因为，w 是 v 的叔叔(伯伯)当且仅当对某个人 u，既有 w 是 u 的兄弟，又有 u 是 v 的父亲。显然叔侄关系就是两种关系的合成，一个关系是兄弟关系，另一个关系是父子关系。

中国社会的血缘关系、人际关系，很多都可以看作是关系合成的结果。再举一个例子，如在一对一的夫妻关系中，我们有 w 和 u 是夫妻关系 R，这里又有一个父子关系，也是二元的，v 和 w 是父子关系 R'，则 v 和 u 的关系就可能是 R 和 R'关系的合成 $vRoR'u$。这个关系就是人际关系中的公公和儿媳妇之间的关系，这显然是父子关系和夫妻关系的一个合成。

因为我们有对于合成关系的这种理解方式，当把这种方式用在合成关系的一个特例中的时候，就出现关系自身的合成的情形。显然，RoR'也可以通过 R 自身来构成。例如，当 R 是成为父母的关系时，RoR 就成为祖父母的关系。这个关系还可以扩充为 $RoRoR$，自然，这可以解释为是曾祖父母的关系。

3. 合成关系 *RoR′*的来源

依据本章开头已经提到的塔尔斯基论述，关系理论来源于德国的施罗德和美国的皮尔斯。讨论合成关系，特别要提及一下皮尔斯。我们所讨论的合成关系，在很大程度上来源于他的范畴三分理论。皮尔斯承继康德对范畴三分的偏好，从逻辑和数学分析的角度设想了他的范畴三分理论。在《知识表示》一书中，作者索沃(John F. Sowa)对皮尔斯范畴三分理论给出了很是精练的概括。从这个概括中可以很明显地看到，本书所讨论的合成关系的概念，高度类似于皮尔斯的第三范畴。

索沃从布伦塔诺(F. Brentano)的亚里士多德范畴表开始讨论，然后延续到康德。他在谈到康德对布伦塔诺的评论时指出，正如康德所观察到的，布伦塔诺的大多数概念是依据二分法来划分的，这承继的是亚里士多德的风格。然而，布伦塔诺也有很少一部分概念是三分的，这正好对应于康德所钟爱的范畴三分，但这个范畴三分的更为精巧的设想则来自于皮尔斯的范畴分类原则。

> 皮尔斯的原则是一种对新产生范畴的原层次区分，当我们从不同的角度通过对实体的观察来产生新范畴的时候，这种元层次的区分也就显现出来。第一范畴是由在某种东西当中存有的内在性质所决定；第二范畴则是被这个实体直接朝向的某个其他东西所产生的关系或者反应所决定；第三范畴则是被某种中介来决定，这些中介把多个实体带入到关系之中。形式上，范畴的这三个类别都被涉及这个定义的实体的最小数量来刻画。第一范畴可以用一元谓词 $P(x)$ 定义，它描述了被其内在性质 P 所决定的实体 x，这个内在性质不依赖任何外在于 x 的东西。第二范畴要求一个二元关系 $R(x, y)$，该关系式描述了在实体 x 和另一个独立的实体 y 之间的某些关系。第三范畴要求有一个三元关系 $M(x, y, z)$，这个三元关系描述了一个实体 x 如何把另外两个实体 y 和 z 连接起来。皮尔斯坚持，超过三个范畴是不必要的，因为第四、第五和更高阶的关系可以依据三元关系来定义。①

由此，我们可以把动物看成是属于第一范畴类的类别，每一个动物都是由其内在性质决定的一个实体。宠物可以看成是属于第二范畴类的类别，它们是由和人类构成的某种关系所决定的范畴。而本节所讨论的合成关系，显然属于皮尔斯设想的第三范畴类别，它涉及的几乎总是超出二元的三元关系或者多元关系。

合成关系大都超出二元，这不是本书的主要讨论对象，本节我们将继续讨论合成关系，把对合成关系讨论限定在一种特殊的合成关系范围之内，这就是自身关系的合成。这种自身合成关系，可以用来刻画模态语义学中的世界和世界之间的可通达关系。

---

① 〔美〕John F. Sowa：《知识表示》，英文版，北京，机械工业出版社，2003，第 61 页。

二、自身合成关系

(一)自身合成关系 *RoR* 的一般表达式

由 R 自身构成的合成关系，我们称作自身合成关系。

如果这种关系由 n 个 R 构成，我们就可以表示为 R^n，于是，$R^1=R$，$R^2=RoR$，$R^3=RoRoR$，$R^4=RoRoRoR$，$R^n=RoRo\cdots$（n 个 R）。

这种方式也可以表达一个世界成员和另一个世界成员的相同。例如，如果世界 $w=v$，我们可以用 R^0 来表示，即 wR^0v，这时候的合成关系实际上就是相等关系。它可以简单地理解为，当两个成员间没有任何关系时，这两个成员实际上就是一个成员。这是我们对世界的一个很自然的理解。这个世界的任意两个成员之间总是由某种关系来把不同对象联系起来，如果没有任何关系来联系两个世界，这两个世界自然就是没有区别的一个世界。这样一个虚设的 R^0 关系，可以很方便地表明一些特殊关系之间的转换。

$R^0=$相等关系，这可以定义为：wR^0v　*iff*　$w=v$。

(二)收敛性的合成

1. 基本收敛性关系

给出以上合成关系及其合成关系的特例定义，目的在于刻画一种特殊的合成收敛性关系，用这种合成收敛性关系可以等价地表达一些基本的关系性质。这种合成收敛性关系 R，我们称为 $hijk$ 收敛性 R。

基本收敛性关系，我们定义为：$wRv\wedge wRu\rightarrow\exists x\ (vRx\wedge uRx)$。

这个基本关系涉及 4 个任意的世界，依照收敛性的定义和合成 R 的定义，我们来设想下述合成的收敛性关系。

2. 合成的收敛性关系

假定从 w 到 v 的通达关系 R 是合成的，它由 h 个 R 构成，这可以表示为 wR^hv。

同样我们也可以假定从 v 到 x，从 w 到 u，从 u 到 x，它们分别是：

从 v 到 x 的通达关系 R 是合成的，它由 i 个 R 构成，这可以表示为 vR^ix；

从 w 到 u 的通达关系 R 是合成的，它由 j 个 R 构成，这可以表示为 wR^ju；

从 u 到 x 的通达关系 R 是合成的，它由 k 个 R 构成，这可以表示为 uR^kx。

则一个合成的收敛性关系 $hijk$-R 就可以定义为：

如果 wR^hv 并且 wR^ju，那么对某些在 W 中的 x，vR^ix 并且 uR^kx。

以下我们用符号和图形来表达这种合成收敛关系条件，•表示一个世界。一个由 n 个 R 构成的 w 通达 v 的关系可以表示为图 4-31 的形式。

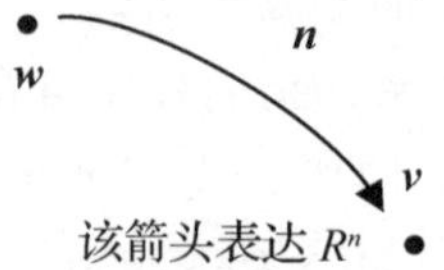

图 4-31

由图 4-31，合成的收敛性关系 $hijk$-R 就可以表示为图 4-32。

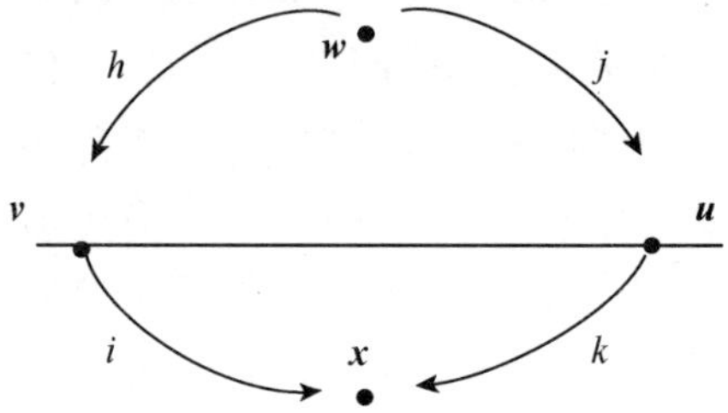

图 4-32

三、用合成收敛性关系 *hijk-R* 表达基本关系 *R*

(一)引言

我们在第一节给出了 14 种基本关系，可以利用这种收敛性图形来表达这些基本关系的一部分，以下我们用合成收敛性关系分别表示出欧性、对称性、传递性、持续性、自反性、唯一性和稠密性七种基本关系性质。

(二)用 *hijk-R* 表达基本关系 *R*

1. 用合成收敛性关系表达欧性：$h=j=k=1$，$i=0$

若合成收敛性关系 $hijk$-R：$h=j=k=1$，$i=0$。

这种收敛性关系可以图示为图 4-33 的形式：

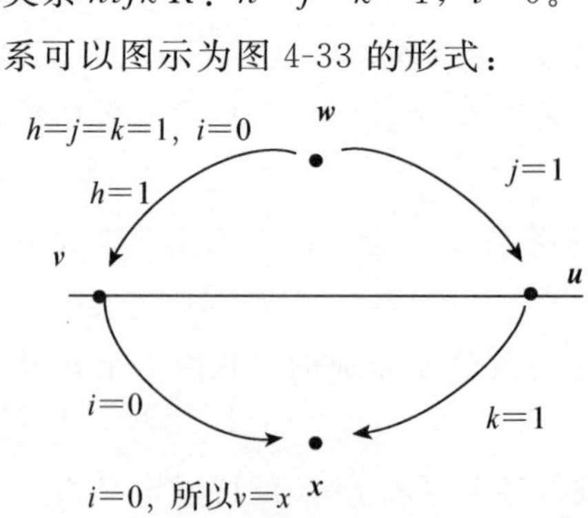

图 4-33

依据图 4-33，我们可以把两个等点合并为一个，由此而获得的正是 R 欧性，如图 4-34。

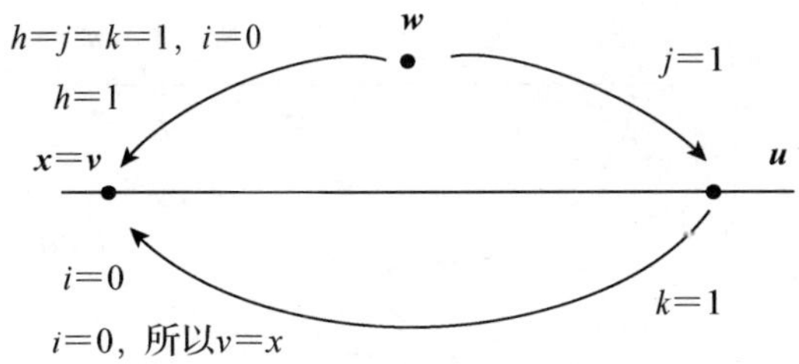

图 4-34

2. 用合成收敛性关系表达对称性：$j=k=1$，$h=i=0$

若合成收敛性关系 $hijk$-R：$j=k=1$，$h=i=0$。

这种收敛性关系可以图示为图 4-35 的形式。

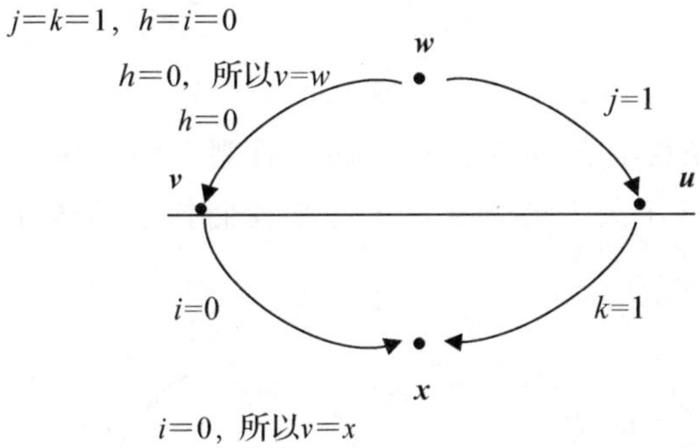

图 4-35

显然，由图 4-35 可以获得如下对称性结果，如图 4-36。

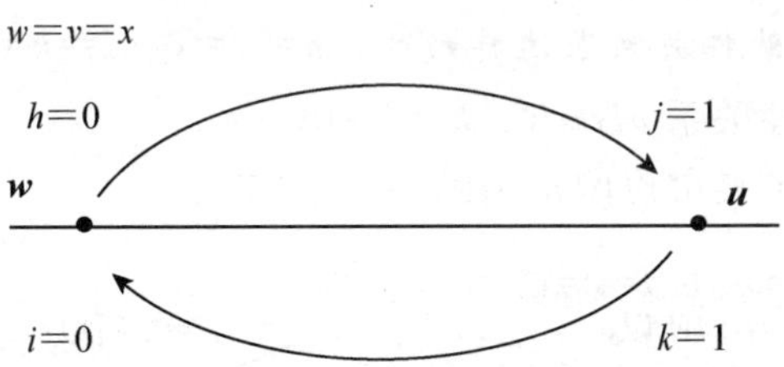

图 4-36

这里的 R 条件显然是对称性。

3. 用合成收敛性关系表达传递性：$h=k=0$，$i=1$，$j=2$

若合成收敛性关系 $hijk$-R：$h=k=0$，$i=1$，$j=2$。

这种收敛性关系可以图示为图 4-37 的形式。

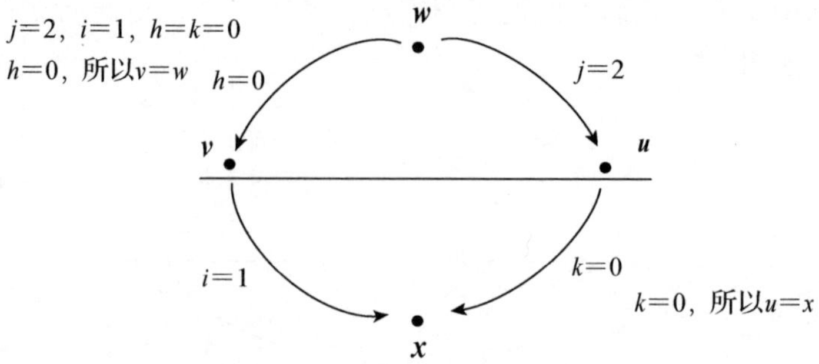

图 4-37

以上图形显然可以简化，如图 4-38。

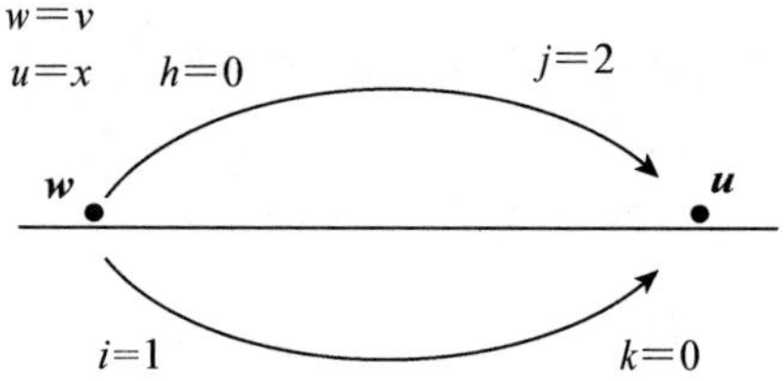

图 4-38

这里的 R 条件是传递性，它不那么直观，因为中间媒介给省略了，但 $j=2$ 表示是两个关系的合成，正好是我们描述的传递性关系的图形，如图 4-39。

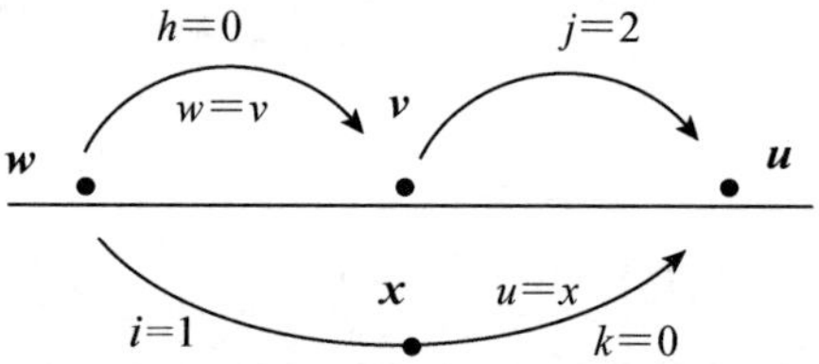

图 4-39

4. 用合成收敛性关系表达持续性：$h=j=0$，$i=k=1$

若合成收敛性关系 $hijk$-R：$h=j=0$，$i=k=1$。

这种收敛性关系可以图示为图 4-40 的形式。

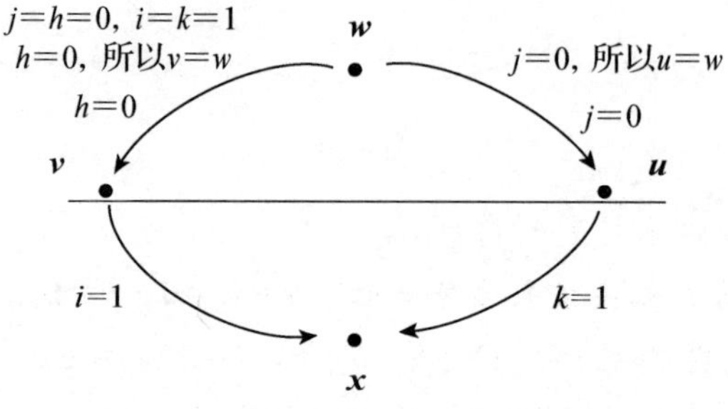

图 4-40

依上图可得到图 4-41。

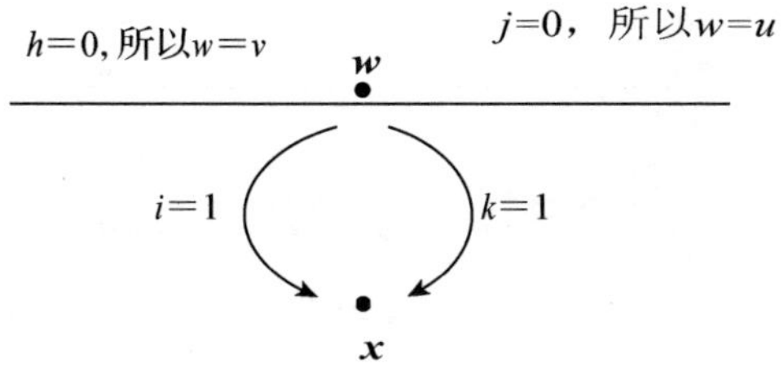

图 4-41

这个图形表明，对于每一个世界 w，都有另一个世界 v 使得 wRv 和 wRv。这个表述似乎有点累赘，箭头的表述也显得多余，但这种表述却显示了 R 持续性的含义。

5. 用合成收敛性关系表达自反性：$h=j=k=0$，$i=1$

若合成收敛性关系 $hijk$-R：$h=j=k=0$，$i=1$，则 $w=u=v=x$，R 必然有自反性，即 wRw。

这种收敛性关系可以图示为图 4-42 的形式。

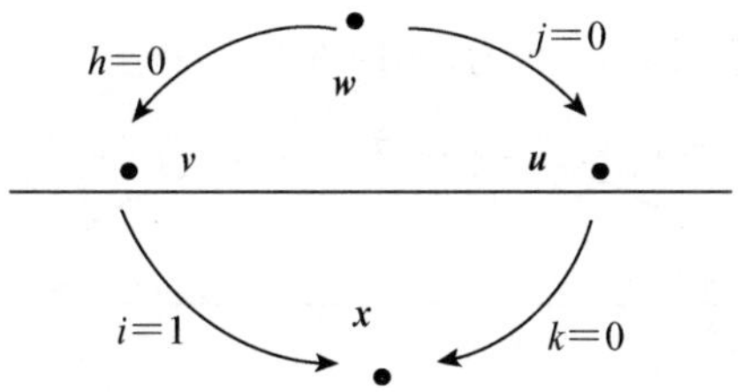

图 4-42

上图依据我们给出的定义，可以简化为图 4-43，这个图形表示的恰好就是世界和世界之间的自反性。

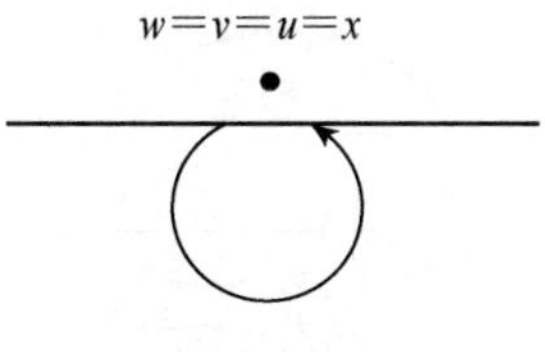

图 4-43

6. 用合成收敛性关系表达唯一性：$h=j=1$，$i=k=0$

若合成收敛性关系 $hijk$-R：$h=j=1$，$i=k=0$，则 $v=u=x$，R 必然有唯一性，即 wRx 。

这种收敛性关系可以图示为图 4-44 的形式。

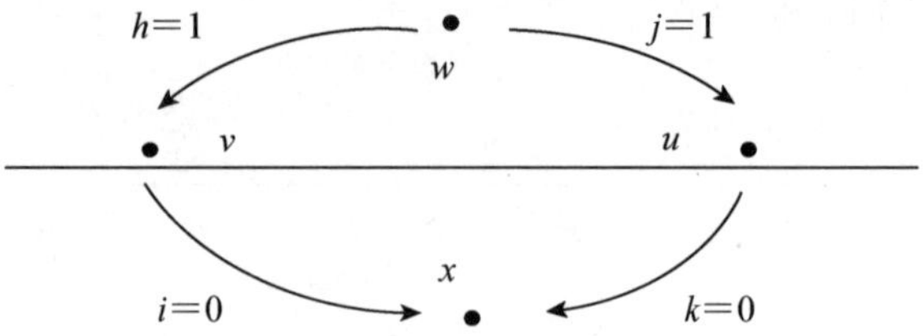

图 4-44

图 4-44 可简化为图 4-45，正好是唯一性的图示。

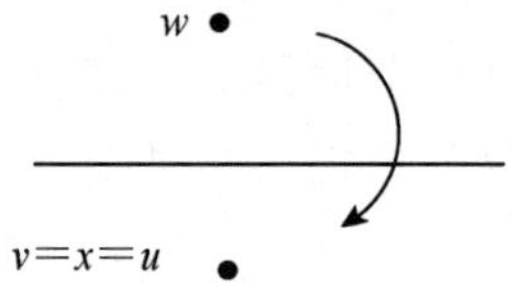

图 4-45

7. 用合成收敛性关系表达稠密性：$h=j=k=1$，$i=0$

若合成收敛性关系 $hijk$-R：$h=j=k=1$，$i=0$，则 $v=x$，R 必然有稠密性，即 $wRv\rightarrow\exists u\ (wRu\wedge uRv)$。

这种收敛性关系可以图示为图 4-46 的形式。

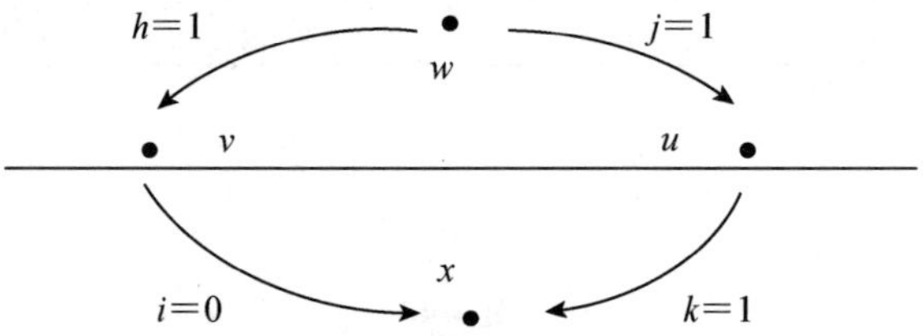

图 4-46

图 4-47 表示的就是稠密性。

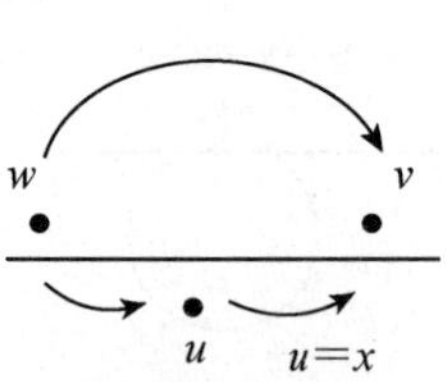

图 4-47

(三)关系理论和模态逻辑

关系理论的基本概念和模态逻辑有着密不可分的联系，在刘易斯的严格蕴涵理论中，他依据直观建立了一系列的公理化系统。但这些公理系统仅靠非形式的直觉来处理它们的语义解释，没有世界之间的关系来做支撑，就建立不起来完善的语义学。建立在关系理论基础上的可能世界语义学，可以说为模态逻辑提供了最为经典而有效的语义解释。

本章，我们从三个层面讨论了关系，首先是基本关系。这些关系的讨论为我们理解各种模态基本系统准备了条件，因为一个模态基本系统往往在其语义解释的视野之下，总是这些基本关系中某个特指关系的具体体现。其次我们讨论了组合关系，特别是讨论了组合关系的等价性问题。这个讨论也是为理解模态逻辑做准备的，因为不同的模态系统，既反映出不同的基本关系，同时这些系统之间也有一个是否等价的衡量，组合关系的等价性问题，反映出模态系统的等价性。最后，我们讨论了合成关系。合成关系的讨论特别有助于模态系统完全性的理解，而一个逻辑系统的完全性，是建立模态逻辑系统必须要认真对待的问题。在以下的章节中，我们将给出模态逻辑的基本理论，并把模态的基本系统和上述有关模态的关系理论结合起来，提供一个较为完善的有关模态理论的描述。

第五章 模态K系统及其扩张

逻辑的所有应用加在一起，都无法与宝贵的纯粹逻辑理论本身相比。当你登高望远，一览这门科学的全貌，就会看到，我们眼下享有的逻辑理论，乃是理性视野的极致，天与地都是为这理性而造。

——皮尔斯

第一节 从严格蕴涵系统到K系统

一、经典命题逻辑和严格蕴涵演算

(一)经典命题逻辑的由来

经典命题逻辑(Classical propositional logic)，简称为PL，这个逻辑的创建有两种说法。一个说法是，它是由布尔在160多年前(约在1847年)创立的①。另一种说法似乎更合逻辑学家的口味：

> 命题逻辑的现代系统是1879年由德国大逻辑学家弗莱格创造的。另一位19世纪卓越的逻辑学家，美国人查尔士·山德尔斯·皮尔士以他的逻辑矩阵的发现(1885年)对这个逻辑作了重大贡献。《数学原理》的作者，怀特海和罗素后来在“演绎理论”的名义下把这个逻辑系统置于全部数学之首。②

对于逻辑历史的考据不是本书的主要任务，但可以确定的一点是，在19世纪末叶和20世纪初叶创建的经典逻辑，它是现今各种逻辑学科得以建立起来的基础。经典逻辑给出了一个逻辑的基本语言，一组核心的逻辑系统构件。现代逻辑的其后发展，都是在这个基础上扩展这个语言，丰富逻辑的各个构成部分，不断地为这个语言增加新算子和新联结词。刘易斯的严格蕴涵演算S1—S5，尽管他对实质蕴涵给以激烈地批评，但也是在经典命题逻辑PL基础上构建的。

---

① A. Chagrov, M. Zakharyaschev: *Modal Logic*, Oxford, Oxford Science Publications, 1997, p. 3.

② 〔波兰〕卢卡西维茨：《亚里士多德的三段论》，李真，李先焜译，北京，商务印书馆，1981，第64～65页。此处引用中弗莱格即弗雷格，皮尔士即皮尔斯。

(二)PL 的几个基本概念

经典逻辑 PL 是本书的已知知识背景，在讨论模态 K 系统之前，我们在此重申以下一些基本的有关 PL 的概念。

1. 关于论证的几个概念

(1)论证。

论证 H/C：一个论证 H/C 由公式系列 H 和 C 构成，其中的 H 称作论证中的假设(也称作前提)，公式 C 称作结论。

有了这个论证的概念，我们可以定义一个和论证紧密相关的推出概念。

(2)从 H 推出 φ 的论证。

从假设 H 推出 φ：设 H 为公式的集合，一个公式序列 φ_1，…，φ_n 称作从假设的公式集合 H 的推出，如果它使得 $\varphi_1=\varphi_n$，并且，对每一个 φ_i 而言，$(1\leqslant i\leqslant n)$ 它或者是一个公理，或者是 H 中的一个假设，或者是从公式序列中在前的公式依据推理规则获得的定理，或者是仅用于公理的替换规则而获得的公式。

如果 φ 是一个从 H 出发推出的公式，我们就说 φ 是从 H 可断定的，φ 在 PL 中从 H 可断定，可以写为：

$$H\vdash_{PL}\varphi。$$

(3)前提为空的断定。

如果 φ 是一个从空集出发，即没有假设前提推出的公式，我们就说 φ 是可证的，或者 φ 是 PL 中的一个定理，φ 在 PL 中可证，写为：

$$\vdash_{PL}\varphi。$$

在 MP 规则的情形下，显然公式 φ，并且 $\varphi\rightarrow\psi$ 是假设，ψ 是结论。

如果一个论证 H/C 在 PL 中是可证的，则可以表示为：$H\vdash_{PL}C$，在没有混淆的情况下，下标 PL 可以省略。

由此，分离规则也可以表示为：

$$\varphi\wedge\varphi\rightarrow\psi\vdash_{PL}\psi。$$

或者简写为：

$$\varphi\wedge\varphi\rightarrow\psi\vdash\psi。$$

2. 主联结词和联结词的强度

(1)主联结词。

设 $\odot$ 表示逻辑联结词 $\wedge$，$\vee$，$\rightarrow$，$\equiv$ 中的任意一个，如果一个公式 φ 与 ψ，它们具有 $(\neg\varphi)$ 或者 $(\varphi\odot\psi)$ 的形式，那么，$(\neg\varphi)$ 中的 $\neg$ 或者 $(\varphi\odot\psi)$ 中的 $\odot$ 就称作公式 φ 或者公式 $(\varphi\odot\psi)$ 中的主联结词。

例如：公式$(p \wedge (p \rightarrow q)) \rightarrow q$中的后一个蕴涵联结词就是主联结词，$\neg(p \rightarrow q)$中的$\neg$是该公式的主联结词。

(2)联结词的强度。

5个逻辑联结词$\neg$，$\wedge$，$\vee$，$\rightarrow$，$\equiv$在PL合式公式中的联结强度，$\neg$最强，$\wedge$和$\vee$次强，$\rightarrow$和$\equiv$最弱。

规定联结词的强度是方便我们省略掉辅助小括弧符号，以免除视觉疲劳。在一个复合的合式公式中，因为强度的规定，我们可以更经济地给出符号表达式。

3. 一个恰当的类比

实质蕴涵在置于数学之外的领域时，会碰到令人生厌的悖论。严格蕴涵理论、进一步的模态理论，都是为解决这些悖论而产生的。刘易斯为这个领域做了极为卓越的工作，使得模态逻辑成为今天一个引人注目的知识群落。但值得我们注意的是，实质蕴涵的悖论是在它超越一定范围的时候出现的，它并不是如有些拉大旗作虎皮的学者所言，这种形式化的东西是西方人用来吓唬和愚弄中国人的。刘易斯对实质蕴涵做过很激烈的批评，但这并不意味着他只有否定。恰恰相反，刘易斯一开始就认识到，实质蕴涵理论是逻辑学发展史中的一块丰碑。早在1914年，刘易斯在他的论文《严格蕴涵的演算》中就给出了一个恰当的类比。

> 实质蕴涵和严格蕴涵与欧几里得几何学和非欧几里得几何学的关系非常地相似，它们都是相同的自我一致的数学系统；但是它们却是被应用到不同的领域中。实质蕴涵是被应用到那些所有的可能都是真的领域，它是不会被用到只有真的和可能的，假的和不可能的领域的；而严格蕴涵却是拥有比实质蕴涵更加广泛的应用范围，更为重要的是，它做出了真和必然，假和无意义的区别。①

所以，从逻辑史的角度来看逻辑学家为逻辑学所做的工作，是一件非常有趣的事情。逻辑学的发展类似于数学和物理学的发展，在其历史的长河中总有一条可以感觉到的脉络。要使这条脉络变得清晰起来，并不是几个人或者几代人的工作就能完成的。刘易斯尽管看到了经典逻辑和严格蕴涵系统之间这种观念上的紧密联系，但是，他的严格蕴涵系统只是开启了对于模态的系统分析，要构成今天的现代模态逻辑，还有许多细致的工作要做。从严格蕴涵系统到K模态系统及其扩张，我们还要

---

① Ian Hacking: What is strict implication? *The Journal of Symbolic Logic*, Vol. 28, No. 1, 1963, pp. 51-52.

走一段分析探索的路程。

(三)严格蕴涵演算的几个问题

我们在前面讨论过有关实质蕴涵所存在的问题，它们以蕴涵悖论的形式引发出一些新的思考。当我们讨论严格蕴涵演算理论的时候，同样也产生了一些新形势下的新问题。

1. 严格蕴涵悖论

严格蕴涵系统为消除实质蕴涵悖论而提出，但是，出于这个目的所构建的严格蕴涵系统，仍然产生了与悖论相关的一些问题。实质蕴涵只抽象出前后件之间的真值关系，刘易斯的严格蕴涵在这种关系上增加了必然算子，在实质蕴涵的前后件之间设想到一些意义上的联系。但是，这种蕴涵关系仍然是以真值为基础，所以，它依然摆脱不了悖论的纠缠。刘易斯是看到了这一点的，他说：

> 当我们在每天使用逻辑原理时，严格蕴涵悖论是不可避免的，因为我们很少从自相矛盾的前提中推出结论，所以我们是可以忽视这些悖论的。①

由此可见，为了消除实质蕴涵悖论，刘易斯提出严格蕴涵，但在意图消除旧悖论的时候，不但旧的实质蕴涵悖论还有一些必须保留，而且新悖论依然在产生。所以，严格蕴涵就消除悖论的目的而言，并不是一个成功的尝试。然而，正是对严格蕴涵悖论的讨论，导致了对于蕴涵式的两个方向的研究。一个方向是继续努力地去消除悖论，把刻画一种更为自然的蕴涵当作中心任务。这样一个方向的研究总是关注由蕴涵所体现的某种可推出关系，由此而产生刻画这类可推出关系的相干逻辑、衍推逻辑、纯蕴涵演算等逻辑分支。这个分支似乎是在远离本书所关注的模态逻辑，因为这类逻辑，

> 不是像模态逻辑那样的经典逻辑的扩张，而是如直觉主义逻辑那样的对经典逻辑的“修正”。②

除了这个方向之外，对蕴涵悖论的关注涉及不同逻辑系统的关系问题。其中的一个重要关系是通过对 S1～S5 的分析发现，严格蕴涵系统的本质已经非常清楚，它们不过是在经典逻辑系统中通过增加模态算子的扩张。显然，这个方向几乎不讨论和蕴涵相关的可推出问题，而特别关注和模态相关的各种问题，这就为建立以模态为中心的现代模态逻辑奠

---

① Ian Hacking: What is strict implication? *The Journal of Symbolic Logic*, Vol. 28, No. 1, 1963, p. 52.

② 冯棉：《相干与衍推逻辑》，上海，上海人民出版社，1991，序第 1 页。

定了基础。①

2. 对象语言和元语言的混淆

在刘易斯的严格蕴涵系统中，因为对析取符号的分析引申出对蕴涵符号的分析。蕴涵被分成了两类，一类是外延的蕴涵，这就是实质蕴涵；一类是内涵的蕴涵，刘易斯称作严格蕴涵。仿照他对析取的分析，我们可以获得以下三个公式：

(1)$\varphi \rightarrow \psi$；

(2)$\vdash \varphi \rightarrow \psi$；

(3)$\varphi \prec \psi$。

在这三个公式中，(1)和(3)是对象语言的公式，(2)则是元语言的公式。对象语言的公式是在逻辑之中的，元语言的公式则是关于逻辑的。刘易斯是否完全不知道(1)和(2)之间的区分，这很难下结论。但是，他把这两种公式常常混淆起来则是毋庸置疑的。这自然造成他关于符号的使用和提及的混淆②，同时，也造成经典命题逻辑和严格蕴涵系统之间关系的多样性。但有趣的是，这种混淆和多样性同样也开辟了逻辑学研究的一些新的方向。

3. 严格蕴涵系统不是经典命题逻辑 PL 的扩张

这 5 个系统虽然是在 PL 基础上构建的，但他们和 PL 之间的关系却是多样性的。以其中的 S1 为例，S1 并不是 PL 的扩张。在 S1 中，没有一个公理是 PL 的合式公式。而且，在 S1 中，分离规则是用来规定严格蕴涵的，并不适用于 PL 的实质蕴涵。此外，一致性代换规则仅适用于 PL，对 S1 不起作用。刘易斯并不偏好 S1 系统，这大概可以说明，他也许看到了以上所指出的一些问题。

我们再来看刘易斯的 S2 和 S3，由于在 S2 和 S3 中，N 必然规则并不成立，至少可以说是不严格的，这就使得这类系统脱离了正规世界。后来，克里普克将这类系统所在的世界称之为非正规世界。非正规世界的 S2 和 S3，刘易斯给它们一个 C13 公理：$\Diamond\Diamond p$③，这个公理对 S2 和 S3 模型，实际上是一个关键性的观念，它表达了：

有可能存在这样一些世界，在这些世界中，毫无例外，任意的

① 周北海：《模态逻辑导论》，北京，北京大学出版社，1997，第 225 页。

② D. M. Gabbay，F. Guenthner：*Handbook of Philosophical Logic*，Second Edition，Vol. 3，Dordrecht，Kluwer Academic Publishers，2001，p. 4.

③ Clarence Irving Lewis，Cooper Harold Langford：*Symbolic Logic*，New York，The Century Company，1932，p. 497.

一个命题，甚至是 $p \wedge \neg p$ 这样的命题，也是可能的。①

坚持这样一种非正规世界的存在是可能的，导引出从 S3 到 S8 的非正规世界的逻辑系统，这超出本书的讨论范围。但由对刘易斯严格蕴涵系统的讨论延伸到对于非正规世界的讨论，则表明，我们对模态语形学的考虑自然要涉及模态的语义学。

4. 非形式的严格蕴涵语义解释

刘易斯的严格蕴涵演算，使用的是公理化方法。在其演算系统公理化刻画的过程中，刘易斯对于逻辑必然性、逻辑可能性概念以及与之相关的其他概念，有非常好的直观理解。这些直观理解很多都是对严格蕴涵系统的语义解释，但大都不是直接的系统的表达方式，而是零散地分布在其著作各部分的文本之中，或者是在注解中，或者是在附录中。例如，刘易斯在他对模态词的语义分析中，使用了矩阵分析方法。这种方法可以说恰当地解释了逻辑必然性，但这个解释似乎并不能说明严格蕴涵系统的语义学。刘易斯在《符号逻辑》的第七章讨论真值系统和矩阵方法时，他借用卢卡西维茨和塔尔斯基多值逻辑的观念，给出了一个 5 值逻辑的矩阵表(见表 5-1)，说明在这样的多值逻辑中，什么是实质蕴涵关系的真值，什么是否定关系的真值，表 5-1 中，p，q 是任意命题，I 表示实质蕴涵关系，N 表示否定关系。

表 5-1　5 值逻辑矩阵表

I		p 值范围					N
		1	2	3	4	5	
q 值范围	1	1	2	3	4	5	5
	2	1	1	2	3	4	4
	3	1	1	1	2	3	3
	4	1	1	1	1	2	2
	5	1	1	1	1	1	1

然后，刘易斯给出了一些说明。其中的一个说明讨论到真值系统的条件问题，它相当清晰地表述了刘易斯关于一个演算的语义学基本思想。

> 任意的真值系统作为一个抽象的数学系统，它可以解释为是一个命题演算，这个系统成立的条件有两个。a)真值必须表达为性质，该性质使得每一个命题将至少具有这些性质集合中的一个性质。(如

① G. E. Hughes, M. J. Cresswell: *A New Introduction to Modal Logic*, London, Routledge, 1996, p. 201.

果它们也使得没有命题可以有超过这个性质集合的一个以上的性质，则这将显得在逻辑上更为简洁。但是这一点不作要求，即这些性质应该是互为排斥的）如果依据某些特殊的划分原则，那些真值一起表达了命题的全部类别，这个条件将被满足。*b*）被任意指派的真值所表达的性质，必须使得具有这个性质的无论什么命题将是有效地可断定的。这里应该指出，"可断定性"是一个一般的性质，它和更为特指的性质所属的那些类别是共通的。例如，真，普遍真，概率值＝1，以及逻辑必然性。①

刘易斯关于逻辑必然性、普遍真等概念的说明，直观地涉及一个模态系统的语义学问题。但可惜的是，刘易斯绝没有试图去系统地讨论它，他只是在非形式的层面上讨论它的严格蕴涵系统的语义学。

二、公理化的模态 K 系统

（一）从严格蕴涵到模态 K 系统

严格蕴涵系统是模态逻辑发展史上语形传统的代表，按照这一思路，其后也产生了一些新的成果。例如，这条思路中另一个重要的代表人物冯·赖特，他构造出称之为存在模式的模态逻辑，并且还在更广泛的意义上，把对模态的考虑扩张到认知、信念、道义等模态词。但对模态的直观语义解释不能满足模态逻辑在语义学上的要求，模态逻辑需要一种超越直观的语义学。这个语义学就是我们在"可能世界"那一章中作过详细讨论的可能世界语义学，这种语义学是伴随着模态 K 系统而产生的。

刘易斯在 20 世纪上半叶，建立了模态逻辑最初的 S1—S5 系统。在命题的前面，我们可以置以模态前缀必然和可能，今天我们普遍地用符号□和◇来分别表示。从这两个符号使用的源头看，表示可能的符号◇最早来自于刘易斯，表示必然的符号□最早为美国逻辑学家巴坎（R. Barcan）所用。到了 20 世纪 30 年代，哥德尔（Kurt Gödel，1906－1978）对可证性问题的思考，使得直觉主义逻辑可以转化为带有可证算子的逻辑，这个逻辑竟然可以翻译为刘易斯的系统 S4。但直到可能世界语义学产生之前，模态系统还没有一个合适的方式来定义它的公式的有效性。由于卡尔纳普、克里普克等人的工作，可能世界语义学的理论才得以建立起来。②

① Clarence Irving Lewis, Cooper Harold Langford: *Symbolic Logic*, New York, The Century Company, 1932, p. 232.

② 见本书第三章。

按照休斯(G. E. Hughes)和克瑞斯韦尔(M. J. Cresswell)的说法，莱蒙和司科特在他们 1977 年的著作中，第一次给出了模态基础系统的刻画，他们把这个系统的名字命名为 K 系统，以纪念克里普克的卓越工作。从此，这个 K 系统就成了基础模态系统的标准命名。[①] 因为 K 是 PL 的扩张，K 系统自然首先就具有 PL 系统的要素。

(二)公理化的 K 系统

严格蕴涵系统不是经典命题逻辑 PL 的扩张，但 K 不一样，当我们讨论 K 系统的时候，K 被看作是 PL 扩张后形成的系统。我们对 K 系统的讨论依据前述公理化方式，先给出公理化的 K 系统。因为给出公理化的 K 系统，便于 K 系统的扩张。我们也给出 K 的自然推演系统，以便我们更直观地理解那些常见的推理模式。构建 K 系统还有一些其他的方法，公理化方法和自然推演方法是最为常见的 K 系统构建模式。

1. 公理化的 K 系统的基本构件

和 PL 一样，公理化的 K 系统包括以下几个**基础性构件**：初始语言，由这个初始语言派生的若干定义，K 合式公式的形成规则，一组作为公理的公式，还有公式的推演规则。依据这些公理，通过推演规则来进行操作，我们可以获得一些新的公式，这些新公式是 K 系统的定理。

2. 公理化的 K 系统构件的功能

运用公理化的 K 系统的基本构件，我们可以有效地判定 K 系统以下几个方面的内容。

①判定任意符号串是否是 K 中的合式公式。

②判定任意一个 K 中的合式公式是否是一个公理或者是一个定理。

③判定任意一个对于推演规则的运用是否就是 K 系统推演规则的运用。

3. K 系统的语言、公理和规则

(1)K 系统的语言。

K 系统是经典命题逻辑 PL 的扩张，所以 K 语言是在 PL 语言基础上增加模态算子必然□所形成的一种新语言。这个语言首先是 PL 的语言，所有的 PL 语言中的构件都属于 **K 语言的构件**。

因此，

①所有 PL 语言中的初始符号都属于 K 语言的初始符号。

②所有 PL 语言的派生定义都属于 K 语言的派生定义。

---

① G. E. Hughes，M. J. Cresswell：*A New Introduction to Modal Logic*，London，Routledge，1996，p. 22 note2，p. 46 note1.

③所有 PL 语言中合式公式的形成规则都属于 K 语言的形成规则。

④在初始符号中增加必然算子□。

⑤在派生定义中增加：$\Diamond =def\ \neg\Box\neg$。

⑥在公式形成规则中增加一条有关□的规则：

如果φ是合式公式，则$\Box\varphi$也是合式公式。

(2)K 系统的公理。

①所有 PL 公理都是 K 系统的公理。

②所有 PL 的定理都可以作为 K 系统的公理来应用。

③K 分配公理：$\Box(\varphi\rightarrow\psi)\rightarrow(\Box\varphi\rightarrow\Box\psi)$。

(3)推演规则。

如前相同，所有 PL 的推演规则都是 K 的推演规则，在 PL 推演规则基础上唯一增加的推演规则是 N 必然规则。

N 必然规则：

如果φ是一个定理，那么$\Box\varphi$也是一个定理。

这可以表示为：

N：$\vdash\varphi\Rightarrow\vdash\Box\varphi$。

三、自然推演的 K 系统

(一)自然推演逻辑和模态逻辑

自然推演的逻辑如同模态逻辑一样，也是 20 世纪逻辑学的一个重要创新。德国逻辑学家根岑(G. Gentzen，1909－1945)和波兰逻辑学雅斯科夫斯基(S. Jaskowski，1906—1965)是这一逻辑的创始人。这一逻辑产生的来由，用根岑的话说：

> 我的出发点是：逻辑演绎的形式化，尤其是经由弗雷格、罗素和希尔伯特等人发展起来的形式化，与在数学证明实践中所用到的演绎形式是相去甚远的。尽管取得了可观的形式方面的优点作为回报。与此相反，我打算首先建立一种形式系统，它尽可能地靠近实际的推论。其结果就是“自然演绎的演算”。①

自然演绎逻辑产生之后，逻辑学界对其予以了高度的评价，在加拿大逻辑学家佩尔蒂埃(F. J. Pelletier)所著《自然演绎简史》一书中，作者充分肯定了这一逻辑的重要性，佩尔蒂埃说：

> 自然演绎是当代哲学家们最为熟悉的一种逻辑，甚至它是许多

---

① 陈晓平：《自然演绎逻辑导论》，广州，中山大学出版社，2006，第二前言第 1 页。

当代哲学家们关于逻辑所知道的一切。然而，自然演绎却是相当晚近才出现于逻辑学的一个创新。……它在逻辑史上的重要性不亚于鲁滨孙于1965年发现的分解法和弗雷格于1879年发现的逻辑方法，甚至不亚于亚里士多德于公元前4世纪发现的三段论。①

把自然演绎逻辑用于对模态逻辑的描述早在20世纪50年代就有人尝试，到20世纪90年代，康尼迪克(K. Konyndyk)的《模态逻辑导论》运用了自然演绎方法来刻画模态逻辑。进入到21世纪，伽森(J. W. Garson)在2006年出版了《哲学家用的模态逻辑》一书，他在发挥图表描述功能的同时，也是采用的自然演绎逻辑来说明模态逻辑的语形学。所有这些，都激发笔者试图用一种更直观的方式来讨论模态逻辑，以便让人们有机会把许多使用公理化方法来描述的模态逻辑和用自然演绎方法来描述的模态逻辑加以比较。

(二)自然推演K系统的语言

1. PL基础上的语言

自然推演K系统和公理化K系统是等价的系统，它们都以PL为基础，所以，自然推演的PL，它的语言和规则自然是K系统的语言和规则。以下，我们描述的自然推演的K系统语言和规则，如无需要，不再单独说明PL，而一并体现在K系统之中。

2. K语言

自然推演K系统的语言等同于公理化K系统的语言，这个语言实际上是整个模态家族共同使用的语言，我们称之为**模态命题逻辑的语言**，它不仅仅是K的语言，而且是我们后面将讨论到的K扩张的模态系统的语言。

(三)K推演规则及其图示

公理化的逻辑系统只有很少的几个规则，在自然推演系统中，则依据我们对推理的直观，有很多的推演规则，这些规则都可以用推演图示表达。因为它的规则众多，我们常常要把这些规则分为两大类，一类是基本规则，另一类是从基本规则导出的派生规则。我们先给出K推演规则及其图示的相关说明，然后再给出推演规则和图示。

1. 从φ到ψ的自然推演图示简要说明

K自然推演过程可以由若干竖线、若干短横线表达。下图5-1的竖线表示证明或者子证明的轨迹，短横线指向假设φ，省略线指向从φ出发

---

① F. J. Pelletier: A Brief History of Natural Deduction, *History and Philosophy of Logic*, Vol. 20, No. 1, 1999, pp. 1-31.

推演出的结论ψ，这就构成了一个自然推演图示，也就是构成证明，表示语句ψ根据假设φ得到了证明。点竖行“：”表示从φ到ψ的中间步骤。点横行“……”用来表示在它之上是一个从φ到ψ的完整证明，由这个完整证明，我们推演出$\varphi\rightarrow\psi$。这个推演图示的细节，还需要结合推演规则作进一步的说明。

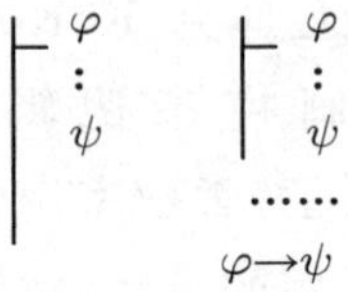

图 5-1 竖线、横线和点线

2. K 的基本推演规则及其图示

(1)假设规则(Hyp)。

我们总是可以把一个新的假设φ在任何时候增加到一个证明过程的任何一个阶段之中，只要这个假设φ是在开始一个新的子证明，并且，在这个新的子证明中，该假设φ在这个子证明中消去。

这个假设φ可以看作是走过了这么两个阶段：首先，我们引入一个假设φ，最后，这个假设φ在证明过程中消去。通过撤除这个假设，那个独立推出的命题就成了证明过程中的一个步骤。我们用英文假设的头三个字母 Hyp，然后打上括号(Hyp)，表示假设规则。为统一起见，以下所有称之为自然推演规则的表达式，都是打上括号的表达式。

(Hyp)规则可以表达为如下形式，如图 5-2。

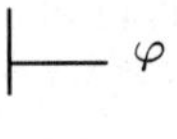

图 5-2 (Hyp)引入规则图示

(2)分离规则(MP)。

这个规则是公理化模式中分离规则的借用，对这个规则也完全按照 PL 常规分离规则那样理解。那就是，如果我们有φ和$\varphi\rightarrow\psi$是定理，那么ψ也是定理。但须注意，这三个公式必须恰好在同样的子证明之中。

(MP)规则可以表达为如下形式，如图 5-3。

φ

$\varphi\rightarrow\psi$

……

ψ

图 5-3 (MP)规则图示

(3)条件引入规则(CI)。

当一个命题ψ的证明是从假设φ获得的时候，即$\varphi \vdash \psi$，我们就可以推出$\varphi \to \psi$，这相当于经典逻辑 PL 中的演绎定理。

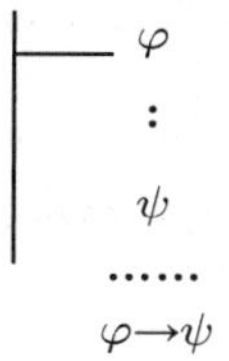

图 5-4　(CI)规则图示

(4)双重否定规则(DN)。

当我们用一个双重否定符号置于命题φ之前，形成$\neg\neg\varphi$，则这个$\neg\neg\varphi$可以变形为φ，但和(MP)一样，这二个公式必须恰好处在同样的子证明之中。

图 5-5　(DN)规则图示

(5)重置规则(Reit)。

在语句证明的过程中，在前的公式φ可以重复地复制到一个新的子证明之中作为该证明的依据。

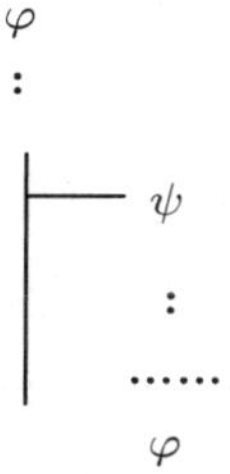

图 5-6　(Reit)规则图示

(6)□消去规则(□out)和□引入规则(□in)。

当我们有一个 K 模态公式$\Box\varphi$，可以把φ与□分隔开，将□植入一个子证明的最前面，这称为一个模态子证明。这个证明不是以公式开头，而是单以模态算子开头。可以用这样的方式来理解这个模态子证明：想象这个子证明用□模态前缀于它含有的每一个公式。例如，假定一个公式φ在这个子证明中获证，这实际上意味着$\Box\varphi$这个公式在该子证明之外已经得到证明了。

很明显，这样一个有关模态子证明的必然消去规则，有点类似于公理化 K 系统的 N 必然规则，如果φ是一个定理，那么$\Box\varphi$也是一个定理。这个规则中的消去必然是暂时不考虑这个必然，把它先放在一边，然后又把它回归到本来的位置。这种模态子证明的方式可以表示为如下形式，见表 5-2。

表 5-2 以□为头的模态子证明图示

以□为头的模态子证明	在□下φ得证图示
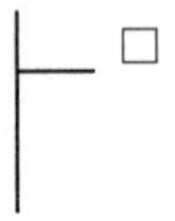	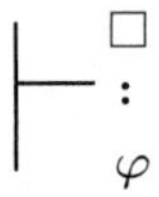

由此，我们就先有□消去规则(□out)，表示我们把□植入一个子证明的最前面，这相当于暂且消去必然，再在子证明中证明φ。然后有□引入规则(□in)，这个规则是说，一旦我们在一个模态子证明中证明了φ，$\Box\varphi$就在该子证明之外获得了证明。这个□引入规则(□in)，最明显地体现了公理化 K 系统的 N 必然规则。但很显然，在自然推演的模态 K 系统的推演规则中，实际上是由(□out)和(□in)两个规则合在一起，共同承担了 K 公理化系统中的 N 必然规则。

表 5-3 (□out)规则和(□in)规则图示

(□out)规则	(□in)规则
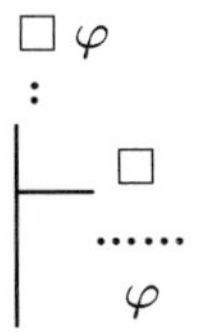	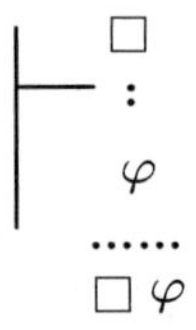

3. K 模态基本推演规则的简要说明

上述 K 系统的 7 个基本规则，前五个既是 K 的，也是 PL 的，后两个有关模态的规则，则仅是 K 特有的，就此而言，一个自然推演的 K 系统的构成可以用以下公式来表达：

系统 K＝PL＋(□out)＋(□in)。

必须注意的是，在使用 K 重置规则(Reit)的时候，模态子证明和一般子证明之间有一个重要的区别。对于一般子证明，我们可以使用(Reit)规则，复制一个在前的公式φ进入到下一个或者更深层次的子证明之中，只要这个子证明被另一个公式ψ置前。但对于模态子证明而言，在前的公式φ不允许复制到在后的模态子证明之中。因为这样做，等于是从φ推到了$\Box\varphi$，但φ并未得到证明。

(四) K 导出的自然推演规则和说明

1. K 导出的自然推演规则

依据以上给出的 7 条 K 推演基本规则，为证明的方便，我们可以得到一些常见的导出推理规则，这些规则有 20 多条，是我们直观上容易接受的一些推导模式，现分列部分如下：

(1)间接证明规则(IP)。

如果有$\neg\varphi$推出$\bot$，则可以推演出φ。

这是经典的证明方法归谬法的体现，可以很容易地从基本规则推导出来。(见表 5-4)以下导出规则都可以从基本规则导出。

表 5-4　(IP)规则图示和证明

(IP)规则图示	(IP)规则证明
$\neg\varphi$: $\bot$...... φ (IP)	$\neg\varphi$ (Hyp) : $\bot$...... $\neg\varphi\rightarrow\bot$ (CP) $\neg\neg\varphi$ (Def ¬) φ (DN)

(2)矛盾引入规则($\bot$in)。

如果有命题φ和$\neg\varphi$为假设，则可以引入恒假$\bot$。下表 5-5，左边是($\bot$in)规则图示，右边是这个导出规则的证明。

表 5-5　($\bot$in)规则图示与证明

($\bot$in)规则图示	($\bot$in)规则证明
φ $\neg\varphi$ ...... $\bot$ ($\bot$in)	φ (Hyp) $\neg\varphi$ ...... $\varphi\rightarrow\bot$ (Def ¬) φ (Reit) $\bot$ (MP)

(3)否定消去规则(¬out)。

如果有一否定命题$\neg\varphi$可推出两个互相矛盾的命题ψ和$\neg\psi$，则可推演出φ，也就是去掉了φ的否定符号。

表 5-6 (¬out)规则图示与证明

(¬out)规则图示	(¬out)规则证明
$\neg\varphi$ ⋮ ψ ⋮ $\neg\psi$ …… φ (¬out)	$\neg\varphi$ (Hyp) ⋮ ψ ⋮ $\neg\psi$ …… $\bot$ (⊥in) φ (IP)

(4)双重否定引入规则(DN in)。

如果我们有命题φ，则可以推演出$\neg\neg\varphi$。

表 5-7 (DN in)规则图示与证明

(DN in)规则图示	(DN in)规则证明
$\bot$ …… φ (DN in)	φ (Hyp) …… $\neg\neg\neg\varphi$ $\neg\varphi$ (DN) φ (Reit) $\neg\neg\varphi$ (¬out)

(5)矛盾任推规则(Contra)。

从一个矛盾⊥可以推出任意命题。

表 5-8 (Contra)规则图示与证明

(Contra)规则图示	(Contra)规则证明
$\bot$ …… φ (Contra)	$\bot$ (Hyp) …… $\neg\varphi$ $\bot$ (Reit) φ (IP)

(6)合取引入(∧in)和合取消去(∧out)规则。

如果我们分别有命题φ，ψ成立，则可以推演出$\varphi\wedge\psi$。反过来，我们有$\varphi\wedge\psi$，则可以分别推演出φ，ψ。

表 5-9　(∧in)和(∧out)规则图示

(∧in)规则图示	(∧out)规则图示 1	(∧out)规则图示 2
φ ψ …… $\varphi\wedge\psi$	$\varphi\wedge\psi$ …… φ	$\varphi\wedge\psi$ …… ψ

这些规则都可以获得证明，表 5-10 给出了这两个规则的证明。

表 5-10　(∧in)和(∧out)规则证明

<table>
<tr><th>(∧in)规则证明</th><th>(∧out)规则证明</th></tr>
<tr>
<td>φ
ψ
……
$\neg(\varphi\wedge\psi)$　(Hyp)
$\neg(\varphi\rightarrow\neg\psi)$　(Def∧)
$\neg\psi$　(Hyp)
φ　(Hyp)
$\neg\psi$　(Reit)
$(\varphi\rightarrow\neg\psi)$　(CP)
$\neg(\varphi\rightarrow\neg\psi)$　(Reit)
$\perp$　($\perp$in)
$(\varphi\wedge\psi)$　(IP)</td>
<td>$\varphi\wedge\psi$
……
$\neg(\varphi\rightarrow\neg\psi)$　(Def∧)
$\neg\psi$　(Hyp)
φ　(Hyp)
$\neg\psi$　(Reit)
$(\varphi\rightarrow\neg\psi)$　(CP)
$\neg(\varphi\rightarrow\neg\psi)$　(Reit)
$\perp$　($\perp$in)
ψ　(IP)</td>
</tr>
</table>

(7)析取引入规则(∨in)和析取消去规则(∨out)。

如果我们有命题φ，我们可以推演出$\varphi\vee\psi$；如果我们有命题ψ，我们也可以推演出$\varphi\vee\psi$。

如果我们有析取命题$\varphi\vee\psi$，由φ可以导出命题δ，由ψ也可以导出命题δ，则导出的δ消去了析取符号。下表 5-11 给出了这两个规则的图式，证明留给读者。

表 5-11　(∨in)和(∨out)规则图示

(∨in)规则图示 1	(∨in)规则图示 2	(∨out)规则图示
φ …… $\varphi\vee\psi$	ψ …… $\varphi\vee\psi$	$\varphi\vee\psi$ φ　　ψ ⋮　　⋮ δ　　δ ……　　…… δ　　δ

(8)蕴涵式规则(MT)、(CN)、(→F1)和(→F2)。

如果一个蕴涵式$\varphi \to \psi$的后件ψ被我们否定，则我们可以推演出否定的前件$\neg\varphi$(MT)。如果我们有一个蕴涵式$\varphi \to \psi$，则可以推演出$\neg\psi \to \neg\varphi$(CN)。如果有假蕴涵式$\neg(\varphi \to \psi)$，则我们可以推演出φ(→F1)。如果有假蕴涵式$\neg(\varphi \to \psi)$，则我们可以推演出$\neg\psi$(→F2)。

表 5-12 (MT)、(CN)、(→F1)和(→F2)规则图示

(MT)规则	(CN)规则	(→F1)规则	(→F2)规则
$\varphi \to \psi$ $\neg\psi$ …… $\neg\varphi$	$\varphi \to \psi$ …… $\neg\psi \to \neg\varphi$	$\neg(\varphi \to \psi)$ …… φ	$\neg(\varphi \to \psi)$ …… $\neg\psi$

(9)析取德·摩根规则(DM1)和合取德·摩根规则(DM2)。

如果我们有一个析取式的否定式$\neg(\varphi \vee \psi)$，则可以推演出$\neg\varphi \wedge \neg\psi$；

如果我们有一个合取式的否定式$\neg(\varphi \wedge \psi)$，则可以推演出$\neg\varphi \vee \neg\psi$。

表 5-13 (DM1)和(DM2)规则图示

(DM1)规则图示	(DM2)规则图示
$\neg(\varphi \vee \psi)$ …… $\neg\varphi \wedge \neg\psi$	$\neg(\varphi \wedge \psi)$ …… $\neg\varphi \vee \neg\psi$

(10)等值引入规则(≡in)和等值消去规则(≡out)。

如果有$\varphi \to \psi$并且$\psi \to \varphi$，则$\varphi \equiv \psi$(≡in)；如果有等值命题$\varphi \equiv \psi$，则我们可以推演出$\varphi \to \psi$(≡out)；如果有等值命题$\varphi \equiv \psi$，我们也可以推演出$\psi \to \varphi$(≡out)。

表 5-14 (≡in)和(≡out)规则图示

(≡in)规则图示	(≡out)规则图示 1	(≡out)规则图示 2
$\varphi \to \psi$ $\psi \to \varphi$ …… $\varphi \equiv \psi$	$\varphi \equiv \psi$ …… $\varphi \to \psi$	$\varphi \equiv \psi$ …… $\psi \to \varphi$

(11)可能消去规则(◇out)。

如果我们有命题$\Diamond\varphi$，从φ可以推演到ψ，这时候我们就消去了φ之前的符号◇，而将◇符号移植到了ψ，形成了命题$\Diamond\psi$。在(◇out)规则中，因为其图示表现为两个子证明，而实际上，我们用一种省略图示来表明这个规则也是完全可行的，下表 5-15 既给出了正规图示，也给出了省略图示，在这个规则的证明中，我们使用了省略图示的规则。

表 5-15 (◇out)导出规则图示与证明

(◇out)规则	
$\Diamond\varphi$	(Hyp)
│─ □	
│ │─ φ	
│ │ ⋮	
│ │ ψ	
……	
$\Diamond\psi$	(◇out)

(◇out)规则省略式	
$\Diamond\varphi$	(Hyp)
│─ □，φ	
│ ⋮	
│ ψ	
……	
$\Diamond\psi$	(◇out)

(◇out)规则证明		
1	$\Diamond\varphi$	(Hyp)
2	│─ □，φ	
3	│ │─ ψ	(Hyp)
4	│ │ │─ $\varphi\to\psi$	2,3(CP)
5	│ │ │ │─ □ $(\varphi\to\psi)$	4(□in)
6	│ │ │ │ $\Diamond\varphi$	(Hyp)
7	│ │ │ │ $\neg\Box\neg\varphi$	(Def◇)
8	│ │ │ │ │─ $\Box\neg\psi$	(Hyp)
9	│ │ │ │ │ │─ □，$\neg\psi$	
10	│ │ │ │ │ │ $\varphi\to\psi$	5(□out)
11	│ │ │ │ │ │ $\neg\psi$	10(Reit)
12	│ │ │ │ │ │ $\neg\varphi$	11,12(MT)
13	│ │ │ │ │ $\Box\neg\varphi$	13(□in)
14	│ │ │ │ │ $\neg\Box\neg\varphi$	7(Reit)
15	│ │ │ │ $\neg\Box\neg\psi$	13,14(IP)
16	│ │ │ │ $\Diamond\psi$	15(Def◇)
17	│ │ │ $\Diamond\varphi\to\Diamond\psi$	6,16(CP)
18	│ │ □ $(\varphi\to\psi)\to(\Diamond\varphi\to\Diamond\psi)$	5,17(CP)
19	│ $\Diamond\varphi\to\Diamond\psi$	5,18(MP)
20	$\Diamond\psi$	6,19(MP)

2. K 导出的自然推演规则简要说明

以上给出的导出规则全都可以用基本规则推导出来，非常类似于我们在 K 公理化系统中推出的定理，特别方便对于公式的证明，可以简化 K 系统命题的证明步骤。

需要指出的一点是，我们在公理化的 K 系统中，既有 N 必然规则，也有 K 的分配公理。在自然推演的 K 系统中，模态子证明的两个规则(□in)和(□out)，明显地具有 N 必然规则的功能，从一个命题是定理，我们自然可以获得这个定理是必然的。必然引入规则(□in)直接地反映了 N 必然规则的含义。而必然消去规则(□out)，实际上也是体现 N 必然规则的。因为，当我们在模态子证明中，单独把模态算子□置前的时候，利用其后的子推演获得结果，往往是即刻就要用上规则(□in)。那么，为什么没有类似分配公理的 K 推演规则呢？那是因为，利用我们给出的 K 自然推演规则，K 分配公理是可证的。

以下，我们先来证明 K 自然推演中的分配公理，然后给出一个运用(◇out)规则来进行推演的例子。

3. K 自然推演实例

实例 5.1：$\Box(p \to q) \to (\Box p \to \Box q)$。

证明：

序号	推演步骤	依据
1	$\Box(p \to q)$	(HYP)
2	$\Box p$	(HYP)
3	$\Box$	模态子证明
4	p	2(□out)
5	$p \to q$	1(□out)
6	q	4，5(MP)
7	$\Box q$	6(□in)
8	$\Box p \to \Box q$	2，7(CI)
9	$\Box(p \to q) \to (\Box p \to \Box q)$	1，8(CI)

实例 5.2：$\Diamond(p \wedge q) \to (\Diamond p \wedge \Diamond q)$。

证明：

序号	推演步骤	依据
1	$\Diamond(p \wedge q)$	(HYP)
2	$\Box$， $p \wedge q$	模态子证明
3	p	2(∧out)
4	$\Diamond p$	1(◇out)
5	$\Box$， $p \wedge q$	模态子证明
6	q	1(∧out)
7	$\Diamond p \wedge \Diamond q$	1(◇out)
8	$\Diamond q$	4，7(∧in)
9	$\Diamond(p \wedge q) \to (\Diamond p \wedge \Diamond q)$	1，8(CI)

第二节 正规模态逻辑和模态扩张的相关概念

一、模态家族和正规模态逻辑

(一)引言

K 系统是正规模态逻辑的基始系统，在这个基始系统之上，逻辑学家发现，随着新公理的增加，K 可以扩展出一些新的系统出来。或者按照自然推演系统无公理，仅构造相应自然推演规则的方式，如果我们给 K 增加新的推演规则，我们也能够对 K 予以扩张，由此而产生新的正规模态逻辑系统。本章，我们也将给出 K 系统的一些著名的正规扩张系统。

因为一开始我们就给出了一个正规模态逻辑的概念，因此，在引出正规模态逻辑的新系统之前，我们需要在更广泛的层面上讨论模态逻辑的类别，然后把我们对模态逻辑的理解集中在正规模态逻辑的范围之内。可以发现，仅仅在正规模态逻辑的范围之内，当我们给 K 或者给 K 的扩张系统予以语义刻画的时候，这些扩张后的系统包括 K 本身，有些现象会让我们感到惊奇。读者将会看到，一些新奇的结论会在随后的语义学讨论中展现。

(二)枝叶繁茂的模态逻辑

1. 模态逻辑的分类

整个 20 世纪，产生了许多的模态逻辑，模态类别的数目是惊人的，并且还在不断地产生，K 系统只是其中的一个类别。对模态逻辑类别的划分，一个常见的起点是对逻辑的定义，我们定义了什么是逻辑，则一个逻辑是模态逻辑就可以随之而定义。

(1)逻辑 L。

首先我们看什么是逻辑。**逻辑**被看作是满足下述两个条件的公式的集合，这两个条件可以分别表述如下：

第一个条件，这些公式是经典命题逻辑 PL 中的重言式；

第二个条件，这些公式是依据 PL 中的分离规则(MP)和一致性替换规则(US)从其他 PL 公式导出的公式。

这定义的是经典命题逻辑的范围，显然，模态逻辑还需要其他的条件，这些条件的满足就给出了模态逻辑的不同类别，在这些类别中，经典模态逻辑自然应该是我们需要关注的第一个类别。

(2)经典模态逻辑 CML。

在满足上述两个条件之后，如果一个逻辑 L 还含有以下三个条件，则这个逻辑是**经典模态逻辑**，大写英文符号 CML 是经典模态逻辑的缩写。

第一个条件是有 K 公理，也称必然分配公理：

$$\Box(\varphi\rightarrow\psi)\rightarrow(\Box\varphi\rightarrow\Box\psi)。$$

第二个条件是有 N 必然规则：

如果φ是一个定理，那么$\Box\varphi$也是一个定理，也就是，

N：$\vdash\varphi\Rightarrow\vdash\Box\varphi$。

第三个条件是有重言等价式替换规则，缩写为 Rte 规则：

若φ和ψ重言等价，C 和 C′是两个等同公式，仅在一点上有区别，就是：在 C 中的公式φ的出现，被其等价公式ψ所替换而形成了 C′，那么，C 是一个逻辑 L，当且仅当，C′是一个逻辑 L。

(3)全等性、单调性和必然性条件。

上述 CML 的描述还可以更为详细一些，使用更为确切的定义方式，我们可以获得对 CML 更全面的理解。

设 L 是一个逻辑，φ，$\varphi\equiv\psi$和$\varphi\rightarrow\psi$都是 L 中的公式，若 L 满足以下三个条件，L 即可以称作是模态逻辑的一个类别，一个细分后的模态逻辑类别。

①如果$\varphi\equiv\psi$属于逻辑 L，那么，$\Box\varphi\equiv\Box\psi$属于逻辑 L；

②如果$\varphi\rightarrow\psi$属于逻辑 L，那么，$\Box\varphi\rightarrow\Box\psi$属于逻辑 L；

③如果φ属于逻辑 L，那么，$\Box\varphi$属于逻辑 L。

条件①称作模态的全等性法则，满足这个条件的模态逻辑称作全等的模态逻辑；

条件②称作模态的单调性法则，满足这个条件的模态逻辑称作正则的模态逻辑；

条件③称作模态的必然性法则，满足这个条件的模态逻辑称作正规的模态逻辑。

满足其中一个条件，就构成模态逻辑的一个类别。显然，还有很多不满足这三个条件，又属于模态逻辑的东西，这三类模态逻辑仅只是模态逻辑大家族中最重要的一部分。例如，还有非全等的、非单调的，等等。模态逻辑、模态世界有许多许多的逻辑类别，但我们关注的，仅是其中和 CML 联系最为紧密的类别，这个类别就是正规模态逻辑。

2. 正规模态逻辑

(1)正规模态逻辑是 CML。

用上述条件来描述的模态逻辑，还有一个更直观的方法来理解它，并且可以用经典模态逻辑 CML 的称呼来指称它。

全等模态逻辑包含在正则的模态逻辑之中；

正则模态逻辑包含在正规的模态逻辑之中；

因为正规的模态逻辑满足 CML 的条件，正规模态逻辑自然属于经典模态逻辑CML。①

由此，我们可以用K系统作为基础来刻画正规模态逻辑。

(2)用K系统定义正规模态逻辑。

因为**K系统满足正规模态逻辑的条件**，所以，从语形学角度看，在模态K系统基础上(包括K)生成的模态逻辑都属于正规模态逻辑。

这就是说，K被看作是一个模态逻辑是否正规的标志。说一个模态逻辑是正规的模态逻辑，只要这个逻辑具有K中的两个要素。一个要素是K中的分配公理，一个要素是K中的N必然规则。一个模态逻辑含有这两个要素，它就属于经典的和正规的。本书所讨论的模态基本理论，属于经典模态逻辑中的正规模态逻辑，而且仅属于正规模态系统范围内的基础部分。

二、模态扩张的相关概念

(一)正规模态逻辑生成的基本概念

我们曾经给出的S1—S5，PL，K和CML，它们或者使用公理化的方式，或者使用自然推演的方式来构成一个演绎整体。由于这些演绎的体系是特有的形式语言体系，这些演绎体系也被称为形式系统，简称系统，我们常用S表示任意一个系统。系统之间有各种关系，不同的系统有不同的特征。在描述系统之间各种关系和系统的不同特征之前，给出相应的基本概念是必要的。

1. 形式系统和子形式系统

直观地讲，由形式语言、初始公式和推理规则构成的一个演绎整体就是一个**形式系统**。系统之间的一个基本关系是：形式系统可以有它的子系统。

设S和S′为任意两个形式系统，φ为任意的公式，如果在系统S中可以导出公式φ，φ在系统S′中也可以导出，则称S是S′的子形式系统，简称为**子系统**。如果S′中的公式包含了S中的公式，但S中包含不了S′中的公式，则称S是S′的**真子系统**。

系统扩张的概念类似于系统和子系统之间的关系。

2. 扩张系统和等价系统

如果S和S′两个形式系统具有子系统和系统之间的关系，我们也可

---

① D. M. Gabbay，F. Guenthner：*Handbook of Philosophical Logic*，Second Edition，Vol. 3，Dordrecht，Kluwer Academic Publishers，2001，pp. 15-16.

以说系统 S′是 S 的**扩张系统**。

如果 S 和 S′两个形式系统具有真子系统和系统之间的关系，我们也可以说系统 S′是 S 的**真扩张系统**。

如果 S′中的公式包含了 S 中的公式，同时，S 中也包含 S′中的公式，则称 S 是 S′的**等价系统**。

3. 扩张、真扩张、直接扩张和正规扩张

如果 S′是 S 的扩张系统，则从 S 生成为 S′称作**扩张**。

如果 S′是 S 的真扩张系统，则从 S 生成为 S′称作**真扩张**。

如果 S′是 S 的真扩张系统，并且，这种真扩张是通过给 S′增加新的公理或者推理规则而形成的，这样的扩张称作**直接扩张**。

如果 S′是 S 的直接扩张，并且，这种直接扩张是通过给正规模态逻辑系统增加新的公理或者推理规则而形成的，这样的扩张称作**正规扩张**。

(二)特征公理和最小的正规模态系统 K

1. 特征公理

我们给出了直接扩张的基本含义，在这个基础上可以说：如果 S′是 S 的直接扩张，公式φ是 S′中的公理而不是 S 中的公理，则公式φ是 S′不同于 S 的特征公理。

给一个系统增加特征公理，是系统扩张的语形手段。因为这些特征公理也可以等价地转换为自然推演的规则，自然也可以形成自然推演的扩张系统。以下我们将要讨论的正规模态逻辑的扩张系统，都是通过给下位的正规模态系统增加特征公理而形成的，最下位的，也就是最小的正规模态系统是 K 系统。

2. 最小的正规模态系统 K

如果把经典命题逻辑的 PL 系统也看作是模态逻辑，则 PL 可看作是零模态的逻辑系统，K 则是给 PL 增加模态算子、N 必然规则和分配公理而形成的正规模态逻辑。但就含有模态算子的模态系统而言，在 K 系统之下再也没有模态系统可言，它是基始的，并且是正规的，所以，K 系统是正规模态系统中的最小系统。在 K 系统的基础上，随着新公理或者新规则的增加，K 可以扩展出新的正规模态系统。

(三)正规扩张系统的特征公理

1. 正规模态逻辑的特征公理

如前所述，K 的扩张既可以是公理的增加，也可以是规则的增加。例如，我们给 K 增加(D)公理：$\Box p \rightarrow \Diamond p$，这就构成了 D 系统，这也可以转化为自然推演的规则(D)，(D)表示从$\Box p$ 可以推演出$\Diamond p$。正规模态的扩张公理是一个不断生成的过程，模态逻辑中的大多数成熟成果，都体现在正规模态逻辑的领域之内。至少，从技术层面的观点看，非正规的、正则的或者拟正则的逻辑包括 S2、S3、S6 和 S7 等逻辑，人们很少表现出更大的，超越于正规模态逻辑的兴趣。如果读者要关注非正规的那类逻辑，可以参考莱蒙 1966 和克里普克 1965 年的著作。对于正规模态逻辑，在莱蒙 1977 年的著作中，面对迅速生成的各种各样的模态系统，他为这些形形色色的模态特征公理给出了迄今为止最好的命名。这就是我们在前面已经有所提及的(K)公理、(D)公理等。

正规模态逻辑有无数的系统，自然每个系统都有其特征公理。我们先用一个表格列出其中最为著名的一些特征公理，并简略地提及这些命名的由来。①

2. 正规模态逻辑若干特征公理图表

表 5-16 正规模态逻辑特征公理及其命名表

特征公理	名称	名称由来
$\Box(\varphi\rightarrow\psi)\rightarrow(\Box\varphi\rightarrow\Box\psi)$	(K)	克里普克的第一个字母
$\Box\varphi\rightarrow\varphi$	(T)	最先由逻辑学家菲斯命名
$\Box\varphi\rightarrow\Box\Box\varphi$	(4)	刘易斯 S4 特征公理
$\varphi\rightarrow\Box\Diamond\varphi$	(B)	B 为数学家布劳维尔首字母
$\Box\varphi\rightarrow\Diamond\varphi$	(D)	道义(deontic)首字母
$\Diamond\varphi\rightarrow\Box\Diamond\varphi$	(E)	欧几里得的首字母
$\Box\Diamond\varphi\rightarrow\Diamond\Box\varphi$	(M)	逻辑学家麦金西的首字母
$\Diamond\Box\varphi\rightarrow\Box\Diamond\varphi$	(Ge)	逻辑学家吉奇的首字母
$\Box(\Box\varphi\rightarrow\psi)\vee\Box(\Box\psi\rightarrow\varphi)$	(.3)	时态解释下的特征公理
$\Box(\Box(\varphi\rightarrow\Box\varphi)\rightarrow\varphi)\rightarrow(\Diamond\Box\varphi\rightarrow\varphi)$	(Dum)	逻辑学家达米特的前 3 字母
$\Box(\Box(\varphi\rightarrow\Box\varphi)\rightarrow\varphi)\rightarrow\varphi$	(Grz)	逻辑学家格热孜卡前 3 字母
$\Box(\Box(\varphi\rightarrow\varphi))\rightarrow\Box\varphi$	(Löb)	哥德尔或者罗伯公式
$\Box\varphi\equiv\varphi$	(Tr)	Trivial(不足道)前 2 字母
$\Box\varphi$	(V)	Verum(虚真)的首字母

(四)模态命题的对偶

自然界到处都充满了对偶，有天就有地，有阴就有阳，有上就有下，

① D. M. Gabbay, F. Guenthner: *Handbook of Philosophical Logic*, Dordrecht, Kluwer Academic Publishers, 2002, pp. 18-19.

有水就有火。自然界又和人类对偶，人类本身也到处彰显出它自身的对偶：英雄对平民，男人对女人，丈夫对妻子。自然界和人的对偶反映到逻辑学领域，也到处可见逻辑学中的对偶。本节，我们将讨论逻辑学领域中，类似于自然界和人类社会的这种对偶现象。理解逻辑学领域普遍存在的这类对偶范畴，对于我们理解模态，特别是模态的扩张是非常有益的。

1. 逻辑中的几种对偶(dual)

(1)互为对偶的几对逻辑概念。

①$\wedge$和$\vee$；

②$\forall$和$\exists$；

③$\Box$和$\Diamond$。

还可能有其他的对偶。例如，肯定否定，蕴涵逆蕴涵，自然语言人工语言，过去将来，真假，对错，主体客体，偶数奇数，加减，乘除，等等，但这和严格的对偶概念似乎有某种区别，因此我们需要为对偶概念作一个严格的定义。

(2)对偶的定义。

对偶可以简单理解为：设φ^*是这样的一些语句，它是把φ中的每一个使用的①到③中的符号，用①到③中和它对偶的符号来代替后而形成的。由此，φ^*和φ就是互为对偶的语句。

这样说还是太泛，有一些对偶的范畴我们还没有讨论到，如全称存在。所以我们在此对本节的对偶做一个更为严格的限定。

对形式为$\varphi \to \psi$，$\varphi \equiv \psi$的语句，这些语句的φ或者ψ中不出现$\to$、$\equiv$和$\neg$这类逻辑联结词。由此，我们将语句$\varphi \to \psi$的对偶写为$\varphi^* \to \psi^*$，将语句$\varphi \equiv \psi$双重对应写为$\varphi^* \equiv \psi^*$。不属于这两类语句的其他语句形式，不在我们的讨论之列。

所以，以下语句符合我们关于对偶的定义。

(B)公理的对偶：$\varphi \to \Box\Diamond\varphi$的对偶是$(\Box\Diamond\varphi)^* \to \varphi^*$。

因为$(\Box\Diamond\varphi)^* = \Diamond\Box\varphi$，$\varphi^* = \varphi$；

所以$(\Box\Diamond\varphi)^* \to \varphi^* = (\Diamond\Box\varphi) \to \varphi$。

(S5)公理的对偶：$\Diamond\varphi \to \Box\Diamond\varphi$对偶$(\Diamond\varphi)^* \to (\Box\Diamond\varphi)^*$。

$(\Diamond\varphi)^* = \Box\varphi$，$(\Box\Diamond\varphi)^* = \Diamond\Box\varphi$；

所以$(\Diamond\varphi)^* \to (\Box\Diamond\varphi)^* = \Box\varphi \to \Diamond\Box\varphi$。

$\Box(\varphi \wedge \psi) \to (\Diamond\varphi \vee \Diamond\psi)$的对偶是$(\Diamond\varphi \vee \Diamond\psi)^* \to \Box(\varphi \wedge \psi)^*$。

这个对偶的结果很奇怪：

$(\Diamond\varphi \vee \Diamond\psi)^* = \Box\varphi \wedge \Box\psi$，而$\Box(\varphi \wedge \psi)^* = \Diamond(\varphi \vee \psi)$。

于是，我们获得了这个公式的对偶：$\Box\varphi\wedge\Box\psi\rightarrow\Diamond(\varphi\vee\psi)$。

但是，$\Box(\varphi\wedge\psi)\rightarrow(\Diamond\varphi\vee\Diamond\psi)=\Box\varphi\wedge\Box\psi\rightarrow\Diamond(\varphi\vee\psi)$。

所以，这个语句和它自身相对应。

2. 对偶和等价

(1)对偶语句的证明实例。

S4 公理：$\Box\varphi\rightarrow\Box\Box\psi$。

我们知道，在 S5 中可以证明(4)公理$\Box\varphi\rightarrow\Box\Box\psi$，有了对偶概念，可以提供一个新方法来给出证明，先找出(S4)的对偶语句，然后我们看看特征公理(4)是否能够给出这个对偶语句的证明。

依据对偶的定义，$\Box\varphi\rightarrow\Box\Box\psi$的对偶是$(\Box\Box\varphi)^*\rightarrow(\Box\varphi)^*$。

$$(\Box\Box\varphi)^*\rightarrow(\Box\varphi)^*=\Diamond\Diamond\varphi\rightarrow\Diamond\varphi。$$

证明：$\Diamond\Diamond\varphi\rightarrow\Diamond\varphi$。

序号	推演步骤	依据
1	$\vdash\Box\varphi\rightarrow\Box\Box\varphi$	1(S4)
2	$\Box\neg\varphi\rightarrow\Box\Box\neg\varphi$	2(Sub)
3	$\neg\Diamond\neg\neg\varphi\rightarrow\neg\Diamond\neg\neg\Diamond\neg\neg\varphi$	3(Def◇)
4	$\neg\Diamond\varphi\rightarrow\neg\Diamond\Diamond\varphi$	4(DN)
5	$\Diamond\Diamond\varphi\rightarrow\Diamond\varphi$	5(CN)

可以看到，该对偶公式得证，由此表明，一个具有对偶公式的公式，原公式和其对偶公式是等价的。

(2)对偶语句是等价的。

所有的对偶语句都是等价的，这个结果告诉我们，当一个公式是某个模态系统的特征公理的时候，也可以将其对偶作为这个系统的特征公理。模态系统有无穷多的扩张，逻辑符号的对偶特性是一个重要的因素。

(五)模态系统的一致性

K 扩张还和一个重要的语形概念，一致性概念紧密相关。因为 K 系统扩张到一定程度，一致性概念是绕不开的一个语形概念。在讨论刘易斯严格蕴涵系统的时候，我们已经提及一致性，但在那里提到的一致性是用来解释可能模态的，系统的一致性问题并未提及。在 K 扩张到后面将要讨论的退化系统的时候，这些退化系统之间就有一致性的问题需要考虑。为此，我们在这里给出有关一致性的两个定义。

1. 强一致性

设 S 为任意逻辑系统，φ为 S 中任意公式，S 是一致的，当且仅当，不存在公式φ和$\neg\varphi$在 S 中可证。

这也被称为古典的系统一致性，它要求一个逻辑系统不能产生矛盾。

2. 弱一致性

设 S 为任意逻辑系统，φ为 S 中任意公式，S 是一致的，当且仅当，总存在合式公式φ在 S 中不可证。

这也被称为语形的系统一致性，显然，当一个系统具备强一致性的时候，自然就满足弱一致性。

第三节 K 扩张系统

一、K 的常见正规扩张系统

(一)常见模态系统的生成和命名

由上述特征公理的图表和一些基本概念，我们自然地可以得到相应的正规模态逻辑的各种扩张系统。这些扩张系统有的是基本的扩张，有的是单方向的扩张，有的扩张则出现了一些有趣的结果。我们以给出相应图表的方式，来说明这些正规扩张系统，然后对这些扩张系统给以简要的解释。

1. K 扩张系统的生成和命名图表

如同 K 系统我们可以表示为：K= PL+N 必然规则+分配公理一样，在它基础上生成的其他正规模态逻辑系统可以用同样的方式来表述，我们先用表 5-17 给出这些正规扩张的常见系统以及它们的名称。

表 5-17 K 扩张系统的生成和命名

序号	K 扩张系统的生成公式	系统名称	简注
1	K+(T)	T	哥德尔/菲斯/冯赖特系统
2	K+(T)+(4)	S4	刘易斯 S4
3	K+(T)+(B)	B	布劳维尔系统
4	K+(T)+(4)+(B)	S5	刘易斯 S5
5	K+(T)+(4)+(M)	S4.1	S4 的扩张
6	K+(T)+(4)+(G)	S4.2	S4 的扩张
7	K+(T)+(4)+(.3)	S4.3	S4 的扩张
8	K+(T)+(4)+(Dum)	PD	普莱尔的第奥多鲁斯逻辑
9	K+(T)+(4)+(Grz)	Grz	格热孜卡的系统
10	K+(D)	D	道义 T 系统
11	K+(D)+(4)	DS4	道义 S4
12	K+(D)+(4)+(E)	DS5	道义 S5
13	K+(Tr)	Tr	不足道系统
14	K+(V)	V	虚真系统

2. K 扩张系统图表的简要说明

表 5-17 虽然只是正规模态逻辑的一小部分，但却是其中最重要的一部分。正是这一部分的正规模态系统，显示了 K 扩张的几个不同方向。从表 5-17 中可以看到，正规模态最基本的系统是 K，然后就是 T 和 D。正规模态的一些著名系统可以说都是由这三个基本系统生成的。在生成 S4 和 S5 之后，它们或者是 S4 方向上的扩张，或者是 S5 方向上的扩张，或者是合成方向上的扩张。这种扩张的结果，使得不同正规模态系统之间呈现各不相同的关系，或者是等价的，或者是扩张的，或者是其他的某种关系。另一个有趣的结果是，当我们考虑一个系统和另一个系统的一致性问题时，还会发现：不足道系统 Tr 和虚真系统 V，如果我们将这两个系统的特征公理合在一起，会构成一个不一致的系统；而且，这两个系统的存在，会导致一个模态系统的退化。

(二)K 扩张系统之间的语形关系

因为模态逻辑有许多不同的可能系统，仅仅是正规的模态系统就为数无穷。因此，我们就有一个判定系统之间语形关系的任务。本节，我们将对上述著名的正规模态系统之间的关系问题展开讨论。首先，我们将根据表 5-17 中的正规模态系统，给出这些系统之间的若干种语形关系，这些关系因为特征公理的不同，会呈现一些奇异的结果。我们先从基本的正规模态系统讨论起，然后对那些奇异的关系另作说明。

1. 基本正规模态系统生成简图

根据表 5-17，以 K 为基点，向两个方向扩张而成的正规模态系统，分别是 D，T，4，5，TB(TB=B)，这可以表示为图 5-7。

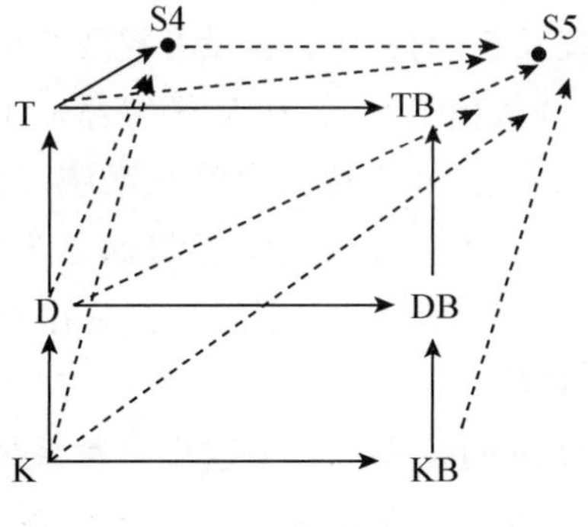

图 5-7 基本正规模态系统生成简图

图 5-7 表明，从基本 K 模态出发，我们在垂直方向上获得 D 和 T，在水平方向获得的系统是 KB，KB 可以生成 DB，然后生成 TB，也就是生成 B 系统。这些基本系统中，实线箭头表示直接生成的扩张系统；虚

线箭头表示，在系统扩张的过程中还有一些没有标出的系统。很明显，图中标出的全部系统最后都包含在 S5 中，S5 在那些未退化的基本正规模态中是最强的。

2. K 扩张系统的语形关系立体图

图 5-7 给出了从 K 出发生成的基本模态，以下我们给出更为详细一点的一个立体图 5-8，K 扩张系统的模态关系立体图它给我们展示了更多的正规模态系统之间的语形关系。[①] 图中，处于一条线上方的系统是线下系统的扩张，处于一条线右方的系统是左方系统的扩张。

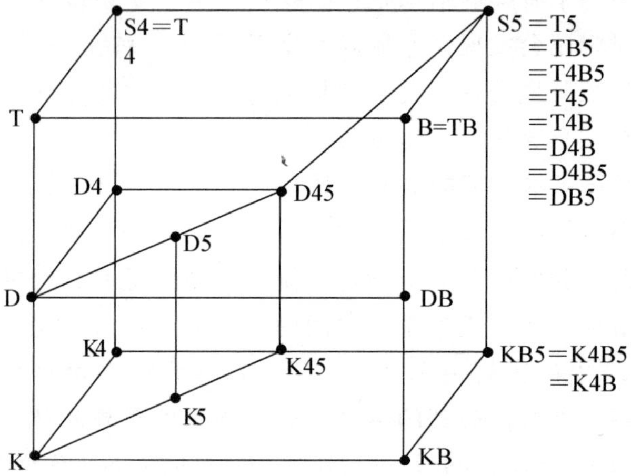

图 5-8 K 扩张系统的语形关系立体图

(三)K 系统扩张的退化

1. 模态的退化

上面的图表没有提及 S4 的扩张，也没有提及两个特殊的正规扩张系统 Tr 和 V。S4 扩张的解释依赖于对 Tr 和 V 的解释，我们先讨论 Tr 和 V。

模态系统可以通过扩张而形成新的模态系统，但扩张的结果却也可能回到它最初的出发点，这个向原点的复归称之为模态系统的退化。我们知道，模态系统是在 PL 基础上生成的，它是在 PL 上增加模态词和一些相应公理和规则的结果。

如果通过对模态系统的扩张形成了这样一种系统：在这样的系统中，模态算子仅只是一个摆设；在对这样的系统给以解释的时候，我们不能够描述出必然、可能和真之间实质意义的区别；并且，这类模态对于任

① James W. Garson: *Modal Logic for Philosophers*, Cambridge, Cambridge University Press, 2006, p. 222.

何实际目的而言，它都可能简单地被看作就是 PL 本身，必然算子和可能算子仅具有印刷装饰作用包装在 PL 之中，那么，我们就可以获得退化的一个较为简明的定义。

设有模态合式公式φ，在φ中消除掉所有模态算子获得的公式，如果它被看作是φ的 PL 变形，也就是φ等价于它自身的 PL 变形，这样的模态系统，就是退化为 PL 的系统，或者称从模态向 PL 的退化。①

2. 退化系统 Tr 和 V

模态扩张系统 Tr 和 V 恰好就具有这样的退化特性。

以 Tr 为例，很容易证明，当在 S5 中增加$\Box\varphi\equiv\varphi$作为特征公理，扩张为模态 Tr 系统时，系统退化为 PL，因为$\Box\varphi\equiv\varphi$。

同样，当在 S4 中增加$\Box\varphi$作为特征公理，扩张为模态系统 V 时，系统退化为 PL，因为有$\Box\varphi$为公理。

3. 模态系统 S4、S5、Tr 和 V 之间的语形关系

可以简单地概括这几个模态系统的关系，显然，S4 可以扩张到 S5。因为有系统退化的概念，很快我们就会看到，S4 自身还有一条扩张路线，它是一种外化于 S5 的扩张。S5 也可以继续扩张，但扩张到 Tr 的结果导致系统的退化，由此而有那个不足道的命名。同样，扩展到 V 的结果也出现退化。从一致性的角度看，如果把(Tr)和(V)一起作为特征公理加在 K 中，由此构成的一个扩张系统将是不一致的。因为，这样结合的结果使得该系统的任意合式公式都成为可证的。

另一个有趣的结论是，退化系统 Tr 和 V 中的每一个都是极大的系统，因为如果我们给其增加一个不是定理的公式，由此而形成的系统将是不一致的。有关模态系统退化的一些有趣的结果，我们将在模态语义学部分继续讨论。

二、S4 的扩张和 S5 的等价系统

(一)S4 的 K 族扩张

图 5-7 和 5-8 的模态系统都是在 K，T，D，B 基础上的扩张，细心的读者会发现，S4 上的扩张系统在这个图形上没有反映，它似乎有些特殊，我们现在就来分析它的特殊性。

1. S4 的 K 族扩张条件

表 5-17 中，S4 的扩张产生 6 个正规系统：S5，S4.1—S4.3，PD 和

---

① G. E. Hughes，M. J. Cresswell：*A New Introduction to Modal Logic*，London，Routledge，1996，p. 22 note2，p. 65.

Grz。那么，关于这 6 个 S4 的扩张，如何来理解它们之间的语形关系呢？

已经表明 S5 是 S4 的真扩张，自然 S4.1—S4.3 也是 S4 的真扩张，他们都是在 S4 基础上分别增加特征公理 M、Grz 和 H 而形成的。

S4.1＝K＋(T)＋(4)＋(M)，

S4.2＝K＋(T)＋(4)＋(G)，

S4.3＝K＋(T)＋(4)＋(H)。

S4 的这类扩张称为 K 族扩张，系统扩张的结果不属于 S5 的子系统，而是独立于 S5 的一类系统，S4 的 K 族扩张需要满足以下三个条件。

①这个扩张是 S4 的真扩张；

②扩张结果不会退化；

③含有扩张的特征公理 M。

按照这三个条件成立的模态系统是一个模态群体，表 5-17 中出现的 S4.1—S4.3 只是这巨大群体中的一个小分支。以下我们将看到，满足以上三个条件，并且在 S4 系统中，增加以下特征公理而生成的正规模态系统，都属于 K 族模态的扩张系统。①

2. S4 的 K 族扩张特征公理

正规模态系统是一个无穷的模态系统，模态符号的对偶特性可以衍生很多的模态系统，当我们考虑 S4 的 K 族扩张的时候，K 族扩张系统的生成更可以说明这一点。我们用一个表(表 5-18)来列出 K 族扩张的特征公理，如同我们在表 5-17 中就表明的，这些特征公理也仅仅只是其中的一部分。

表 5-18 K 族系统特征公理及其名称

名称	特征公理	注释
(M)	$\Box\Diamond\varphi\rightarrow\Diamond\Box\varphi$	时态解释
(G)	$\Diamond\Box\varphi\rightarrow\Box\Diamond\varphi$	时态解释
(Grz)	$\Box(\Box(\varphi\rightarrow\Box\varphi)\rightarrow\varphi)\rightarrow\varphi$	时态解释
(.3)	$\Box(\Box\varphi\rightarrow\psi)\vee\Box(\Box\psi\rightarrow\varphi)$	时态解释
(H)	$\varphi\rightarrow(\Box\Diamond\varphi\rightarrow\varphi)$	
(R)	$\varphi\rightarrow(\Diamond\Box\varphi\rightarrow\Box\varphi)$	
(V1)	$\Box\varphi\vee\Box(\varphi\rightarrow\psi)\vee\Box(\varphi\rightarrow\neg\psi)$	
(Z)	$(\Box\Diamond\varphi\wedge\Box\Diamond\psi)\rightarrow\Diamond(\varphi\wedge\psi)$	时态解释

① 周北海：《模态逻辑导论》，北京，北京大学出版社，1997，第 232 页。

3. S4 的 K 族扩张系统

根据 S4 的 K 族扩张的条件和相应的特征公理，表 5-19 显示了一组 K 族扩张系统。(除了其中的 S4.4 和 V1 之外，其他系统都是 S4 的真扩张。因为 S4.4 和 V1 不满足 K 族条件 3)。

表 5-19　S4 扩张系统

序号	S4 扩张系统的生成公式	系统名称	简注
1	S4+(M)	S4.1	S4.1=K1
2	S4+(G)	S4.2	S4.2=K2
3	S4+(.3)	S4.3	
4	S4+(R)	S4.4	非 K 族系统
5	S4.3+(M)+(G)	K3	
6	S4.3+(M)+(R)	K4	S4 的扩张
7	S4.3+(M)+(V1)	K5	S4 的扩张
8	S4+(Grz)	K1.1	
9	S4+(H)	K1.2	
10	S4+(Grz)+(G)	K2.1	K2.1= S4.2+(Grz)
11	S4+(Grz)+(.3)	K3.1	K3.1= S4.3+(Grz)
12	S4+(V1)	V1	非 K 族系统

(二)S4 扩张系统(表 5-19)的简要说明

从表 5-19 中可以看到，S4 的扩张呈现多种形式。对这种多样化的扩张形式，仅从语形上来说明是困难的。在此，仅从语义解释的角度对部分特征公理给以简要说明，在后面的篇章中我们还会有进一步的讨论。

1. 特征公理(M)

依据 S4 的 K 族扩张条件，S4 的扩张和特征公理(M)有紧密的联系。(M)的名称来自莱蒙和司科特，他们在讨论麦金西(J. C. C. Mckinsey)1945 年所讨论的那个系统时，将其命名为 M，但麦金西却将这个系统命名为 S4.1。将含有(M)的 S4 扩张系统命名为 S4.1 也许是一个不恰当的名字，因为 S4.1 并不是 S4.2 的子系统。[①]

从语义解释的观点看，(M)来自对于模态的时间解释，无论我们是

① G. E. Hughes, M. J. Cresswell: *A New Introduction to Modal Logic*, London, Routledge, 1996, p. 22 note2, p. 143 note7.

否把时间看作为线性的，都会产生这样一个问题：时间是否有终点。当我们把□解释为“现在是并且将来总是”时，如果时间是有终点的，则□所标示的“现在是并且将来总是”实际上在那个终点位置是没有未来的，处于这种情境中的任何东西，它就既是现在是，又是将来总是。时间有终点的这一设想，在模态□的时间解释下自然就可以得到，在时间序列中的每一个点，都可以看到这个终点，包括在终点处可以看到自身。由此，我们可以获得对应于这种解释的系统，这个系统显然有 S4，然后加上一个说明这种特性的特征公理(Z)(终点公理)。我们将在模态语义学部分进一步说明这个公理的语义特征，这里先给出(Z)公理。

$$(Z)\quad (\Box\Diamond\varphi\wedge\Box\Diamond\psi)\rightarrow\Diamond(\varphi\wedge\psi)。$$

于是，我们就有一个 Z 系统，Z= S4+(Z)。[①] 但这个系统中的(Z)是一个较弱的公理，从(M)可以证明(Z)。由此我们就有一个比 Z 强的 S4 扩张系统，它以(M)为特征公理，姑且看作为 S4.1。这个系统中的世界，是有终点的世界。

2. 特征公理(G)

这个公理最初由吉奇(P. T. Geach)提出，他建议把这个公理加到 S4 以简化模态词的数目并且可以把模态予以线性地处理。吉奇提出这个公式之后，由达米特(Michael Dummett)和莱蒙命名为(G)公理。[②]

3. 特征公理(.3)

特征公理(.3)是在 S4 中最早提出的扩张公理，莱蒙和达米特早在 1959 年，就在他们关于 S4 和 S5 之间模态逻辑的讨论中给出了系统 S4.3，这个系统的特征公理自然就是(.3)。该系统的产生也出于模态的时间解释，这个关于模态的时间解释最初是普莱尔提出的。普莱尔在他 1955 年的著作中就设想到时态逻辑，并且设想 S4 可能是对时间解释最好的系统，但他发现 S4 似乎不大合适，后来就放弃了在这个方向上的探索。[③]

但随后的研究表明，在 S4 上增加(.3)公理并且用语义关系的方法来说明这个系统，既可以证明这个系统的可靠性，也可以证明这个系统的完全性。而且，我们在这个基础上还可以继续深化对模态时间解释的理解，由此而产生 S4.1 和 S4.2，它们都是 S4 的真扩张，虽然他们之间并

① G. E. Hughes, M. J. Cresswell: *A New Introduction to Modal Logic*, London, Routledge, 1996, pp. 131-133.

② Ibid. p. 143.

③ Ibid. pp. 127-129.

没有蕴涵关系。

(.3)还在S4基础上派生出了一些K族的扩张系统，它又产生了一些新的有趣结果，有些扩张系统是K族的，有些则是非K族的。

4. S4的其他扩张

S4还可以有其他方向的扩张，当我们把直觉主义逻辑和S4联系起来考察的时候，通过翻译方法，S4还可以在直觉主义逻辑和经典命题逻辑之间建立起中间逻辑系统，有兴趣的读者可以参阅相关的文献。[①]

(三) S5的等价系统

我们用了较多的篇幅来讨论K和S4的扩张，似乎忽略了对S5的讨论。S5作为最强的一个正规模态也有扩张问题，在表5-19给出的特征公理中，如果我们给S5增加(V1)，可以获得一个S5的真扩张，这个系统是S5和Tr之间的系统，因为没有超越S5，所以，它没有退化到PL。

尽管很难在S5上增加特征公理形成新的真扩张系统，但是，S5和很多模态系统之间的等价关系是值得关注的。图5-8K扩张系统的语形关系立体图列出了8个等价于S5的正规模态系统，这些模态系统的等价性需要模态的语义考虑来加以解释。因此，不管是讨论K、S4还是S5，我们必须在语形考虑的基础上进一步深化，把我们研究模态的视角，从语形学转向语义学。

---

① 周北海：《模态逻辑导论》，北京，北京大学出版社，1997，第255页。

第六章　模态树图语义学

这一点，非常重要的一点——需要立刻进行的一点是如下所述。我们依据在事实之间某种关系的观察构成了一个推理。这些事实是否就有这种关系呢，我们并没有判定。但是，我们是否应该认可事实之间的这种特指关系，并且，我们是否应该使得这种关系成为我们推理的基础，这些都是我们真要判定的事情。

——C. I. 刘易斯

第一节　K 树图

一、K 树图判定 K-有效

我们在第三章已经讨论了可能世界语义学的基本观念，接着在第四章中又讨论了各种各样的可通达关系 R，这为我们进一步讨论正规模态的语义学准备了条件。在第三章中，已经用树图方法刻画了模态语义学的一些基本内容，本节我们将在此基础上，进一步论述模态语义学的树图方法。

(一)K 树图的由来和它的基本概念

刘易斯在他的严格蕴涵理论中没有对于模态语义学的系统讨论，但从以上篇头引文中可以看到，他对于一个获得了证明的公式是否就是真正具有这种推出关系，明显地提出有个判定问题。① 而一个形式论证的判定问题，本质上就是形式系统的语义学问题。使用树图方法，我们既可以对一个论证的判定问题提供直观而且清晰地论述，我们还可以利用这个方法讨论模态逻辑的可靠性和完全性问题。自然，这个讨论要从 K 树图开始。

1. 树图方法的由来

在 PL 中，我们用真值表来判定一个命题形式是否有效，在真值表

① Clarence Irving Lewis，Cooper Harold Langford：*Symbolic Logic*，New York，The Century Company，1932，p. 258.

基础上又有归谬赋值法来判定一个命题形式的有效性。这种用图表方式来解决判定问题的方法，在模态逻辑中得到了进一步地发展。依据休斯和克瑞斯韦尔的说法，最先运用这种方法的是克里普克，他在其1963年发表的论文《模态逻辑1，正规模态演算的语义分析》中，首先运用树图方法来判定一个模态命题形式的有效性。其后，休斯和克瑞斯韦尔在克里普克的语义图基础上引入归谬赋值法的思路。① 我们在这里使用的树图方法，是休斯和克瑞斯韦尔方法的进一步改进，关键的改进是用豪斯(Haus)图表来表达克里普克的可通达关系。② 因为，图表构造最后呈现出一棵倒立的树形，因此而被称为**树图**。

2. K树图的基本表述手段

因为模态逻辑涉及世界，也涉及可通达关系，K树图的构造就需要在PL基础上增加这两个成分。在“可能世界”一章中，我们已经使用了这些表述手段，在这里，我们先对这些表述手段做一点简单概括。

(1)树图中的世界。

用一个方框表示任意一个世界，在方框右上角标以世界的名称，如图6-1。

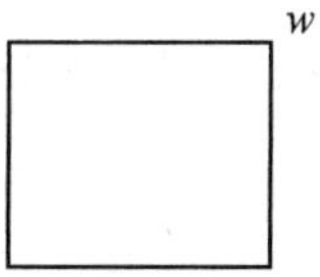

图6-1

(2)树图中的可通达关系。

用箭头表示一个世界通向另一个世界，图6-2表示：世界w通向世界v。

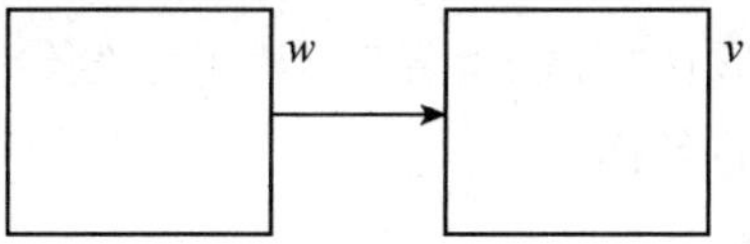

图6-2

(3)命题形式的真值。

如果一个命题形式在方框之内，这个命题形式就被我们指派为真，否则它就指派为假。可能出现的其他构图符号，将在树图构造过程中随

① G. E. Hughes, M. J. Cresswell: *A New Introduction to Modal Logic*, London, Routledge, 1996, p. 93 note1.

② James W. Garson: *Modal Logic for Philosophers*, Cambridge, Cambridge University Press, 2006, preface, p. xiv.

时说明。

3. K树图的基本概念

了解树图，需要了解和树图相关的一些概念。

(1)树枝。

一个树图的树枝是指，在我们使用各种树图规则来构造树图的过程中，树图从顶部到底部会形成不同的从上到下的线条，每一根连接不同世界的从上到下的线条，我们称之为树枝。

(2)封闭树枝。

如果一个树枝中含有一个矛盾⊥，则这个树枝是封闭的。

封闭树枝简称为闭枝。

(3)封闭树图。

当一个树图的所有树枝都是封闭的时候，这个树图就是封闭的。

封闭树图简称为闭图。

(4)开放树枝。

如果一个树枝中并非含有一个矛盾⊥，则这个树枝是开放的。

开放树枝简称为开枝。

(5)开放树图。

如果一个树图含有开放树枝，则这个树图是开放的。

开放树图简称为开图。

(二)K树图规则

在"可能世界"一章中，我们给出了有关初始符号包括模态符号的成真条件树图，这些成真条件，在K树图对模态公式的判定中，实际上就是对命题形式进行判定的规则。它可以概括为以下几条基本规则和依据基本规则得到的导出规则。这些规则，毫无疑问就是K系统的树图语义规则。以下规则的图形在"可能世界"一章中已经给出，在此仅给出基本规则和基本导出规则的名称。

1. K树图基本规则

(¬F)："并非"所带语句为假的树图规则。

(→F)："蕴涵"所带语句为假的树图规则。

(→T)："蕴涵"所带语句为真的树图规则。

(⊥in)："矛盾"引入的树图规则。

(□T)："□"所带语句为真的树图规则。

(□F)："□"所带语句为假的树图规则。

2. K树图导出规则

以下一些导出规则也是基本的，可由基本规则导出。

($\wedge$T)：“并且”所带语句为真的树图规则。

($\wedge$F)：“并且”所带语句为假的树图规则。

($\vee$T)：“或者”所带语句为真的树图规则。

($\vee$F)：“或者”所带语句为假的树图规则。

($\equiv$T)：“等值”所带语句为真的树图规则。

($\equiv$F)：“等值”所带语句为假的树图规则。

($\Diamond$T)：“可能”所带语句为真的树图规则。

($\Diamond$F)：“可能”所带语句为假的树图规则。

(三)K 树图判定 K-有效

1. K 树图判定 K-有效的思路

用树图验证一个 K 论证 H/C 的有效性，和 PL 的归谬赋值法一样，使用的是反例方法，其基本的策略是，一个论证 H/C，我们要验证它是否有效，首先假定它无效，也就是 H/C 有 K 反例，$H \nvDash C$，然后按照 K 语义规则逐步演进，如果演进到产生矛盾，则表明假定不成立，H/C 由此而证是有效的。如果演进到最后，有分支不产生矛盾，则表明假定成立，H/C 由此而证是非有效的。

2. K 有效性判定实例及其说明

实例 6.1：$H/C=\Box(p \to q)/\neg\Box q \to \neg\Box p$。

①实例 6.1 树图。

假定：$\Box(p \to q) \nvDash \neg\Box q \to \neg\Box p$。

由此我们得到以下树图 6-3。

注意树图 6-3 中的数字表达含义：树图左边的数字是图中公式的序号，方框外右边的数字和规则是公式得以成立的在先公式依据和规则依据。例如，w 中的公式“1. $\Box(p \to q)$”表示在图中出现的第一个公式，同行的 Hyp($\to$F)，表示这个公式是依据对归谬假定$\Box(p \to q) \nvDash \neg\Box q \to \neg\Box p$使用($\to$F)获得的，以下步骤和实例中的数字和规则表达均照此理解。

对这个假定语句$\Box(p \to q) \nvDash \neg\Box q \to \neg\Box p$，根据($\to$F)赋值规则可以获得以下结果：

$V_w(\Box(p \to q))=T$ 并且 $V_w(\neg\Box q \to \neg\Box p)=F$，按照这个结果一步一步地继续给新形成的结果赋值，最后形成语义图(如图 6-3)。左图是按步骤做成的树形图，右图是用数字表示的略图。

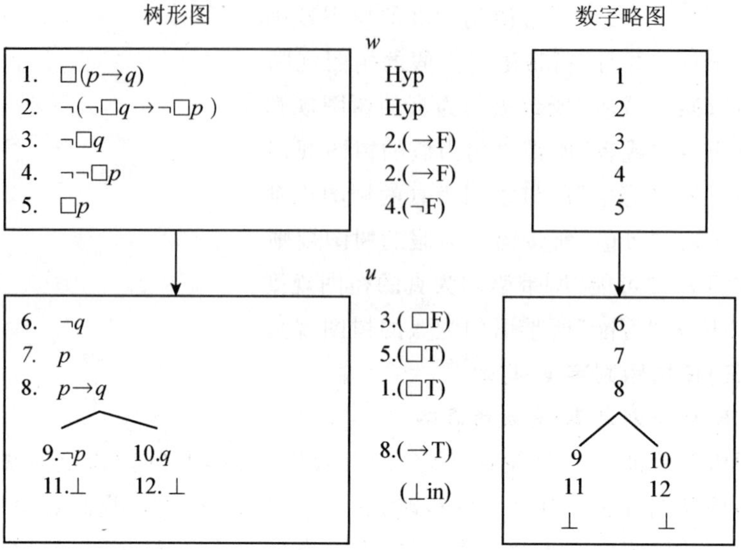

图 6-3

②树图说明和在先原则。

实例 6.1 是一个闭图，所以这个论证是有效的。在这个树图中，有两个树枝，从 1 到 8 到 11 是一个树枝，从 1 到 8 到 12 是另一个树枝(见树枝例图)，两个树枝因为有⊥出现，它们是封闭的，由此该树图是封闭的。

这个树图有两个世界，w 和 u，提请注意的一点是，在树图构造过程中运用(□T)规则，是有限定条件的。这一点非常重要，因为在世界 w 中运用(□T)时，一定需要一个事先已经存在的，和世界 w 相通的 u，我们才能从公式□φ的真导出φ在 u 中为真。没有可通的条件，我们并不能从□φ导出φ。如果我们直接地使用(□T)规则导出命题φ在 u 中为真，那就不是正确地运用这个规则。例如，下图就是一个错误的树图判定图，如图 6-4。

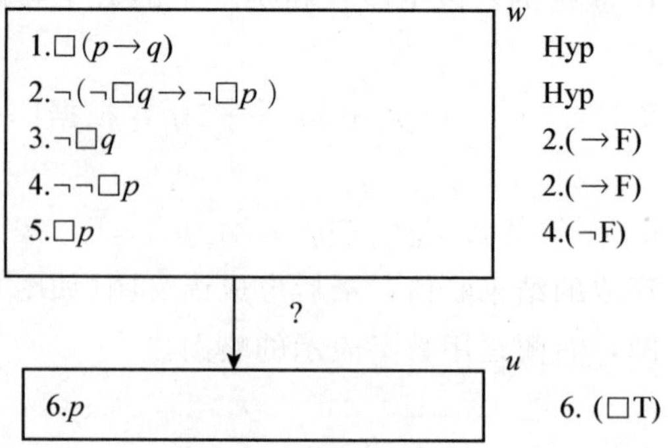

图 6-4

直观上很容易理解，在还没有确定 w 可通达 u 的时候，我们没有理由运用(□T)规则。在还没有运用一个规则来保证 w 通向 u 的时候，使用(□T)规则是不合法的。相应的，在使用(◇F)规则时，也需要我们事先确定，一个世界通达另一个世界这样一个在先条件。这个在先条件可以称之为(□T)和(◇F)规则使用时的在先原则。

在树图的世界中运用(□T)和(◇F)规则时，一定需要一个事先已经存在的，和该世界相通的世界，我们才能从公式$\Box\varphi$在 w 上的真导出φ在 u 中为真，或者才能从公式的$\Diamond\varphi$的假导出φ在该世界中为假。

实例 6.2：$H/C=\Box(p\wedge q)\to r,\ \Box p/\Box(q\to r)$ 。

这是由两个并立的前提推出的结论，也可以用树图判定它的有效性。

①实例 6.2 树图。

先假定：$\Box(p\wedge q)\to r$ 并且$\Box p\nvDash\Box(q\to r)$，由此，我们先得到这个假定的以下赋值：

$V_w(\Box((p\wedge q)\to r))=\mathrm{T}$，并且 $V_w(\Box p)=\mathrm{T}$，但是 $V_w(\Box(q\to r))=\mathrm{F}$。然后，我们就可以依据语义规则获得以下树图，如图 6-5。

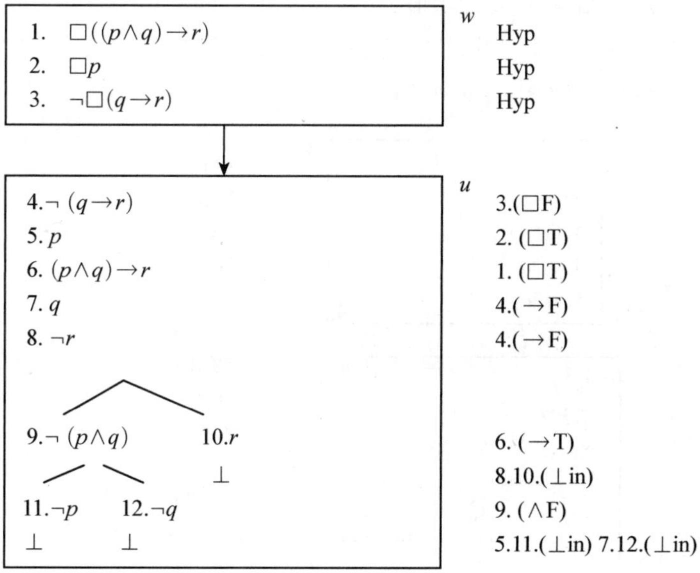

图 6-5

②实例 6.2 说明和放置原则。

显然，我们不能首先使用(□T)规则，这就只能是从第 3 个假设开始，由此有 4。因为(□F)规则的应用保证了 w 通达到 u，再使用(□T)规则就有在先的条件。细心的读者会发现，在这个树图中，使用(□T)规则于第2步骤产生5，于第1步骤产生6。然后应用（→F）规则于第4步骤产生7和8。再应用（→T）即刻就产生并排的$\neg(p \wedge q)$和r，树图立刻就显示出矛盾来。但是步骤9在树枝结构上应该还要置于右边的r之下，为什么省去这个节点呢？

有两个原因要在r之下省去9。

第一，该树枝已经含有了矛盾，这就足够了，用不着进一步地分析，这被看作是树图构造的一个**一般原则**：

没有必要对已经封闭的树枝增添新步骤。

第二，应用一个树规则的结果仅放置在一个规则被应用的那个点下的开枝，这是一个重要的原则，可以命名为**放置原则**，该原则可以陈述为：

对一棵树中的公式应用一个规则的结果，放置在该规则被应用的公式之下的每一个树枝上。

实例6.3：$H/C=\Box(p \vee q)$，$\Box\neg p/\Box q \vee \Box r$。

①实例6.3树图。

先假定$\Box(p \vee q)$，$\Box\neg p \nvDash \Box q \vee \Box r$。

由此我们先给这个假定赋值：

$V_w(\Box(p \vee q))=\mathrm{T}$，并且$V_w(\Box\neg p)=\mathrm{T}$，但是，$V_w(\Box q \vee \Box r)=\mathrm{F}$。

由此得到以下树图，如图6-6。

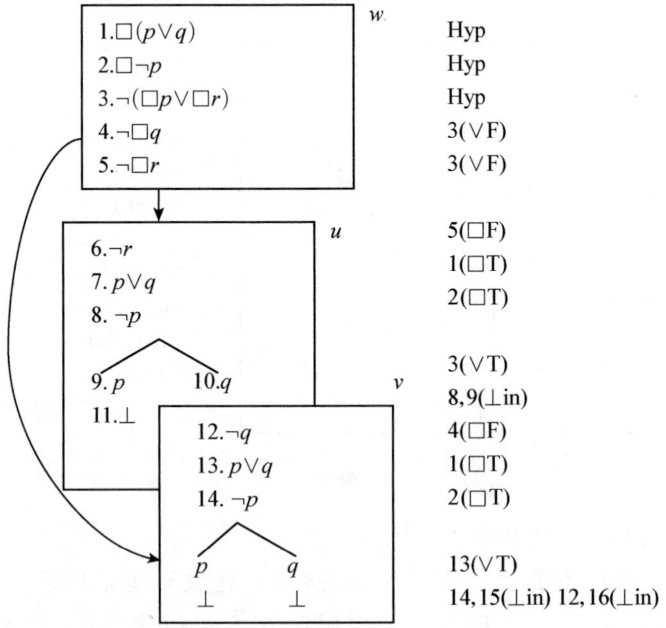

图6-6

②实例 6.3 说明和树图原则的运用。

实例 6.3 是一个更为复杂的判定 K 论证有效性的例子，但在使用了(∨T)规则后，因为已经出现了一个矛盾⊥，就剩下一个开枝了。对这个树枝该如何处理？是在世界 v 中来继续处理，还是另找一个世界来处理？我们可以从假设导出的模态公式中寻出点东西来。

从假设根据(∨F)得到在 w 中的公式“4. ¬□q”和公式“5. ¬□r”，这表明，¬q 和¬r 一定在和 w 相通的某个世界之中，但我们并不知道¬q 和¬r 是否在同样的世界之中。可以想象，如果它们是在同样的世界之中，那就只有 w 和 u 两个世界了，但另想一个世界来处理其中的一个应该更有道理。所以，这个实例本质上需要再构造另外一个世界 v，在这个世界中，r 是假的，或者是 q 是假的。这就是形成上述树图的原因所在。

为什么要把世界 v 和世界 u 紧密地联系起来呢？这里涉及放置原则的运用。我们前面定义的放置原则要求：当(□F)规则应用到¬□q 的时候，创建了世界 v，这就必须放置到在树图中已经存在的开树枝的末端，如果不遵守这个放到开枝末端的原则，就可能出现相反的结果，如图 6-7 所示。

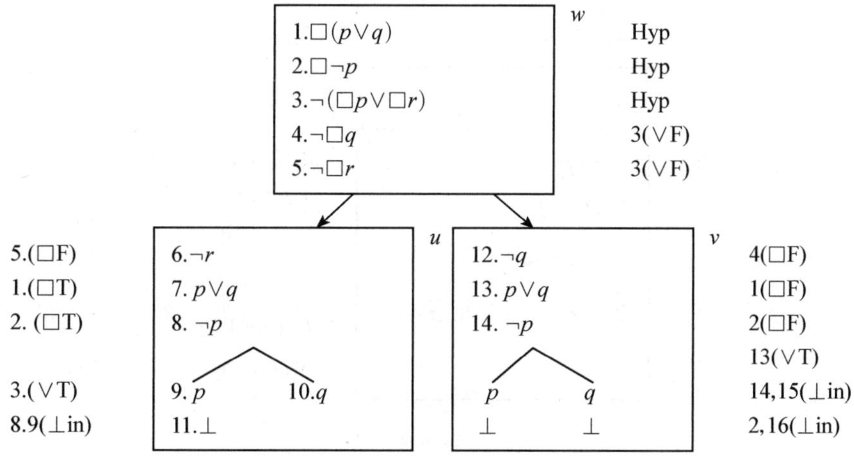

图 6-7

由这个图形可知，如果我们不遵守树图原则，一个有效的 K 论证就变成无效论证了，这是值得我们注意的。

二、K 树图判定 K-无效

(一)K 树图判定 K-无效的思路

使用树图既可以用来显示一个 K 论证的有效，也可以用来显示一个

K 论证的无效。显示一个 K 论证的无效，需要我们给出这个论证的反例，建立这个论证的反模型。所以，验证一个 K 论证的无效，往往要给出这个论证的反模型树图。

一个论证的树图是封闭的，则这个论证是有效的；自然，一个论证的树图是开放的，则这个论证就是无效的。

显示一个论证无效的思路与显示论证有效的思路完全相同，同样是假定这个论证无效，由此开始做树图。

如果我们要显示论证$\Box(p \to q)/p \to \Box q$ 是无效的，第一步假定它无效，然后运用规则($\to$F)。

(二)K-无效论证实例和树模型

1. K-无效论证实例

实例 6.4： $H/C = \Box(p \to q)/p \to \Box q$。

假定，$\Box(p \to q) \nvDash p \to \Box q$，由此可得图 6-8。

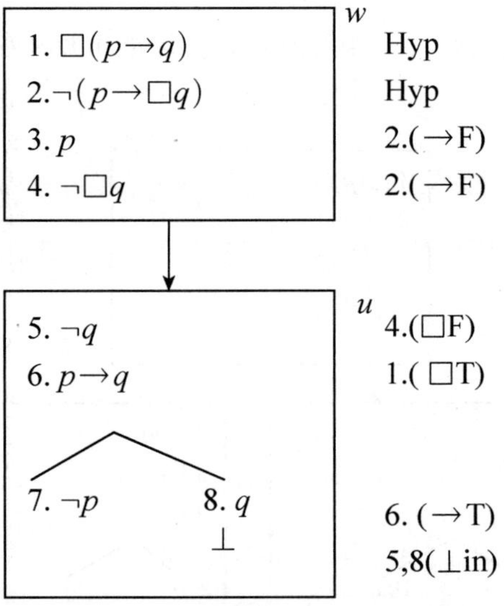

图 6-8

因为这个树图是开放的，树图的左树枝未含⊥，所以，该论证是无效的。

2. K-反例和树模型

(1)论证 H/C 的 K-反例。

依据 K-反例的定义，一个论证 $H/C = \Box(p \to q)/p \to \Box q$ 的 K-反例应是一个 K-模型$\langle W, R, V\rangle$，该模型使得：

对于在 W 中的有些 w，$V_w(\Box(p \to q)) = \text{T}$，并且 $V_w(p \to \Box q) = \text{F}$。

所以，如果我们要给这个 H/C 构造反模型，那就需要定义这个模型的 W，R 和 V 分别是什么。而依据它的树图，这些模型构件是可以确定的。

(2)模型构建的分析。

先看世界 W，在这个 H/C 树图中，有两个世界 w 和 u，所以，$W=w+u$。

再看关系 R，在这个 H/C 树图中，有 wRu，没有其他有关 R 的正面信息，但我们还是可以列出其中的一些否定的 R 信息，如没有 wRw，没有 uRu，也没有 uRw。

最后看指派 V，这个 H/C 树图中有两个原子命题变元 p 和 q，它们在世界 w 和 u 中都出现。依据我们作树图的约定，一个变元 p 出现在世界 w 中，即表示 p 在 w 中为真，我们可以将其指派为 $V_w(p)=\mathrm{T}$。而一个变元 p 不出现在一个世界 w 中，则表示 p 在这个世界不真，即 p 是假的，我们将其指派为 $V_w(p)=\mathrm{F}$。显然，在这个 H/C 开图的情况下，p 在 w 中出现，所以 $V_w(p)=\mathrm{T}$；q 不在 w 中出现，所以，$V_w(q)=\mathrm{F}$。

同样的分析程序，在 u 中，$V_u(q)=\mathrm{F}$，$V_w(p)=\mathrm{F}$。因为这三个模型构件确定下来了，这个 H/C 的反模型由此就确定下来了。

(3) $H/C=\Box(p\rightarrow q)/p\rightarrow\Box q$ 的树模型。

①树模型概念。

用一个论证的树图来构造的模型，称作该论证的树模型。所以，一个论证的树图实际上就是一个论证的树模型。

一个**精简版的树模型**是指：在这个树模型中，仅仅包括在树图中出现的命题字母和命题字母的否定式。这个精简版的树模型，实际上也就体现了模型中的指派函数 V 对命题字母在不同世界中的指派情形。如果是初始字母，我们就指派的是真值 T，如果是初始字母的否定，我们就指派的是假值 F。

②$H/C=\Box(p\rightarrow q)/p\rightarrow\Box q$ 的精简版树模型。

综上所述，论证 $H/C=\Box(p\rightarrow q)/p\rightarrow\Box q$ 的精简版树模型，可以是图 6-9。

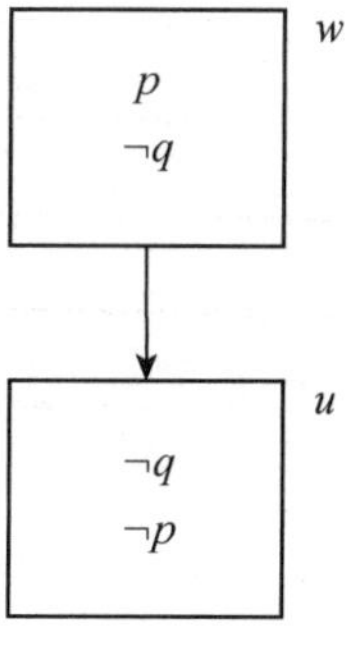

图 6-9

③从精简版树图到原树图的回归。

一个论证的精简版树模型是该论证的一个反例，也就是依据这个模型，我们可以一步一步地依据树图规则还原成原来的树图。

因为 q 不在 w 中，所以，$\neg q$ 在 w 中；

因为 $\neg q$ 在 u 中是 T，wRu，所以，$\Box q$ 在 w 中为 F；$\neg\Box q$ 在 w 中为 T；

因为 p 在 w 中为 T，$\Box q$ 在 w 中为 F，所以，$p\rightarrow\Box q$ 在 w 中为 F，也就是，$\neg(p\rightarrow\Box q)$ 在 w 中为 T；

因为 p 在 u 中为 F，所以，$p\rightarrow q$ 在 u 中为 T；

因为 $p\rightarrow q$ 在 u 中为 T，仅有 wRu，所以，$\Box(p\rightarrow q)$ 在 w 中为 T。

这样，我们就还原了我们为该论证所作的反例树图，还可以发现更多的有关这个论证的树图内容。还原的反例树图如图 6-10 所示。

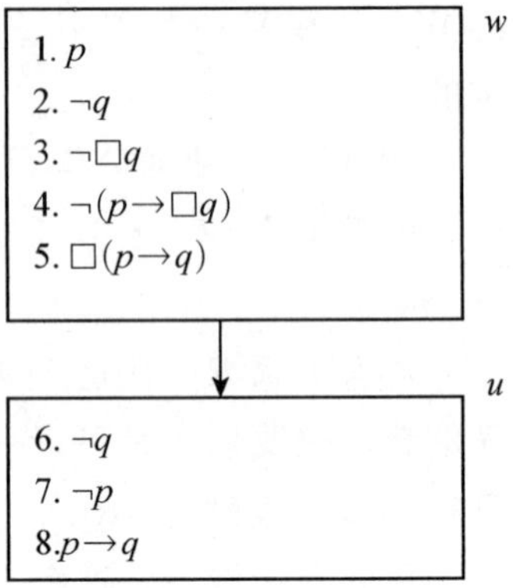

图 6-10

(三)K-无效树图实例和进一步的解释

1. K-无效树图实例

实例 6.5： $H/C=\Box(p\vee q)$，$p\vee q/\Box p\vee\Box q$。

假定 $\Box(p\vee q)$ 并且 $p\vee q\nvDash\Box p\vee\Box q$。

这个树图及其精简版树模型图可以构造为如下形式，如图 6-11、图 6-12。

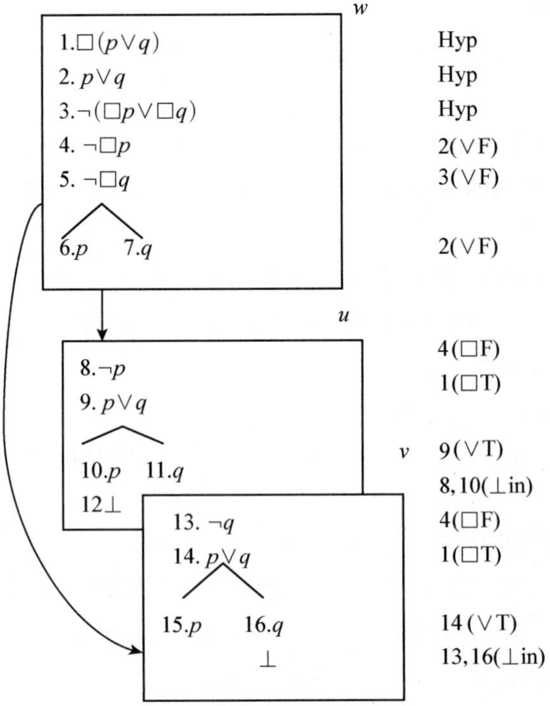

图 6-11 K 树图

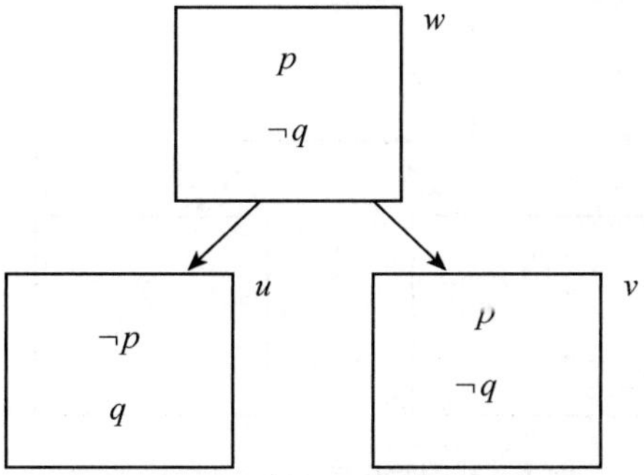

图 6-12　精简版 K-反例树模型图

因为树图中有开枝，实例 6.5 就是一个 K-无效论证。在以下实例 6.6 中，我们会对一个 K-无效论证和反例树模型作更为详细的说明和解释。

2. K-无效论证和反例树模型实例

以下是一个复杂的 K 论证树图和反例树图。

实例 6.6： $H/C = \Box p$，$\Box\neg q \to \Box\neg p / \Box q$。

假定$\Box p$ 并且$\Box\neg q \to \Box\neg p \nvDash \Box q$。

由此我们会根据树图规则，得到如下树图及其反例树模型图如图 6-13、图 6-14。

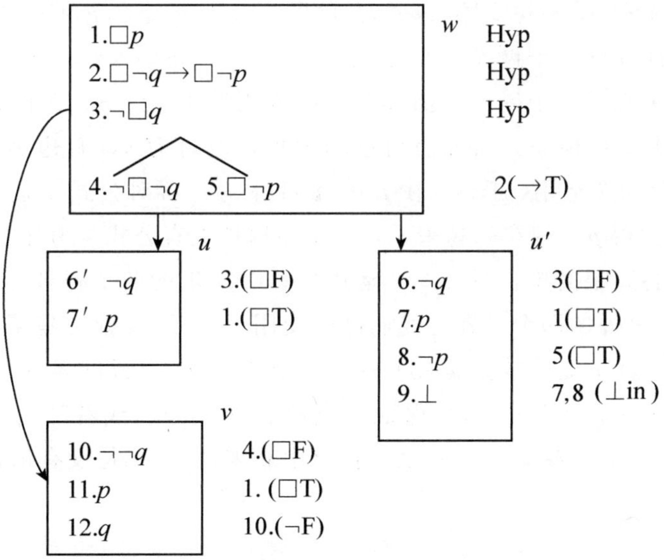

图 6-13　K 树图

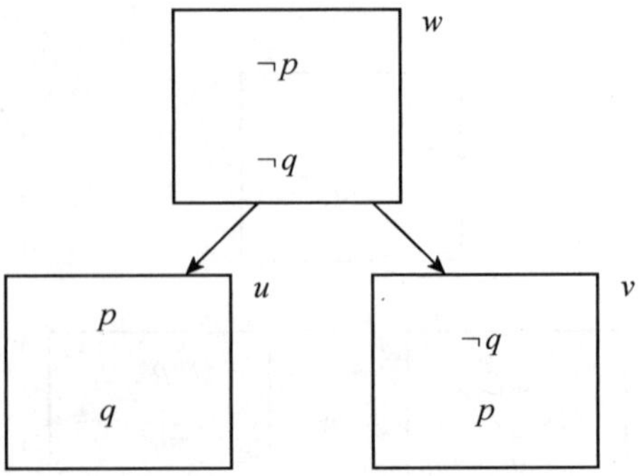

图 6-14 精简版 K-反例树模型图

这个论证的无效通过上述树图得到了揭示，该树图是开放的，所以这个论证是无效的。但读者会疑惑，怎么会有一个 u 世界，又有一个 u' 世界？这个复杂的论证无效的树图是按照什么思路进行的，它的树反例图又何以如此构建？以下，我们将对这些问题给出相应的答复和解释。

(1)树图 6-13 构建的思路和解释。

实例 6.6 是一个较为复杂的论证 K-无效的例子，一开始我们就面临一个选择。是先对公式 1 运用(□T)，还是先对公式 3 运用(□F)，抑或是先对公式 2 运用($\rightarrow$T)？从本题的分析次序来看，自然不能先运用(□T)，那违反(□T)规则运用的限制。由此，先对 2 运用($\rightarrow$T)规则，获得了公式 4 和 5，4 和 5 显然只能在世界 w 中，不能在 v 和 u 中，($\rightarrow$T)的使用只能在同一个世界。

这就出现了三个树枝，都共有前面的假设 1、2、3。在世界 w 中的所有公式都有□模态，自然有可通的世界，左边为 u，右边为 u'，下面为 v。对公式 3 运用(□F)，在 u 中我们得$\neg q$，再对公式 1 运用(□T)，在 u 中我们得 p。现在问题来了，这个左树枝上有公式 4 为什么不用在 u 中？其实答案很简单，对公式 2 运用($\rightarrow$T)产生的两个树枝不属于世界 u，而属于另外的两个世界。我们已经使用了(□F)规则创建了另外的一个世界 u，就不能够放置运用($\rightarrow$T)的结果在这个新世界 u 中。因为，在 w 中，$\Box\neg q\rightarrow\Box\neg p$ 的真保证了或者$\Box\neg q$ 为 F，或者$\Box\neg p$ 为 T，这是在 w 中，不是在 u 中。所以，在 u 中获得图 6-15 是没有依据的。

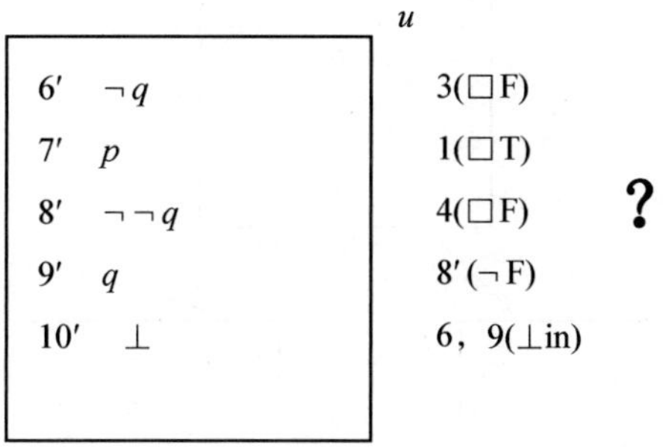

图 6-15

(2)推迟策略和延续世界策略。

在运用(→T)规则及其相关规则时所面对的问题可以避免，只要我们遵循称之为尽可能推迟的策略即可。这个策略的要点是，在运用模态规则之前，首先把所有属于命题逻辑 PL 层次的步骤全部操作完毕，再来操作属于模态的规则。

也可以引进一个新的策略，称之为延续世界的策略，同样可以解决这个问题。这就是在运用(→T)规则时，把顶部的世界 w 重复使用一次，把运用(→T)规则产生的结果放在这个重置的世界 w 中，于是我们可以获得以下结果完全相同的树图和反例树模型图，如图 6-16 和图 6-17，图中省略了编序和导出依据。

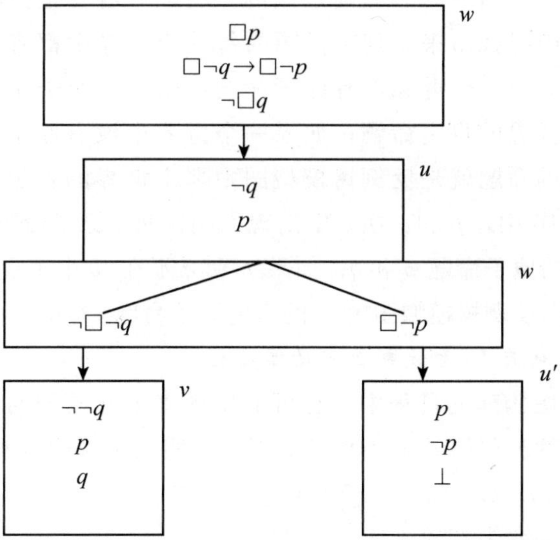

图 6-16　K 树图

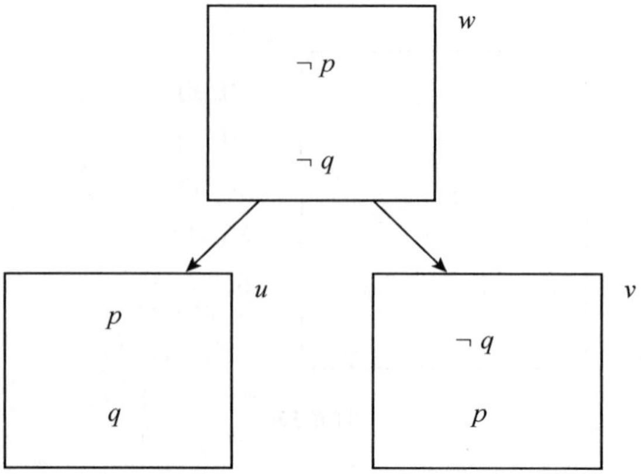

图 6-17 精简版 K-反例树模型

(3)反例树模型图构建的一般思路。

从以上反例树模型图中，可以归结出构造反例树模型图的一般步骤。反例树模型图构图步骤的基本思路有两点。思路之一是：我们既然是构建被判定论证的反例树模型图，那些已经被认定是矛盾的树图分枝自然不是我们的考虑对象，我们关注的是树图中被判定为开枝的那些树枝。例如，在树图 6-16 中，从 w 到 u 形成一个开枝，从 w 到 v 形成另一个开枝。

思路之二是：承继我们构图的基本假定，在世界中出现的命题都是真的，不在世界中出现的命题则是假的。所以，需要把开枝中的原子命题在判定树图中寻找出来，判定树图的每一个世界中都有相应的原子命题置于其中。如果一个世界中有原子命题，则这个原子命题就是反例树模型图中那个世界的肯定命题；如果一个世界中没有原子命题，则被判定公式中出现的命题就是反例树模型图中那个世界的否定原子命题。例如，在树图 6-16 中，p 和 q 在 v 中出现，则这两个原子命题就是该图反例树模型图中 v 的原子命题 p 和 q；如果 p 和 q 不在 w 中出现，则这两个原子命题就是该图反例树模型图中 w 的否定原子命题 $\neg p$ 和 $\neg q$。

3. 放置原则在 K-无效判定中的重要性

K-无效树图构建的过程中，有可能出现多个开枝的问题。放置原则在这种情况下就显得格外重要，以下用一个实例来说明这种重要性。

实例 6.7： $H/C = \Box(p \vee q)$并且 $p \vee q$ $/\Box p \vee \Box q$。

①无效论证变为有效论证。

假定$\Box(p \vee q)$，$p \vee q \nvDash \Box p \vee \Box q$。

由此，我们似乎有可能根据树图规则得到图 6-18。

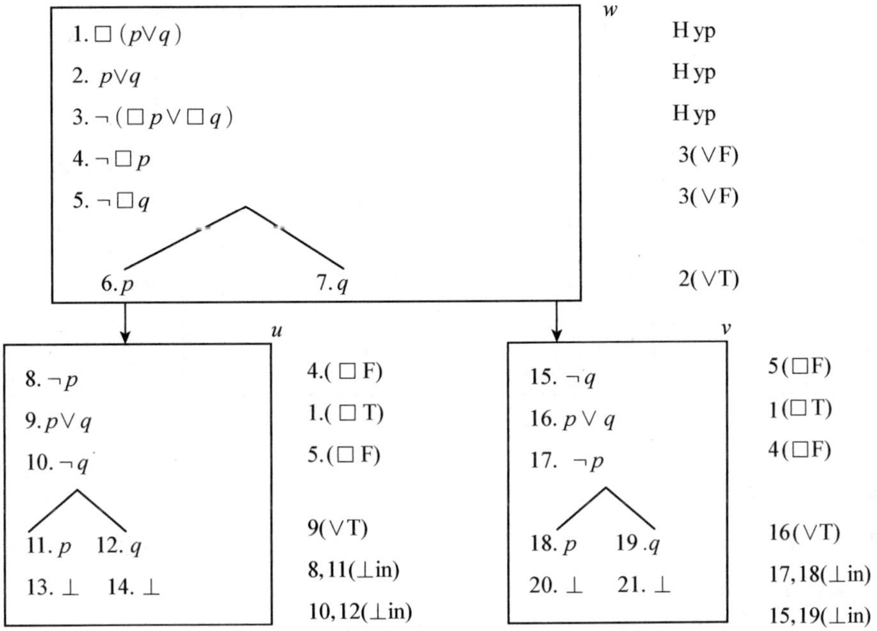

图 6-18

根据这个树图，这个实例就不是 K-无效的实例，而是 K-有效的实例了。实例 6.7 果真是有效的吗？答案是否定的，如果我们正确地使用放置原则，这个实例可以证明是 K-无效的。

②树图 6-18 分析。

树图 6-18 的问题出在什么地方？考察该图的构造过程，可以发现它的若干个错误。

对树图 6-18 中的 2 运用(∨T)规则，我们获得了 6 和 7，在 w 中出现了两个开枝。然后我们就开始使用(□F)给“4. ¬□p”和“5. ¬□q”，再使用(□T)给“1. □(p∨q)”，由此在两个开枝下形成了 8 和 9，15 和 16。接下来，树图就全以⊥终结，推导过程看起来似乎是没有什么问题，但这个过程至少忘记了以下两点。

第一，是在讨论放置原则时就分析过的，我们并不知道，在“4. ¬□p”和“5. ¬□q”中运用(□F)规则获得的¬p 和¬q 是否在一个世界，因此，这个规则的运用就是不合法的。

第二，在 6 和 7 之下不是仅有 u 和 v 两个世界的情形，还有另两个情形没有考虑到。应该是，在 6 之下有两种情形，在 7 之下也有两种情形。以下用图 6-19 来说明开枝 6 和 7 之下的 4 种分枝的分布情形。

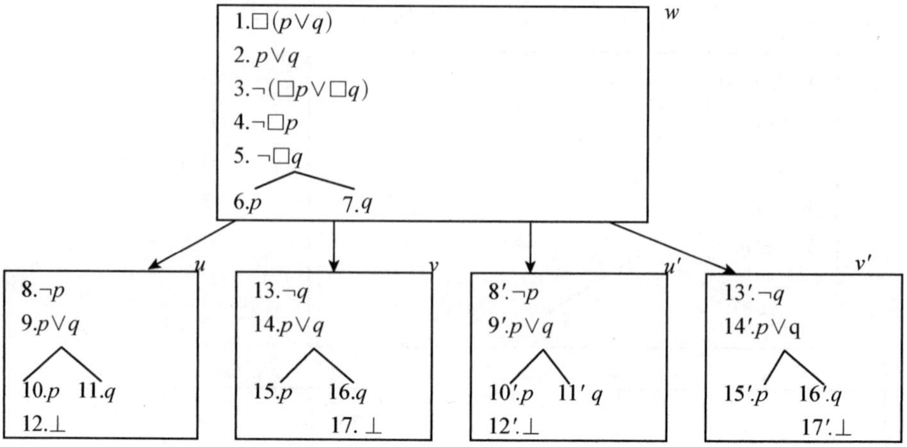

图 6-19

③树图 6-19 分析和树图 6-20。

对树图 6-19 的分析让我们回想到对树图 6-6 的分析，放置原则在这里发挥了作用。

> 对一棵树中的公式应用一个规则的结果，放置在该规则被应用的公式之下的每一个树枝上。

根据这一条规则，我们在获得世界 u 和世界 u'的时候，世界 v 和世界 v'应该放置在世界 u 和世界 u'之下，由此我们就获得了正确的树图，如图 6-20。

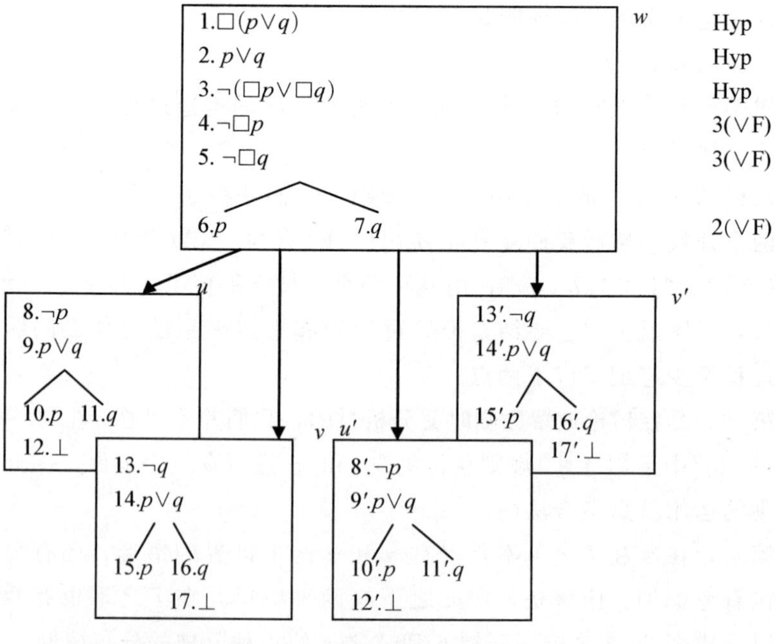

图 6-20

第二节　K的扩张树图

一、K扩张系统特征公理和*R*性质的对应

（一）引言

K树图判定论证有效和无效的方法同样可以扩张到K扩张系统，也就是我们前面描述过的基本正规模态逻辑D、T、B、S4、S5等系统。不同的正规模态系统，因为其特征公理的不同，在关系性质上有令人惊异的对应特征。本节，我们将给出模态逻辑不同系统的特征公理和其框架中关系*R*性质的对应，然后给出这些模态系统语句的相应树图。

（二）奇异的对应

1. 对应理论

对应理论是20世纪逻辑学发展中一个令人惊异的成果。对应理论描述的一个重要领域就是正规模态逻辑，在这个逻辑之中，对其语形和语义的思考，通过对模态特征公理和框架性质的研究，逻辑学家发现，一些著名的正规模态逻辑系统它的公理竟然和一些经典的关系结构相匹配。这些经典关系，我们在“可通达关系”一章中已经做出了基本的描述。这一节的任务是，我们要把这些关系和一些表明模态特征的公理联系起来。在给出这样的讨论之前，简单地描述一下对应理论是有必要的。

> 可能世界语义学在1960年前后产生，其最富魅力的特征之一是发现，在已有的内涵公理和可能世界中的可通达关系之间有一些简单的联系。逻辑学家对于语形问题几十年的研究已经产生了许多内涵公理理论，现在，对这些内涵公理理论，提供一个清晰的语义处理已成为可行的了。①

之所以能够给内涵公理理论提供一个合适的可行的语义学，这是因为，模态内涵公理和模态框架中的*R*关系存在颇为奇妙的对应。

例如，一个模态公式是模态S4系统的一个定理，当且仅当如果该定理在所有的自反性、传递性的克里普克框架中是真的。

一个模态T公理在一个克里普克框架中为真，当且仅当这个框架的关系性质是自反的。

① D. M. Gabbay, F. Guenthner: *Handbook of Philosophical Logic*, Dordrecht, Kluwer Academic Publishers, 2002, p. 325.

对应理论是支撑模态逻辑的三大支柱之一，它更一般地称作可定义性理论，我们在此简略地引介出其中有关公理和关系对应的一个证明，对此有兴趣的读者可参看约翰·范本特姆(Johan van Benthem)的《对应理论》一文。①

2. 一个对应定理的证明

模态(T)公理$\Box p \to p$在一个克里普克框架$\langle W, R\rangle$中为真，当且仅当，这个框架的关系R性质是自反的。

证明：先证右向，$\Box p \to p$导出这个框架的关系R性质是自反的。

设任意w是W的一个成员，$w \in W$，若$\Box p \to p$在$\langle W, R\rangle$中为真，那么，它在满足下述要求的指派V下也是真的：

$$V(p)=\{u \in W \mid wRu\}。$$

根据我们对$\Box p$指派V的定义，$\Box p$在w上为真。因此，p也在w上为真，根据自反性定义，也就是wRw。

再证左向，这个框架的关系R性质是自反的，导出$\Box p \to p$。

根据R的自反性质，在所有w可通达的世界上为真，p在一属于W的实然世界之中，自然p真。

K扩张的其他正规基本模态系统的对应证明是类似的，我们在后面将会用树图方式来证明一些模态特征公理和相应关系的对应。

由此我们可以获得以下主要正规模态系统的对应表。

3. 基本模态公理和基本框架性质之间的对应表

表6-1 基本模态公理和基本框架性质之间的对应表

序号	关系性质	模态公理	模态系统
1	空关系	$\Box(p \to q) \to (\Box p \to \Box q)$	K
2	持续性	$\Box p \to \Diamond p$	D
3	自反性	$\Box p \to p$	T
4	对称性	$p \to \Box\Diamond p$	KB
5	传递性	$\Box p \to \Box\Box p$	K4
6	欧　性	$\Diamond p \to \Box\Diamond p$	KE

(三)K扩张系统公理的树图

1. D树图：持续性框架

用树图验证(D)公理$\Box p \to \Diamond p$有效。

---

① D. M. Gabbay, F. Guenthner: *Handbook of Philosophical Logic*, Dordrecht, Kluwer Academic Publishers, 2002, pp. 325-408.

假定□p ⊭◇p，则有以下 D 树图。

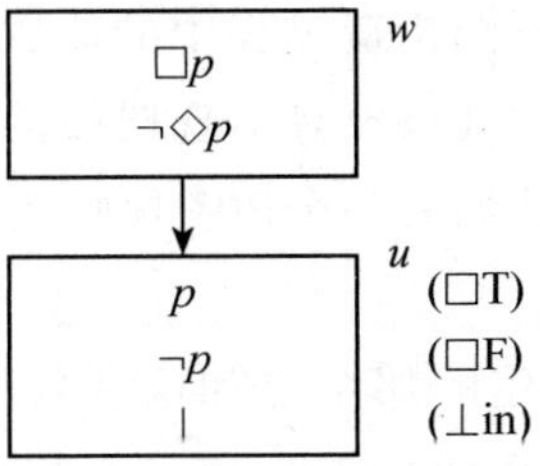

图 6-21　D 树图

因为是持续性 R，一定有某一个世界 u 和 w 相通，则我们给定了这个世界 u 之后，我们就可以运用模态的规则来显示这个特征公理有效，因为它是封闭的。

2. T 树图：自反性框架

验证(T)公理□$p\rightarrow p$ 有效。

假定□p ⊭p，则有以下 T 树图。

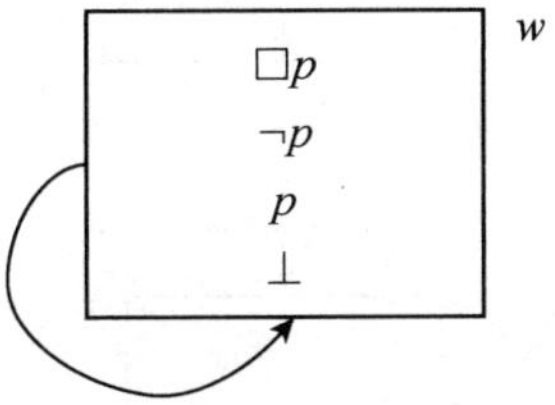

图 6-22　T 树图

因为 R 自反，则运用□T 规则引入了矛盾，所以 T 树图是封闭的。

3. KB 树图：对称性框架和自由放置原则

(1)对称性框架树图。

验证(B)公理 $p\rightarrow$□◇p 有效，假定 p ⊭□◇p，则有以下 KB 树图。

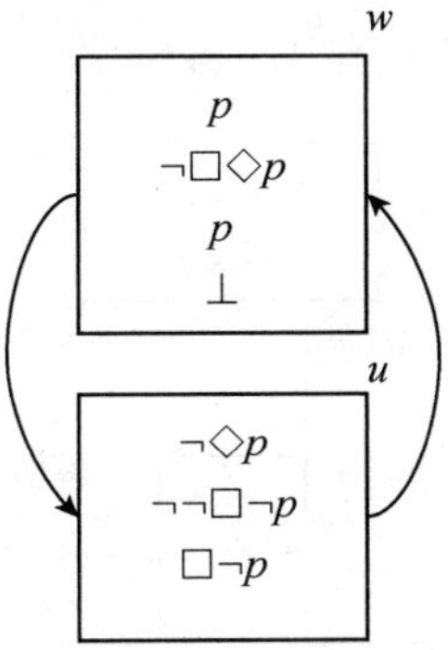

图 6-23　KB 树图

因为 R 对称，则运用(□T)规则引入了矛盾，所以 KB 树图是封闭的。这里似乎是违反了我们在树图构造过程中的放置原则(见第五章)，但事实上，在运用树图规则过程中如果没有出现树枝的分叉，这样的操作是允许的。因为在这种情况下，我们有一个树图规则运用中的自由放置原则。

(2)自由放置原则。

如果在树图规则被运用的那个点和这个规则所产生结果的那个点之间没有分叉，那么，在这个树枝上运用一个树图规则产生的结果，可以放置在这个步骤之上。

因为有这个自由放置原则，KB 树图就是有效树图。

4. K4 树图：传递性框架

验证公理(4)，$\Box p \to \Box\Box p$ 有效，假定 $\Box p \nvDash \Box\Box p$；则有以下 4 树图。

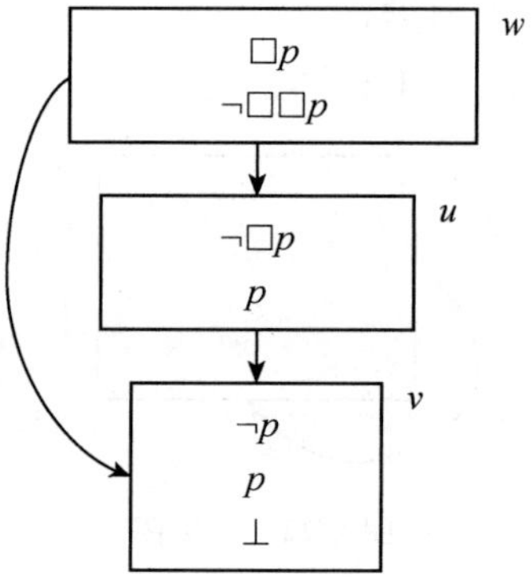

图 6-24　4 树图

因为 R 传递性，则在 w 和 v 之间一定相通，由此则在 v 中产生矛盾，所以 4 树图也是封闭的。

5. KE 树图：欧性框架

验证(E)公理 $\Diamond p \to \Box\Diamond p$ 有效，假定 $\Diamond p \nvDash \Box\Diamond p$，则有以下 E 树图。

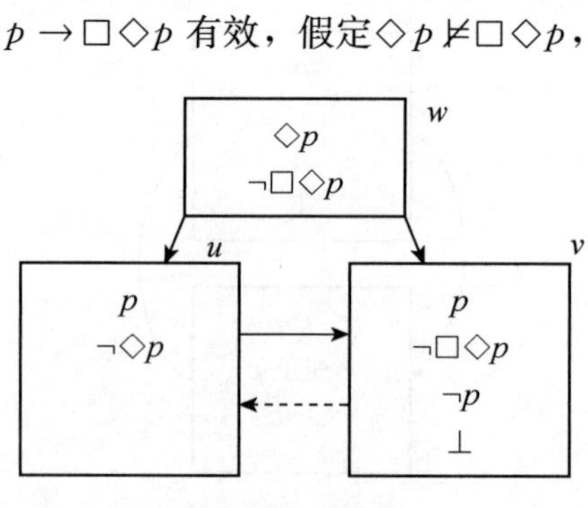

图 6-25　E 树图

因为 R 欧性，则在 u 和 v 之间总有一个相通，假定 uRv，则在 v 中产生矛盾，假定 vRu，则在 u 中产生矛盾，所以 E 树图也是封闭的。

二、特征公理叠加的 K 扩张系统及其多关系语义

(一)K 扩张系统分类和关系语义图表

以上 5 个基本系统 D、T、B、4 和 E 对应于 5 个基本框架关系，那就是持续性、自反性、对称性、传递性和欧性。这些基本系统的语形和语义对应特征表现为，一个特征公理对应于一个基本的关系。如同我们在第五章图 5-8 中看到的，这五种模态系统又可以增加新的特征公理从而构成这些系统的扩张。这些扩张后的模态系统全都有叠加的特征公理，在语义上也是相应的关系增加到已有的关系上。本节我们将依据图形 5-8，给出这些扩张系统的相应关系语义，并对这些扩张系统的特征予以简要的分析。

1. K 扩张系统的分类和概括图表

(1)K 扩张系统的分类。

在图 5-8 中，K 在 5 个方向上扩张，B 方向、D 方向、T 方向、4 方向和 E 方向。在这些方向上所形成的扩张系统，在语形方面表现为特征公理的叠加，在语义方面表现为关系性质的增加，叠加的特征公理恰好和关系性质的增加是对应的。以下，我们用双斜杠符号∥来表示这种对应。

(2)K 扩张系统特征公理和框架关系性质的对应。

①DB 系统：

在 D 上增加(B)公理形成 DB 系统，相应地，这个 DB 系统就增加了对称性关系，这可以表现为以下的对应：

(D)＋(B)∥持续性＋对称性。

我们可以用以下树图来表示(D)和(B)是有效的，如图 6-26。

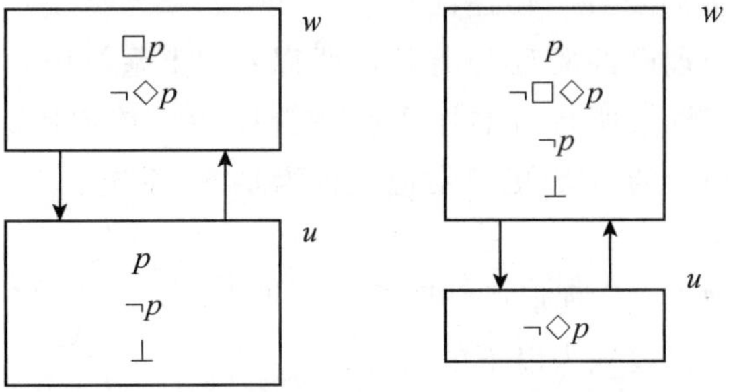

图 6-26　DB 系统特征公理有效树图

显然，在一个具有对称性和持续性的树图之中，(D)和(B)公理都是有效的。以下我们将仅给出对应的特征公理和关系，树图的构造方式同

图 6-26。

②D4 系统：

在 D 上增加(4)公理形成 D4 系统，相应地，这个 D4 系统就增加了传递性关系，这可以表现为以下的对应：

(D)+(4)//持续性+传递性。

这两个公理也验证为有效，所以在 D4 系统中，因为这两个公理有效，其系统框架所具有的性质就是持续性+传递性。

③DE 系统：

在 D 上增加(E)公理形成 DE 系统，相应地，这个 DE 系统就增加了欧性关系，这可以表现为以下的对应：

(D)+(E)//持续性+欧性。

这两个公理也验证为有效，所以在 DE 系统中，因为这两个公理有效，其系统框架所具有的性质就是持续性+欧性。

④B 系统：

在 T 上增加(B)公理形成 TB 系统，相应地，这个 TB 系统就增加了对称性关系，这可以表现为以下的对应：

(T)+(B)//自反性+对称性。

而这两个公理已经验证为有效，所以在 TB 系统中，因为这两个公理有效，其系统框架所具有的性质就是自反性+对称性。这个 TB 系统中的 B 公理，来源于贝克所命名的布劳维尔(L. E. J. Brouwer)公理，更经常地被称为是 B 系统[①]。

⑤S4 系统：

在 T 上增加(4)公理形成 T4 系统，相应地，这个 T4 系统就增加了传递性关系，这可以表现为以下的对应：

(T)+(4)//自反性+传递性。

而这两个公理已经验证为有效，所以在 T4 系统中，因为这两个公理有效，其系统框架所具有的性质就是自反性+传递性。这个 T4 系统因为等价于刘易斯的 S4，更经常地被称为是 S4 系统[②]。

⑥S5 系统：

在 T 上增加(E)公理形成 TE 系统，相应地，这个 TE 系统就增加了欧性关系，这可以表现为以下的对应：

---

① G. E. Hughes，M. J. Cresswell：*A New Introduction to Modal Logic*，London，Routledge，1996，p. 70 note5.

② Ibid. p. 70 note1，note2.

(T)＋(E)∥自反性＋欧性。

而这两个公理已经验证为有效，所以在 TE 系统中，因为这两个公理有效，其系统框架所具有的性质就是自反性＋欧性。这个 TE 系统因为等价于刘易斯的 S5，更经常地被称为是 S5 系统。

⑦K4E 系统：

在 K4 上增加(E)公理形成 K4E 系统，相应地，这个 K4E 系统就增加了欧性关系，这可以表现为以下的对应：

(4)＋(E)∥传递性＋欧性。

而这两个公理已经验证为有效，所以在 K4E 系统中，因为这两个公理有效，其系统框架所具有的性质就是传递性＋欧性。

⑧KBE 系统：

在 KB 上增加(E)公理形成 KBE 系统，相应地，这个 KBE 系统就增加了欧性关系，这可以表现为以下的对应：

(B)＋(E)∥对称性＋欧性。

而这两个公理已经验证为有效，所以在 KBE 系统中，因为这两个公理有效，其系统框架所具有的性质就是对称性＋欧性。

⑨D4E 系统：

在 D4 上增加(E)公理形成 D4E 系统，相应地，这个 D4E 系统就增加了欧性关系，这可以表现为以下的对应：

(D)＋(4)＋(E)∥持续性＋传递性＋欧性。

而这三个公理已经验证为有效，所以在 D4E 系统中，因为这三个公理有效，其系统框架所具有的性质就是持续性＋传递性＋欧性。

⑩DBE 系统：

在 DB 上增加(E)公理形成 DBE 系统，相应地，这个 DBE 系统就增加了欧性关系，这可以表现为以下的对应：

(D)＋(B)＋(E)∥持续性＋对称性＋欧性。

而这三个公理已经验证为有效，所以在 DBE 系统中，因为这三个公理有效，其系统框架所具有的性质就是持续性＋对称性＋欧性。

⑪TBE 系统：

也可以在 TB 上增加(E)公理形成 TBE 系统，相应地，这个 TBE 系统就增加了欧性关系，这可以表现为以下的对应：

(T)＋(B)＋(E)∥自反性＋对称性＋欧性。

而这三个公理已经验证为有效，所以在 TBE 系统中，因为这三个公理有效，其系统框架所具有的性质就是自反性＋对称性＋欧性。

⑫T4B 系统：

也可以在 T4 上增加(B)公理形成 T4B 系统，相应地，这个 T4B 系统就增加了对称性关系，这可以表现为以下的对应：

(T)+(4)+(B)//自反性+传递性+对称性。

而这三个公理已经验证为有效，所以在 T4B 系统中，因为这三个公理有效，其系统框架所具有的性质就是自反性+传递性+对称性。

2. K 扩张系统的概括图表

(1)引言。

通过在下位的模态系统中增加特征公理的方式来形成 K 扩张系统，这些扩张系统都有相应的框架关系来和这些特征公理对应。这使得 K 扩张系统又生成一些除扩张关系之外的系统之间的关系，我们将在给出这些扩张系统及其对应关系的图表之后，再来概括这些系统之间的各种关系，这些关系包括：扩张关系、等价关系和不可公度关系。

(2)特征公理和关系语义对应图表。

在上述对 K 扩张系统的特征公理和关系性质的对应描述中，很容易看到，叠加的特征公理总是对应于相关的几个关系性质。这些公理、关系性质和扩张系统可以概括为表 6-2。

表 6-2 K 扩张系统特征公理和关系语义对应表

序号	正式名	别名	特征公理	框架关系性质
1	DB		(D)+(B)	持续性+对称性
2	D4		(D)+(4)	持续性+传递性
3	DE		(D)+(E)	持续性+欧性
4	B	TB	(T)+(B)	自反性+对称性
5	S4	T4	(T)+(4)	自反性+传递性
6	S5	TE	(T)+(E)	自反性+欧性
7	K4E		(4)+(E)	传递性+欧性
8	KBE		(B)+(E)	对称性+欧性
9	D4E		(D)+(4)+(E)	持续性+传递性+欧性
10	S5	T4E	(T)+(4)+(E)	自反性+传递性+欧性
11	S5	TBE	(T)+(B)+(E)	自反性+对称性+欧性
12	S5	T4B	(T)+(4)+(B)	自反性+传递性+对称性
13	S5	D4B	(D)+(4)+(B)	持续性+传递性+对称性

(二)K扩张系统的不同关系

1. 扩张关系

从表6-2中可以看到，在K基础上生成的扩张系统，系统之间呈现三种不同的关系。第一种就是系统间的扩张关系，在框架关系性质上表现为：自反性蕴涵着持续性，自反性＋对称性＋欧性蕴涵着自反性＋对称性，自反性＋欧性蕴涵着自反性＋传递性，也蕴涵着自反性＋对称性，自反性＋传递性＋欧性蕴涵着自反性＋传递性，等等。凡是有这种关系蕴涵性质的模态系统，前者就是后者的扩张。所以，T是D的扩张，B是T的扩张，DB是D的扩张，等等。第五章图5-8直观地表达了K模态扩张后系统之间的这种扩张关系。

框架关系性质之间的这种蕴涵关系，我们曾经在“可通达关系”一章给过一些证明，这里分析证明一下自反性蕴涵着持续性。

若一个框架中的世界间关系具有自反性，则任意世界是自身通向自身的，即wRw，这恰好满足持续性的要求，一个给定的世界总有一个世界和这个世界相通。但反过来，持续性不一定蕴涵着自反性。在两个世界w和u具有持续性的条件下，w和u是否具有自反性是不一定的。所以，T是D的扩张，在D中的定理都可以在T中得到证明，但反过来则得不到证明。

系统和系统间的扩张关系，也引申出系统强弱的概念。当一个系统是另一个系统的扩张的时候，扩张后的系统总是强于被扩张的系统，因为，在扩张系统中的定理在该系统中有效，但在被扩张的系统中不一定有效。

2. 不可公度关系

表6-2也表明，K扩张系统之间存在着不可公度的关系。

设S和S′是K扩张系统，如果S中有公式在S′中不可证，并且S′中有公式在S中不可证，也就是说，如果两个K扩张系统S和S′之间不存在扩张和被扩张的关系，则它们之间的关系就是不可公度的关系。

可以看到，表6-2中给出的K扩张系统B、S4、K4E、D4E等系统之间的关系就是不可公度的关系。

3. 等价关系

K扩张系统之间另一个重要的关系是等价关系。它特别表现在S5中，当系统扩张到S5的时候，不同的关系集成是等价的。以表6-2中的等价系统为例：S5＝TE＝T4E＝TBE＝T4B＝D4B。这些系统之间的等价关系可以用其框架关系性质之间的相等来加以证明，这可以表述为如下等式：

自反性＋欧性＝自反性＋传递性＋欧性＝自反性＋对称性＋欧性＝自反性＋传递性＋对称性＝持续性＋传递性＋对称性。

我们证明过一个具有传递和对称关系的K扩张系统它也是欧性的(见"可通达关系"一章)。现在我们证明一个具有自反性和欧性的K扩张系统，它也是具有自反性＋传递性＋欧性的；反过来，具有自反性＋传递性＋欧性的K扩张系统，它也具有自反性和欧性。

S5系统的等价证明：

一个具有自反性和欧性的K扩张系统，它也具有自反性＋传递性＋欧性。

设世界w，u和v之间的R具有自反性和欧性关系，如图6-27。

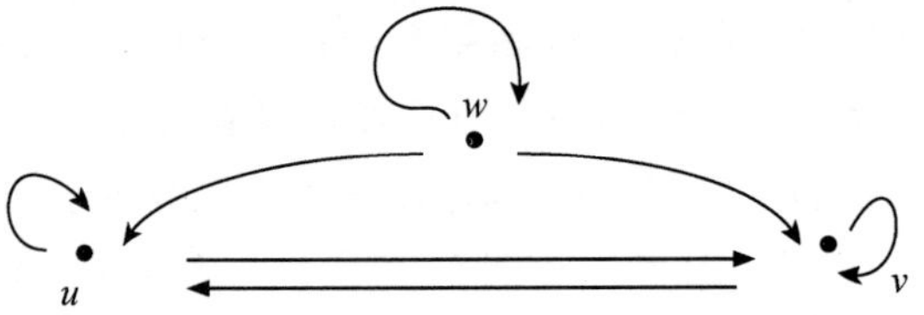

图 6-27

因为R自反，有wRw，因为R欧性，有wRu和wRv。因为wRw并且wRu，所以有uRw；同样，因为wRw并且wRv，所以有vRw；因为uRu并且uRv，vRv并且vRu所以有vRu并且uRv。所以，w，u和v之间的R为对称性关系，

这可以表示为图6-28。

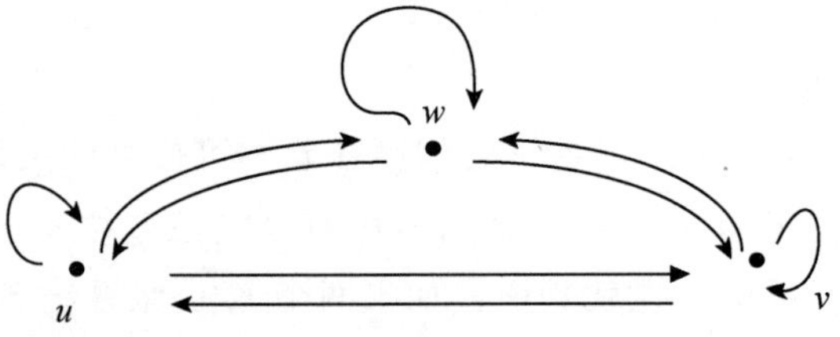

图 6-28

反过来是十分自然的，具有自反性＋传递性＋欧性的K扩张系统，它自当具有自反性和欧性。很容易用同样的图形方式来说明S5中的其他等价系统，关系语义的这种等价系统可以让我们从这类关系的分析中发现模态中的一些奇妙景观。

三、K扩张系统公式的有效树图和无效树图

(一)K扩张系统公式的有效树图

如同在K系统中可以用树图来证明一个公式有效一样，在K扩张系统

中可以进行同样的工作。扩张系统如此之多，我们仅以其中的几个扩张系统为例来说明 K 扩张系统中的公式，以及如何为其构建相应的树图。

1. T-有效树图实例

论证 $H/C = \Box(p \to q)$，$\Box\neg q / \neg p$ 在 T 中是否有效。

证明的思路与 K 系统证明思路完全相同，先假定其无效，然后在树图中推出矛盾，从而证明其有效。

该公式的 T 树图如图 6-29 所示。

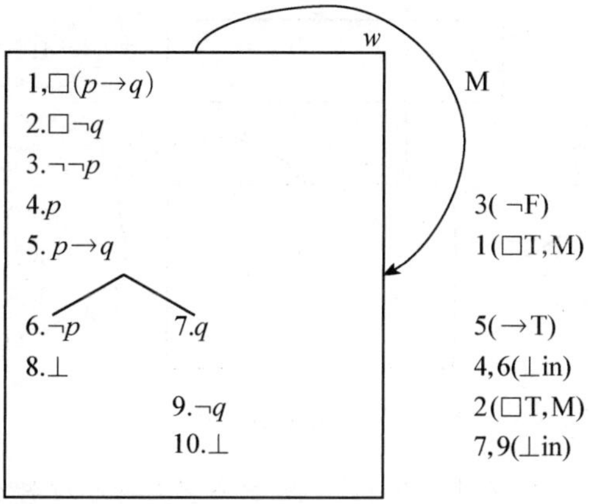

图 6-29

树图 6-29 中没有开枝，所以，这个公式是 T-有效公式。

2. K4-有效树图实例

论证 $H/C = \Box p / \Box\neg\Diamond\Diamond\neg p$ 在 K4 中是否有效。

该公式的 K4 树图如图 6-30 所示。

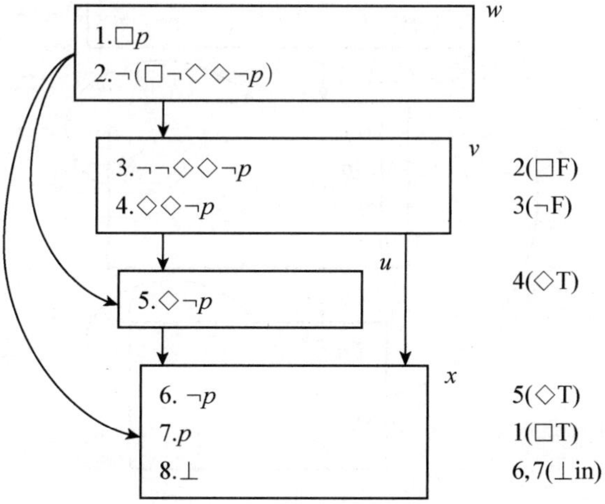

图 6-30

树图 6-30 中没有开枝，所以，这个公式是 K4-有效公式。

3. S4-有效树图实例

论证 $H/C=\Diamond\Diamond\Box p/\Box p$ 在 S4 中是否有效。

该公式的 S4 树图如图 6-31 所示。

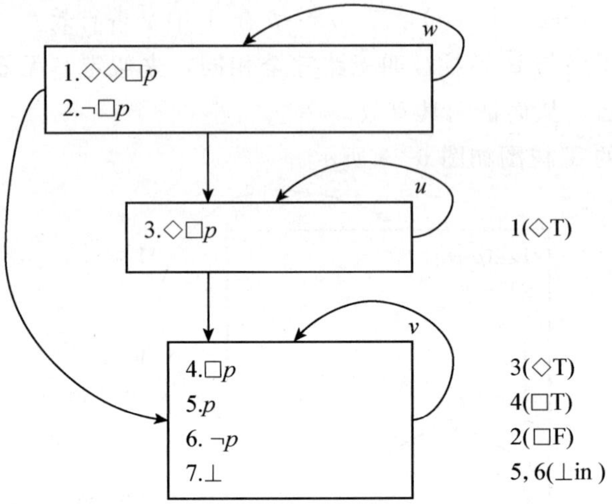

图 6-31

树图 6-31 中没有开枝，所以，这个公式是 S4-有效公式。

4. S5-有效树图实例

论证 $H/C=\Diamond\Box p\ /\Box p$ 在 S5 中是否有效。

该公式的 S5 树图如图 6-32 所示。

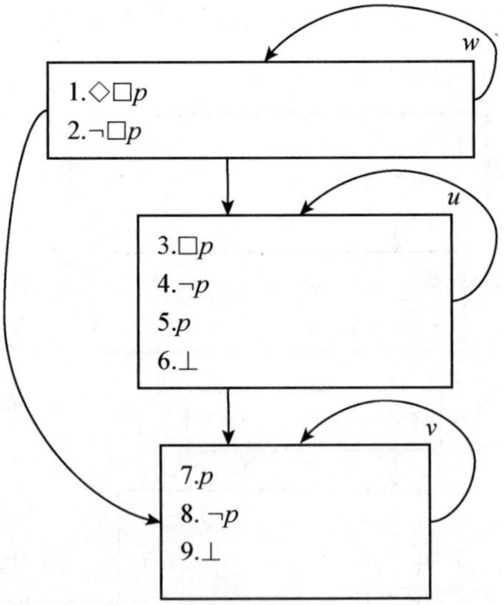

图 6-32

树图 6-32 中没有开枝，所以，这个公式是 S5-有效公式。

(二)K 扩张系统公式的无效树图

如同在 K 系统中既可以用树图验证有效公式，也可以验证无效公式一样，在 K 扩张系统中同样可以既验证有效，又验证无效。证明的思路与 K 系统证明思路完全相同，先假定其无效，然后在树图中推出有开枝，从而证明其有效。

1. 树图验证 KB 系统论证无效和自由放置原则

因为 KB 模型框架是对称性的，W 中的任意成员间互为通达关系。所以，在 KB 中，K 的放置原则就在这类模态逻辑中遇到困难，我们先给出一个 KB 树图实例然后说明如何理解 KB 中的放置原则。

(1)KB 树图实例。

论证 $H/C = \Box\Diamond p \to \Diamond\Box p\ /\neg q$ 在 KB 中是否有效。

先假定$\Box\Diamond p \nvDash \Diamond\Box p\ /\neg q$。

该公式的 KB 树图如图 6-33 所示。

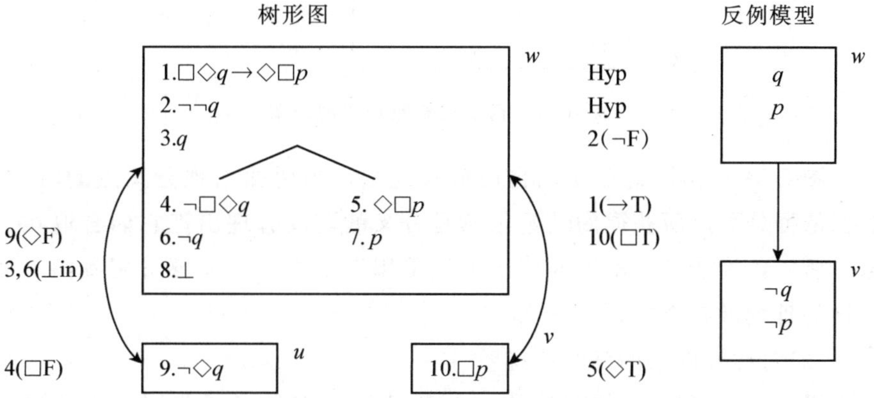

图 6-33

因为，KB 树图的世界之间是对称性的，在出现 4 和 5 的公式之后，由 4 可以导出 9，5 可以导出 10，再从 9 导出 6，从 10 导出 7，由此可知这个论证是无效的。在上述树图构造过程中，把构造公式置于下方的放置原则在这里不适用，在对称性框架的条件下，如果在构造过程中没有出现分枝的情况，应该采用树图构造的自由放置原则。

(2)自由放置原则。

在树图 6-33 的构造过程中，我们使用了自由放置原则，这个原则可以陈述如下：

如果在规则应用的世界和该规则被放置之后所得到的结果之间，没有出现树枝分叉，在一个分支上运用一个规则给一个步骤所获得的结果，可以放在该步骤的上方。

2. 树图验证 KB 系统论证无效和延续世界

(1)KB 树图实例。

论证 $H/C=\Box\neg(\Box p\vee\Box\neg p)$在 KB 中是否有效。

先假定$\nvDash\Box\neg(\Box p\vee\Box\neg p)$。

H 为空，该公式的 KB 树图如图 6-34 所示。

这个公式的树图在一个世界出现两个分枝的时候，不能够使用自由放置原则。如果使用的话，会出现以下不正确的树图结果。

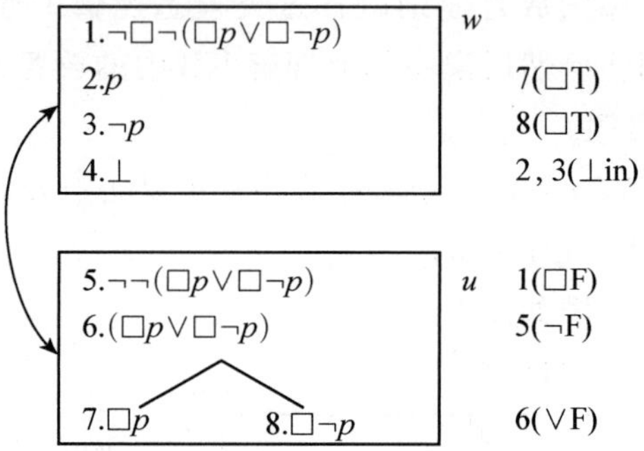

图 6-34 自由放置原则误用树图

图 6-34 是错误地在使用自由放置规则，当树图出现分叉点的时候，我们依据分叉点所获得的结论依然是分叉的，没有理由把它们合取在一起。所以，构造这个论证的树图不能采用以上方式，而要采用我们下面描述的延续世界方式。

(2)对称性框架的延续法说明。

以上重置世界 w 的方法称之为延续法，它放弃了使用自由放置法则，而是把 w 上的结果另作一个复本，在这个复本上我们可以延续 w 上的另一些构图结果。用这样一种方法，不用放置法则，我们可以证明前面证明过的论证。例如，KB 论证 $p/\Box\Diamond p$，如图 6-35。

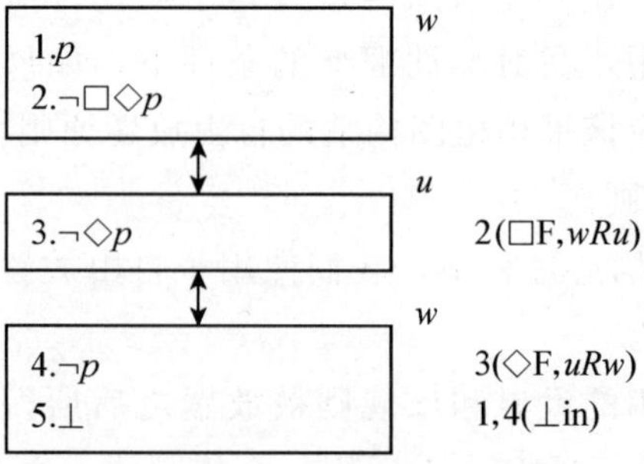

图 6-35 KB 论证 $p/\Box\Diamond p$ 树图

3. 树图验证 K5 系统论证无效和箭头放置原则

(1)K5 树图实例。

论证 $H/C = \Diamond\Box p \vee \Diamond p/\Box p$ 是否有效。

该论证的 K5 树图如图 6-36 所示。

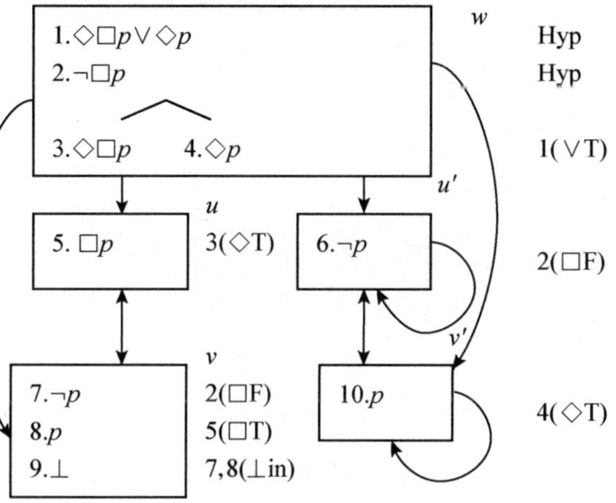

图 6-36

反例模型图如图 6-37。

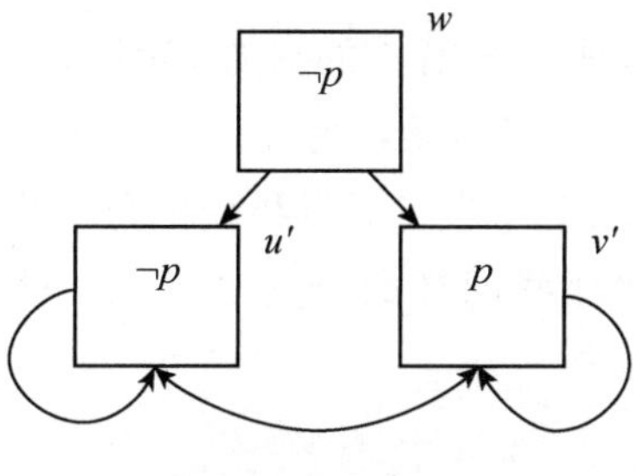

图 6-37

显然，依据图形 6-37，这个论证不是 K5-有效的。这棵 K5 树图无效体现在树的左分支，w，v，u 之间所具有的关系恰好是欧性所具有的关系。为什么右分支的两个矛盾语句不能放在一个世界之内？以下树图将给出解释。

(2)论证 $H/C = \Diamond\Box p \vee \Diamond p/\Box p$ 的 K5 树图误构造。

因为这个论证是在 K5 框架上的论证，很容易就获得以下树图(如图 6-38)，从而显示这个论证是有效的。

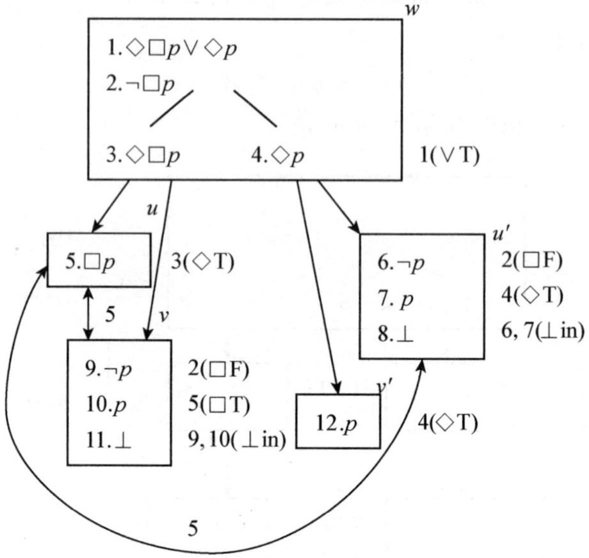

图 6-38 欧性树图误造

(3)树图 6-38 分析和箭头放置原则。

①树图 6-38 分析：

这个树图是不正确的，5 箭头的放置有问题。因为世界 u 和 u'不属于世界 w 上同样的分支。很明显，世界 u'在含有◇p 的分支之下，世界 u 在含有◇□p 的分支之下。当一个世界内的分叉出现的时候，任何 5 箭头的增加必须仅仅加在那些同样的分支之下，这就是箭头放置原则所要求的。

②箭头放置原则：

增加箭头给一个图表，仅给那些位于同样分支的世界和世界之间。

诊断这个误图的另一种分析方法是，指出其(□T)规则的运用有误，运用时违反了放置原则。放置原则要求我们，应用一个规则的结果必须放在该点之下的开放分支上，正是在那个点上，该规则被应用过。但在这棵树上，p 所放置的那个世界点并不是在世界 u 中的□p 之下。

4. 树图验证 D 系统论证无效和无语句世界

(1)D 无效论证树图实例。

论证 H/C =□p/□□p，树图如图 6-39 所示。

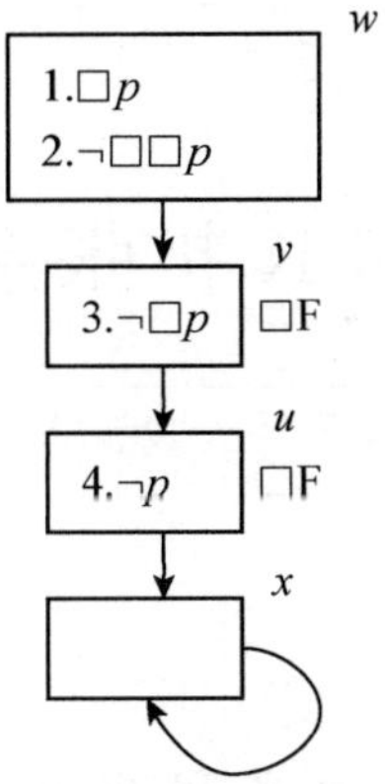

图 6-39

(2)无语句世界保证 D 的持续性。

该树图表明这个论证在 D 中无效，因为树枝不封闭。又因为 D 是持续的，这个树图仿佛没有终点，总需要还有一个世界来和最后一个世界相通达，这才能保证 R 的持续性。一个简单的办法是，让有语句的最后一个世界，通向一个无语句的世界，并且这个无语句的世界是自反的，这就保证了这个树图的 R 是持续的。因为我们已经证明一个自反性的关系，它蕴涵着持续性。

第七章 K和K扩张系统的完备性

三大知识支柱支撑着模态逻辑大厦。其中有遍布各处的完全性理论，还有当前的对应理论。

——范本特姆

第一节 K和K扩张系统的可靠性

一、K的可靠性

(一)引言

正如我们已经讨论过的，为逻辑系统建立语义学的主要动因是为其正确性的判定提供标准，我们要找到某种方法，用以区分有效论证和无效论证。然而，这并没有保证我们所选择的规则系统是正确的。也许，我们在一个论证系统中所证明的语句系列并非有效，也许这个系统中的一个有效论证并不能得到证明。我们在前面提及的自然演绎系统，给出了很多规则，这些规则足够推出该系统的所有真语句吗？当我们运用一个论证系统的推演规则来进行论证的时候，那些得到证明的论证是否恰好就是有效的论证呢？这些问题属于逻辑系统完备性的问题，它通常包括逻辑系统的可靠性和完全性。

完备性证明包括两个方向的证明，首先，它是可靠的，从模态命题的可证，我们可以得知这个命题是有效的。

设S为任意模态系统，可靠性表明的是：

如果 $H\vdash_S C$，那么 $H\vDash_S C$。

完全性表明的是相反的方向：

如果 $H\vDash_S C$，那么 $H\vdash_S C$。

模态可靠性证明是直接的，我们将用直接的方式对自然推演的模态K及其扩张系统给出可靠性证明。而模态完全性的一种证明方式是利用树图和证明的转换，如果这种转换是成立的，则在一定程度上表明我们所讨论的模态系统是具有完全性的。但这种证明方式仅适合于部分模态系统，它可以给我们以完全性的某种直观体验，却不能在更一般的意义上揭示完全性的本质。本章将首先讨论可靠性，接着论述树图和证明的转换，然后在更普遍的意义上论述模态系统的完全性问题。

(二)可靠性证明思路

1. 可靠性的要点是保有效

K 是最简单的模态命题逻辑，我们要证明它的可靠性，也就是要把任意一个在 K 中可证明的论证转换为有效的论证，即如果 $H \vdash_K C$，那么 $H \vDash_K C$。所以，如果一个 K 中的论证 H/C 有一个证明，我们就要考虑这个证明涉及哪些东西。当这个证明中的一个步骤转化为另一个步骤的时候，在后的步骤保留了在前步骤的有效，简称**保有效**。因为 K 包含 PL，我们先简单地说明 PL 的可靠性。

2. PL 系统是可靠的

因为 K 是在 PL 基础上的扩张，它包含 PL 的规则以及作为自身特征的规则，所以我们先用简短的篇幅来说明 **PL 的可靠性**。

使用自然推演规则的 PL 系统，其可靠性是明显的，任何一个 PL 论证都是先后使用 PL 自然推演各种规则的过程。当规则运用到该论证的每个步骤的时候，如何来表述使用推演规则的结果是有效的呢？这里有两个事实值得我们关注。

第一，在一个证明过程中，除空前提之外，几乎都是首先运用(Hyp)规则。任意假设(Hyp)规则的运用都不可能出现反例，因此任意(Hyp)规则的特例也一定是有效的。

第二，因为全部(Hyp)规则的特例都按照(Reit)(CP)(MP)和(DN)规则来推导，推导后的结果消去了假设。这些消去了假设后形成的新命题仍然是使用上述 4 个规则的结果，它们也不可能出现反例，所以也必然保有效。

由此 PL 是可靠的。

(三)K 系统可靠性证明的相关要素

1. K-有效新定义的相关概念

由于在 K 中引入了□，而□又涉及世界 W 以及相关的 R 和子证明，我们需要在可靠性证明中使用一些新的概念和定义，用这些新概念和定义来说明 K 规则同样具有保留有效性的特征。

(1)符号 L。

符号 L 是可能含有一个或者多个□的语句系列，因为 L 是语句系列，自然在 K 中可能有以下论证形式 L/φ。

(2)K-有效的初始定义。

在K的语义学描述中，我们定义了可满足和有效概念，K-有效定义依赖于在世界 w 上 H 可满足的概念。H 在 w 上为真，这表示为 $V_w(H)=\mathrm{T}$，则 H 是可满足的。由此一个关于K-有效的原创定义就是：

$H \vDash_K C$ *iff* 对于所有的K-模型 $\langle W, R, V\rangle$ 和所有在 W 中的 w，如果 $V_w(H)=\mathrm{T}$，那么 $V_w(C)=\mathrm{T}$。

但这个原创定义在证明K可靠性的时候不是那么方便，为了方便地运用上述保有效性方法，提供一个K-有效的新定义是必要的，这个定义包含了刚才引入的新符号 L。

(3)包含 L 的K可满足概念。

相对 H 的可满足概念，我们类似地给出 L 的可满足。L 在 w 上为真，这表示为 $V_w(L)=\mathrm{T}$，则 L 是可满足的。但进一步的定义是需要的，由此一个 L 在 w 上关于K可满足的新定义(L，□)就是：

(L，□)$V_w(H)=\mathrm{T}$，*iff*，$\exists v\ V_v(L)=\mathrm{T}$ 并且 vRw，$V_w(H)=\mathrm{T}$。

这个定义的基本含义可以表述如下：给一个公式系列(L，□，H)在世界 w 上指派为真，当且仅当，有一个世界 v，在这个世界 v 上我们指派 L 为真，并且 v 通达于 w，并且 w 上的公式集合 H 在 w 上为真。

这个定义使得 L 的可满足成为可计算的了，我们可以用一个实例来说明这个定义的可计算特征。

(4)计算实例及其图形。

设 L 是系列(A，B，□，C，□，D，E)，其中的 A，B，C，D 和 E 是任意合式公式集合。

现在让我们计算一下，当我们说 $V_w(L)=\mathrm{T}$ 时，这个系列 L 在这种情形下是什么意思？根据(L，□)的定义：

$V_w(A, B, \square, C, \square, D, E)=\mathrm{T}$ *iff* $\exists v\ V_v(A, B, \square, C)=\mathrm{T}$ 并且 vRw，$V_w(D, E)=\mathrm{T}$。

显然还需再用一次(L，□)的定义于(A，B，□，C)中，这就得到：

$\exists u\ V_u(A, B)=\mathrm{T}$ 并且 uRv，$V_v(C)=\mathrm{T}$。

把两个结果加在一起，可以得到：

$V_w(A, B, \square, C, \square, D, E)=\mathrm{T}$ *iff* $\exists v\ \exists u\ V_u(A, B)=\mathrm{T}$，并且 uRv，$V_v(C)=\mathrm{T}$，vRw，$V_w(D, E)=\mathrm{T}$。

这个结果可以画出一个图形。

当 $V_w(A, B, \square, C, \square, D, E)=\mathrm{T}$ 的时候，如图7-1。

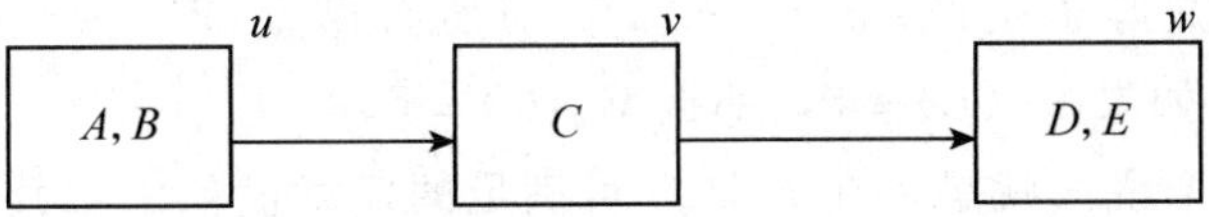

图 7-1

可以看到，这个系列 L 中的每一个□对应于一个联系两个世界的箭头。

如果系列 L 以□结尾，如□，A，□，这个时候，我们使用(L，□)就假设 L 在前，后面跟着的是空系列，这可以表示为省略号…。于是，结论就成了以下的情况。

V_w(…，□，A，□…) =T *iff*

$\exists v$ V_v(…，□，A)=T，并且 vRw，V_w(…)=T *iff*

$\exists v$　$\exists u$ V_u(…)=T，并且 uRv，$V_v(A)$=T，vRw，V_w(…)=T。

因为空系列"…"在任意世界中自动满足，V_u(…)=T 可以略去，V_w(…)=T 也可以略去，这就获得以下结果：

$\exists v$ $\exists u$ uRv 并且 $V_v(A)$=T 且 vRw。

相应地，公式 V_w(…，□，A，□…) =T 可以表示为图 7-2 的形式。

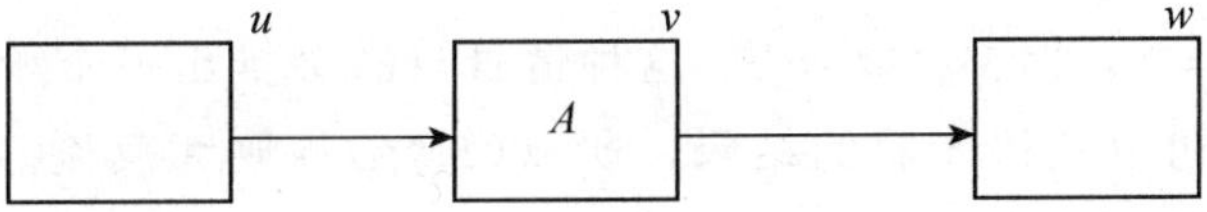

图 7-2

由以上 L 系列在 w 上 K 可满足定义的刻画，我们就自然获得了含有□的论证 K-有效的新定义。

2. K-有效的新定义

设 S 是我们讨论过的模态逻辑中的任意一种，我们有以下关于有效概念的一些新定义。

(1)S-可满足。

L 是 **S-可满足**，*iff* 有一个 S 模型⟨W，R，V⟩和一个世界 W 集合中的 w，其中 $V_w(L)$=T。

(2)S-反例。

论证 L/C 有 **S-反例**，即 $L \nvDash_s C$，*iff* 系列 L 和 $\neg C$ 是 S-可满足的。

(3)S-有效。

论证 L/C 是 **S-有效**，即 V_w(…，□，A，□…) =T，*iff* 论证 L/C 没有反例。

这个定义等于是说，$L \vDash_S C$，*iff* 对所有模型〈W，R，V〉和所有在 W 中的 w，如果 $V_w(L)=\mathrm{T}$，那么 $V_w(C)=\mathrm{T}$。

再换一个说法就是，在 L 是 S-可满足的任意世界中，其中的 C 也是真的。

二、K 可靠性证明

(一)PL 规则的可靠性证明

有了以上关于有效性的新定义，我们就可以着手 K 的可靠性证明了。这个证明将把所有的 K 规则产生的结果，用上述 S-有效的定义予以检验。当我们验证了所有的 K 规则的运用都保留了原公式的有效性的时候，也就完成了 K 的可靠性证明。因为 PL 的规则只应用到了经典命题逻辑的论证中，若应用到带有□的论证中是否仍然有效，还是值得关注的问题。K 的可靠性证明依然是从 PL 的基本规则开始，第一个要证明的是(Hyp)。

1.(Hyp)规则的可靠性

根据以上给出的 K-有效的新定义，让我们假定 L，φ/φ有 K-反例。依据这个假定则有一个 K 模型〈W，R，V〉使得在 W 中的有些 w，$V_w(L, \varphi)=\mathrm{T}$，但 $V_w(\varphi)=\mathrm{F}$。这种情景自然会推出一个矛盾，我们用树图的方式可以获得矛盾的结果，所以(Hyp)规则无反例。图 7-3 给出了这个规则的证明过程。

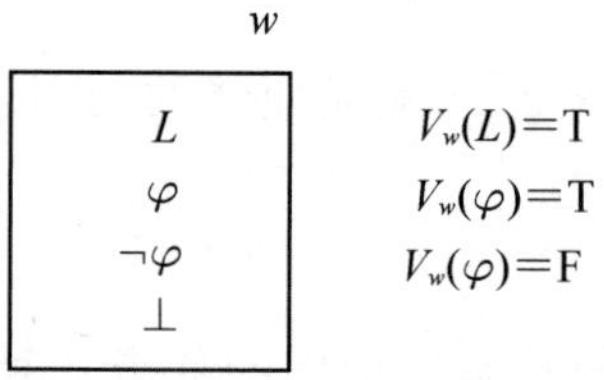

图 7-3

2.(Reit)规则的可靠性

(Reit)规则允许我们把一个形式为 L/φ的论证变为形式为 L，φ/φ的论证。因为它可以把在前的命题重置于后面的任意子证明中，而后面的证明显然又引入了新的假设，我们用φ来表示这个假设，形如 L，φ/φ的形式恰好是对这种情况的一般描述。依照同样的证明思路，我们必须证明如果 $L\vDash\varphi$，那么 L，$\varphi\vDash\varphi$。假定 L，φ/φ有 K-反例，则有一个 K 模型〈W，R，V〉使得在 W 中的有些 w，$V_w(L, \varphi)=\mathrm{T}$，而 $V_w(\varphi)=\mathrm{F}$。

但是，这是不可能的。因为从 $L\vDash\varphi$，我们可知 φ 在 w 中为真，$V_w(\varphi)=\mathrm{T}$。所以，这个假设是不成立的，从而证明，如果 $L\vDash\varphi$，那么 $L,\varphi\vDash\varphi$ 成立。

图 7-4 给出了这个规则的证明过程。

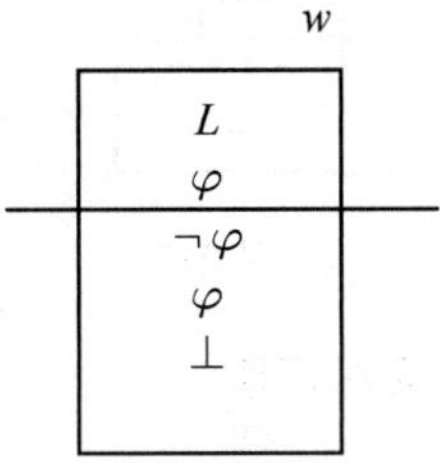

图 7-4

3.(MP)、(CP)和(DN)规则的可靠性

使用完全类似的方式，(MP)、(CP)和(DN)规则均可以得到证明，以下用图 7-5，图 7-6 和图 7-7 表述这些证明。

(1)图 7-5：(MP)规则的可靠性证明。

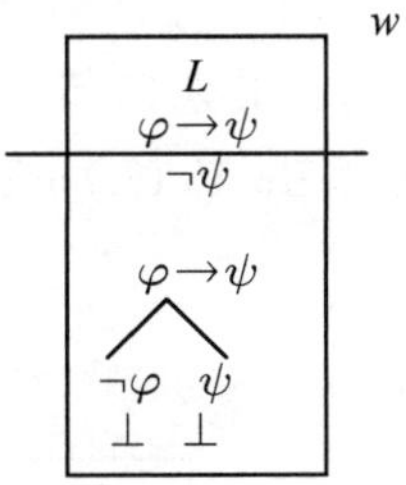

图 7-5

(2)图 7-6：(CP)规则的可靠性证明。

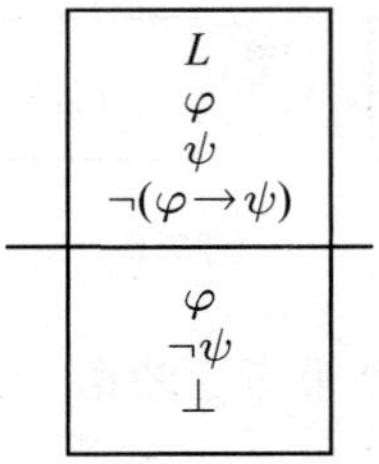

图 7-6

(3)图 7-7：(DN)规则的可靠性证明。

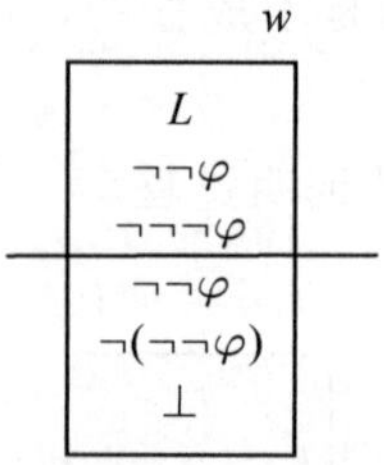

图 7-7

(二)K 可靠性中的(□)规则证明

1. 两个图示规则

前面讨论了在 K 中(L，□)的可满足定义：

(L，□)　$V_w(L, \Box, H)=\mathrm{T}$，*iff* $\exists v\ V_v(L)=\mathrm{T}$ 并且 vRw，并且 $V_w(H)=\mathrm{T}$。

由定义可知它分为从左到右和从右到左两种条件。为了证明 K 的可靠性，这两种条件有必要在这部分用新的图示加以说明。

(1)从左到右的条件。

当 H 为空的时候，从左到右的条件句可以表述为：

如果 $V_w(L, \Box)=\mathrm{T}$，那么 $\exists v\ V_v(L)=\mathrm{T}$ 并且 vRw。

这可以表述为图 7-8。

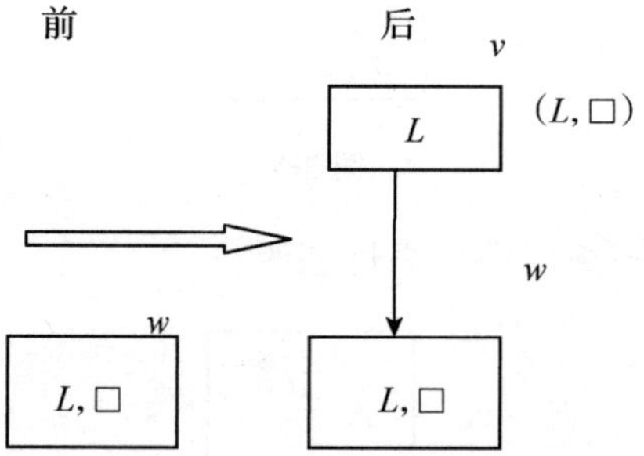

图 7-8

这个图形表示，如果一个带有□的语句系列 L 在 w 上为真，那就有世界 v，在世界 v 上，语句系列 L 为真，并且世界 v 和世界 w 可通达。这个条件表明的似乎是 K 中(□out)规则所规定的东西。

(2)从右到左的条件。

相应的，有从右到左的条件。

如果 $\exists v\ V_v(L)=\mathrm{T}$ 并且 vRw，那么 $V_w(L, \Box)=\mathrm{T}$。

这可以表述为图7-9。

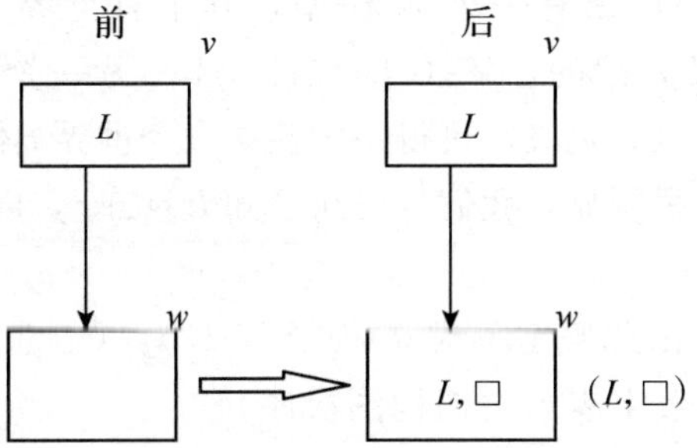

图 7-9

这个图形表示，如果有世界 v，在世界 v 上，语句系列 L 为真，并且世界 v 和世界 w 可通达，那么，一个带有□的语句系列 L 就在 w 上为真。这个条件表明的似乎是K中(□in)规则所规定的东西。

2. (□)规则的可靠性证明

(1)(□in)规则的可靠性证明。

(□in)规则允许我们把一个 L，$\Box/\varphi$ 转换为 $L/\Box\varphi$。所以，我们必须证明，在K中，如果 L，$\Box\vDash\varphi$，那么，$L\vDash\Box\varphi$。

假定 $L\nvDash\Box\varphi$，那么就一定有一个世界 v 使得 $V_v(L)=\text{T}$，并且 $V_v(\Box\varphi)=\text{F}$。

由此而获得一定存在一个世界 w，vRw，并且 $V_w(\varphi)=\text{F}$(如图7-10)。

再根据刚才从右到左的条件得：$V_v(L,\Box)=\text{T}$。

很明显，我们可以从已知 L，$\Box\vDash\varphi$，得到 $V_w(\varphi)=\text{T}$。

这产生矛盾，由此假定不成立(如图7-11)，(□in)规则可靠性得到证明。

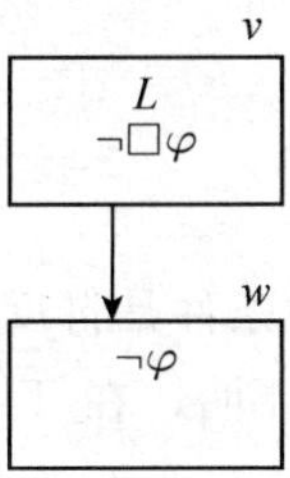

图 7-10

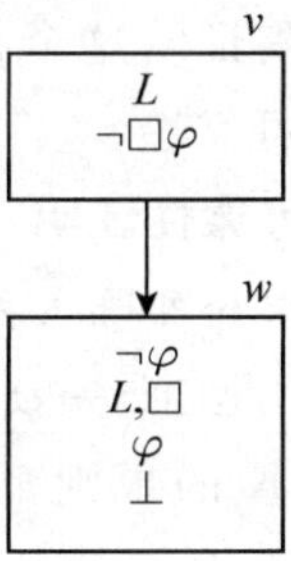

图 7-11

(2)(□out)规则的可靠性证明。

反过来，(□out)规则允许我们把一个 $L/\Box\varphi$ 转换为 L，$\Box/\varphi$。所以我们必须证明，在K中，如果 $L\vDash\Box\varphi$，那么，L，$\Box\vDash\varphi$。

证明过程完全类似于(□in)。

假定 $L,\Box\nvDash\varphi$，则有一个 K 模型，其中有世界 w 上的两个指派，一个指派是关于 $L,\Box$ 的，$V_w(L,\Box)=\mathrm{T}$，另一个是关于语句 φ 的，$V_w(\varphi)=\mathrm{F}$。由(L, □)定义，可得一定存在一个世界 v 使得 $V_v(L)=\mathrm{T}$，并且 vRw(图 7-12)。很明显，我们可以从已知 $L\vDash\Box\varphi$，即 $V_v(\Box\varphi)=\mathrm{T}$，获得 $V_w(\varphi)=\mathrm{T}$。

这产生矛盾，由此假定不成立(如图 7-13)，(□out)规则可靠性得到证明。(图 7-13 中数字表示右图构图次序)

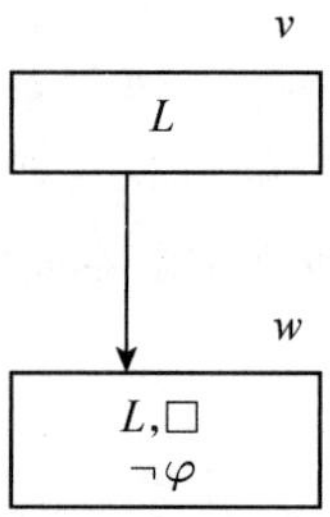

图 7-12

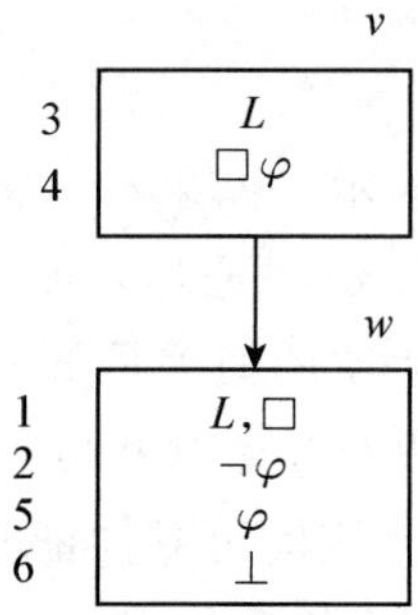

图 7-13

三、若干 K 扩张系统的可靠性证明

(一)证明思路

K 扩张系统可靠性证明与其可通达关系 R 的性质紧密相关。如果是 T 系统，则对应于 R 的自反性；如果是 K4 系统，则对应于 R 的传递性，等等。本节，我们给出系统 T、K4、KE、KB 和 D 的可靠性证明，相关系统的证明可采用类似的方法。很明显，K 扩张系统仅仅是增加特征公理的结果，我们仅需证明这个特征公理在对应的框架中有效，也就证明了这个扩张系统的可靠性。

(二)T 系统的可靠性证明

1. T 系统的公理和可通达关系 *R*

T 系统公理(T)是 $\Box\varphi\rightarrow\varphi$，它相应的条件是自反性。证明 T 系统的可靠性，其他属于 K 的规则都已经得到证明，在 T 中实际上只需要证明，$L/\Box\varphi\rightarrow\varphi$ 总是 T-有效的，并且这种有效性总是对应于 R 的自反性质。

2. (T)公理的可靠性证明

(1)证明步骤。

我们要证明(T)有效，先假定它有 T-反例，即 $L\nvDash\Box\varphi\rightarrow\varphi$。

首先推出的结果是，一定存有一个 T-模型〈W，R，V〉和一个 W 中的世界 w，其中我们给(T)的指派就有：$V_w(\Box\varphi)=\mathrm{T}$ 并且 $V_w(\varphi)=\mathrm{F}$。

因为 R 自反，由 $V_w(\Box\varphi)=\mathrm{T}$，可得：$V_w(\varphi)=\mathrm{T}$。

但由 $V_w(\varphi)=\mathrm{F}$ 可知，这是一对矛盾。

所以假定不成立，(T)没有 T-反例。

T 可靠性由此得证，这个过程可以通过图示展现。

(2)证明图示。

图 7-14：(T)公理有效证明树图。

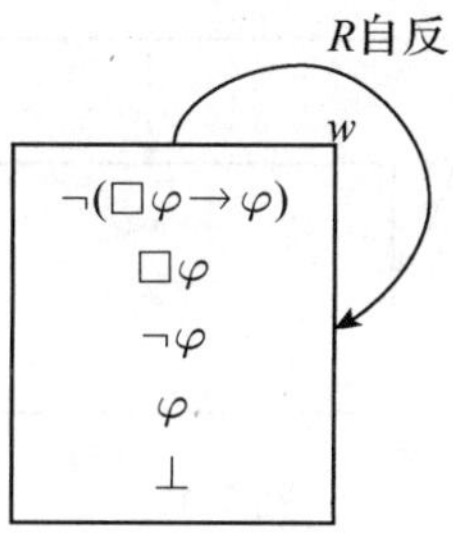

图 7-14

(三)K4 系统的可靠性证明

1. K4 系统的公理和通达关系 R

系统公理(4)是$\Box\varphi\rightarrow\Box\Box\varphi$，它相应的条件是传递性。证明 K4 系统的可靠性，其他属于 K 的规则都已经得到证明，K4 中实际上只需要证明，$L/\Box\varphi\rightarrow\Box\Box\varphi$总是 K4-有效的，并且这种有效性总是对应于 R 的传递性质。

2. (4)公理的可靠性证明

(1)证明过程。

我们要证明(4)有效，先假定它有(4)反例，即 $L\nvDash\Box\varphi\rightarrow\Box\Box\varphi$。

首先推出的结果是，一定存有一个 K4-模型〈W，R，V〉和一个 W 中的世界 w，其中我们给(4)的指派就有：

$$V_w(L)=\mathrm{T}\text{ 并且 }V_w(\Box\varphi\rightarrow\Box\Box\varphi)=\mathrm{F}。$$

由此，$V_w(\Box\varphi)=\mathrm{T}$ 并且 $V_w(\Box\Box\varphi)=\mathrm{F}$。

由此，$V_u(\Box\varphi)=\mathrm{F}$，由此可知，$V_v(\varphi)=\mathrm{F}$。

因为 R 传递，由 $V_w(\Box\varphi)=\mathrm{T}$ 可得：$V_v(\varphi)=\mathrm{T}$，这是一对矛盾。

所以假定不成立，(4)没有 K4-反例。

K4 可靠性由此得证。

(2)证明图示。

图 7-15：(4)公理证明树图。

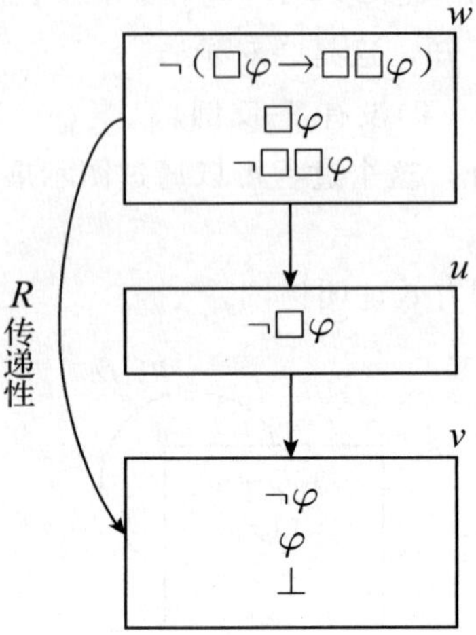

图 7-15

3. KB 系统的可靠性证明

(1)(B)公理和对称性关系。

(B)公理$\varphi\rightarrow\Box\Diamond\varphi$，它所对应的 R 是对称性。

以下略去证明，只给出证明图示。

(2)证明图示。

图 7-16：(B)公理有效证明树图。

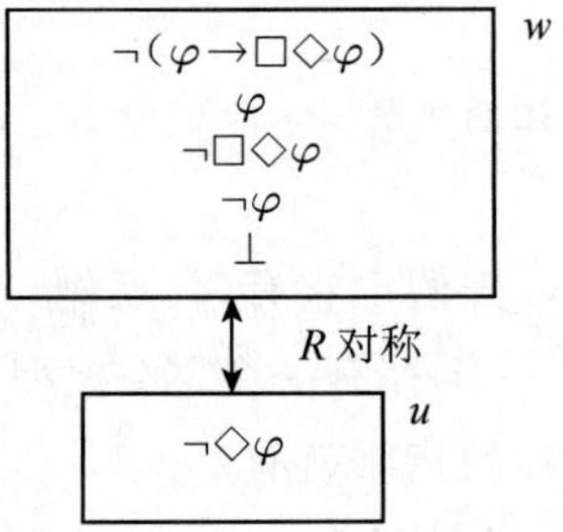

图 7-16

4. KE 系统的可靠性证明

(1)(E)公理和欧性关系。

(E)公理$\Diamond\varphi\rightarrow\Box\Diamond\varphi$，它所对应的 R 是欧性。

(2)证明图示。

图 7-17：(E)公理证明树图。

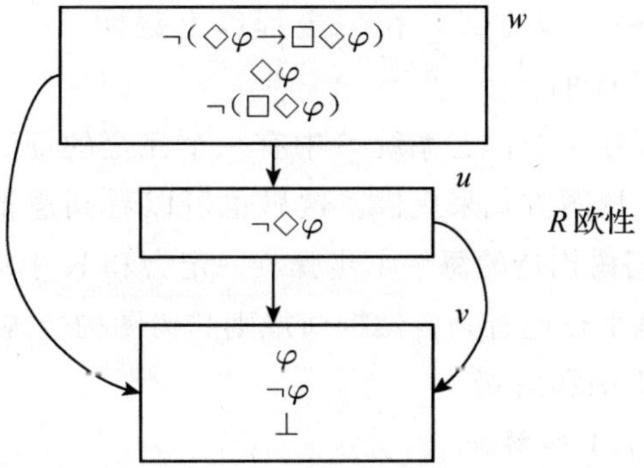

图 7-17

5. D 系统的可靠性证明

(1)(D)公理和持续性关系。

(D)公理□φ→◇φ，它所对应的 R 是持续性。

(2)证明图示。

图 7-18：(D)公理证明树图。

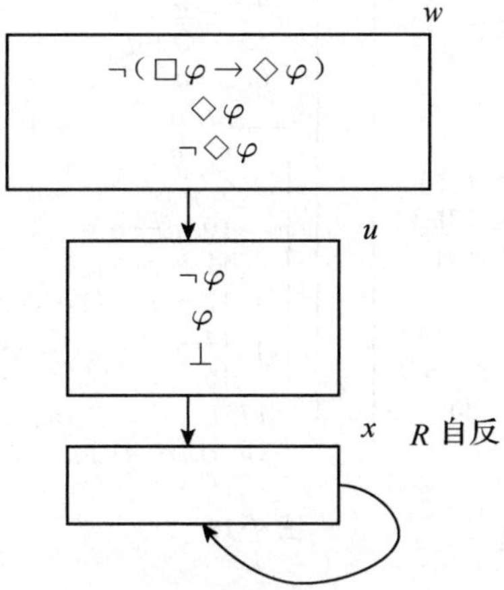

图 7-18

无语句并且自反的世界 x 保证了框架的持续性，在持续性框架的条件下，(D)公理没有反例，所以，D 系统可靠性得到证明。

第二节　K 和 K 扩张系统树图转换

一、K 树图转换为 K 证明

(一)引言

树图可以用来说明 K 和 K 扩张系统的可靠性，这个方法同样可以用来说明 K 和 K 扩张系统的完全性。因为有一个 K 树图的构造相应地就有一个 K 证明，这种对应方式，在一定程度上说明，一个 K 论证是有效的，那么它也是可证的。

如果一个论证在一个模态系统 S 中有一个完全的证明，那么这个证明的步骤可以借助于树图方式来提供。这里也可以看到逻辑的对应理论，那就是，一个 K 封闭树构造的每一个步骤，一定会和 K 中的某个证明规则相对应，我们几乎是平行地看到自然推演规则和树图构造规则的同步进行。

(二)K 转换实例和解释

1. 转换实例 7.1 和解释

(1)K 转换实例 7.1。

实例 7.1： $H/C=\Box(p\rightarrow q)/\Box p\rightarrow\Box p$。

假定$\Box(p\rightarrow q)\nvDash\Box p\rightarrow\Box p$，我们就有树图和证明过程(如图 7-19)。

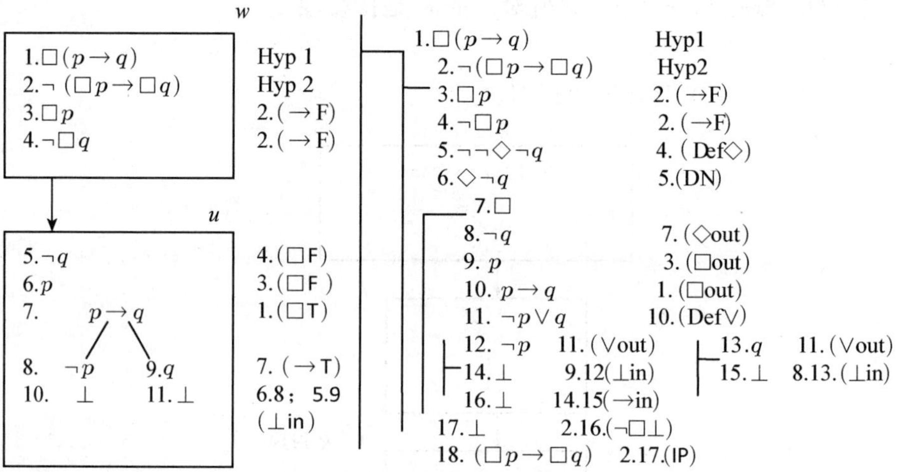

图 7-19

(2)实例解释。

树图构造和论证证明过程的对应可以用一个更清晰的对照表来加以说明，它可以分解为几个完全对应的步骤，当出现同样的结果时，产生这些结果的树图规则和证明规则就是对应的。所以，我们可以把一个封闭 K 树转换成一个该论证的证明。一个树图的每一项，一定有一个相应的证明步骤。当使用树规则(→F)(□T)时，就有对应的证明规则(→F)(□out)。当然，就规则的使用而言，证明规则的使用涉及的规则数量更多，树图规则相对简明扼要一些，我们给出的该证明树图构造和证明步骤的比较图可以说明这一点。

以下就是这个论证树图和证明过程的简要对应表 7-1，在实例 7.2 中，我们将给出更详细的说明。

表 7-1　树图步骤和证明步骤的对应

图序	对应证明步骤	树规则	证明规则	备注
1 2 3 4	1 2 3 4	(Hyp) (Hyp) (→F) (→F)	(Hyp) (Hyp) (→F) (→F)	世界 w 上的树图规则运用似乎和证明过程完全一样，但证明的转换需通过 *def* ◇定义，(DN)和□子证明
5 6 7	5～8 9 10～11	(□F) (□T) (□T)	(◇out) (□out) (□out)	创立世界 u 在树图上用□规则，在证明上使用模态子证明规则，(*def* ∨)作符号变形
8～9	12～13	(→T)	(∨out)	(→ T) 规则对应于证明中的(∨out)应该是自然的
10～11	14～18	(⊥in) (→⊥)	(⊥in) (IP)	出现矛盾时引用(⊥in)使树图封闭和在证明过程中引入规则(IP)，两者是对应的

我们继续给出树图转换为证明的实例，然后给出这种转换的解释。

2. 转换实例 7.2 和解释

(1)K 转换实例 7.2。

实例 7.2：$H/C=\Box(p\rightarrow q)$，$\Box p/\neg\Box q\rightarrow\Box r$。

假定$\Box(p\rightarrow q)$，$\Box p\nvDash\neg\Box q\rightarrow\Box r$。

我们就有树图和证明过程(如图 7-20、图 7-21)。

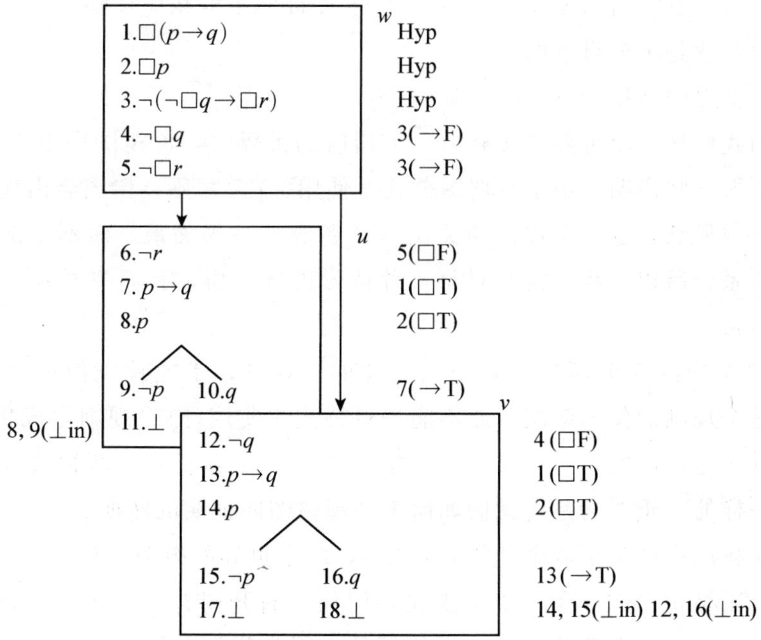

图 7-20　树图

w

1. $\Box(p\to q)$ (Hyp)

2. $\Box p$ (Hyp)

3. $\neg(\neg\Box q\to\Box r)$ (Hyp)

4. $\neg\Box q$ 3($\to$out)

5. $\neg\Box r$ 3($\to$out)

u

6. $\neg r$ 5($\Box$out)

7. $p\to q$ 1($\Box$out)

8. p 2($\Box$out)

9. $\neg p$ | 10. q 7($\to$T)

11. $\bot$

v

12. $\neg q$ 4($\Box$out)

13. $p\to q$ 1($\Box$out)

14. p 2($\Box$out)

15. $\neg p$ 13($\to$T) | 16. q 13($\to$T)

17. $\bot$ 14, 15($\to\bot$) | 18. $\bot$ 12, 16($\to\bot$)

19. $\bot$

20. $\neg\Box q\to\Box r$ 3, 18(IP)

图 7-21 证明过程图

(2)实例 7.2 解释。

①世界 w 中公式转换为证明中的相应公式。

在 w 中的 5 个步骤，恰好可以按照 K 证明中的相应规则来获得，这个转换当然是十分自然的。

②世界的转换和证明的步骤。

当我们从一个世界过渡到另一个相通的世界时，K 树图向 K 证明的转换要做一些说明。由于对树图公式 2 使用(□T)规则，树图会出现两个树枝，很显然，这两个树枝的关系是二者取其一的关系，而不是前后相继的关系。所以，我们需要对每一种情形进行分析，我们先看在 u 中出现的树枝。

对 w 中的 5 个模态公式使用相应的□规则，不能首先使用(□T)，这是这个规则的使用限制。能不能先对公式 4 使用(□F)规则生成世界 u 呢？其实是可以的，对公式 4 和 5 运用规则产生新世界，两种选择的结果是一样的。重要的是，我们如何来处理树图向证明的转换。

从树图中产生了两个新世界 u 和 v，两个世界的树图 u 和 v 中的导出公式几乎是相同的。在 u 中出现左闭树枝，右开树枝。那么，这是否表明这个公式就是无效公式呢？当然不是。因为我们并没有穷尽对这个树枝的分析，那么，另一种可能性的分析，可以在 u 中来做吗？

我们可用另外一个图形来说明这一点，如果我们在 u 中开放树枝继续往下做，则会出现下述树图（如图 7-22）。

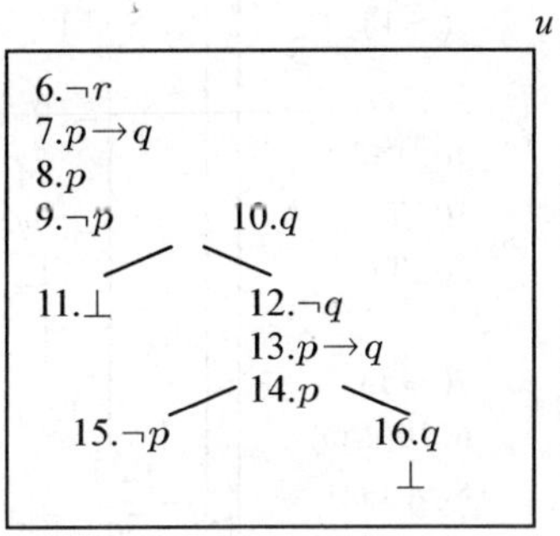

图 7-22

这个结果告诉我们，如果我们在 u 中继续做开枝的树图，我们又碰到左边的开放树枝，在 $\neg p$ 之后引不进矛盾，我们还是需要回过头来做这个开放的左树枝。这表明，这样做的结果是不断地出现循环，我们需要用另外的一个世界来说明这个论证的树图，从而转换为它的证明，这个世界就是 v。

这个循环图例在推演证明图中也有表现，在相应的证明步骤 12～14 里，它完全重复了在 v 中的步骤，所以，在证明步骤中，这几步可以省去，就像在树图中实际上省去了一样。

所以，我们可以引入和世界 u 并行的世界 v。

在 u 中出现开树枝只是表明这个树枝的树图并没有完结，它有待我们进一步处理。处理的方式就是引入世界 v，如同以上分析所表明的：当 u 中开树枝等待我们处理的时候，这个处理只有紧随着 q 之后接上另一个世界 v，在这个世界 v 中我们才算把这个论证的另一个树枝的树图建立起来，结果是世界 v 中出现的图景。这里的关键点是，这个世界 v 只是世界 u 的并行树枝，它不能够和 u 相通。因为子证明如上所描述的重复，我们就可以省去 u 的子证明，只让这两个树枝转换为 u 中的两个子证明。

因为 u 中实际上包含了我们在 v 中的子证明，所以 u 中的树图转换为证明中的两个子证明就是合适而自然的结果。由此，我们还可以对这类树图进一步加以简化，简化为去掉其中的世界 u，仅用一个世界来刻画这类论证的转换过程，但证明过程则仍然保持原样，结果就成为以下树图和证明图示（如图 7-23）。

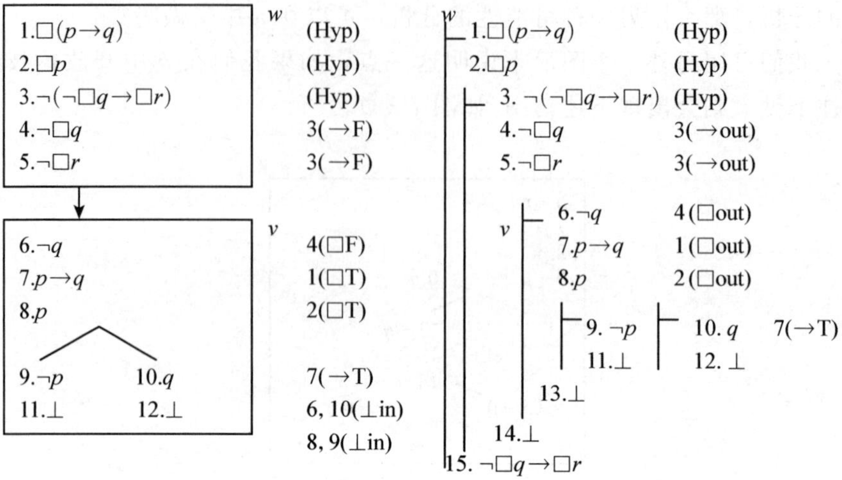

图 7-23

二、K 扩张系统树图转换为 K 扩张系统中的证明

几乎是用完全相同的方法来把 K 扩张系统树图转换为证明，我们仅给出 T、D、KB 扩张系统中的实例来说明这种转换。

(一)T 树图转换为 T 证明

1. (T □T)规则树图

因为树图的箭头方式要比公理方式复杂，过多的自反性箭头会使树图的美观受影响，也会影响我们对树图的理解。而且，使用(T □T)规则还可以让我们更容易地看到这个树图是如何转换成证明的。因此，在 K 扩张系统中，我们总是用相应的树图规则来对应于 K 扩张系统的公理。

(T □T)规则与(T)公理对应，使用(T □T)规则来代替用箭头表示的 T 树图是一个很好的选择。

2. T 论证实例 7.3

实例 7.3： $H/C=\neg p/\neg\Box p$。

假定$\neg p\nvDash\neg\Box p$，则有以下树图转换为证明的图示，如图 7-24。

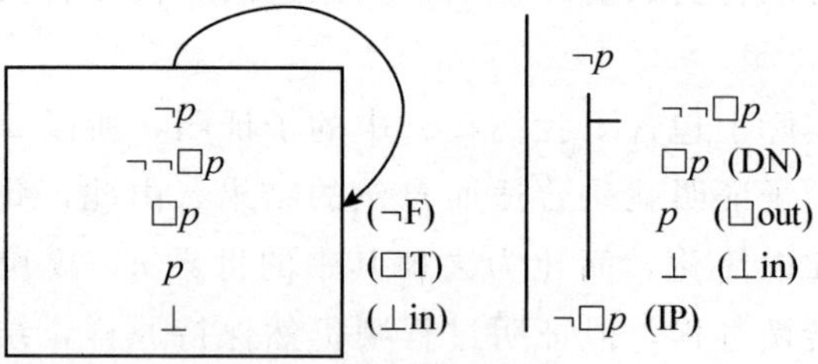

图 7-24 T 树图转换为 T 证明

(二)D 树图转换为 D 证明

D 树图是持续的，这就需要保证世界 w 一定有某个世界 u 和它相通，这样就会有一个世界要增加到这个树图上。那么，如何把这个增加的结构转换为证明的步骤呢？因为多了一个持续性质，为了保证这个性质所产生的结果能够反映在 D 证明上，引入一个导出的(D)公理是必要的。

这个公理称之为(⊥D)，它的直观意义是，有 wRu，在一个世界 w 上有一个¬□⊥公式，则这个世界通向的另一个世界 u 就有一个¬⊥公式。

1. 附加公理(⊥D)的证明

¬□⊥	
□¬⊥→◇¬⊥	(D)
⊥→⊥	(*def*¬)
□¬⊥	(□in)
◇¬⊥	(MP)
¬□¬¬⊥	(*def*◇)
¬□⊥	(DN)

图 7-25

2. (⊥D)的树图

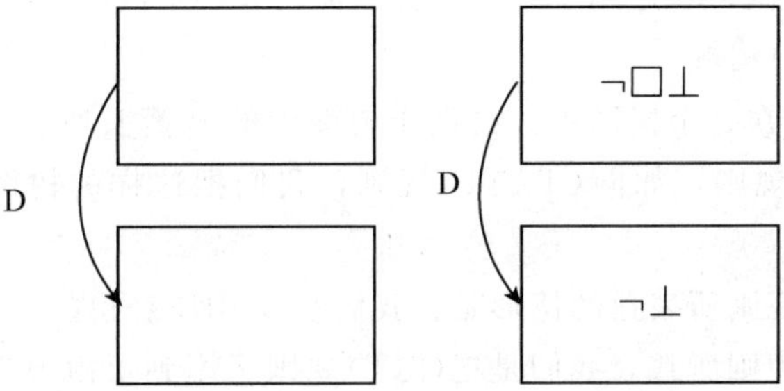

图 7-26

3. D 树图转换为 D 证明的实例

因为在 D 中有(⊥D)的导出规则，把一个 D 树图转换为 D 证明就是直截了当的。以下是一个 D 树图转换为 D 证明的实例 7.4。

实例 7.4： $H/C=\Box(p\wedge q)/\Diamond(p\vee q)$。

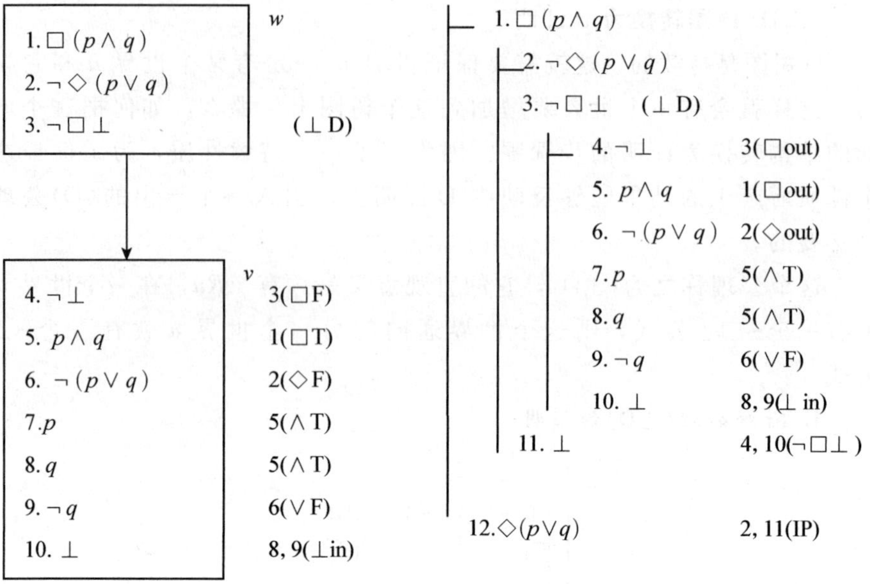

图 7-27 实例 7.4 树图及证明过程

(三)KB 树转换成 KB 证明

1. 引言

模态 KB 系统的框架性质是对称性，表达这种性质的(B)公理是 $\varphi \to \Box\Diamond\varphi$。那么，在 KB 系统中，如何将 KB 树转换成 KB 证明呢？这一节我们将提供一种运用了以前的方法但又有些不同的转换策略。

2. (B □T)规则

如果我们在一个树图中，借助于树图中的 B 箭头所表示的通达关系来运用(□T)规则，如同(T □T)规则，我们把这样的树图规则称之为(B □T)规则。

(B □T)规则所表达的情形是：我们在 w 中所获得的一个结果 p，是运用(B □T)规则所致。我们是把(□T)规则运用到了由 B 箭头所表示的可通达关系上，即由世界 v 通向世界 w 这样的关系之上。

3. 树图实例

实例 7.5： $H/C = \Box\Box p / \neg p \to \Box p$。

假定 $\Box\Box p \nvDash \neg p \to \Box p$，由(B □T)规则，我们自然就有以下树图(如图 7-28)。

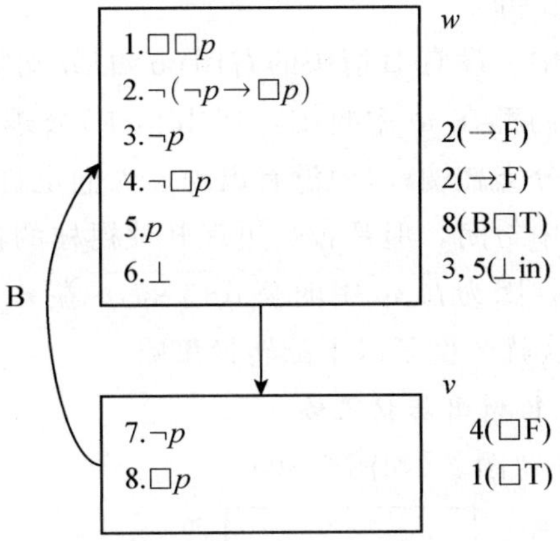

图 7-28　KB 树图

4. KB 树图转换 KB 证明

(1)使用等价于(B)公理的对偶的一个公理。

如同前述树图规则(B □T)一样，我们希望找到一个公理，它可以替代树图中的 B 箭头，并保证世界之间的对称性，这个公理称为(∨B)公理，对应的 KB 树图规则表示为(∨B)，它等价于(B)公理的对偶($\Diamond\Box\varphi\rightarrow\varphi$)。

因为$\Diamond\Box\varphi\rightarrow\varphi$等价于$\neg\Box\neg\Box\varphi\rightarrow\varphi$等价于$\Box\neg\Box\varphi\vee\varphi$，所以，我们就可以获得以下的 B 树图公理(∨B)。

(∨B)　$\Box\neg\Box\varphi\vee\varphi$。

(2)使用(B □T)规则和(∨B)公理的比较图。(如图 7-29)

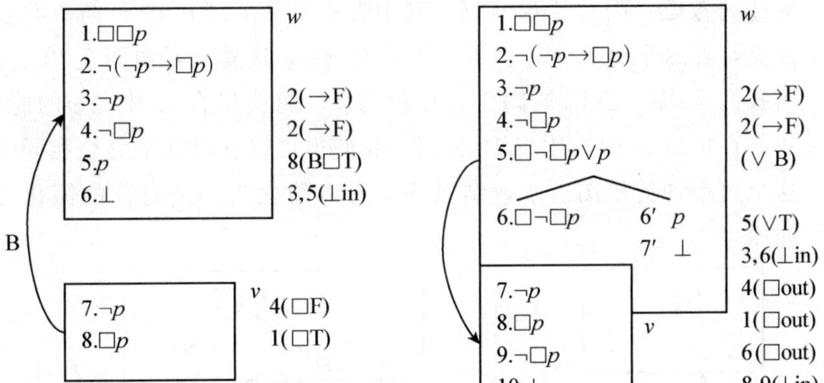

图 7-29

(3)图 7-29 的说明。

在上述比较图中，没有 B 箭头的右图(b)的分支复制了图(a)世界 w 中的各个步骤，它们都在 w 中封闭。使用(∨B)公理的结果是产生了另外一个分支，这个分支在图(a)中没有出现。人们也许会担忧，w 上的这个分支在这个公式中封闭，但是否会出现开放树枝的情形呢？可以保证，这个结果不会出现，因为在 w 中的公式$\Box\neg\Box p$ 在 v 中导出了$\neg\Box p$，它和$\Box p$ 是矛盾的。这就产生了以下的转换策略。

5. 一个简化的 B 树图转换策略

(1)简化的转换树图。(如图 7-30)

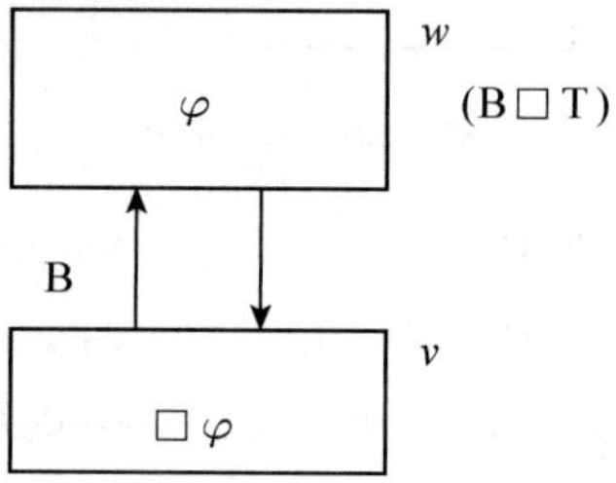

图 7-30

(2)图 7-30 的说明。

图形 7-30 意指一个策略，该策略保证替代任意的封闭 KB 树，只要这类封闭 KB 树运用了(B □T)规则，并且它还带有一个相应的缺乏 B 箭头的封闭 K 树，但可以运用代替 B 箭头的(∨B)公理。如果对以上陈述做一般性的考虑，则对任意 B 树，其中有一个从 v 到 w 的 B 箭头并且有一个分支，在这个分支中，世界 v 上含有$\Box\varphi$，这就正是树图 7-30。

当我们运用(B □T)规则于 v 中的$\Box\varphi$，而获得在 w 中的φ的时候，如果我们在世界 w 中运用(∨B)公理，我们也可以获得几乎完全相同的结果。这个过程如比较图所示，结果同样可以简化为一个对称的简化比较图，如图 7-31。

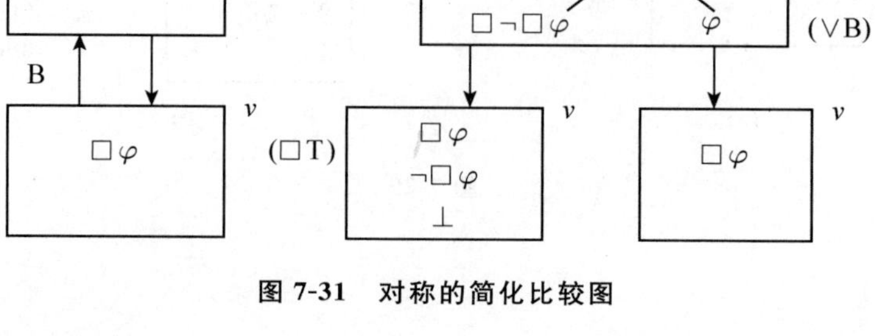

图 7-31 对称的简化比较图

这个图形使我们更容易理解，当(∨B)公理添加到世界 w 时，世界 v 中任何含有□φ的分支或者立刻就封闭，或者在世界 w 中含有φ，由此我们可以在 w 中复制该封闭树枝从而在 w 中成为封闭树枝。

6. 使用连续世界法构造 B 树

(1)连续世界法构造 B 树的实例 7.6。

实例 7.6： $H/C=\neg q/\Box((\neg\Box q\rightarrow p)\rightarrow p)$。

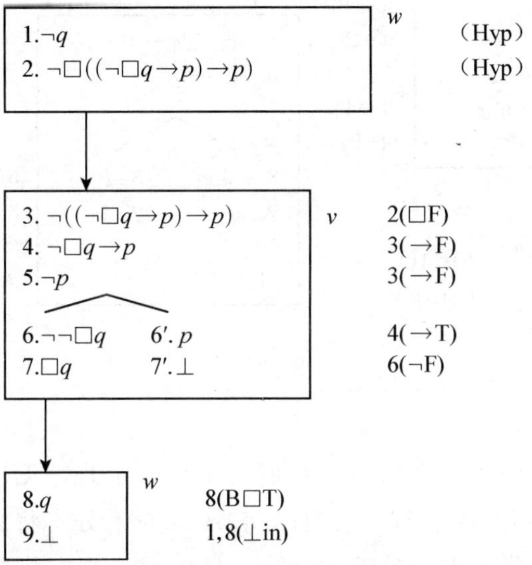

图 7-32　实例 7.6 树图

(2)B 树图说明。

B 树中 w 的连续世界的出现并不要求图 7-31 的简化策略有任何修改，这个方法无论是 B 箭头朝上通向一个世界还是朝下通向一个世界都是行得通的。当 B 箭头从 w 通向 v 的时候，并且，通过在 v 中对□φ运用(B□T)规则，在 w 中我们获得了φ的时候，仅运用(∨B)公理把它放在世界 w 的第一次出现中就行。在我们把(∨T)公理运用于这一步骤之后，将得到以下结论：通过 w 的所有分支或者含有□¬□φ，或者含有φ。接着，每一个在 v 中含有□φ的分支通过运用(□T)规则立刻封闭；或者在 w 中含有φ的每一个分支在起点树中封闭。所以，我们又可以得到另外一个比较树图。

(3)连续世界方法和(∨B)公理方法比较图。

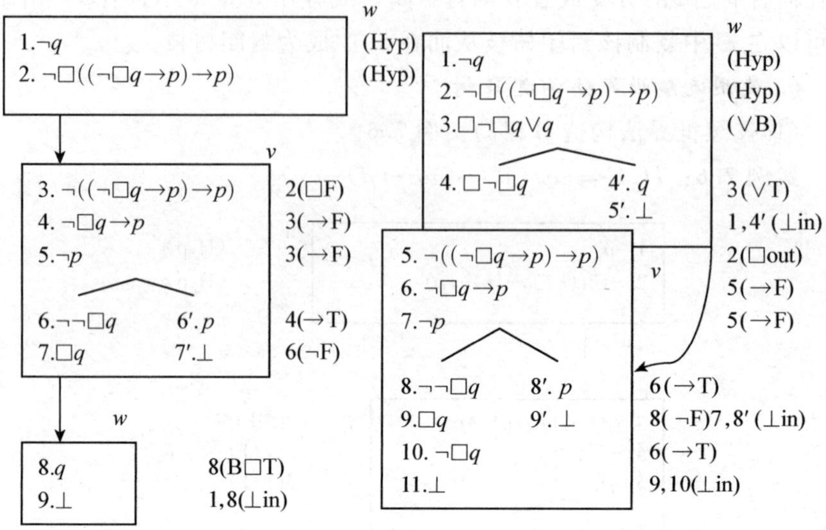

图 7-33

(4)树图说明。

用不同方法构造的B树图给我们的一个启示是，无论什么时候我们在世界 w 上使用(∨B)公理，含有□¬□A 的左手分支将总是封闭的。这使得构造一个简化的KB树成为可能，只要满足我们将要定义的一个性质，这个性质我们称之为B事实。

(5)B事实。

B事实是KB树的一个性质，这个性质可以定义如下：

每当有一个从 w 到 v 的箭头的时候，那么，在 v 中含有□φ的任意分支，它在 w 中也含有φ。

KB树的这样一个性质可以使得简化的KB树扩张到一个完全的KB树，这一KB树包括所有使得其左手分支封闭的必要步骤，这个结果也就可以把KB树转换成为在KB中的一个证明。

(6)简化的KB树图中的一个完全证明。

以论证 H/C =□□p/(¬p →□p)为例，该论证树图和证明图示很清楚地表明，每一个KB树，只要它对应于简化的KB树，它就可以转换成在KB中的一个完全证明，图7-34说明了这种转换。

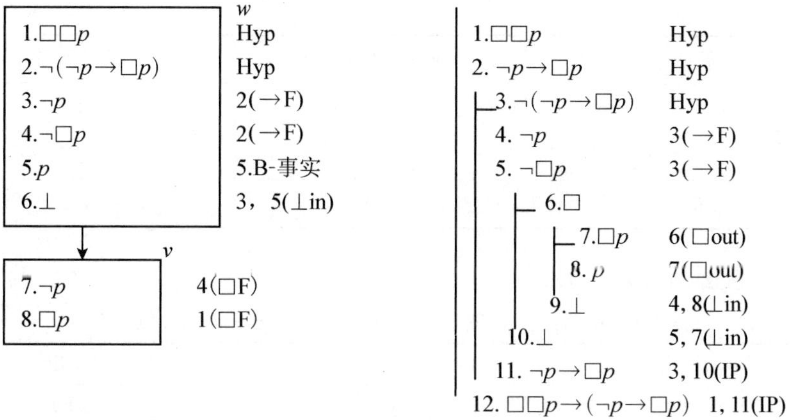

图 7-34

三、K 树图规则和 K 证明规则的对应

(一)封闭树图和对应的自然推演规则

K 和 K 扩张系统的树图可以转换为证明，这表明，一个有效的 K 树图总有一个对应的 K 可证公式。虽然，我们在后面会进一步阐明这种对应是十分有限的，但它在一定程度上表明了 K 和 K 扩张系统的完全性。这种完全性用规则对照的方式来描述，可以说是在树规则和证明规则之间找到某种对应。我们仿佛是在把一个 K-有效公式的生成过程，按照一定技巧翻译为一个可证公式的证明过程。在以上树图转换为证明的实例中，我们已经看到了树图规则和证明规则之间的某种对应，以下，我们仅列出 K 系统这两类规则的对应图表。当把 K 树图规则和 K 证明规则对应地列出之后，对于 K 和 K 扩张系统的完全性问题，我们会有一个更为直观的印象。

(二)封闭树图和自然推演规则的对应图表

以下我们给出两个图表，一个是关于 K 系统基本规则的对应图表，另一个是关于 K 系统导出规则的对应图表。

1. 基本规则对应表

表 7-2　K 系统的树图基本规则和证明基本规则的对应表

序号	K 树规则	K 证明规则
1	(⊥in)	(⊥in)
2	(□T)	(□out)
3	(¬F)	(DN)

续表

序号	K树规则	K证明规则
4	(→F)	(→F)
5	(→T)	(→⊥)
6	(□F)	(¬□⊥)

2. 导出规则对应表

表 7-3 K系统的树图导出规则和证明导出规则的对应表

序号	K树导出规则	K证明导出规则
1	(∨F)	(∨F)
2	(∧T)	(∧out)
3	(∧F)	(¬∧⊥)
4	(∨T)	(∨⊥)
5	(◇F)	(◇F)
6	(◇T)	(◇⊥)

四、K树图转换为K证明的一个形式证明

(一)非形式证明和形式证明

我们在K系统中给出的树图转换为证明的实例，包括在K扩张系统T和D系统中树图转换为证明的实例，这些实例仅仅是无数K树图及其K扩张树图转换中的极小一部分，在K扩张系统中还有很多很多实例，如B，E，S4，S5等系统中的实例。这些实例说明，只要我们有验证一个K及其扩张系统公式的树图，这些树图都可以转换为相应的演绎证明。然而，这样说明转换的方式，它只是非形式的。而且，这种方法可能使我们对那些比较复杂的转换心存担忧，有没有可能在这种非形式的转换实例中出现特例呢？或者，在这样的操作当中会不会有一些缺陷呢？这都是值得我们认真思考的问题。这些思考自然就需要我们给出一个更为详细并且坚实可靠的证明，以便保证，只要我们有一个封闭的树图，那我们就一定有一个相应的证明。这个详细而且可靠的证明就是形式证明。一旦我们建立起来一个形式证明的结果，那么，我们就从理论上保证了K和K扩张系统树图向其证明转换的合法性。①

① James W. Garson: *Modal Logic for Philosophers*, Cambridge, Cambridge University Press, 2006, pp. 168-171.

(二)K 系统树图转换为 K 系统证明的形式证明背景

1. 基本假定和证明思路

(1)基本假定。

在这一形式证明中，我们将首先证明，在 K 系统中，一个封闭的树图总有一个对应的 K 证明。这个证明建立起来，它的结论就可以扩展到比 K 强的扩张系统中。为了完成这个证明，需要我们预先做出一些基本假定，同时需要给出一些相关的基本概念。

首先我们设 S 是比 K 更强的模态系统，S 自然包括我们在前面讨论到的 K 的扩张系统。

我们还假设，每一个 K 树都是使用基本 K 树规则构造的，我们不考虑导出规则。那就是说，我们所构造的 K 树，仅仅使用表 7-2 中的 6 个基本规则，这样的假定便于证明的简化。

进一步的假定是，我们有一个 K 树图树枝的概念，这个概念我们用 B 来表示。每一个在封闭树构建过程中产生的树枝，我们称之为 B。我们还有一个公式集合 *B 的概念，在 K 树图中构造出一个树枝 B，*B 是在树枝 B 构造过程中产生的公式集合。

(2)证明思路。

要证明带有 K 封闭树的论证，它也一定在 K 中有证明，我们需要证明的是：每一个这样的 *B，它都是 K-不一致的，这可以表达为如下语句：

*B $\vdash\bot$(这里省略了推出符号的下标 K)。

由此可知，表达开枝的 *B，将由被验证的论证 H/C 的前提 H 的合取和其结论 C 的否定构成，也就是 H，$\neg C\vdash\bot$，这就直接地用(IP)推出在 K 中一定有一个相应的证明 $H\vdash C$。

2. 形式证明的几个基本概念

(1) $^{*}w$ 的定义。

为了构造 *B，有关世界的语句概念也需要引入一个新的定义 $^{*}w$ 的定义，设 w 是任意可能世界：

$^{*}w$ 是所有出现在树枝 B 中的世界 w 上的公式加上 $\Diamond{}^{*}v$ 的合取，这里的世界 v 是 w 可通达的世界，这里的 $^{*}v$ 同于我们对 $^{*}w$ 的定义，是这个定义在 v 上的运用，这里的 $\Diamond{}^{*}v$，是在 $^{*}v$ 作为合取公式之前加上模态 $\Diamond$。

(2)开放世界和 $^{*}o$ 的定义。

处于树图顶端的世界，因为它没有封闭，所以是一个树枝的开放世界。

由此我们又获得$^*o$的定义。

对于树枝 B 的树枝语句*B 根据以上$^*w$定义也可以定义为$^*o$，其中的 o 是该树枝的开放世界，那就是在这棵树顶端的一个世界。

由此可知$^*o$是所有出现在树枝 B 中的开放世界 o 上的公式加上$\Diamond{}^*v$的合取，显然，vRo。在这个意义上，*B 自然就是$^*o$。

(3)实例图。

可以用一个实例图 7-35 来说明这个$^*o$。

假定树枝 B 如图 7-35 所示，其中 A，B，C，D，E，F，G 是所在世界中的公式集合。该图中的(1)由(2)变化而来，由 A 导出 C 和由 B 导出 D 用延续图方式表述。

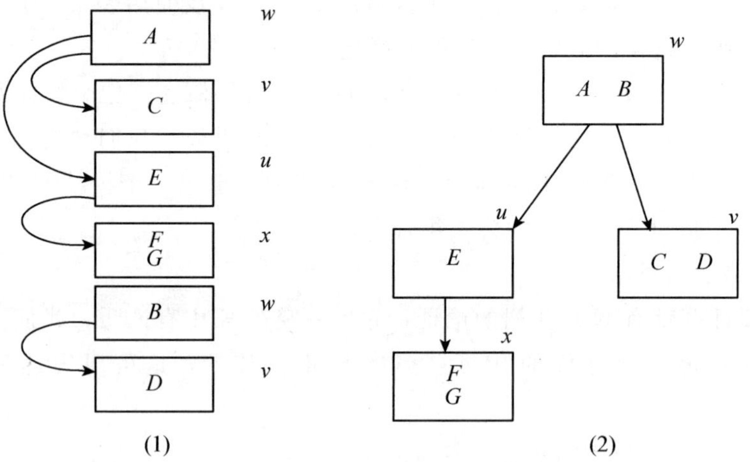

图 7-35

依据图 7-35 和$^*w$的定义：它是所有出现在树枝 B 中的世界 w 上的语句加上$\Diamond{}^*v$的合取，由此可以计算出$^*w$所包含的公式：

$^*w = {}^*o$

$=A \wedge B \wedge \Diamond{}^*v \wedge \Diamond{}^*u$

$=A \wedge B \wedge \Diamond(C \wedge D) \wedge \Diamond{}^*u$

$=A \wedge B \wedge \Diamond(C \wedge D) \wedge \Diamond(E \wedge {}^*x)$

$=A \wedge B \wedge \Diamond(C \wedge D) \wedge \Diamond(E \wedge \Diamond(F \wedge G))$。

(4)树枝语句*B。

由图 7-35 可知，w 是该树图的顶端，恰好是一个开放世界，*B 就是以上的语句集合$^*w$。

(5)*B 语句集合的双亲和孩子。

设 B 是在树图构造过程中生成的一个树枝，*B 是 B 上的语句集合。

可以想象，我们给 B 运用一个树图规则的结果产生的也是树枝，我们称之为 B′，在 B′运用一个树图规则的结果产生的还是树枝，这可以称之为 B″，这个过程可以不断延续，直到出现闭枝。相应的，在 B，B′和 B″…中出现的语句集合也分别地称之为 *B，*B′和 *B″…。

在树图构造过程中这样产生的树枝，在前的树枝语句集合就是在后树枝语句集合的双亲。反过来，在后的树枝语句集合就是在前的树枝语句集合的孩子。依据这样的定义，*B 是 *B′的双亲，*B′是 *B″的双亲。反过来，*B′是 *B 的孩子，*B″是 *B′的孩子。

有了以上关于树枝的基本概念，当在构造过程的终端出现⊥的时候，这个树枝就成为闭枝。那么，这个出现闭枝的树图是否就表明树枝语句集合 *B 也推演出⊥呢？也就是，*B ⊢⊥是 K 系统的一个定理吗？答案是肯定的，我们有一个树枝语句定理：*B ⊢⊥。证明了这个定理等于是给出了树图可以转换为证明的形式证明。

3. 形式证明中几个定理和引理

(1)树枝语句定理和证明思路。

①树枝语句定理。

设 *B 是在封闭 K-树构造期间生成的任意树枝 B 的树枝公式，则明显的一点是，*B 是不一致的，这可以用树枝语句定理来表示。

树枝语句定理：*B ⊢⊥。

②树枝语句定理的证明思路。

由上述引入的概念，我们可以从两个方面来证明树枝语句定理。

第一，所有封闭的树枝语句是不一致的；

第二，当孩子 *B′是不一致的时候，则双亲 *B 也是不一致的。

由这两个结论，则自然得出以下结论：所有封闭的树枝语句的双亲是不一致的。类似地，那些双亲的双亲是不一致的，一直回溯到树开端的那个树枝语句是不一致的。作为一般结果，所有在树上的树枝语句都是不一致的。

为了证明这个定理，引入封闭树枝引理和树规则引理是必要的。

(2)封闭树枝引理和树规则引理。

因为我们首先要证明，所有封闭的树枝语句是不一致的，这实际上可以表达为封闭树枝引理。

①封闭树枝引理。

如果 *B 是封闭的，则 *B 是不一致的。

②树规则引理。

又因为我们第二个要证明，当孩子$^*B'$是不一致的时候，则双亲$^*B$也是不一致的，这实际上可以表达为另一个引理，这就是树规则引理：

如果$^*B$的孩子是不一致的，则$^*B$也是不一致的。

4. 树枝语句集合*B的分析

(1)$^*B$和$^*(\varphi)$。

要给出这些引理的证明，有必要为这些引理再提供一些背景。因为这些引理都涉及$^*B$，在证明之前，我们要对树枝语句集合$^*B$做一些分析。对树枝语句集合$^*B$的分析，帮助我们建立了以下一些事实。

一个事实是，假定$^*B$含有公式φ，那么$^*B$可以从φ来开始其构造过程，在构造的每一个步骤上重复地增加一个合取或者◇，在构造$^*B$过程中需要多少次就增加多少次。

另一个事实是，这一点是可能的：构造一个等价于$^*B$的公式$^*(\varphi)$使得φ是处在$^*(\varphi)$最右边的公式，这须借助于上述同样的构造步骤，但有区别的是，每当合取语句ψ放置在$^*B$构造中φ的右边的时候，要把合取语句ψ放置在φ的左边。

由以上事实出发构造的$^*(\varphi)$因此而具有以下的形式：

$^*B \equiv {}^*(\varphi)=\psi_1 \wedge \Diamond(\psi_2 \wedge \cdots \Diamond(\psi_n \wedge \varphi)\cdots)$。

(2)∧◇语句$^*(\varphi)$。

依据对$^*B$分析后获得的$^*(\varphi)$的构造方式，我们又可以获得一个关于∧◇公式$^*(\varphi)$的定义，那就是：

任意用语句φ开头，重复地增加◇和合取到构造结果的左边，这样构造而形成的语句是∧◇语句。

(3)∧◇引理及其证明。

为什么要引入∧◇语句？因为我们可以证明，有一个∧◇引理，这个引理保证我们导向对封闭树枝引理的证明。

①∧◇引理：

每一个含有φ的树枝语句$^*w$等价于一个∧◇语句。

②∧◇引理的证明。

对$^*w$的构造进行归纳，可以证明这个引理。

当φ在$^*w$中出现时，φ必定是在$^*w$成员的合取之中；或者在某些合取◇$^*v$之中，而在◇$^*v$之中，有一个在该树枝上从w到v的箭头。这可以归结为以下几种情形：

第一种情形，$^*w$等价于结合w上的其他成员到φ右边而形成的结果，这个结果是一个∧◇公式。

第二种情形，当φ在合取◇ $^*v$ 之中时，依据归纳假设，我们有：$^*v$ 等价于 v 上的一个∧◇语句；并且，$^*w$ 等价于增加一个合取支给◇ $^*v$ 的左边而形成的结果。所以，在这一情形中，$^*w$ 也等价于一个∧◇公式。

因为 *B 是 $^*o$，而 o 又是一个树枝 B 的顶端，这就让∧◇引理保证了：当 *B 含有φ的时候，*B 就等价于一个∧◇公式 $^*(\varphi)$。

由此，我们可以证明封闭树枝引理。

(三)封闭树枝引理和树规则引理的证明

1. 封闭树枝引理证明

假设 *B 是封闭的，⊥出现在 B 树枝上。一个等价于 *B 的公式 $^*(\bot)$ 可以从⊥开始且重复地在每一个步骤增加一个左合取或者◇。我们只要证明(∧⊥)和(◇⊥)是 K 的导出规则，也就证明了：如果 *B 是封闭的，则 *B 是不一致的。(如图 7-36)

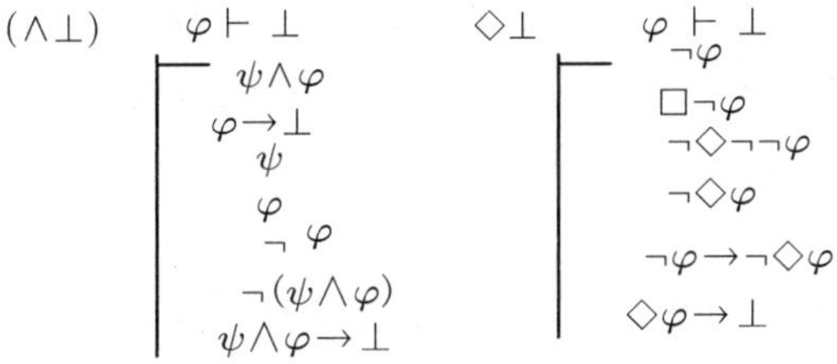

图 7-36　(∧⊥)和(◇⊥)规则的证明

证明了这两个规则，$^*(\bot)\vdash\bot$ 可以通过重复地运用这些规则给$(\bot)\vdash\bot$而获得。这表明，如果 *B 是封闭的，则 *B 是不一致的。

2. 树规则引理证明

证明封闭树枝引理，我们对 *B 的分析引申出一些有关 *B 的事实。对树规则引理的证明几乎遵循同样的思路，我们要通过对∧◇公式 $^*(\varphi)$ 的分析，获得一些有关∧◇公式 $^*(\varphi)$ 的事实。

(1)对∧◇语句 $^*(\varphi)$ 的分析。

一个∧◇公式 $^*(\varphi)$，它有形式 $^*(\varphi)=\psi_1\wedge\Diamond(\psi_2\wedge\cdots\Diamond(\psi_n\wedge\varphi)\cdots)$。如果这个形式是不一致的，通过一些等价的变形方式，我们可以获得一些相关的等价式和在它之下的几个引理。

首先，运用(CP)和(def ¬)，然后，借助于以下常规等价式：

$\neg(\varphi\wedge\psi)\equiv\varphi\rightarrow\neg\psi$；

$\neg\Box\varphi\equiv\Diamond\neg\varphi$。

重复地运用这两个等价式，我们可以得到以下的等价式：

$\psi_1 \wedge \Diamond(\psi_2 \wedge \cdots \Diamond(\psi_n \wedge \varphi)\cdots) \vdash \bot$ *iff*

$\vdash \psi_1 \wedge \Diamond(\psi_2 \wedge \cdots \Diamond(\psi_n \wedge \varphi)\cdots) \rightarrow \bot$(使用 CP) *iff*

$\vdash \neg(\psi_1 \wedge \Diamond(\psi_2 \wedge \cdots \Diamond(\psi_n \wedge \varphi)\cdots))$(使用 *def* ¬) *iff*

$\vdash \psi_1 \rightarrow \Box(\psi_2 \rightarrow \cdots \Box(\psi_n \rightarrow \varphi)\cdots)$(重复使用(a)和(b))。

依据这一等价式，以及推演规则(CP)、(MP)、(□in)和(□out)，我们还可以导出以下结果。

$$\psi_1,\ \Box,\ \psi_2,\ \cdots,\ \Box,\ \psi_n,\ \varphi \vdash \bot。$$

因为：

$\vdash \psi_1 \rightarrow \Box(\psi_2 \rightarrow \cdots \Box(\psi_n \rightarrow \neg\varphi)\cdots)$ *iff*

$\psi_1 \vdash \Box(\psi_2 \rightarrow \cdots \Box(\psi_n \rightarrow \neg\varphi)\cdots)$ (使用 CP) *iff*

$\psi_1,\ \Box,\ \psi_2,\ \cdots,\ \Box,\ \psi_n \vdash \neg\varphi$(使用(□in)和(□out)) *iff*

$\psi_1,\ \Box,\ \psi_2,\ \cdots,\ \Box,\ \psi_n,\ \varphi \vdash \bot$(使用 *def* ¬)。

这就是说，如果一个∧◇语句$^*(\varphi)$是不一致的，当且仅当和这个语句合取的每一个部分之间也是不一致的。这就是为证明树规则引理，通过对∧◇语句$^*(\varphi)$的分析而获得的*引理。

*引理：

$\psi_1 \wedge \Diamond(\psi_2 \wedge \cdots \Diamond(\psi_n \wedge \varphi)\cdots) \vdash \bot$ *iff* $\psi_1,\ \Box,\ \psi_2,\ \cdots,\ \Box,\ \psi_n,\ \varphi \vdash \bot$。

(2)衍推引理及其证明。

树规则引理需要我们证明，当*B 是*B′的双亲时，如果$^*B' \vdash \bot$那么$^*B \vdash \bot$。*引理仅向我们提供了∧◇语句$^*(\varphi)$不一致时的情形，它还没有说明由φ所蕴涵的语句φ'在它构成的$^*(\varphi')$是不一致的时候，是否也能保证$^*(\varphi)$的不一致。这样，我们还须引入另一个引理：衍推引理。

①衍推引理。

设“$^*(\varphi)$”是公式$\psi_1 \rightarrow \Box(\psi_2 \rightarrow \cdots \Box(\psi_n \rightarrow \varphi)\cdots)$的缩略式，再设“$^*(\varphi')$”是公式$\psi_1 \rightarrow \Box(\psi_2 \rightarrow \cdots \Box(\psi_n \rightarrow \varphi')\cdots)$的缩略式，则我们有衍推引理：

如果$\varphi \vdash \varphi'$，那么如果$^*(\varphi') \vdash \bot$，那么$^*(\varphi) \vdash \bot$。

②衍推引理的证明：

假定$\varphi \vdash \varphi'$，并且$^*(\varphi) \vdash \bot$。

那么，　　$^*(\varphi') = \psi_1 \wedge \Diamond(\psi_2 \wedge \cdots \Diamond(\psi_n \wedge \varphi)\cdots) \vdash \bot$。　　[1]

那么我们可用*引理得：

$$\psi_1,\ \Box,\ \psi_2,\ \cdots,\ \Box,\ \psi_n,\ \varphi' \vdash \bot。\qquad [2]$$

再用(IP)得：

$$\psi_1，\Box，\psi_2，\cdots，\Box，\psi_n \vdash \neg\varphi'。\qquad [3]$$

$$因为，\varphi \vdash \varphi'，所以，\vdash \varphi \to \varphi'。\qquad [4]$$

由[4]和[3]运用 Reit 和 Nec，可得：

$$\psi_1，\Box，\psi_2，\cdots，\Box，\psi_n \vdash \varphi \to \varphi'。\qquad [5]$$

由[3]和[5]运用 MT，可得：

$$\psi_1，\Box，\psi_2，\cdots，\Box，\psi_n \vdash \neg\varphi。\qquad [6]$$

$$但是，\psi_1，\Box，\psi_2，\cdots，\Box，\psi_n \vdash \varphi。\qquad [7]$$

由[6]和[7]依据(⊥in)可得：

$$\psi_1，\Box，\psi_2，\cdots，\Box，\psi_n，\varphi \vdash \bot。\qquad [8]$$

依据*引理，$\psi_1 \wedge \Diamond(\psi_2 \wedge \cdots \Diamond(\psi_n \wedge \varphi)\cdots) \vdash \bot$。 [9]

这就获得了衍推引理，如果$\varphi \vdash \varphi'$，那么如果$^*(\varphi') \vdash \bot$，那么$^*(\varphi) \vdash \bot$。

(3)树规则引理的证明。

因为有*引理和衍推引理，我们就能方便地证明树规则引理。

如果我们要证明树规则引理：如果*B的孩子是不一致的，则*B也是不一致的。那么，这个证明依赖运用于B产生B′时所运用的6条基本规则，如果使用的规则是(¬F)、(→F)、(⊥in)、(□T)和(□F)，这时候获得的结果是衍推引理。如果使用的是(→T)，则需要运用*引理。

以下我们分别证明，如果我们有$\varphi \vdash \varphi'$，那么如果$^*(\varphi') \vdash \bot$，那么在使用以下6条基本规则时，也有$^*(\varphi) \vdash \bot$。

(¬F)：

当这个规则运用到树枝B上的公式$\neg\neg\varphi$时，φ加到树枝上。那么，*B就等价于以下形式的公式：$^*(\neg\neg\varphi)$。*B′等价于以下形式的公式：$^*(\neg\neg\varphi \wedge \varphi)$。但是，$\neg\neg\varphi \vdash \neg\neg\varphi \wedge \varphi$。所以，依据衍推引理，我们有*B ⊢⊥。

(→F)：

当这个规则运用到树枝B上的公式$\neg(\varphi \to \psi)$时，φ和$\neg\psi$加到树枝上。那么，*B就等价于以下形式的公式：$^*(\neg(\varphi \to \psi))$。*B′等价于以下形式的公式：$^*(\neg(\varphi \to \psi) \wedge \varphi \wedge \neg\psi)$。但是，$\neg(\varphi \to \psi) \vdash (\neg(\varphi \to \psi) \wedge \varphi \wedge \neg\psi)$。所以，依据衍推引理，我们有*B ⊢⊥。

(⊥in)：

当这个规则运用到树枝B上的公式$\varphi \wedge \neg\varphi$时，⊥加到树枝上。那么，*B就等价于以下形式的公式：$^*(\varphi \wedge \neg\varphi)$。*B′等价于以下形式的公式：$(\varphi \wedge \neg\varphi) \wedge \bot$。但是，$\varphi \wedge \neg\varphi \vdash (\varphi \wedge \neg\varphi) \wedge \bot$。所以，依据衍推引理，我

们有 $^*B\vdash\bot$。

($\Box$T)：

当这个规则运用到树枝 B 上的公式$\Box\varphi\wedge\Diamond\zeta$时，$\varphi$和$\zeta$加到树枝上。那么，$^*B$ 就等价于以下形式的公式：$^*(\Box\varphi\wedge\Diamond\zeta)$。$^*B'$ 等价于以下形式的公式：$^*(\Box\varphi\wedge\Diamond(\zeta\wedge\varphi))$，但是，$\Box\varphi\wedge\Diamond\zeta\vdash\Box\varphi\wedge\Diamond(\zeta\wedge\varphi)$。所以，依据衍推引理，我们有 $^*B\vdash\bot$。

($\Box$F)：

当这个规则运用到树枝 B 上的公式$\neg\Box\varphi$时，$\neg\varphi$加到树枝上。那么，$^*B$ 就等价于以下形式的公式：$^*(\neg\Box\varphi)$。$^*B'$等价于以下形式的公式：$^*(\neg\Box\varphi\wedge\Diamond\neg\varphi)$，但是，依据 *def* $\Diamond$，$\neg\Box\varphi\vdash\neg\Box\varphi\wedge\Diamond\neg\varphi$等价于$\neg\Box\varphi\vdash\neg\Box\varphi\wedge\neg\Box\varphi$。所以，依据衍推引理，我们有 $^*B\vdash\bot$。

($\rightarrow$T)：

运用($\rightarrow$T)规则之所以有不同之处，在于这个规则的使用产生两个树枝 B′和 B″。在这种情形下，

$^*B$ 等价于$\psi_1\wedge\Diamond(\psi_2\wedge\cdots\Diamond(\psi_n\wedge(\varphi\vee\zeta))\cdots)$；

$^*B'$等价于$\psi_1\wedge\Diamond(\psi_2\wedge\cdots\Diamond(\psi_n\wedge(\varphi\vee\zeta)\wedge\varphi)\cdots)$；

$^*B''$等价于$\psi_1\wedge\Diamond(\psi_2\wedge\cdots\Diamond(\psi_n\wedge(\varphi\vee\zeta)\wedge\zeta)\cdots)$。

因为$^*B'\vdash\bot$并且$^*B''\vdash\bot$，根据*引理可得：

$$\psi_1,\ \Box,\ \psi_2,\ \cdots,\ \Box,\ \psi_n,\ \varphi\vee\zeta,\ \varphi\vdash\bot;$$

$$\psi_1,\ \Box,\ \psi_2,\ \cdots,\ \Box,\ \psi_n,\ \varphi\vee\zeta,\ \zeta\vdash\bot。$$

由此，再根据(CP)，(Def $\neg$)，($\wedge$in)可得：

$$\psi_1,\ \Box,\ \psi_2,\ \cdots,\ \Box,\ \psi_n,\ \varphi\vee\zeta\vdash\neg\varphi\wedge\neg\zeta。$$

依据(DM)规则可得：

$$\psi_1,\ \Box,\ \psi_2,\ \cdots,\ \Box,\ \psi_n,\ \varphi\vee\zeta\vdash\neg(\varphi\vee\zeta)。$$

但是，$\psi_1,\ \Box,\ \psi_2,\ \cdots,\ \Box,\ \psi_n,\ \varphi\vee\zeta\vdash(\varphi\vee\zeta)$。

依据($\bot$in)得：$\psi_1,\ \Box,\ \psi_2,\ \cdots,\ \Box,\ \psi_n,\ \varphi\vee\zeta\vdash\bot$。

再依据*引理得：$\psi_1\wedge\Diamond(\psi_2\wedge\cdots\Diamond(\psi_n\wedge(\varphi\vee\zeta))\cdots)\vdash\bot$。

因为 $^*B$ 等价于$\psi_1\wedge\Diamond(\psi_2\wedge\cdots\Diamond(\psi_n\wedge(\varphi\vee\zeta))\cdots)$。

所以，$^*B\vdash\bot$。

由此，我们就证明了树规则引理。

这个引理和在前的封闭树枝引理合在一起，实际上就是证明了：在 K 系统中，一个封闭的树图总有一个对应的 K 证明。

(四)从 K 到 K 扩张系统的形式证明

1. 引言

我们通过一个较为复杂的过程，给出了 K 树图转换为 K 证明的形式证明，这个形式证明告诉我们，封闭 K 树的论证总是可以在 K 中有相应的证明。这个形式证明首先需要一组树枝公式 *B；为了构造 *B，又需要定义树图中涉及世界 w 的公式 $^*w$。在这两个相关概念的基础上，我们又分别给出并且证明了系列的定理和引理，这些定理和引理有树枝公式定理，封闭树枝引理，树规则引理，∧◇引理，*引理，最后是衍推引理。通过这样的形式证明，我们才能有把握地说，任意一个 K 树图都是可以转换为 K 证明系列的。利用有关 K 的这个形式证明，我们也能够给出 K 的扩张系统相应的形式证明。

2. K 扩张系统 S 的形式证明

设 K 的扩张系统为 S，在为 K 做出了形式证明之后，如何来给出 S 的形式证明呢？为了获得 S 的形式证明，我们需要做的事情是：把我们在上述证明过程中使用的思路从 K 树扩张到 S 树，S 系统中的新规则或者新公理相应地添加到 K 树图和 K 证明中。我们在 K 形式证明中给出的衍推引理保证了 S 树图同样地可以转换为 S 证明的结果。例如，如果我们处理的是 S 中的 T 系统，在 T 中构造的树图当然能够转换为 T 证明。

这样，为 K 给出的形式证明，实际上就为我们完成了作为 K 扩张的 S 系统的几乎同样的形式证明。

第三节　K 和 K 扩张系统的完全性证明

一、树模型定理

用树图方法为 K 和 K 扩张系统给出的语义学，在一定程度上暗示了模态 K 和 K 扩张系统的完全性。因为 K(K 扩张系统)树图可以转换为 K 证明，在封闭树构造的每一步总要对应于 K 中相应的某个证明规则。但这样一种对应并没有完全说明，只要是有效的 K 语句，就一定是可证的 K 语句。我们还需要更为标准的技巧来完成这个任务，为此，我们首先引入一个有关树模型的定理来证明 K 和 K 扩张系统的完全性。

1. 树模型的定义

在本书第六章，我们使用过树模型概念，它是关于开放树枝的。我们在这里证明树模型定理，自然也涉及开放树枝，为此，我们首先给出树模型的一个较为详细的定义。

设S是任意K系统或者是K扩张系统，一个S树的开放树枝的树模型是这样的一个模型⟨W，R，V⟩，该模型满足以下几个条件：

W是在开放树枝上所有可能世界的集合；

wRv *iff* 在该树上存在一个从世界w到世界v的箭头；

$V_w(p)=\mathrm{T}$ *iff* p出现在(非否定的)开放树枝的世界w上。

使用V指派给⊥的值，指派给复杂公式的值用⊥，→，□条件来定义。因为在S树中的箭头保证了R将遵守对S的相应条件，所以我们知道，树模型就是S模型。

2. 树模型定理

我们先有树模型中的S假定，为了证明的简洁，我们再假定，不使用那些借助定义获得的符号∧，∨，≡，◇等，而是在所有语句中只使用基本符号→，⊥，□。由此，我们就有以下可被证明的树模型定理，这个定理我们缩写为(TMT)。

(TMT)：如果H/C是S-有效，那么，对于H/C的S树是封闭的。

3. 树模型定理的证明思路

(TMT)的表述形式是：如果φ，那么ψ。显然，这个形式等价于它的逆反表达式：如果并非ψ，那么并非φ。我们用(TM)来表示这个逆反等价表达式，这可以看作是TMT的另一种表达方式，它实际上是：

(TM)如果对于H/C的S树是开放的(即不封闭的)，那么，H/C非S-有效。

这样，我们要证明树模型定理(TMT)就转换为对(TM)的证明。对于H/C一个给定的开放S树，我们要证明的是：从其开放树枝之一构造的树模型是一个对于论证H/C的S反例。结论自然就是，H/C非有效。所以，如果一个S树对于H/C是开放的，那么H/C必定非有效，(TM)由此而得到证明，自然我们也就证明了(TMT)。

二、树模型定理的证明

现在我们着手证明(TM)，证明的第一步是给出语句φ的确证概念，然后证明一个相关于确证概念的引理，再使用归纳法证明(TM)。

(一)确证概念和开放树枝引理

1. 确证概念

语句的确证(verified)是一个相关于(TM)证明的概念，因为(TM)证明中的树图树枝是开放的，并且在树枝上任意世界 w 中的每一个语句都被指派为 T 值，这可以用确证概念来加以说明。

它可以给出如下的定义：

一个原子语句 φ 得到确证，*iff* 无论什么时候 φ 在树中的任意世界 w 上出现，V 总是给 φ 指派真值 T。

2. 开放树枝引理

依据在树模型上的 V 定义，我们已知：所有命题变元都被确证。现在我们就可以证明，同样，在开放树枝上的所有语句也是被确证的。这获得了一个相关于(TM)证明的开放树枝引理。

开放树枝引理：每一个语句在树模型上被确证。

一旦证明了这个开放树枝引理，就等于证明了树模型定理。原因很简单：对于 H/C 而言，每一棵树都是用含有 H 和 $\neg C$ 语句的一个世界 w 开始的。

(二)开放树枝引理的证明

1. 语句数量的两个事实

我们使用数学归纳法来证明这个引理，为此，我们选择了语句数量的概念。语句数量的概念可以定义为：一个语句所含有的符号的数目，而不是语句所含有的 $\bot$ 的数目(在语句数目上不考虑 $\bot$，这表明 $\neg\psi$，即 $\psi\rightarrow\bot$，总是要小于 $\psi\rightarrow C$)。

我们希望证明的是，无论一个语句数目可能有多大，它总是可被确证的。由此将证明以下有关语句数量的两个事实，一个事实是基始步(BC)的事实；一个事实是归纳步(IC)的事实。

基始步的事实从数量为零的语句开始，零语句是可被确证的。归纳步的事实是说，如果所有比一个给定语句 φ 小的语句可被确证，则 φ 这个语句也可被确证。以上两个事实，我们用(BC)和(IC)来表示：

(BC)　如果 φ 有数目 0，则 φ 可确证。

(IC)　如果比 φ 小的所有语句可被确证，则 φ 可被确证。

(BC)显示，所有数量为零的语句被确证。我们接着考虑数量为 1 的语句 φ，显然，φ 大于数量为零的语句。这时候，(IC)的结论发挥作用，它保证了所有比 φ 小的语句可被确证。所以，φ 本身也就被确证。由数目 0 和数目 1 的语句被确证，自然地就推广到 2，3，4，5，等等，语句也可被确证。因此，开放树枝引理的证明，关键是证明这两个事实。

2. (BC)的证明

我们现在来证明(BC)：如果 φ 有数目 0，则 φ 可确证。

假定φ有数目0，那么φ只能是$\perp$。因为$\perp$决不出现在一个开放树枝的任何世界之中。

3.（IC）的证明

我们现在来证明（IC）：如果比φ小的所有语句可被确证，则φ可确证。

我们把前件的假定简称为归纳假设（IH）。

（IH）“比φ小的所有语句可被确证”，归纳假设的条件是φ在世界w中。

（BC）告诉我们的是，如果φ的数目为零，φ可确证。那么，φ的数目为1或者更大的时候，φ是否可被确证呢？为此，我们必须要证明的是，如果φ在世界w中，那么$V_w(\varphi)=\mathrm{T}$。

在假定φ在世界w中和φ是数目1或者更大的前提下，因为我们把符号限定在初始符号的范围之内，公式φ的情形显然只能是p，$\neg C$，$\psi\to C$或者$\Box\psi$这四种情形之一。因为C是否定的，对它的分析也是相应的四种情形$\neg p$，$\neg\neg C$，$\neg(\psi\to C)$或者$\neg\Box\psi$。显然$\neg p$和$\neg C$属于同一类型，全部语句类型可以归结为七个，可以证明，每一种类型之下的语句都是可确证的。

以下按照七个类型的情形一一给以证明。

4. 七种语句类型的证明

（1）情形1：语句类型p。

变元p显然被确证，因为当p在世界w中的时候，指派V的定义就是在表明$V_w(p)=\mathrm{T}$。

（2）情形2：语句类型$\neg p$。

因为$\neg p$在w中，所以p不在w中，否则该开放式树枝就成为封闭的了。$\neg p$在w中，依据树模型的定义$V_w(p)=\mathrm{F}$，再依据$\neg$定义可得$V_w(\neg p)=\mathrm{T}$。

（3）情形3：语句类型$\neg\neg\psi$。

依据归纳假设条件，$\neg\neg\psi$出现在世界w中，依据（$\neg$F）规则，则ψ在世界w中。因为ψ比φ小，依据归纳假设（IH），ψ被确证，所以$V_w(\psi)=\mathrm{T}$。自然$V_w(\neg\psi)=\mathrm{F}$，再推出$V_w(\neg\neg\psi)=\mathrm{T}$。

（4）情形4：语句类型$\neg(\psi\to C)$。

同理，$\neg(\psi\to C)$在世界w中，依据（$\to$F）规则，ψ和$\neg C$在w中。因为ψ小于φ，所以ψ被确证。因为$\neg C$小于φ，所以$\neg C$被确证。即$V_w(\psi)=\mathrm{T}$，且$V_w(\neg C)=\mathrm{T}$，依据$\to$定义，自然$V_w(\psi\to C)=\mathrm{F}$。再根据$\neg$定

义，$V_w(\neg(\psi \to C)) = \mathrm{T}$。

(5)情形 5：语句类型$\neg\Box\psi$。

依据归纳假设条件，$\neg\Box\psi$出现在 w 中，这就可以把($\Box$F)规则应用到$\neg\Box\psi$，产生另一个世界 v，wRv。因为$\neg\psi$小于φ，所以依据归纳假设(IH)，$\neg\varphi$被确证。这就有 $V_v(\neg\psi) = \mathrm{T}$，$V_v(\psi) = \mathrm{F}$。依据($\Box$)规则，$V_v(\Box\psi) = \mathrm{F}$ 。再依据($\neg$)规则，我们在这一情形下就有 $V_w(\neg\Box\psi) = \mathrm{T}$。

(6)情形 6：语句类型$\psi \to C$。

依据归纳假设条件，$\psi \to C$ 出现在世界 w 中，使用($\to$T)规则，在该树枝中的 w 上有$\psi \to C$ 的平行分叉，即或者$\neg\psi$或者 C 在这个开放树枝的 w 上为真。假定$\neg\psi$在 w 中出现，根据语句规则的定义，保证了$\neg\psi$一定小于$\psi \to C$。同样，假定 C 在 w 中出现，也根据语句规则的定义，保证了 C 一定小于$\psi \to C$。所以根据归纳假设(IH) $\neg\psi$和 C 都被确证。这就有 $V_w(\neg\psi) = \mathrm{T}$ 和 $V_w(C) = \mathrm{T}$，既而有 $V_w(\psi) = \mathrm{F}$。根据($\to$)规则，可得 $V_w(\psi \to C) = \mathrm{T}$。

(7)情形 7：语句类型$\Box\psi$。

根据归纳假设条件，$\Box\psi$出现在 w 中。我们必须证明 $V_w(\Box\psi) = \mathrm{T}$，运用($\Box$)规则于$\Box\psi$，$\psi$就在另一个任意可能世界 v 中使得 wRv。因为ψ小于$\Box\psi$，依据归纳假设(IH)，ψ被确证，由此有 $V_v(\psi) = \mathrm{T}$。因为 v 是 W 中任意可能世界，依据($\Box$)规则，就可得 $V_w(\Box\psi) = \mathrm{T}$。

这样，我们就完成了树模型定理的证明，这个证明表明了树模型方法是一种直观刻画模态逻辑语义学的方法，而当我们转向命题模态逻辑的完全性定理的证明时，还可以发现，这个树模型方法仍然可以扮演重要的角色。

(三)多种模态逻辑的完全性证明

以上给出的树模型定理证明，也适用于证明多种模态逻辑的完全性，并且把多种模态逻辑的完全性证明变成了一件简单的事情。对 K 所做的证明揭示了对于所有其他系统的证明策略。为了证明 K 的完全性，我们将必须去证明：每一个 K-有效论证在 K 中是可证明的。

所以，如果我们假定论证 H/C 是 K-有效，根据树模型定理可以得到，表达该论证的那棵树就是封闭的。但是，如果表达该论证的那棵树是封闭的，则根据我们在本章第一节讨论的如何把每一个 K 封闭树转换成相应的证明，论证 H/C 就恰好在 K 中有一个证明。正好是同样的论证起到了证明任意模态逻辑 S 完全性的作用，对于任意模态逻辑，我们可以确证树模型定理，我们也可以给出一个方法把封闭的树转换成证明。

因为树模型定理是对任意给定的系统 S 得到证明的，完全性对所有在第七章讨论的模态逻辑自然就随之得到证明。

这个推导的思路可以用图 7-37 来加以表示：

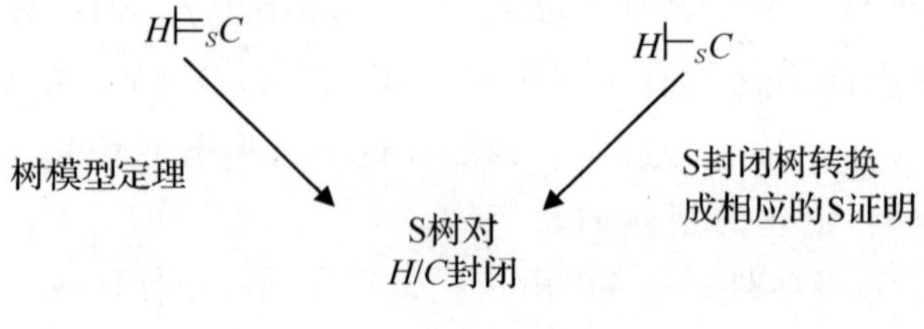

图 7-37 完全性证明思路图

第八章　典范模型和合成收敛方法

证明完全性的一个更为强有力的方法，称作亨金方法或者典范模型方法，他为美国逻辑学家亨金1949年创建，在逻辑中被广泛运用。

——伽森

第一节　典范模型方法

一、林登鲍姆定理和典范模型

(一)三类完全性

证明模态逻辑的完全性，有必要区分完全性的三种情形，一种情形是从语形和语义角度来考虑的完全性，另一种情形则是从完全性强度方面来考虑的完全性，第三种情形是依据完全性的证明方式来分类的，称作相对的完全性和绝对的完全性。

1. 语形完全性和语义完全性

从语形和语义角度考虑的完全性，自然就有语形的完全性和语义的完全性两种。语形的完全性也可以称作结构上的完全性，这种完全性要求，在一个逻辑中被我们允许使用的语形规则，它一定能够在这个逻辑中可导出。结构的完全性是PL具有的性质，但在模态逻辑中一般都不具有这种完全性。K模态系统中的规则$\Box\bot\vdash\bot$是K中允许使用的规则，但它却不是K中可导出的规则。所以，K不是结构完全的。[①] 因此，结构完全性不适合于模态逻辑，讨论模态逻辑的完全性，我们更多地关注有效性和可导出性质之间的对应，这就是逻辑系统的语义完全性。以下有关强完全性和弱完全性的描述，也主要是从语义角度对完全性的两种分析。

2. 强完全性和弱完全性

一个逻辑的强完全性是指：如果一个逻辑S相关于一个框架类或者模型类M的时候，S中的任意语句p在模型类M中可以是语句集合H的语义后承，可看作相关于H有效，即$H\vDash_S p$，则这个语句在S中就是

① A. Chagrov, M. Zakharyaschev: *Modal Logic*, Oxford, Oxford Science Publications, 1997, p. 88.

可证的。这就是说，在 S 中如果从 H 获得语义有效语句 p，则 p 在 S 中一定可证。这个时候，逻辑 S 就具有强完全性。我们很快就可以看到，依据这个定义，用典范模型方法给出的完全性，自然就是一个逻辑 S 的强完全性。

一个逻辑的弱完全性则是指：如果一个逻辑 S 相关于一个框架类或者模型类 M 的时候，S 中的任意语句 p 在模型类 M 中有效，即 $M \vDash p$，则这个语句 p 在 S 中就是可证的，即 $\vdash_S p$。这就是说，在 S 中从 M 获得的语义有效的语句，则在 S 中一定可证。这个时候，逻辑 S 就具有弱完全性。

由以上对强和弱的两种完全性论述可知，弱完全性可看作是强完全性的一个特例。当 H 是空集合的时候，恰好表述的就是弱完全性的含义。相关于某些结构类的强完全性，蕴涵着相关于同样类别的弱完全性。[①]

3. 相对完全性和绝对完全性

由于模态有效性概念的复杂性，完全性还可以有两类，相对的完全性和绝对的完全性。

在第七章中，我们用树图向证明的转换和树模型定理表明 K 和一些 K 扩张系统的完全性。一个 S 中的论证 $H \vdash C$，依据树模型定理可知，它可以表示为一个对于 H/C 的封闭树图，反过来，这个封闭树图又可以转换为 S 中的一个证明，由此可知这个 S 是完全的。在 K 扩张系统中，封闭树图总是相对于一个特定的关系框架，依据这个特定框架我们获得某个特定的 K 扩张系统的完全性，这样的完全性称之为相对的完全性。[②]

但并不是所有的 K 扩张系统的完全性都可以用这个方法得到证明，如果我们着眼于一个框架类而不是单一的关系框架，把全体适合于 S 的框架形成的框架类作为考虑的基点来证明 S 的完全性，这样的完全性称作绝对的完全性，也称作框架类的完全性。本章，我们将给出模态逻辑框架类完全性定理的证明，证明方法就是著名的典范模型方法，它可以为更广泛的正规模态系统提供不同于树图转换的完全性证明。

典范模型方法的基本思路是用语言自身提供构造模型的成分，其中的一个成分是极大一致性集合。该集合概念扮演了可能世界概念 W 的角色。简言之，这个概念完全地描述了某一个世界的事实，那就是，对于一个语言中的语句 φ 而言，它在一个世界中的事实只能是：或者具有命题 φ，或者具有命题 $\neg\varphi$，但不能同时具有这两者。所以，一个逻辑系统

---

① Patrick Blackburn, Maarten de Rijke, Yde Venema: *Modal Logic*, Cambridge, Cambridge University Press, 2001, pp. 193-194.

② 周北海：《模态逻辑导论》，北京，北京大学出版社，1997，第 142 页。

S 可以简单地看作是一组合式公式的集合，当我们说在 S 中φ可证，即$\vdash_S\varphi$的时候，则语句φ属于语句集合 S 的一个成员。①

(二)亨金证明

用极大一致性集合概念的相关性质来证明完全性，为美国逻辑学家亨金(L. Henkin，1921—2006)在 1949 年首创，其后被广泛运用于各种逻辑系统。② 亨金证明的关键步骤是证明著名的林登鲍姆引理。这个引理由波兰逻辑学家林登鲍姆(Adolf Lindenbaum，1904—1941)建立，在描述这个林登鲍姆引理之前，我们先给出极大一致性集合及其相关概念。

1. 极大一致性集合及其相关概念

(1)几个符号的说明。

①M，φ。

当 M 是语句的无限集合时，符号“M，φ”表示：增加语句φ给集合 M。

②$M\vdash_S\varphi$。

当 M 是语句的无限集合，S 是一个模态系统时，符号 $M\vdash_S\varphi$表示：存在一个有限序列 H，H 由某些 M 的成员构成，使得 $H\vdash_S\varphi$。

③M'。

M'表示 M 的扩张。

M'是 M 的扩张的意思是：M 中的每一个成员一定是 M'的成员。

(2)极大和一致性。

①极大。

一个语句集合 M 是极大的，*iff* 对每一个语句φ，或者φ在 M 中，或者$\neg\varphi$在 M 中。

②一致性。

一个语句集合 M 在 S 中是一致的，*iff*　$M\nvdash_S\bot$。

自然，一个语句集合 M 在 S 中是不一致的 *iff*　$M\vdash_S\bot$。

(3)极大一致性集合。

M 对于 S 是极大一致性集合(缩写为 *mc*)，*iff*　M 在 S 中既是极大的，又是一致的。

显然，M 对于 S 如果既是极大且具有一致性，M 就是对于 S 的极大一致性集合 *mc*。

---

① 李小五：《现代逻辑学讲义：模态逻辑》，广州，中山大学出版社，2005，第 136 页。

② G. E. Hughes，M. J. Cresswell：*A New Introduction to Modal Logic*，London，Routledge，1996，p. 123 note1.

说一个集合 M 是极大一致的，它的直观意义在于，这个集合 M 容纳了一个世界 w 所能容纳的所有一致性语句，如果我们再往 w 里面增加新成员，这个成员或者等于其中已有的某个成员，或者造成该集合 M 中语句的不一致。

以下约定，如果不产生混淆，我们将省略$\vdash_S$下标的 S。

2. 亨金证明的思路

(1)亨金构造。

设 S 为任意逻辑系统，φ是 S 中的任意语句，我们要证明 S 的完全性，也就是证明：任意语句φ在 S 中有效，那么它一定在 S 中可证。亨金证明给出的思路是，构造一个在 S 中不可证的语句φ，并且证明，当φ在 S 中不可证的时候，则一定有$\neg\varphi$在 S 中。由此，我们就需要得到含有$\neg\varphi$并且符合相关条件的极大一致集合 mc。

(2)极大一致集合的作用。

为什么在完全性证明中需要极大一致集合？这可以从以下几个方面来理解。

首先需要关注的是，对于任意一个逻辑 S 而言，其任意模型中的每一个世界 w，都与一个语句集合相关联，这个语句集合实际上就是极大一致集合 mc。也就是，如果语句φ在 S 的某些模型中为真，则φ一定属于 S 的极大一致集合 mc。还有一点也值得关注，如果一个世界 w 在某些模型中相关于 w'，那么很清楚，在与 w 和 w' 相关联的极大一致集合 mc 中所体现的信息也是一致相关的。由此我们可知：那些模型导致一致性相关的极大一致集合 mc 的集合。①

而林登鲍姆引理保证了，这样的极大一致集合的集合是可以得到的。所以，实现亨金证明的关键步骤，就是证明林登鲍姆引理。

3. 林登鲍姆引理

林登鲍姆在其短暂的一生中，为逻辑学留下的最重要的贡献是著名的林登鲍姆引理，这个引理的成立使得亨金证明成为可能。

林登鲍姆引理：每一个一致性集合有一个 mc 扩张。

这个引理意味着，总可能给一个一致性集合 M 增加语句，增加之后的结果是使得 M' 保持了一致性并且是极大的。

---

① Patrick Blackburn，Maarten de Rijke，Yde Venema：*Modal Logic*，Cambridge，Cambridge University Press，2001，p. 196.

(三)林登鲍姆引理的证明

1. 构造 m 集合

(1)基本符号假定。

设 M 是任意一致性集合，即从 M 推不出矛盾，这用以下符号表示：$M \nvdash \bot$。

令所有在一个无限序列中的语句为：φ_1，φ_2，…，φ_i，…。符号 φ_i 代表该序列中的第 i 个语句。有了这个语句序列的表达式，我们接之给出一个有关 M 的无限序列。

(2)构建无限系列 $M_1, M_2, \cdots, M_i, \cdots$。

用下述方式构建一个全集合的无限系列 $M_1, M_2, \cdots, M_i, \cdots$。

设 M_1 是 M，我们考虑将语句无限序列中的第一个语句 φ_1 加到 M_1 上。如果 M_1，φ_1 是一致性的集合，则让 M_2 等于 M_1，φ_1。但如果 M_1，φ_1 是不一致性的集合，则让 M_2 等于 M_1，$\neg\varphi_1$。简言之，给 M_1 增加 φ_1，这样做的结果是一致的，那就有一致性集合 M_1，φ_1。如果 M_1，φ_1 不是一致性的集合，那我们就增加 $\neg\varphi_1$ 给 M_1，这就构成了 M_1，$\neg\varphi_1$。由此，集合系列 $M_1, M_2, \cdots, M_i, \cdots$ 可以正式地给出以下定义。

M_1 是 M，即 $M_1 = M$，则我们可以通过以上所列步骤构造一个全集合的无限系列 $M_1, M_2, \cdots, M_i, \cdots$。

$M_2 = M_1$，φ_1，如果 M_1，$\varphi_1 \nvdash \bot$；

$M_2 = M_1$，$\neg\varphi_1$，如果 M_1，$\varphi_1 \vdash \bot$。

同样的构造方式重复运用到其他的语句集合。

$M_3 = M_2$，φ_2，如果 M_2，$\varphi_2 \nvdash \bot$；

$M_3 = M_2$，$\neg\varphi_2$，如果 M_2，$\varphi_2 \vdash \bot$；

……

继续这一构造过程，一个全集合系列成员 M_i，φ_i 就是以下情形之一：

$M_{i+1} = M_i$，φ_i，如果 M_i，$\varphi_i \nvdash \bot$；

$M_{i+1} = M_i$，$\neg\varphi_i$，如果 M_i，$\varphi_i \vdash \bot$。

这个构造全集合系列 $M_1, M_2, \cdots, M_i, \cdots$ 的过程开始于一致性的集合 M，在每一个阶段 i 上，如果增加的结果是一致的，我们就完成了一致性的构造；如果增加的结果是不一致的，那也不要紧，给它增加 $\neg\varphi_i$，还是构成了一致性的集合。

(3)集合 m。

设 m 是含有 M 成员并且含有给 M 按照上述构造方式增加的语句 φ_1，

φ_2，…，φ_i…所构成的一个集合。现在我们需要证明的就是，集合 m 既是极大的，又是一致的。证明了 m 的极大一致性，也就证明了林登鲍姆引理。

2. 证明林登鲍姆引理

(1)证明 m 是极大的。

m 它恰好就是我们所希望的 M 的扩张。因为 m 含有 M 成员，并且，它是在任意 M_{j+1} 的构造中，通过加上语句 φ_j，或者 $\neg\varphi_j$ 而构成的。这个增加的过程是没有止境的，所以它是一个无限的集合。依据我们对扩张的定义，很明显，m 是 M 的扩张。

依据我们对极大性质的定义，一个公式集合 M 是极大的，*iff* 对每一个公式 φ，或者 φ 在 M 中，或者 $\neg\varphi$ 在 M 中。

而我们对 m 的构造方式，或者是增加 φ 给 m，或者是增加 $\neg\varphi$ 给 m，这就保证了 m 是极大的。

(2)证明 m 是一致的。

①如果 M_i 是一致的，那么 M_{i+1} 是一致的。

我们先证明，构造 M_i 的过程保留了在它之前的语句集合的一致性，那就是：如果 M_i 是一致的，那么 M_{i+1} 是一致的。

这里有两种情形，一种是：

加进 φ_i，那么由此形成 M_i，$\varphi_i \nvdash \bot$，那就是 M_{i+1} 是一致的。

另一种是：加进 $\neg\varphi_i$，那么由此形成 M_i，$\varphi_i \vdash \bot$。根据(IP)规则，则有 $M_i \vdash \neg\varphi_i$(a)。

假定这种情形下的 M_{i+1} 是不一致的，则 M_i，$\neg\varphi_i \vdash \bot$。再依据(IP)规则，则有 $M_i \vdash \varphi_i$(b)。

(a)和(b)构成矛盾，于是有：$M_i \vdash \bot$。这又和“M_i 是一致的”的假设相冲突。所以，M_{i+1} 是必定一致的。

我们证明了如果 M_i 是一致的，那么 M_{i+1} 是一致的，也就是 M_{i+1} 保留了 M_i 一致性，因为这个过程开始于一致性集合 M，这自然得出，对于任意 j，M_j 是必定一致的。

但这并没有完全证明 m 的一致性，对于每一个 j 而言，证明 $M_j \vdash \bot$ 和以上证明并不完全相同。我们还需要一个更具一般性的引理，来证明我们已经构造的那一类集合的一致性，这就是 M 引理。

②M 引理。

设 M_1，M_2，…，M_i，… 是一致性集合的序列，其中的每一个集合都是给 M 增加语句而获得的，后一个是前一个集合的扩张，则我们有 M 引理：

如果 m 含有所有在 M 中的公式并且含有所有给 M_i 增加的语句，那么，m 是一致的。

③M 引理的证明。

$M_1, M_2, \cdots, M_i, \cdots$ 系列，M 集合和 m 集合如前所假设，我们用间接证明的方式来完成这个证明。

假定 $m \vdash \bot$，也就是 m 是不一致的。

根据$\vdash$的定义，一定有一个有限公式系列 H，它属于 M 的成员，来为这个推导给出充分的证明。所以有一个有限的 m 的子集 M'使得 $M \vdash \bot$。

因为 M'有限，一定有一个最大集合 j 使得公式φ_j是 M'的成员。

因为集合 $M_1, M_2, \cdots, M_i, \cdots$ 系列随着索引数字的增大而变得越来越大，语句φ_j的每一个公式在 M_j 被构造的那个时刻一定已经加进，并且因此所有 M'成员已经在 M_{i+1} 中。

因为 $M' \vdash \bot$，并且 M_j 包括了所有 M'的成员，所以就可以得出 $M_{i+1} \vdash \bot$。但这个结果和 $M_i \nvdash \bot$是矛盾的。

所以，m 是一致的。

林登鲍姆引理由此得证。

二、典范模型和典范模型定理

(一)典范模型

我们给出 mc 集合的一些基本概念和相关引理，这为定义一个用于完全性证明的模型——典范模型打下了基础，这一节我们将围绕典范模型的一些相关内容展开描述。

1. 典范模型的观念及其定义

在讨论极大一致集合作用的时候曾经谈到，某些模型导致一致性相关的极大一致集合 mc 的集合，典范模型实际上是对极大一致集合这种作用的一个反方向的考虑。在典范模型构造后面隐含的观念是：我们从一致相关的极大一致集合 mc 的集合出发往后回溯，回溯到我们所希望构造的模型。我们的目标是给出这样一个证明，该证明告诉我们，一个语句φ属于一个极大一致集合 mc，这实际上等价于是说：语句φ在某些模型中是真的。

借助于构造典范模型，它本质上是所有我们感兴趣的那个逻辑的极大一致集合 mc，我们可以给出这样的证明。这个证明的思路是：对于一致相关的极大一致集合 mc 中的信息，我们将规定典范模型概念所意指的东西，同时，使用典范模型概念去定义我们所需要的可通达关系。

为什么要称作典范模型？只要设想这样一个模型是对于逻辑 S 的普

遍模型，就容易理解这个模型何以称之为典范模型了。

2. 典范模型的定义

设 S 是通过增加公理给 K 系统（K＝PL＋(□in)＋(□out)）而获得的逻辑系统，S 的典范模型 $\langle W,R,V\rangle$ 定义如下。

①W 包含 S 系统的每个 mc。这也可以表示为，$w \in W$，iff w 是极大一致的。

②(Def R) 设 w 和 v 都在 W 中，wRv iff 对所有语句 ψ，如果 $w \vdash_S \Box\psi$，那么，$v \vdash_S \psi$。我们称这种 R 为典范关系，典范关系表明的是，任意两个世界 w 和 v，如果 S 中的模态语句 $\Box\psi$ 在 w 上成立，S 中的语句 ψ 在 v 上也成立，则这两个世界 w 和 v 之间就具有典范关系 R。反过来，当两个世界 w 和 v 之间具有典范关系 R 的时候，以上的语句条件关系也得到满足。

③(Def V) $V_w(\varphi)=\mathrm{T}$ iff $w \vdash_S \varphi$。我们称这种 V 为典范指派，这种指派表明，一个语句 φ 在 w 上为真等价于语句 φ 属于 w 中的一个成员。

与典范模型相对应，序偶 $\langle W, R\rangle$ 称之为对于逻辑 S 的典范框架。

(二)典范模型定理

1. 典范模型定理

由以上典范模型定义，我们可以获得一个有关典范模型的定理，这就是典范模型定理。

S 的典范模型是 K 模型。

2. 典范模型定理的证明思路

如果上述典范模型 $\langle W, R, V\rangle$ 是一个 K 模型，则必定需要一个装载 S 系统的世界 W，也就是 W 非空，R 必定为 W 中各个成员间的某种二元关系，V 则必须遵守指派函数所要求的条件，那就是：$V_w(\varphi)=\mathrm{T}$ iff $w \vdash_S \varphi$。

证明了这三点，这个定理就得到了证明。

(三)典范模型定理的证明

1. W 非空和 R 二元关系的证明

W 非空可以证明如下：系统 S 是一致的。因为每一个可证语句在 S 中是有效的，又因为公式 $\perp$ 是非有效的，可知 $\perp$ 不可证。所以，空集合 $\{\ \}$ 有特性：$\{\ \} \nvdash_S \perp$。因为 $\{\ \}$ 一致，根据林登鲍姆引理，它可以在 W 中的 w 上扩展到一个极大一致性集合 mc，这样，这就证明了 W 非空。

R 表达的是任意两个 W 中元素之间的关系，自然是一种 W 上的二元关系。

现在我们证明第三点：V 指派遵守与 K 相关的指派条件。

2. 关于 V 指派的证明

(1)证明 V 必须遵守(⊥)规则。

K 中的(⊥)规则告诉我们的是，如果我们在 K 中的 w 上推出了⊥，这表明 $V_w(\bot)=\mathrm{F}$。这意味着 $w\nvdash\bot$，w 是一致的，我们要证明的恰好就是这一点。依据典范模型对 V 的定义 $V_w(\varphi)=\mathrm{T}$ *iff* $w\vdash_S\varphi$，又因为 w 是一个 mc 集合，自然 V 遵守(⊥)规则。

(2)证明 V 必须遵守(→)规则。

先看(→T)，如果 $V_w(\varphi\to\psi)=\mathrm{T}$，那么，$V_w(\varphi)=\mathrm{F}$ 或者 $V_w(\psi)=\mathrm{T}$。

再看(→F)，如果 $V_w(\varphi\to\psi)=\mathrm{F}$，那么，$V_w(\varphi)=\mathrm{T}$ 并且 $V_w(\psi)=\mathrm{F}$。

根据(Def V)、(→)两规则相当于(→⊢)和(→⊬)。

(→⊢)　如果 $w\vdash\varphi\to\psi$，那么 $w\nvdash\varphi$ 或者 $w\vdash\psi$。

(→⊬)　如果 $w\nvdash\varphi\to\psi$，那么 $w\vdash\varphi$ 并且 $w\nvdash\psi$。

为建立(→⊢)，我们假定，$w\vdash\varphi\to\psi$。因为 w 最大，所以，或者是 φ 或者是 $\neg\varphi$ 在 w 中。若 φ 在 w 中，用(MP)规则立刻推出 $w\vdash\psi$；若 $\neg\varphi$ 在 w 中，那么 $w\nvdash\varphi$，因为 w 是一致的。所以只能有结论：或者 $w\nvdash\varphi$ 或者 $w\vdash\psi$。

为建立(→⊬)，我们假定，$w\nvdash\varphi\to\psi$。所以 $\varphi\to\psi$ 不在 w 中。因为 w 极大，所以，或者是 $\varphi\to\psi$ 或者是 $\neg(\varphi\to\psi)$ 在 w 中，既然 $\varphi\to\psi$ 不在 w 中，当然 $\neg(\varphi\to\psi)$ 在 w 中。因为 w 是一致的。所以只能有结论：$w\vdash\varphi$ 并且 $w\nvdash\psi$。

(3)证明 V 必须遵守(□)规则。

先看(□T)，如果 $V_w(\Box\varphi)=\mathrm{T}$，那么，对所有在 W 中的 v，如果 wRv，那么，$V_v(\varphi)=\mathrm{T}$。

再看(□F)，如果 $V_w(\Box\varphi)=\mathrm{F}$，那么，对有些在 W 中的 v，如果 wRv，那么，$V_v(\varphi)=\mathrm{F}$。

根据(Def V)、(□)两规则相当于(⊢□)和(⊬□)。

(⊢□)　如果 $w\vdash\Box\varphi$，那么，对所有在 W 中的 v，如果 wRv，那么，$v\vdash\varphi$。

(⊬□)　如果 $w\nvdash\Box\varphi$，那么，对有些在 W 中的 v，如果 wRv，那么，$v\nvdash\varphi$。

以下先给出(⊢□)的证明：

假定 $w\vdash\Box\varphi$，设 v 是 W 中任意成员使得 wRv，根据(Def R)，对任意公式 ψ，若 $w\vdash\Box\psi$，那么 $v\vdash\psi$，这就有 $v\vdash\varphi$。

但证明(⊬□)须借助于扩张引理、V 引理、一致性引理和 R 引理，有了这些引理，我们就获得了($\nvdash\Box$)的证明。

由此，典范模型定理中对($\nvdash\Box$)的证明，就转换成对于一些背景性引理的证明。

(4)背景性引理的设想。

为什么证明($\nvdash\Box$)须借助于扩张引理、V 引理、一致性引理和 R 引理？这需要我们设想，这个规则会出现在哪些可能情形之中。

最基本的可能情形是集合 M 的扩张 M'，当一个语句φ在 M 中不可证的时候，它在 M 的扩张 M' 中是不是可证最为要紧。然后我们才可以考虑相关的可通达世界中语句的一致性问题，进而考虑其他的引理。

(四)关于证明($\nvdash\Box$)的若干引理及其证明

证明($\nvdash\Box$)须借助于扩张引理、V 引理、一致性引理和 R 引理，以下，我们分别给出这些引理及其证明。

1. 扩张引理及其证明

(1)扩张引理。

如果 M'是 M 的扩张，那么，如果 $M\vdash\varphi$，那么 $M'\vdash\varphi$。

(2)扩张引理证明。

如果 $M\vdash\varphi$，那么 $H\vdash\varphi$，其中 H 是 M 有些成员的一个有限序列。因为 M'是 M 的扩张，H 也是使得 $H\vdash\varphi$的 M'的有些成员。

因此，$M'\vdash\varphi$。

2. V 引理及其证明

(1)V 引理的相关概念。

①语句序列 V。

设 V 是语句序列，该语句序列是从那些带有形状为$\Box\psi$的 w 的那些成员中，移走$\Box$而获得的结果。

②(V)规则。

这个规则实际上是公式序列 V 的上述定义，其中的$\in$表示ψ是 V 的成员。

(V)　$\psi\in V$　*iff*　$\Box\psi\in w$。

③公式序列$\Box$V。

$\Box V$ 是给 V 的每一个成员增加$\Box$而获得的公式序列集合，我们可以用一个集合例子来说明这个$\Box V$。假定 w 是以下集合$\{A，\Box C，\neg\Box B，\Box D，\Box A\rightarrow E\}$，那么 V 是$\{C，D\}$，并且$\Box V$ 是$\{\Box C，\Box D\}$。这个实例说明$\Box V$ 的一个一般特性：即它所有的成员都在 w 中。

由此我们有 V 引理，这个引理的直观含义实际上已经包含在我们对

于 V 的定义之中。把 w 中那些带有□算子的语句移走，剩下的东西就构成了 V。现在我们又给它加上□算子，自然我们就有 V 引理。

(2)V 引理及其证明。

①V 引理。

w 是□V 的一个扩张。

②V 引理证明。

考虑□V 的任意成员 ζ。如果 ζ 是□V 的成员，那么 ζ 是对 V 中的某些公式 ψ 的□ψ，□ψ 在 w 中，这就可以得出任意□V 的成员在 w 中的结论。

3. 一致性引理及其证明

(1)一致性引理。

如果 $w\nvdash\Box\varphi$，那么 V，$\neg\varphi$ 是一致的。

(2)一致性引理证明。

假定 $w\nvdash\Box\varphi$，但 V，$\neg\varphi$ 是不一致的，也就是 V，$\neg\varphi\vdash\bot$。那么 H，$\neg\varphi\vdash\bot$，显然，其中的 H，$\neg\varphi$ 是 V，$\neg\varphi$ 中的一些成员序列。根据(IP)，$H\vdash\varphi$。根据 K 普遍必然化规则(GN)，$\Box H\vdash\Box\varphi$。因为 V 是 H 的扩张，当然□V 是□H 的扩张。由 V 引理告诉我们，w 是□V 的扩张，所以 w 是□H 的扩张。再根据扩张引理可得：$w\vdash\Box\varphi$。这就和我们的假定相矛盾。

由此，一致性引理得到证明。

4. *R* 引理及其证明

(1)R 引理。

如果 v 是 V，$\neg\varphi$ 的扩张，那么 wRv。

(2)R 引理证明。

假定 v 是 V 的扩张，根据(*def R*)，wRv 成立 *iff* 对任意 ψ，$w\vdash\Box\psi$，那么有 $v\vdash\psi$。

设 ψ 是任意语句，假定 $w\vdash\Box\psi$，我们可以证明 $v\vdash\psi$。

从 $w\vdash\Box\psi$ 的假定可得 $\Box\psi\in w$，因为，如果不是这个结果的话，依据 w 是极大集合就得 $\neg\Box\psi\in w$，所以 $w\vdash\neg\Box\psi$，这和 w 具有一致性是冲突的，所以只能是 $\Box\psi\in w$。由此，依据(V)可得 $\psi\in V$。但是，v 是 V，$\neg\varphi$ 的扩张，所以 $\psi\in v$，由此得：$v\vdash\psi$。

由以上引理的引入，我们就可以证明($\nvdash\Box$)规则。

5. 完成典范模型定理的证明

(1)($\nvdash\Box$)的证明。

假定 $w\nvdash\Box\varphi$。

一致性引理保证了 V，$\neg\varphi$ 是一致的；

根据林登鲍姆引理，我们可以扩张集合 V，$\neg\varphi$ 到一个 W 上的 mc 集合 v；

根据 R 引理得 wRv，因为 v 是 V，$\neg\varphi$ 的扩张，也可得 $\neg\varphi\in v$；

因此，根据 v 一致性 $v\nvdash\Box\varphi$。我们现在已经发现了一个 mc 集合 v，该集合具有特性：wRv 并且 $v\nvdash\varphi$。

这就完成了($\nvdash\Box$)的证明。

(2)典范模型定理得到证明。

当($\nvdash\Box$)得到证明的时候，也就说明了系统 S 的典范模型就是 K 模型，从而完成了典范模型定理“S 的典范模型是 K 模型”的证明。

典范模型定理的证明过程可以用图 8-1 表示。

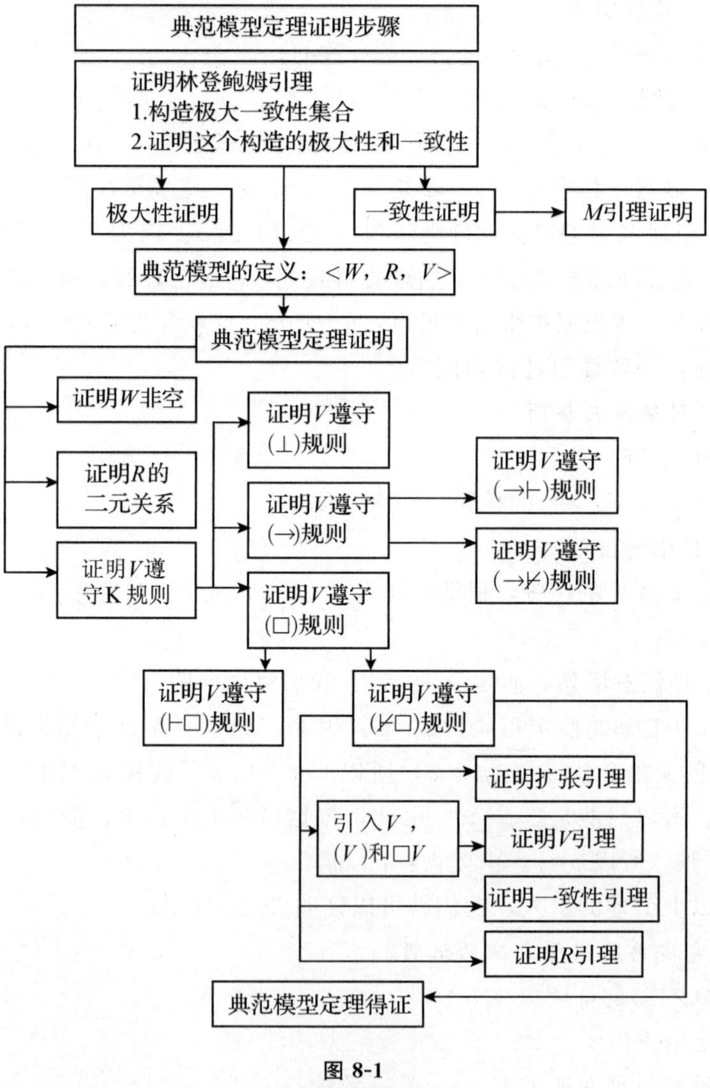

图 8-1

第二节　基于K的模态逻辑完全性证明

一、使用典范模型证明S系统完全性的思路

典范模型可以用来证明，建筑在K基础上的许多模态系统的完全性问题。这就是说，如果这样一类系统的语句论证系列是S-有效，则该语句论证系列是可证的，即如果H/C是S-有效，则$H\vdash_S C$。这个证明过程也可以转换形式，用它的逆否形式来获得证明。那就是：如果$H\nvdash_S C$，那么H/C是非S-有效。本节我们将讨论这一证明思路，并且涉及典范模型的一些相关领域的问题。

(一)逆否假定

从假定$H\nvdash_S C$开始，得到H/C是S-非有效。

假定$H\nvdash_S C$，依据(IP)规则H，$\neg C\nvdash_S\bot$是一致的。

根据林登鲍姆引理，含有H，$\neg C$成员的集合可以扩张到一个mc集合w。

现在考虑对于S的典范模型$\langle W, R, V\rangle$。

因为w是一个在W中的mc集合，依据(Def V)，再依据在H，$\neg C$中的每一成员ψ是使得$w\vdash\psi$的事实，我们有$V_w(H)=\mathrm{T}$且$V_w(\neg\varphi)=\mathrm{T}$。

所以，$V_w(\varphi)=\mathrm{F}$。

根据典范模型定理，典范模型是一个K模型。

所以，它对H/C是一个K-反例。

如果我们能够证明：该典范模型遵守系统S的相应性质，那么该典范模型就是一个S-反例，由此，H/C是S-非有效。

这就能够得出一个基于K系统的模态系统S的完全性证明。

(二)基于K的模态系统完全性证明可以归之于*R*性质

由这个思路可知，我们证明一个基于K的模态系统的完全性，仅仅只留下一件事，那就是表明这个典范模型框架遵守系统S的相应性质。用实例来说明这一点，如果系统S指的是T系统，那么我们必须证明的仅仅就是R是自反的，有了这一点，立刻就可以得出：该典范模型是一个对H/C的T-反例，所以，H/C是T-非有效。

二、典范模型的 *R* 性质和封闭引理

（一）两个有用事实

1. 第一个事实：当世界不处于 *R* 中的时候，有(¬*R*)规则

R 的第一个事实是：当两个世界之间没有 R，或者说是 $\neg R$ 的时候，也就是并非 wRv 的时候，那么对于某些公式 φ 就有 $V_w(\Box\varphi)=\mathrm{T}$ 并且 $V_v(\varphi)=\mathrm{F}$。这称之为(¬R)规则，可以用图 8-2 表示如下。

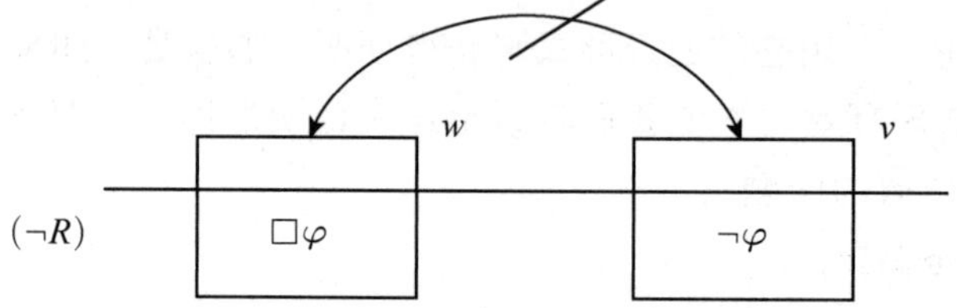

图 8-2

2. 第二个事实：演绎封闭集合 *w* 的特性

我们先给出 mc 集合 w 是演绎封闭集合的定义。

一个 mc 集合 w 是演绎封闭的，*iff* 如果 $H\vdash C$ 并且 $V_w(H)=\mathrm{T}$，那么 $V_w(C)=\mathrm{T}$。

一个演绎封闭的集合，也称封闭集合 w 有这样的特性，当论证 H/C 在 S 中可证，V 将在 w 中指派其结论以 T 值，只要它的假设也在 w 中被指派以 T 值。

由此，我们有封闭引理。

（二）封闭引理及其证明

1. 封闭引理

在任意遵守(Def V)的模型中，w 是封闭的。

2. 封闭引理的证明

假定 H/C 并且 $V_w(H)=\mathrm{T}$，设 ψ 是 H 的任意成员，那么有 $V_w(\psi)=\mathrm{T}$ 并且根据(Def V)有 $w\vdash\psi$。所以，H 的每一个成员从 w 出发是可证的。又有 $H\vdash C$，这就保证了 $w\vdash C$。再根据(Def V)，就有结论 $V_w(C)=\mathrm{T}$。

三、*R* 性质和可证性的对应：T、K4 和 KB

（一）(T)可证和 *R* 自反的对应

我们仍然使用反证法，假定(T)可证，但 R 是非自反的。

由此，就有某些世界 w，并非 wRw。

依据($\neg R$)规则，我们对某些公式φ，有 $V_w(\Box\varphi)=T$ 并且 $V_w(\varphi)=F$；但由于(T)在 S 中可证，依据(MP)规则可得，$\Box\varphi\vdash\varphi$。又因为 W 中的每一个世界是封闭的，我们又可从 $V_w(\Box\varphi)=T$ 得到 $V_w(\varphi)=F$。

这就从假定推出了矛盾，说明 R 非自反的假定不成立，所以，R 是自反的。

以上证明过程可以用图 8-3 表示。

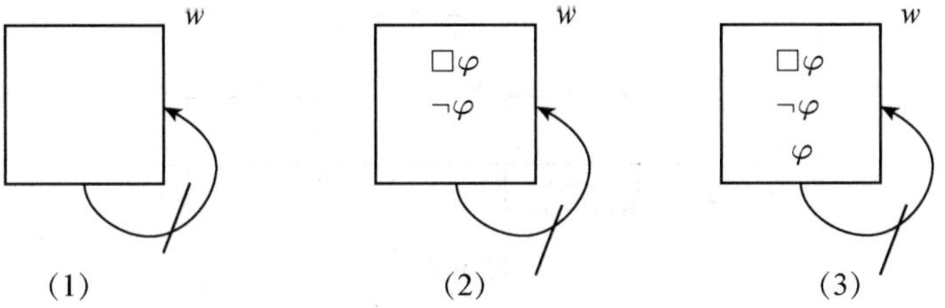

图 8-3

(二)(4)可证和 *R* 传递的对应

使用同样的方法来证明系统 K4 的框架性质。

假定 R 非传递，那就是说：有世界 w，v，u 使得 wRv，并且 vRu，但是并非 wRu。几乎是使用同样的步骤来证明这个对应，首先使用($\neg R$)规则，然后运用(4)公理和 w 封闭的性质从而获得矛盾而证明这种对应。同样可用图形说明这个证明过程，这就是图 8-4。

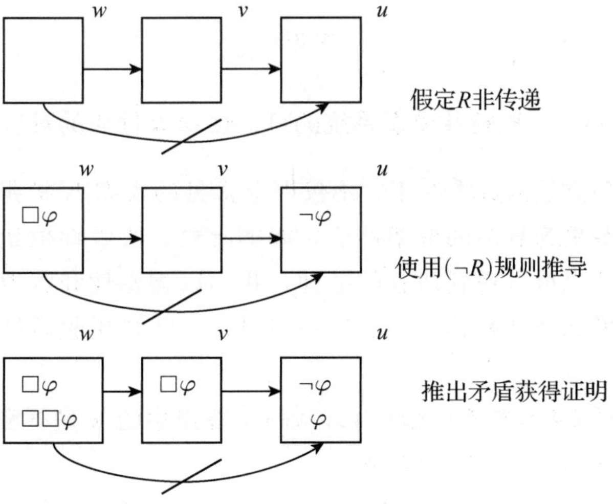

图 8-4

(三)(B)可证和 *R* 对称的对应

1. (*R*◇)规则

为了获得 KB 系统的相关结果，在典范模型上建立(*R*◇)规则是必要的。

(*R*◇) 如果有 wRv 并且有 $V_v(\varphi)=\mathrm{T}$，那么，$V_w(\Diamond\varphi)=\mathrm{T}$。

这可以用图 8-5 表示：

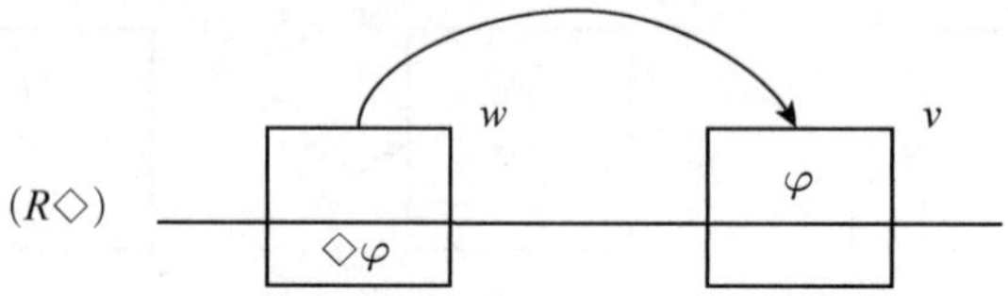

图 8-5

2. (B)公理与 *R* 对称性对应的证明

假定 *R* 不对称，我们可以运用(¬*R*)、(*R*◇)规则，然后使用(B)的对偶推出矛盾。这可以描述为图 8-6。

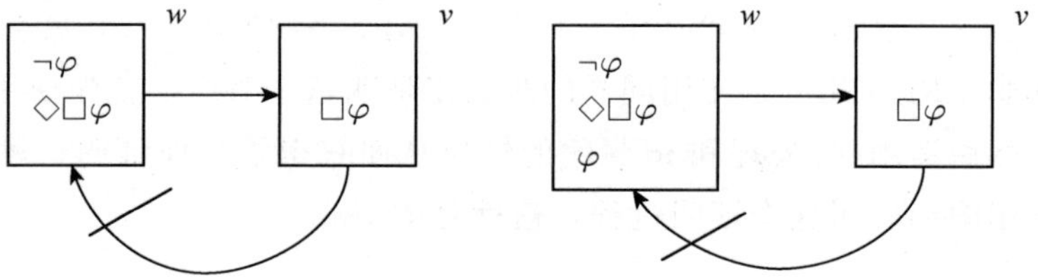

图 8-6

四、一些特殊模态系统的可证性和 *R* 性质的对应

典范模型方法的魅力在于，不仅以上常见的模态 K 扩张系统的完全性可证，一些更为复杂的框架性质，如稠密性、收敛性框架的正规模态逻辑的完全性也可以得到适宜的处理，我们以稠密性和收敛性为例来说明这一点。模态公理和其框架的进一步对应，还要用收敛性框架的特性来继续说明。

(一)如果 C4 系统有公理(C4)，则 C4 框架中的 *R* 是稠密的

1. (*CR*◇)规则：(*R*◇)的逆

要证明公理(C4)$\Box\Box\varphi\rightarrow\Box\varphi$所对应的框架是稠密性框架，需要引入一个和(*R*◇)类似但导出方向相反的规则(*CR*◇)，也就是(*R*◇)的逆。

(*CR*◇) 对所有合式公式φ，若有如果 $V_v(\varphi)=\mathrm{T}$，那么，$V_u(\Diamond\varphi)=\mathrm{T}$，则有 uRv。

为证明($CR\Diamond$)，我们假定：

如果 $V_v(\varphi)=\text{T}$，那么，对所有合式公式φ，$V_u(\Diamond\varphi)=\text{T}$。

这个假定可以表示为图 8-7。

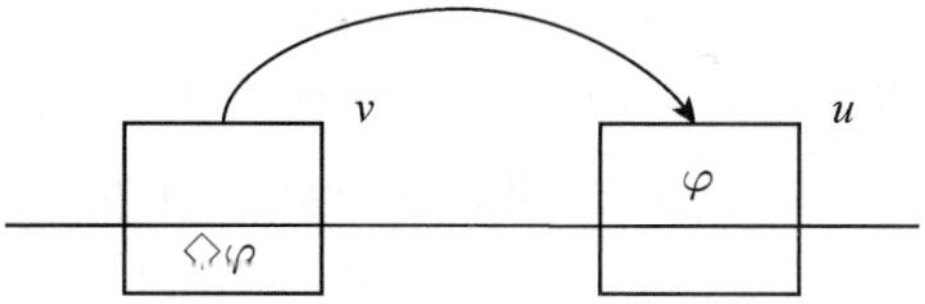

图 8-7

现在用间接证明，假设并非 uRv。根据($R\Diamond$)规则可知，$V_u(\Box\varphi)=\text{T}$ 且有 $V_v(\varphi)=\text{F}$。(如图 8-8)

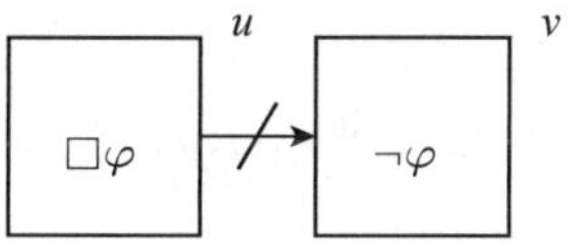

图 8-8

因为 u 封闭，显然有$\neg\Box\varphi$在 u 中，这就推出矛盾，假设不成立，所以有 uRv。(如图 8-9)

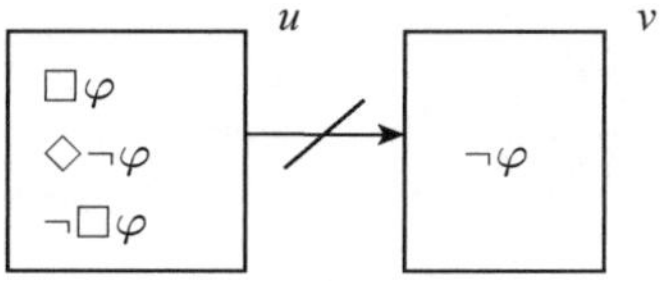

图 8-9

2. W、$\Diamond V$ 和 U 集合

为了证明(C4)在典范模型中可证的时候 R 具有稠密性，我们必须要证明：对于任意在 W 中的 w 和 v，如果有 wRv，那么就有一个在 W 中的 mc 集合 u 使得既有 wRv，又有 uRv。这就需要定义 W，$\Diamond V$ 和 U 这三个集合。

设 w 和 v 是 W 的任意成员，并且设 wRv。

我们将给出实际上是构造一个 mc 集合 u 的指示，对于这个集合 u，有 wRv，又有 uRv。

我们先定义以下两个集合 W 和 V。

集合 W 的构成方式是，一个语句φ属于 W 成员，当且仅当$\Box\varphi$在 W 上的指派为真，这可以表示为以下的规则(W)。

(W) $\varphi \in W$ *iff* $V_w(\Box\varphi)=\mathrm{T}$。

集合 V 的构成方式是，一个语句$\Diamond\varphi$属于 V 成员，当且仅当φ在 V 上的指派为真，这可以表示为规则($\Diamond V$)。

$(\Diamond V)$ $\Diamond\varphi \in V$ *iff* $V_v(\varphi)=\mathrm{T}$。

再设 U 是 W 和 V 的并，即 U 含有所有 W 和 V 的成员。我们想要建立的是任意一个 mc 集合 u，它使得 $V_u(U)=\mathrm{T}$ 既满足 wRu，又满足 uRv，这表示为规则(U)。

(U) 如果 $V_u(U)=\mathrm{T}$，那么 wRu 并且 uRv。

3.(*U*)证明

如果 $V_u(U)=\mathrm{T}$，是否 wRu 并且 uRv 呢？这需要我们给出相应的证明。

先证明 wRu。

假定 $V_u(U)=\mathrm{T}$，我们要证明 wRu，就需要假定：ψ是任意使得 $w\vdash\Box\psi$的语句，且要证明 $u\vdash\psi$。

依据(Def V)，$V_w(\Box\psi)=\mathrm{T}$。

由上再依据(W)，则可推出 $\psi\in W$；而 W 与 V 的并是 U，所以$\psi\in U$。

因为 $V_u(U)=\mathrm{T}$，所以 $V_u(\psi)=\mathrm{T}$。

再依据(Def V)，$u\vdash\psi$。

因为 $V_w(\Box\psi)=\mathrm{T}$，$V_u(\psi)=\mathrm{T}$，显然 wRu。

再证明 uRv。

假定 $V_u(U)=\mathrm{T}$，我们要证明 uRv，就需要假定：ψ是任意使得 $V_v(\varphi)=\mathrm{T}$ 的语句。

依据($\Diamond V$)，因为 $V_u(U)=\mathrm{T}$，并且 $V_u(\Diamond\varphi)=\mathrm{T}$，所以，$\Diamond\varphi\in V$。

我们已经证明，如果 $V_v(\varphi)=\mathrm{T}$，那么对于任意合式公式φ，$V_u(\Diamond\varphi)=\mathrm{T}$。

再根据($CR\Diamond$)，自然就有 uRv。

现在我们假定能够证明 $U\nvdash\bot$，根据林登鲍姆引理，将会有一个 W 的成员 u 使得 $V_u(U)=\mathrm{T}$。根据(U)，可得知 wRu 并且 uRv。这个结果保证了该典范模型的 R 具有稠密性。但 U 本身的一致性还没有得到证明，为了完成这个证明，还需要确证的一点是：U 是一致的。

4.*U* 一致的证明

仍然用间接证明法。

假定 U 不一致，即 $U\vdash\bot$。

那么，依据⊢的定义，就有一个 U 的有限部分 U' 使得 $U'\vdash\bot$。

设 W' 含有在 U' 中的 W 成员，再设 $\Diamond V_1$，…，$\Diamond V_i$ 是在 U' 中的 V 成员。

记住，我们假设了 wRv。我们也依据 W 和 V 的定义知道：

$V_w(\Box W')=\mathrm{T}$，并且 $V_v(\Diamond V_1, \cdots, \Diamond V_i)=\mathrm{T}$。

以上这些信息可以用图 8-10 表示。

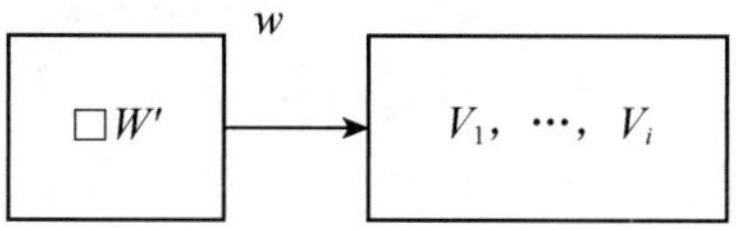

图 8-10

因为 $U'=W'$，$\Diamond V_1$，…，$\Diamond V_i$，而我们已知 W'，$\Diamond V_1$，…，$\Diamond V_i\vdash\bot$。

由此可得：$W'\vdash\neg(\Diamond V_1, \cdots, \Diamond V_i)$。

但是，依据(Def ◇)，$\neg(\Diamond V_1, \cdots, \Diamond V_i)\vdash\Box\neg(V_1\wedge\cdots\wedge V_i)$。

所以，$W'\vdash\Box\neg(V_1\wedge\cdots\wedge V_i)$。

根据(GN)又得，$\Box W'\vdash\Box\Box\neg(V_1\wedge\cdots\wedge V_i)$。

根据(C4)$\Box\Box\varphi\rightarrow\Box\varphi$再得：$\Box W'\vdash\Box\neg(V_1\wedge\cdots\wedge V_i)$。

上述推导如图 8-11 所示。

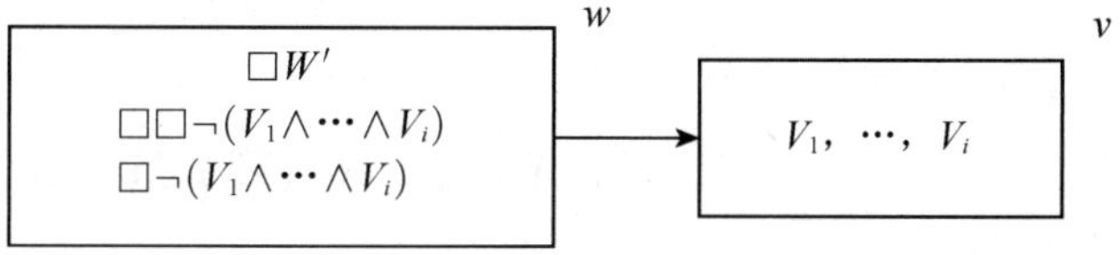

图 8-11

因为 $V_w(\Box W')=\mathrm{T}$，依据 w 的闭包得：$V_w(\Box\neg(V_1\wedge\cdots\wedge V_i))=\mathrm{T}$。但我们依据 W 和 V 的定义知道：$V_w(\Box W')=\mathrm{T}$，并且 $V_v(V_1\wedge\cdots\wedge V_i)=\mathrm{T}$。所以，依据(∧)规则可得：$V_v(V_1\wedge\cdots\wedge V_i)=\mathrm{T}$，这就推出了矛盾。

这可以用图 8-12 表示。

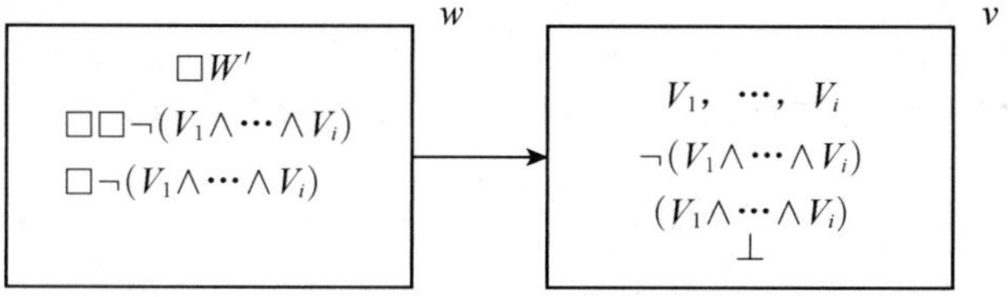

图 8-12

由图可知，产生了矛盾，U 不一致的假设不成立，所以 U 是一致的。

根据以上证明过程的分析结果，C4 有可证公理，则 C4 框架 R 是稠密的。

(二)公理(C)和 R 收敛的对应

1. C 系统公理及其 R 性质的证明思路

C 系统的公理(C)$=\Diamond\Box\varphi\rightarrow\Box\Diamond\varphi$，如果给定(C)公理，则其框架 R 是收敛的。要证明这一点，我们给定 wRv 并且 wRu，然后证明，在 W 中存在一个 mc 集合 x 使得 vRx 且 uRx。而证明这一点的条件是构造集合 V 和集合 U，再合并这两个集合成 X。

2. 集合 V、U 和 X

集合 V：$\varphi\in V$ *iff* $V_v(\Box\varphi)=\mathrm{T}$。

集合 U：$\varphi\in U$ *iff* $V_u(\Box\varphi)=\mathrm{T}$。

集合 X：X 是 V 和 U 两个集合的并。

有了这三个集合，很容易证明，如果任意 mc 集合 x 满足 X，那就是，如果 $V_x(X)=\mathrm{T}$，那么，vRx 并且 uRx。

如果我们可以证明 $X\nvdash\bot$，那么使用林登鲍姆引理，就可以推出存在一个在 W 中的 mc 集合 x，它满足 X，并且，对于收敛性的证明也就完成了。

3. X 是一致的证明

为了证明 $X\nvdash\bot$，我们需假设，$X\vdash\bot$，并且还要进一步推出矛盾。

所以，假设 $X\vdash\bot$；

那么就有 $V', U_1, \cdots, U_n\vdash\bot$；其中 V' 是 V 的一个有限部分，$U_1, \cdots, U_n$ 是在 U 中的一个公式序列。

接之，把($\wedge$out)运用多次，可得 $V', (U_1\wedge\cdots\wedge U_n)\vdash\bot$；

这样，再运用(IP)规则得，$V'\vdash\neg(U_1\wedge\cdots\wedge U_n)$；

由此根据(GN)而得，$\Box V'\vdash\Box\neg(U_1\wedge\cdots\wedge U_n)$；

根据 V 的定义，再得：$V_v(\Box V')=\mathrm{T}$；

因为 v 封闭，$V_v(\Box\neg(U_1\wedge\cdots\wedge U_n))=\mathrm{T}$；

根据 U 的定义，我们知，$V_v(\Box U_1\wedge\cdots\wedge\Box U_n)=\mathrm{T}$；

上述证明过程，可以概括在图 8-13 中。

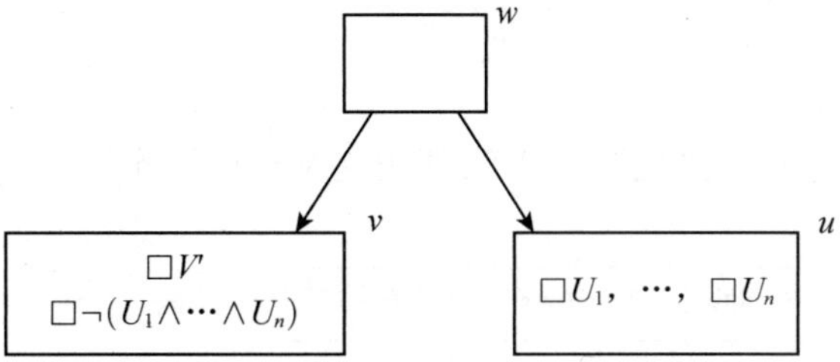

图 8-13

现在根据($R\Diamond$)和指派 $V_v(\Box\neg(U_1\wedge\cdots\wedge U_n))=\mathrm{T}$；

又可以得到 $V_w(\Diamond\Box\neg(U_1\wedge\cdots\wedge U_n))=\mathrm{T}$；

依据公理(C)$\Diamond\Box\varphi\rightarrow\Box\Diamond\varphi$，以及 w 的闭包特性，这就可以得到：

$$V_w(\Box\Diamond\neg(U_1\wedge\cdots\wedge U_n))=\mathrm{T}。$$

这可以表示为图 8-14。

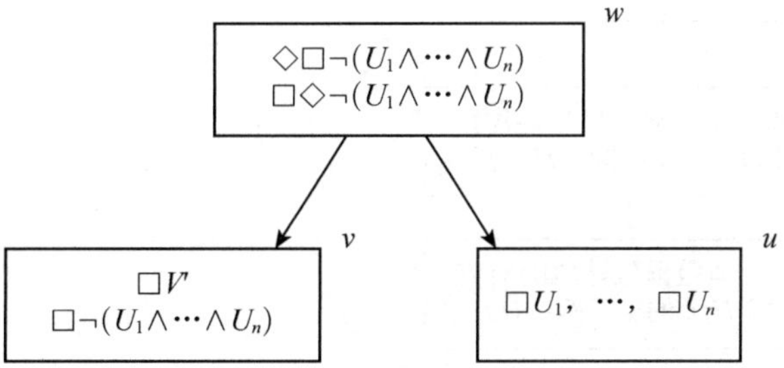

图 8-14

最后，依据($\Box$T)规则，我们知道 $V_u(\Diamond\neg(U_1\wedge\cdots\wedge U_n))=\mathrm{T}$，并且，这正是我们要证明的，它和我们的假设不一致，所以假设 $X\vdash\bot$是不成立的，当然 X 就是一致的。下图 8-15 表明了这个结果。

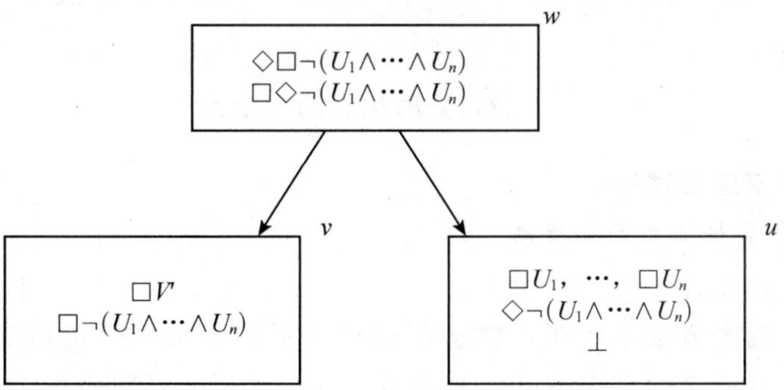

图 8-15

由此我们证明了，如果 C 系统有公理(C)，则 C 的框架 R 性质是收敛的。

五、典范模型方法证明完全性的一个图示

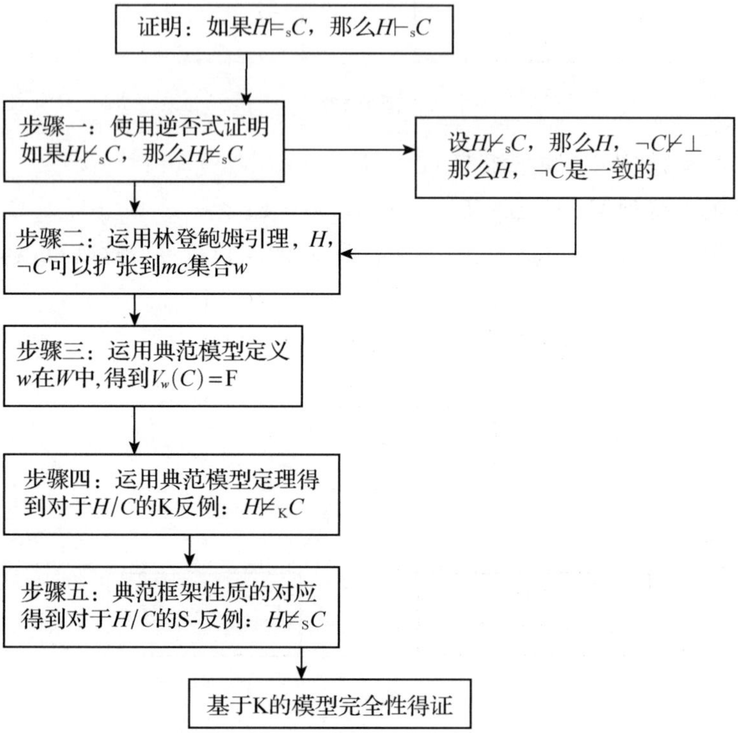

图 8-16 典范模型方法证明完全性步骤

第三节 收敛性(G)公理及其对应的 R 性质

一、(G)公理和它的普遍性

(一)普遍公理(G)

1. 完备性证明的新思路

典范模型方法给我们提供了一个巧妙的构造式证明模态逻辑完全性的手段，这个方法表明了，模态逻辑在语形和语义之间是精确对应的。这种语形和语义的对应还可以表现为另外一种形式，即模态公理和模态框架的 R 性质之间的对应。这一点我们在前面作过阐述，我们也用典范模型的方法说明过这一点。但到目前为止，公理和 R 上的条件之间的对

应可能还是一个谜。

虽然，图表技巧也许可以用来帮助判定公理和 R 条件的对应，但公理和其 R 对应条件之间的关系，还没有严格的给定陈述。然而，正规模态命题逻辑却另有一个令人惊异之处，用一个普遍的公理(G)可以导出许多模态公理和模态 R 性质之间的对应。本节，我们将继续讨论公理和 R 性质对应的问题，并由此获得关于模态 K 系统及其扩张的另一种既包括可靠性又包括完全性证明的思路。

2. (G)公理

我们将给出一个公理，该公理从更为广泛的角度来判定相关公理所表现的 R 条件，或者反过来，从 R 所具有的条件来判定对应的公理是什么。这个公理称之为(G)公理。

以下用符号形式表示(G)公理：

$$\text{(G)}\quad \Diamond^h\Box^i\varphi\rightarrow\Box^j\Diamond^k\varphi。$$

符号 $\Diamond^n$ 代表在一个横行上有 n 个 $\Diamond$。例如，如果有 $\Diamond^3$，则 $\Diamond^3$ 是三个连写的模态 $\Diamond\Diamond\Diamond$ 的缩写。类似地，$\Box^n$ 表示有 n 个 $\Box$ 横排的符号。

为什么(G)是一个普遍性公理呢？以下解释将说明(G)的普遍性。

3. (G)公理可以表达(Ge)、(B)、(4)等公理

(G)公理：

在正规模态逻辑系统中，G 系统是 S4 的语法扩张。在 K 上增加一个(4)公理，形成了模态的 S4 系统，再在 S4 上增加(Ge)公理，可以构成正规模态的 G 系统，它也被称为 S4.2 系统。这个(Ge)公理就是公式 $\Diamond\Box A\rightarrow\Box\Diamond A$，G 系统最先为达米特和莱蒙命名，因为另一位逻辑学家吉奇给出了这一系统，他在 S4 上增加了这个公理以减少模态词叠置的数量，并为框架 R 提供了一个新关系，所以，达米特和莱蒙以其名字的首字母来命名这个公理。① 为了和普遍性(G)公理相区别，本文以(Ge)作为 G 系统的特征公理。

可以发现，吉奇建议的这个(Ge)公理，是以上给出的(G)普遍公理的一个特例。当(G)中的上标 $h=i=j=k=1$ 的时候，这时候所表达的公理实际上就是(Ge)公理本身。

$$\text{(Ge)}\quad \Diamond\Box\varphi\rightarrow\Box\Diamond\varphi=\Diamond^1\Box^1\varphi\rightarrow\Box^1\Diamond^1\varphi。$$

有点令人惊异的是，不仅(Ge)公理可以用(G)来表示，(B)、(4)公

---

① G. E. Hughes, M. J. Cresswell: *A New Introduction to Modal Logic*, London, Routledge, 1996, p. 134, p. 143 note9.

理也可以在(G)中得到合理的解释。

(B)公理：

当(G)中的上标 $h=i=0$ 且 $j=k=1$ 的时候，这时候所表达的公理实际上就是(B)公理。

$$\text{(B)}\quad \varphi\to\Box\Diamond\varphi=\Diamond^0\Box^0\varphi\to\Box^1\Diamond^1\varphi。$$

(4)公理：

当(G)中的上标 $h=k=0$ 且 $i=1, j=2$ 的时候，这时候所表达的公理实际上就是(4)公理。

$$\text{(4)}\quad \Box\varphi\to\Box\Box\varphi=\Diamond^0\Box^1\varphi\to\Box^2\Diamond^0\varphi。$$

(E)公理：

当(G)中的上标 $h=j=k=1$ 且 $i=0$ 的时候，这时候所表达的公理实际上就是(E)公理。

$$\text{(E)}\quad \Diamond\varphi\to\Box\Diamond\varphi=\Diamond^1\Box^0\varphi\to\Box^1\Diamond^1\varphi。$$

(D)公理：

当(G)中的上标 $h=j=0$ 且 $i=k=1$ 的时候，这时候所表达的公理实际上就是(D)公理。

$$\text{(D)}\quad \Box\varphi\to\Diamond\varphi=\Diamond^0\Box^1\varphi\to\Box^0\Diamond^1\varphi。$$

在正规模态逻辑中，并不是每一种系统的特征公理都具有(G)公理的形状，如(□T)公理。但除了少数几种之外，其他公理都可以用(G)公理的形式来加以表达。一般而言，用蕴涵式表述的正规模态公理都能够用以上(G)公理模式予以处理。

(二)奇异的 *R* 合成关系和模态公理的对应

1. 关系 *R* 和 *R'* 的合成

在本书第四章，我们已经给出了有关关系 R 合成的一些基本概念。首先是合成关系 RoR'，然后是自身合成关系 RoR。我们所关注的是后一种：自身合成关系 RoR。在 RoR 的基础上，我们概括出各种各样合成的收敛性关系。这样的合成收敛性关系是令人惊异的，几乎所有正规模态逻辑中体现的框架性质，都可以用这种合成收敛性关系刻画，并用相应的图形来说明它们。把合成的收敛性关系用 $hijk$-R 表示，第四章给出的各种合成收敛性关系所表达的不同框架性质，以及这些性质所对应的公理，可以用表 8-1 概括。

2. 合成收敛性关系和模态公理的对应

在第四章，我们已经指出，收敛性关系表达为：

$$wRv\wedge wRu\to\exists x(vRx\wedge uRx)。$$

合成收敛性关系则相应地表达为：

$$wR^h v \wedge wR^i u \rightarrow \exists x(vR^j x \wedge uR^k x)。$$

这可以缩写为：*hijk-R*，由此，我们可以得到合成收敛性关系和模态公理的对应表 8-1。

表 8-1 合成收敛性关系和模态公理的对应

hijk-R	框架性质	系统公理	模态系统
$h=i=j=k=1$	收敛性	(Ge)$\Diamond\Box\varphi\rightarrow\Box\Diamond\varphi$	G
$h=j=k=0$，$i=1$	自反性	(T)$\Box\varphi\rightarrow\varphi$	T
$h=k=0$，$i=1$，$j=2$	传递性	(4)$\Box\varphi\rightarrow\Box\Box\varphi$	K4
$h=i=0$，$j=k=1$	对称性	(B)$\varphi\rightarrow\Box\Diamond\varphi$	KB
$h=j=0$，$i=k=1$	持续性	(D)$\Box\varphi\rightarrow\Diamond\varphi$	D
$h=j=k=1$，$i=0$	欧性	(E)$\Diamond\varphi\rightarrow\Box\Diamond\varphi$	E
$h=i=j=k=1$	终结性①	(M)$\Box\Diamond\varphi\rightarrow\Diamond\Box\varphi$	S4.1
$h=j=0$，$i=2$，$k=1$	稠密性	(C4)$\Box\Box\varphi\rightarrow\Box\varphi$	C4
$h=j=0$，$i=k=1$	唯一性	(CD)$\Diamond\varphi\rightarrow\Box\varphi$	CD

二、基于(G)公理的模态系统完备性

(一)正规模态逻辑完备性证明的独特思路

给 K 增加形式如同(G)的公理形成正规模态系统，这些公理所正相对应的 *R* 条件，为正规模态逻辑完备性问题的证明提供了一个独特的思路。如果我们要证明相应模态系统的可靠性，那就是形如(G)的公理，无论它的上标 h，i，j，k 取什么数值，当 *R* 是 *hijk* 收敛性时，该公理都是有效的。要证明完全性，当一个形如(G)的公理在系统中可行，那么，典范模型的关系 *R* 一定对于 h-k 合适值是 *hijk* 收敛的，由此，这个系统的完全性就得到说明。

为了展示完备性证明的这一思路，我们将给出对应这一思路的几个特殊的有关模态算子的规则，这些规则建立在合成关系 *R* 的基础之上。因此，首先给出合成关系 *R* 的省略图示是必要的。

(二)完备性证明的 4 条图形规则

1. *R* 关系的省略图形

用一个带有数目 n 的箭头来表达 n 个自身合成关系 R^n，如图 8-17 所示。

---

① G. E. Hughes，M. J. Cresswell：*A New Introduction to Modal Logic*，London，Routledge，1996，p. 131.

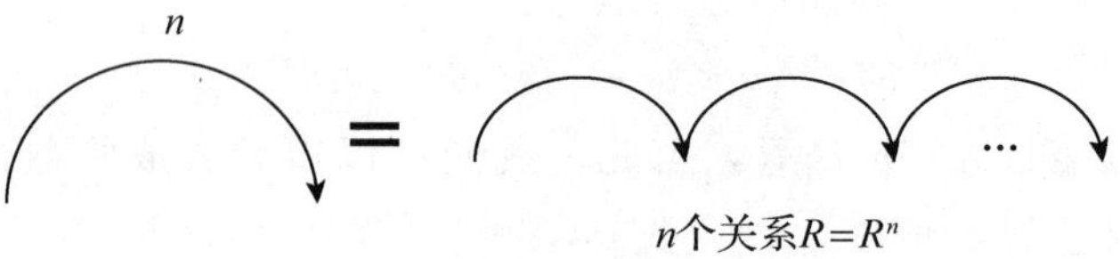

图 8-17

显然，这个合成关系 R^n 可以用来讨论有关□和◇模态的完备性证明，以及和证明相关的 4 条规则。

2. 关于□的两条规则

因为关系 R 是自身合成的，K 必然规则(□T)和(□F)总是由 n 个□来构成，这表示为$\Box^n$。如果一个语句 φ 前置以$\Box^n$，我们总可以运用(□T)，一步一步地经过 n 个可通达世界得到 φ。这个树图规则即是($\Box^n$T)，相应地，对于$\neg\Box^n\varphi$而言，就有($\Box^n$F)。图 8-18 表述的就是这两个规则。

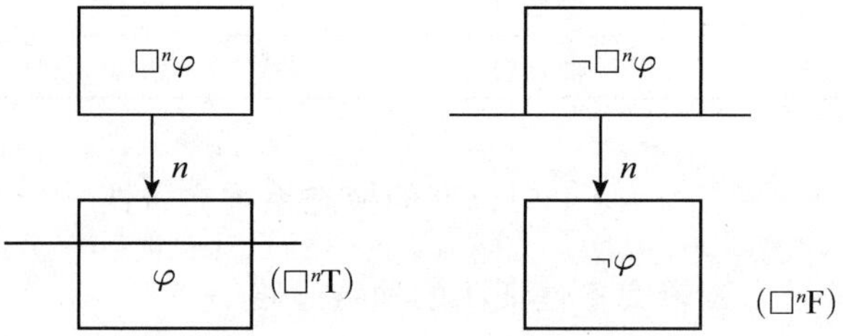

图 8-18 关于□的两条规则

3. 关于◇的两条规则

自然，对应于关于□的两条基本规则，我们就有关于◇的两条导出规则，如图 8-19。

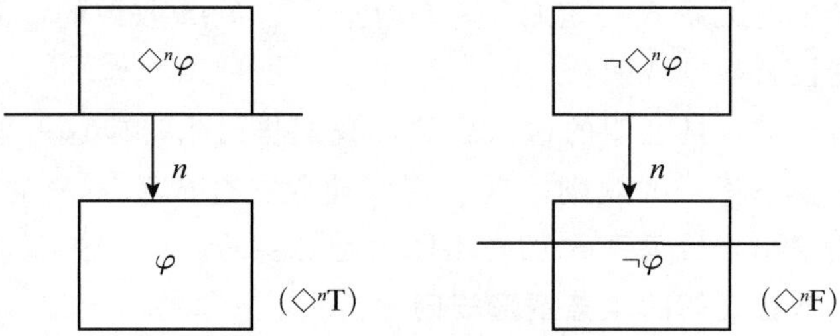

图 8-19 关于◇的两条规则

(三)基于(G)的系统可靠性证明

1. 基于(G)的系统可靠性证明步骤一

当 R 为 $hijk$-收敛时，(G)有效。

假定(G)无效，则有反例：

即有一个世界 w 上的(G)是假的，运用$(\rightarrow F)$、$(\Diamond^{h}T)$和$(\Box^{n}F)$规则，我们可获得图 8-20。

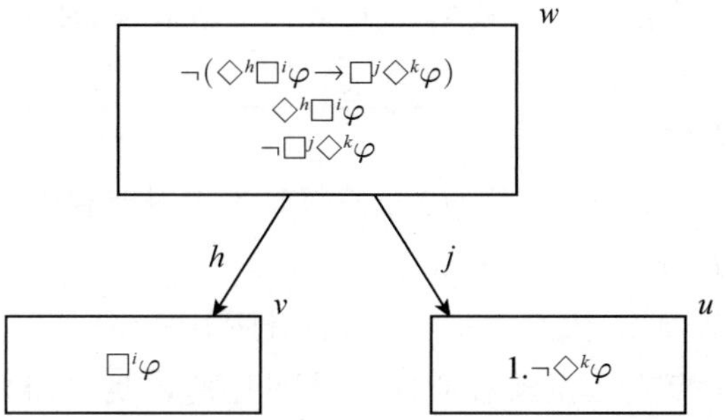

图 8-20

2. 基于(G)的系统可靠性证明步骤二

因为 $hijk$-R 收敛，自然有一个世界 x 使得，$vR^{i}x$ 并且 $uR^{k}x$，继续使用$(\Diamond^{h}F)$和$(\Box^{n}T)$规则，我们在 x 上就获得一个矛盾，表明上述假定是不成立的，所以，当 R 为 $hijk$-收敛时，(G)有效。图 8-21 展示了这一点，基于(G)的系统可靠性由此得证。

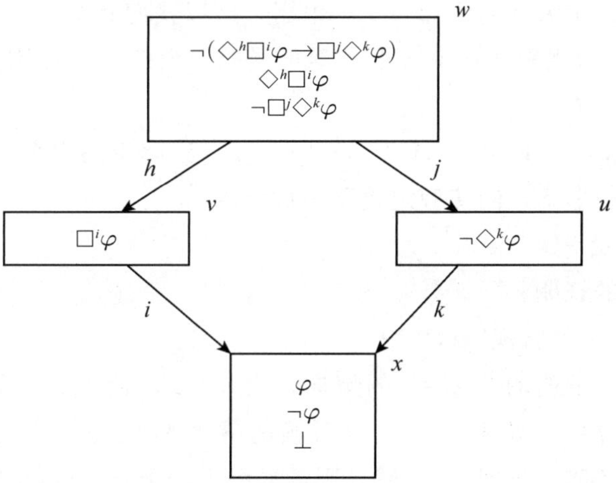

图 8-21

(四)基于(G)公理的系统完全性证明

1. 典范模型的两个事实及其证明

为了使用(G)公理来证明相关模态系统的完全性，我们首先要确认关于典范模型的以下两个事实。

第一个事实(R^n)：

(R^n) wR^nv *iff* 如果$V_w(\Box^n\varphi)=\mathrm{T}$，那么对所有语句$\varphi$，$V_v(\varphi)=\mathrm{T}$。

当(R^n)中的n等于0的时候，事实(R^n)就转换为以下的第二个事实(R^0)。所以，这里的两个事实实际上是一个事实，(R^0)只不过是(R^n)中的一个特例情形而已。

第二个事实(R^0)：

(R^0) wR^0v *iff* 如果$V_w(\Box^0\varphi)=\mathrm{T}$，那么对所有语句$\varphi$，$V_v(\varphi)=\mathrm{T}$。

第二个事实(R^0)，实际上等于在说：

w是v，*iff* 如果$V_w(\varphi)=\mathrm{T}$，那么对所有语句φ，$V_v(\varphi)=\mathrm{T}$。

上述第二个事实从左到右的证明是明显的，我们简要说明从右到左的证明。

假定如果$V_w(\varphi)=\mathrm{T}$，那么对所有语句φ，$V_v(\varphi)=\mathrm{T}$；

再使用间接证明假定w不等同于v；

依据后一个假定，一定有一个语句ψ，对于这个语句ψ，w和v是不同的两个世界。这意味着，或者是$V_w(\psi)=\mathrm{T}$且$V_v(\psi)=\mathrm{F}$；或者是$V_w(\psi)=\mathrm{F}$且$V_v(\psi)=\mathrm{T}$。

第一种情形，$V_w(\psi)=\mathrm{T}$且$V_v(\psi)=\mathrm{F}$，根据($\neg$)规则可得$V_v(\neg\psi)=\mathrm{T}$。因为在w中为真的语句在v中也真，所以我们有$V_v(\psi)=\mathrm{T}$。但指派V必须遵守($\neg$)规则，这个结果是不可能的。由此证明在第一种情形下，间接假定是不成立的。

第二种情形，$V_w(\psi)=\mathrm{F}$且$V_v(\psi)=\mathrm{T}$，证明思路完全类似。由此证明在第二种情形下，间接假定也是不成立的。

所以w就是v。

对(R^n)的证明：

(1)引入一个新规则(R^{next})。

我们刚才证明的是$n=0$的情形，当$n>0$的时候，比如$n=1$的时候，(R^n)成立吗？如果$n=1$，这时候的R恰好就是($\Box$)规则的真值条件，这容易证明。证明$n>1$时，则需要引入一个新规则(R^{next})：

(R^{next}) 对任意k值，如果(R^k)成立，那么(R^{k+1})也成立。

这个规则的引入将保证对所有n值，(R^n)成立。原因是，我们已经证明了(R^0)和(R^1)。但(R^{next})更保证因为(R^1)，我们就可以得出(R^2)，(R^3)，等等。通过把(R^{next})反复运用到其后的结果(R^2)(R^3)(R^4)，…都成立，显然，(R^n)对n的任意值也成立。

(2)(R^{next})的证明。

设 k 是 n 的任意值并且假定(R^k)成立，我们证明(R^{k+1})成立。在证明过程中，我们运用了这个等式：$\Box^{k+1}\varphi=\Box^k\Box\varphi$。

(R^k) wR^kv *iff* 如果 $V_w(\Box^k\varphi)=$T，那么对所有语句φ，$V_v(\varphi)=$T；

(R^{k+1}) wR^koRv *iff* 如果 $V_w(\Box^k\Box\varphi)=$T，那么对所有语句φ，$V_v(\varphi)=$T。

现在开始证明这个规则。

第一，从左到右的证明：

我们假定有 wR^koRv 并且对于一个给定语句φ，$V_w(\Box^k\Box\varphi)=$T。

然后我们证明，$V_v(\varphi)=$T。

根据假定 wR^koRv 和 o 的定义，可知对某些 mc 集合 u，既有 wR^ku，也有 uRv；

再根据 $V_w(\Box^k\Box\varphi)=$T 和(R^k)，可知 $V_u(\Box\varphi)=$T；

用(□T)和指派 V 的定义，从 uRv 可推知 $V_v(\varphi)=$T。

第二，从右到左的证明：

我们先假定($R^{k+1}R$)，如果 $V_w(\Box^k\Box\varphi)=$T，那么对所有语句φ，$V_v(\varphi)=$T。

这个证明类似于稠密性公理(C4)的完全性证明。设集合 U 是集合 W 和集合$\Diamond V$ 的并，这些集合依次定义如下：

$$\varphi\in W \quad iff \quad V_w(\Box^k\varphi)=\text{T}。$$

$$\Diamond\varphi\in\Diamond V \quad iff \quad V_v(\varphi)=\text{T}。$$

接着，我们将看到有关集合 U 的指派所形成的结果。

(U)　如果 $V_v(U)=$T，那么 wR^ku 并且 uRv。

这个(U)规则可证明如下：

设定 $V_u(U)=$T，因为无论什么时候 $V_w(\Box^k\varphi)=$T，W 都含有φ；并且所有 W 成员都在 U 中，从 $V_u(U)=$T 可推出 $V_u(\varphi)=$T。

所以，对任意语句φ，如果 $V_w(\Box^k\varphi)=$T，那么 $V_u(\varphi)=$T。因为集合 U 含有 W，这自然带有 wR^ku 的结果。

又因为无论什么时候 $V_v(\varphi)=$T 都有$\Diamond A\in\Diamond V$，这又得出无论什么时候对任意合式公式φ，$V_v(\varphi)=$T，都有 $V_v(\Diamond\varphi)=$T。根据($CR\Diamond$)得出 uRv。(U)规则由此得到证明。

(3)完成对(R^n)的证明。

要完成(R^n)的证明，我们仅需证明 $U\nvdash s\bot$。

因为 $U\nvdash s\bot$，依据林登鲍姆引理立刻可知：有一个满足 U 的 mc 集

合 u。因此依据(U)，有 $wR^k u$ 并且 uRv。

使用间接证明，假定 $U \nvdash_S \perp$，可导出 $W' \vdash \neg(\Diamond V_1 \wedge \cdots \wedge \Diamond V_i)$，其中 W'是 W 的有限子集合，$(\Diamond V_1 \wedge \cdots \wedge \Diamond V_i)$是$\Diamond V$ 的成员。

依据($\Diamond$out)规则，也就是$\Diamond$分配原则，从$\Diamond(V_1 \wedge \cdots \wedge V_i)$，我们可以导出$(\Diamond V_1 \wedge \cdots \wedge \Diamond V_i)$，即：

$$\Diamond(V_1 \wedge \cdots \wedge V_i) \vdash (\Diamond V_1 \wedge \cdots \wedge \Diamond V_i)。$$

使用逆否规则(MT)，从上式可得：

$$(\Diamond V_1 \wedge \cdots \wedge \Diamond V_i) \vdash \Box\neg(V_1 \wedge \cdots \wedge V_i)。$$

所以，我们有 $W' \vdash \Box\neg(V_1 \wedge \cdots \wedge V_i)$。

由此根据(GN)规则的 k 次运用可获得$\Box^k W' \vdash \Box^k \Box\neg(V_1 \wedge \cdots \wedge V_i)$。

现根据 W 定义和已知 $W' \in W$ 可得，$V_w(\Box^k W') = T$。

所以，根据封闭引理 $V_w(\Box^k \Box\neg(V_1 \wedge \cdots \wedge V_i)) = T$。

我们已经假定了$(R^{k+1}R)$，那就是如果 $V_w(\Box^k \Box\varphi) = T$，那么对所有语句$\varphi$，$V_v(\varphi) = T$，所以，$V_v(\neg(V_1 \wedge \cdots \wedge V_i)) = T$。

但是，因为有 $V_v(V_1 \wedge \cdots \wedge V_i) = T$，这个结果是不可能的，它引起了矛盾，于是我们就完成了对于(R^n)的证明。

2. ($R\Diamond$)普遍化规则

我们需要证明：当(G)在一个系统中可证的时候，那么那个标准的模型是 $hijk$-收敛的。这一证明类似相关于收敛性的公理(Ge)的完全性证明，仅有的区别是上标 n 的出现。在用典范模型方法证明(B)的完全性的时候，我们给出了($R\Diamond$)规则。这个规则在基于(G)公理的系统完全性证明中可以扩展为一个更为普遍化的规则，这就是($R\Diamond$)的普遍化规则($R\Diamond^n$)。在完成对于(R^n)的证明之后，我们需要给出这个($R\Diamond$)的普遍化规则。使用这个规则，再通过引入集合 V，U 和 X，证明 X 是一致的。我们就可以依据林登鲍姆引理得到：有一个在 W 中的极大一致集合 x 满足 X，从而完成基于(G)公理的系统完全性证明。

(1)普遍化规则($R\Diamond^n$)的定义。

把($R\Diamond$)规则使用 n 次，我们就获得了($R\Diamond^n$)，它可定义如下：

如果 $wR^n v$，并且 $V_v(\varphi) = T$，那么 $V_w(\Diamond^n \varphi) = T$。

(2)($R\Diamond^n$)的图示。

($R\Diamond^n$)的定义可以用图 8-22 来表示。

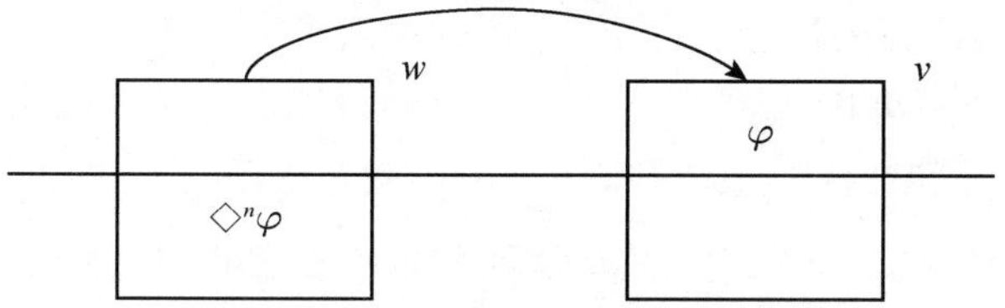

图 8-22

(3)集合 V，U 和 X 的定义。

现在假定 wR^hv 并且 wR^ju。我们要证明的是，有一个 mc 集合 x 在 W 中使得 vR^ix 并且 uR^kx。

设集合 V 和 U 定义如下：

$$\varphi \in V \ \ iff \ \ V_v(\Diamond^i\varphi)=\mathrm{T}。$$

$$\varphi \in U \ \ iff \ \ V_u(\Box^k\varphi)=\mathrm{T}。$$

再设 X 是 V 和 U 的并。

很容易证明，对任意 mc 集合 x，如果 $V_x(X)=\mathrm{T}$，那么 vR^ix 并且 uR^kx。

我们现在来证明 X 是 S-一致的。

依据林登鲍姆引理，有一个 mc 集合 x 使得 $V_x(X)=\mathrm{T}$。

按照证明的惯例，使用间接证明，先假定 x 是不一致的，即 $X\vdash\bot$。

因为 X 是 V 和 U 的并，则有，当 V' 是 V 的一个有限子集，并且 $U_1,\cdots,U_n$ 是 U 的语句系列的时候，$V',U_1\wedge\cdots\wedge U_n\vdash\bot$。

所以，$V'\vdash\neg(U_1\wedge\cdots\wedge U_n)$。

运用 i 次(GN)，这个符号串可以转换为：

$$\Box^iV'\vdash\Box^i\neg(U_1\wedge\cdots\wedge U_n)。$$

再根据 V 定义，可得：$V_v(\Box^iV')=\mathrm{T}$。

使用封闭引理又得：$V_v(\Box^i\neg(U_1\wedge\cdots\wedge U_n))=\mathrm{T}$。

依据 U 定义，我们知道如果 $\varphi\in U$ 那么 $V_u(\Box^k\varphi)=\mathrm{T}$。

因此，$V_u(\Box^k(\Box^kU_1,\cdots,\Box^kU_n))=\mathrm{T}$。

这样的推导过程，可以简化为图 8-23。

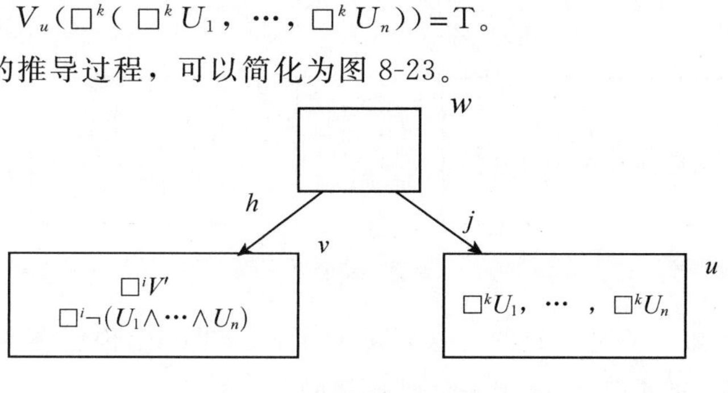

图 8-23

现在，$wR^h v$ 并且 $V_v(\Box^i\neg(U_1\wedge\cdots\wedge U_n))=\mathrm{T}$。

根据$(R\Diamond^h)$可推知：

$$V_w(\Diamond^h\Box^i\neg(U_1\wedge\cdots\wedge U_n))=\mathrm{T}。$$

根据(Ge)$\Diamond^h\Box^i\varphi\to\Diamond^j\Box^k\varphi$公理和封闭引理，可得到：

$$V_w(\Diamond^j\Box^k\neg(U_1\wedge\cdots\wedge U_n))=\mathrm{T}。$$

这就构成了图 8-24。

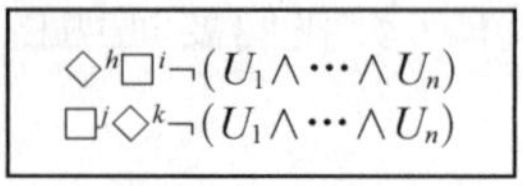

图 8-24

由这个图形出发，根据 $V'\in V$ 和$(\Diamond^h\Box)$，我们得到世界 v 中的语句。再根据我们对 X 的定义，可得世界 u 中的语句，这就构成了图 8-25。

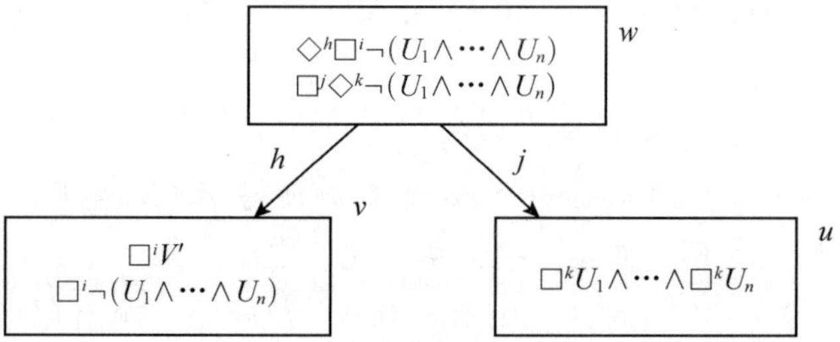

图 8-25

根据这个图形和(R^j)，因为已知 $V_u(\Box^k U_1\wedge\cdots\wedge\Box^k U_n)=\mathrm{T}$，我们又得到：$V_u(\Diamond\neg(U_1\wedge\cdots\wedge U_n))=\mathrm{T}$。这就产生了矛盾，所以假定是不成立的。这个过程如图 8-26 所示。

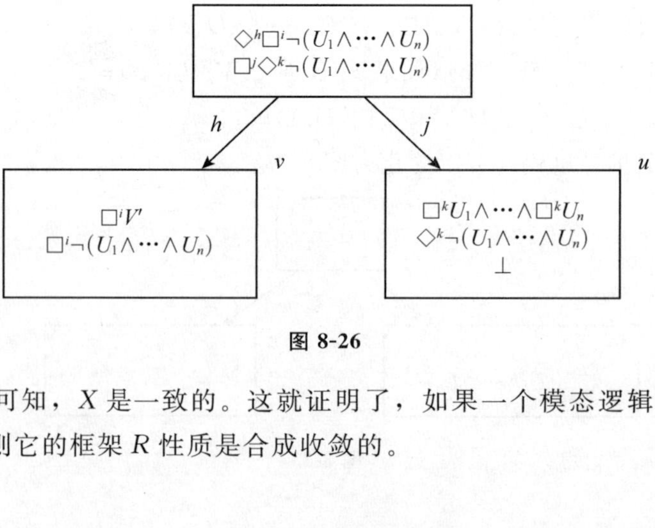

图 8-26

由此可知，X 是一致的。这就证明了，如果一个模态逻辑系统有公理(G)，则它的框架 R 性质是合成收敛的。

(五)基于(G)公理的系统完全性证明的一个简要图示

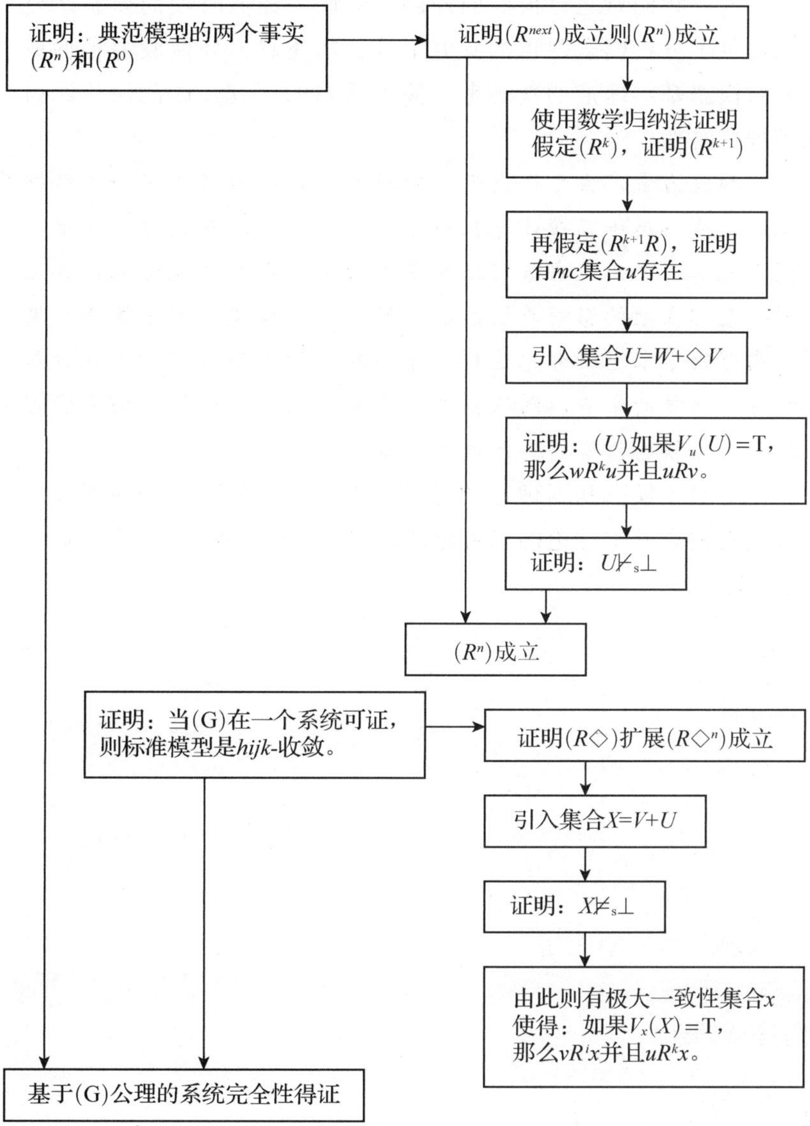

图 8-27 合成收敛方法证明完全性步骤图

(六)从模态的经典时期到现代时期

按照布莱克贝的说法，从 1959 年到 1972 年，是模态逻辑发展的经典时期。在这个时期，完全性和典范模型占据了模态研究的主流地位。正是这样一个研究的主流，实现了模态研究的革命性变化。本书第七章和第八章所描述的内容，从一个侧面反映了这个时期的研究成果。这个结果表明，模态逻辑的基本理论不仅是简洁的，而且是优美的。

但革命并没有停止。模态语言和关系语义学之间的关系似乎是清楚的、完备的，我们对之有很好的理解。然而，经典时期的模态研究尽管为我们提供了分析模态逻辑的有力工具，却还有另外两股力量促成了逻辑学家对模态基本理论的新思考。关于模态的研究，由此而从经典时期跨入到现代时期。

> 两股力量产生于模态研究的现代时期：框架不完全性结果的发现，还有模态语言在计算机科学中的运用。这两股力量开启了模态逻辑的财富之门，它深刻地改变了模态逻辑的研究进程，并且一直到今天都在继续影响着模态逻辑的发展。框架不完全性的结果迫使模态逻辑学家重新考虑这样一个问题，模态语言实际上是什么；而计算机科学的影响，则从根本上改变了人们对于模态语言能够用来做什么，模态语言将如何被运用的期待。①

因此，对于模态基本理论的思考，不能够仅停留在经典时期，而应该把我们对模态基本理论的思考延伸到它的现代时期。

① Patrick Blackburn, Maarten de Rijke, Yde Venema: *Modal Logic*, Cambridge, Cambridge University Press, 2001, p. 44.

第九章　模态逻辑基本理论的现代视野

框架不完全性的结果迫使模态逻辑学家重新考虑这样一个问题，模态语言实际上是什么；而计算机科学的影响，则从根本上改变了人们对于模态语言能够用来做什么，模态语言将如何被运用的期待。

——布莱克贝

第一节　不完全性、模态语言和模态基本理论的新视角

一、正规模态逻辑的不完全性

(一)非典范逻辑的存在

典范模型方法虽然是证明正规模态逻辑完全性的有力工具，但并非万能。因为，不是每一个正规模态逻辑都是典范的，并且，也不是任意一个正规模态逻辑都属于框架类的逻辑。更进一步，典范模型在某些正规模态逻辑中的失效表明，有些正规模态逻辑不具备系统的完全性。这样一个有趣的结果，把我们对模态逻辑的研究导向一些新的领域。在引入这些新领域之前，给出正规模态的一些不完全性结果是必要的。

1. 罗伯公理和 W 系统

(1)可证性的 W 系统。

在表 5-16 中，我们已经看到罗伯公理(Löb)$\Box(\Box(\varphi\rightarrow\varphi))\rightarrow\Box\varphi$。它被布尔斯(G. Bollos)称作 G 公理，因为这个公理广泛地运用于可证性模态逻辑的研究，开创这类研究的人首推哥德尔，由此以哥德尔的首字母命名。但最先给出这个公理的是逻辑学家罗伯。把这个罗伯公理添加到 K，就是著名的正规模态逻辑 W 系统。该公理的直观含义可以描述为：如果我们能够证明，无论什么可证的东西为真，这个含义恰好是公理的前件$\Box(\Box(\varphi\rightarrow\varphi))$，那么，你就能够证明任何东西，这恰好是公理的后件$\Box\varphi$。[①] 这个公理对应的框架条件是传递性、非自反性，并且还需要该框架并不含有无限升链。满足这些性质的框架，称作**诺特严格偏序框架**，或者**有限严格偏**

① G. E. Hughes, M. J. Cresswell: *A New Introduction to Modal Logic*, London, Routledge, 1996, p. 144 note13.

序框架。W 系统虽然是正规的模态系统，但也是一个非常有趣的特殊的正规模态系统。它是正规的，但可以证明这个系统不是典范的。①

(2) W 系统不是典范的。

对任意正规模态逻辑 S 而言，如果φ是 S 中的一个语句蕴涵着φ在对于 S 的典范框架上有效，则称一个语句φ是**典范的**。

称一个正规系统 S 是典范的，如果对于 S 的典范框架是一个对于 S 的框架。

这告诉我们，典范性质是一种模型同构的性质，典范性来自于典范框架和对比框架之间的对应。我们已经用典范模型的方法证明了 T、D、B、S4、S5 等正规模态逻辑的完全性，这些证明同时也说明这些系统都具有典范性。但是 W 系统不满足这样一种典范性的定义，在 W 中，虽然每一个定理在对 S 的典范模型本身中是明显有效的，但是，当我们在同样的框架中变化这些指派值的时候，并不能保留同样定理的真。

设 S 是任意正规模态系统，假定$\langle W, R, V\rangle$是 W 系统的典范模型。我们可以扩张成一个新模型$\langle W', R', V'\rangle$，该模型含有一个世界$w'$使得如果$V_{w'}(\Box\varphi)=\mathrm{F}$，则有$\vdash_S\varphi$。这个模型可以给出以下的规定，选定某些不属于$W$的成员$w'$，并且设$W'=W\cup\{w'\}$，$R'=R\cup\langle w, w'\rangle$。这个$R'$保证了$R$包含其中。对于所有的语句$\varphi$和所有属于$W$的世界$w$，新模型$\langle W', R', V'\rangle$中的$V'$，我们有$V_w(\varphi)=V_{w'}(\varphi)$，在这样的模型之中，以下的结果自然成立。

①如果$V_{w'}(\Box\varphi)=\mathrm{T}$则有$\vdash_S\varphi$。

②$\langle W', R', V'\rangle$是对于 S 的模型。

因为$\langle W, R, V\rangle$假设是 W 系统的典范模型，显然$\langle W', R', V'\rangle$就是对于 S 的模型。根据①如果$V_{w'}(\Box\varphi)=\mathrm{T}$则有$\vdash_S\varphi$可知，W 系统的典范模型框架就含有一个自反性的世界。但是在含有这样世界的框架中，罗伯公理是非有效的，W 是满足传递、非自反性框架的系统。既然罗伯公理是非有效的，系统 W 当然不是典范的。

2. 麦金西公理(M)和相关系统

(1)麦金西公理(M)的终端性。

在表 5-16 中，我们还看到另一个著名的模态公理，麦金西公理，(M)$=\Box\Diamond\varphi\rightarrow\Diamond\Box\varphi$。把麦金西公理添加到 K4，就是著名的正规模态

① A. Chagrov，M. Zakharyaschev：*Modal Logic*，Oxford，Oxford Science Publications，1997，p. 83，p. 165.

逻辑 K4.1 系统。把麦金西公理添加到 S4，就是著名的模态逻辑 S4.1 系统。该公理的直观含义可以描述为：如果语句φ的一致性是必然地为真，则语句$\Box\varphi$也可以看作是一致的。这个公理和罗伯公理一样，对应的框架条件也是传递性，但这种框架条件还需要附加一个因素，这个传递性框架是一个有限框架，它是有终点的。如果我们用有终点的时间来解释模态，麦金西公理可以通过以下一段摘录来得到说明。

> 让$\Box$意味着"现在是，并且将来总是"，那么一个终端点将是没有未来的那个点，在那个点上，因为没有未来时间，任意的东西都既是现在是，也是将来总是。依据框架，一个终端点将是仅仅能够看到自身的点，并且，时间有终端的主张将是这样一种主张：框架中的每一个点都能够看到那个终端点。因为没有线性，不需要唯一的终端点，但是时间终止的主张也许仍然能够是：每一个世界(也就是每一个时间片刻)可以看到一个终端的世界。对于这个解释的合宜系统是 S4+F，其中 F 是公式：$(\Box\Diamond\varphi\wedge\Box\Diamond\psi)\rightarrow\Diamond(\varphi\wedge\psi)$。虽然 F 依靠自身抓住了时间有终端的观念，但在 S4 的呈现中，我们事实上使用了一个较弱的公理。①

而可以导出(F)公理的恰好就是(M)公理，(M)公理所体现的框架性质，由此而被称为**终端性**。这种终端性所体现的性质是传递性和转换自反性的一个整合，框架中除开终端点之外，所有的点都具有传递性，终端点则具有自反性。可以想象，以下的框架图 9-1 满足(M)公理所体现的性质。因为$\Box\Diamond\varphi\rightarrow\Diamond\Box\varphi$等价于$\Diamond(\Box\varphi\vee\Box\neg\varphi)$，在后的(M)公理等价表达式更直观地体现了这种框架性质。②

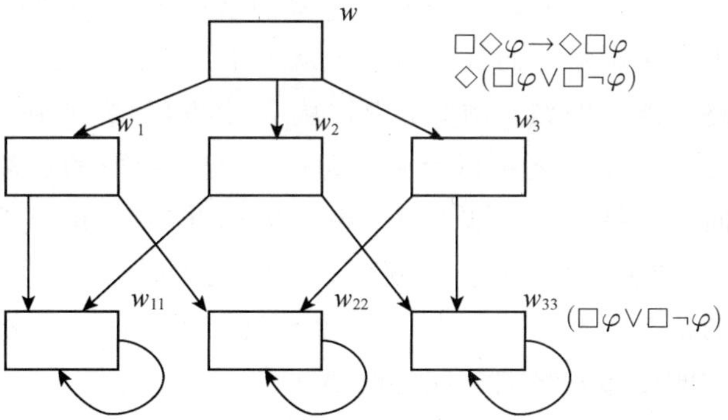

图 9-1　满足(M)公理的单数传递和终端自反框架

① G. E. Hughes, M. J. Cresswell: *A New Introduction to Modal Logic*, London, Routledge, 1996, p. 131.

② Robert Goldblatt: The Mckinsey Axiom is not Canonical, *The Journal of Symbolic Logic*, Vol. 56, No. 2, 1991, pp. 554-562.

很明显，在这个框架中，$(\Box\varphi \vee \Box\neg\varphi)$在终端点上总是为真，(M)公理自然在 w 上为真。一般而言，当框架终端点数目为 n 的时候，(M)公理在上述框架中有效，当且仅当，终端点数目 n 是一个单数。① 然而，这样一个在传递和终端自反性框架上有效的(M)公理，在对于 KM 系统的典范框架上，却会出现相反的结果。

(2)最小的正规模态逻辑 KM 不是典范的。

在第五章中，我们讨论 K 扩张系统的时候，(M)作为特征公理可以在 S4 中扩张，这被称为 S4.1。S4.1 的称呼是个误导，因为按照模态正规系统的常规，S4.1 很容易被理解为是 S4.2 的一个子系统，但实际上并不是如此，这两个系统没有这种扩张的关系。因此在有些模态著作中，常把 S4.1 命名为 S4M。② (M)作为特征公理也可以在 K4 中扩张，按照 S4.1 的称呼传统，这自然被称为 K4.1。显然，如同以上所描述的，(M)作为特征公理还可以在 K 中扩张，这被称为 KM。下面我们将说明，这个 KM 系统不是典范的。

典范模型定理告诉我们，典范模型是一个 K 模型，但是反过来，K 模型不一定是典范模型，它不是典范的，KM 系统是一个很好的例证。在格尔巴特(R. Goldblatt)给出的证明中，他以图 9-1 为例来说明 KM 不是典范的，其基本思路可以描述如下。

图 9-1 是一个类似于栅格(trellis)的框架 $F=\langle W, R\rangle$，该框架中的 W 由三个部分构成，起点 w，中间点 M 和终端点 E。M 和 E 显然是若干世界点的两个集合，起点 w 仅仅是单一的点。可以想象，这个中间点和终端点的数目可以是无限的，在起点和终点之间经由中间点可以形成类似栅格的若干十字图形。而且，每一个从 w 出发的点都经由两个中间点汇聚于一个终端点。例如，图 9-1 中，从 w 出发经由 w_1 到达 w_{11}，从 w 出发经由 w_2 到达 w_{11}。还可以看到，每一个从 w 出发的点都经由一个中间点分别指向两个终端点，如图 9-1 中，从 w 出发经由 w_1 到达 w_{11}，从 w 出发经由 w_1 到达 w_{22}。很容易领悟到，由此才能形成栅格，并且在这种有限栅格的框架条件下，(M)公理才有效。所以，(M)公理对应于具有有限栅格式的传递和终端自反性框架。

依据上述直观分析，我们可以获得以下否定式的 KM 框架定理和引理。

---

① A. Chagrov, M. Zakharyaschev: *Modal Logic*, Oxford, Oxford Science Publications, 1997, p. 186.

② G. E. Hughes, M. J. Cresswell: *A New Introduction to Modal Logic*, London, Routledge, 1996, p. 143 note7.

否定式的 KM 框架定理：

设 F 是含有点 w 的框架，wRw_1，$w \in W$，$w_1 \in M$，M 是 W 的子集，M 是一个无限集合，那么框架 F 就不是 KM 框架。

否定式的 KM 典范框架引理：

设 F 是含有点 w 的典范框架，wRw_1，$w \in W$，$w_1 \in M$，M 是 W 的子集，M 是一个无限集合，那么典范框架 F 就不是 KM 框架。

由上述定理和引理，依据林登鲍姆引理，我们就可以把一致性的 KM 扩张到极大一致性集合 W，从而获得否定式的 KM 典范模型引理。

否定式的 KM 典范模型引理：

KM 系统不是典范的。

因为 KM 系统一致，KM 扩张到极大一致性集合 W，借助于以上定理和引理，我们就可以导出，KM 系统在极大一致性集合 W 中的终端点上存在着某些模型，在这些模型中，(M)公理是假的。这就表明，KM 系统不是典范的。①

KM 系统不是典范的，那么这个著名的公式有哪些特别让人瞩目的性质呢？以下一段引文将会让我们感到一点新奇。KM 框架寄寓在有关树的性质之中，这有些类似于著名数学家拉姆齐(F. Ramsey，1903—1930)为树图设想的一些有趣的性质。

> 任意一棵有限三条枝的树 T 的树叶，我们给定它两种颜色，则存在一棵二元的子树，这颗子树和树 T 有同样的高度，并且子树中的树叶也具有同样的颜色。②

(二)正规模态逻辑的不完全性

从以上对 W 和 KM 系统的分析可知，这两个正规模态系统不是典范的。我们再引入模态系统的紧致性概念，就可以推知，它们也不是克里普克完全的。这表明，存在着不完全的正规模态逻辑。

1. 紧致性和不完全的正规模态逻辑

(1)紧致性。

设 S 是任意模态系统，S 相关于克里普克框架是紧致的，当且仅当对于每一个 S 一致性集合 Γ，都存在一个基于对于 S 的框架上的模型 $\mathfrak{M}$ 中的世界 w，使得 Γ 中的所有语句在模型 $\mathfrak{M}$ 上的 w 中为真。

---

① Robert Goldblatt：The Mckinsey Axiom is not Canonical，*The Journal of Symbolic Logic*，Vol. 56，No. 2，1991，pp. 554-562.

② Ibid. p. 561.

(2)W 和 KM 系统是不完全的。

模态系统的紧致性和它的典范性是密不可分的，紧致性又和完全性密不可分，一个模态系统是非典范的，则它一定不是紧致的。而由于紧致性表明的是：存在一个基于对于 S 的框架上的模型 $\mathfrak{M}$ 中的世界 w，使得 Γ 中的所有语句在模型 $\mathfrak{M}$ 上的 w 中为真。如果不满足这个条件，则一定有一个世界 w，不是 Γ 中的所有语句在模型 $\mathfrak{M}$ 上的 w 中为真。这正好没有满足克里普克完全性的要求，所以，一个不具有紧致性的模态系统，它就不是完全的。

2. 基于框架的不完全性时态逻辑

我们用格尔巴特对 KM 系统的分析和克瑞斯韦尔对 W 的分析，来表明不完全的正规模态系统的存在。实际上，一个更原创的不完全性的模态系统的语义分析来自于托马斯(S. K. Thomason)。在其 1972 年发表的论文《时态逻辑的语义分析》中，托马斯对最小时态逻辑 T0 的语义分析，最早获得了存在不完全的正规模态逻辑的结论。托马斯的论文表明，时态逻辑 T0 在一阶语义学的范围内是完备的，我们在 T0 中增加(M)公理所形成的时态系统也是一致的，但却在二阶语义学的范围内是不完备的。[①] 托马斯是在代数语义学的视野下对 T0 予以语义分析的，以下我们将给出一个等价于 T0 的最小时态逻辑 KtTho，显然，这个逻辑的命名就与托马斯相关。我们将简要说明，最小时态逻辑 KtTho 和 T0 一样，它是一致的，但在增加(M)公理后构成的正规模态系统它依然是一致的，却又是基于框架不完全的。

设 G 表示将来总是，H 表示过去总是，这对应于模态的必然算子；F 表示将来某个时刻是，P 表示过去某个时刻是，这对应于模态的可能算子。最小时态逻辑 KtTho，可以看作是在 K 系统基础上，增加以下三个公理构成：

(.3)公理：$F\varphi \wedge F\psi \to F(\varphi \wedge F\psi) \vee F(F\varphi \wedge \psi)$。

(D)公理：$G\varphi \to F\varphi$。

(Löb)公理：$H(H\varphi \to \varphi) \to H\varphi$。

其中的(D)和(Löb)公理已经为我们熟知，(.3)公理因为由逻辑学家辛迪卡最先提出，也被称为(H)公理。[②] 现在给 KtTho 增加(M)公理，

① S. K. Thomason: Semantic Analysis of Tense Logics, *The Journal of Symbolic Logic*, Vol. 37, No. 1, 1972, pp. 150-158.

② Patrick Blackburn, Maarten de Rijke, Yde Venema: *Modal Logic*, Cambridge, Cambridge University Press, 2001, p. 193.

由此形成模态系统 KtThoM，可以用一个新的集合：共终端集合(cofinal set)来说明 KtThoM 的一些特殊性质，为此，我们先给出共终端集合的一般定义。

可以用自然数的集合来说明这个共终端集合，自然数中的偶数和奇数它们在自然数中是共终端的，所以，我们可以为共终端性作如下定义。

设 S 和 U 是两个集合，S 是 U 的子集合，并且有严格全序(U，$<$)。由此我们可以得到共终端的定义：如果对于每一个 U 中的成员 u，都有 S 中的成员 s 使得 $u<s$，则 S 在 U 中是共终端的。

由这个共终端的性质，可以得到如下的结论，对于最小时态逻辑 KtTho 的任意框架，设这个框架为 f，则一定有 $f \nvDash GF\varphi \to FG\varphi f$，即(M)公理在时态逻辑 KtTho 中无效。

既然(M)公理在时态逻辑 KtTho 中无效，那是不是说明增加(M)公理的时态系统 KtThoM 是一个不一致的逻辑呢？这里产生一个奇异的结果，在时态逻辑 KtTho 中没有任何框架使得(M)公理有效，但是，时态系统 KtThoM 是一致的并且是不完全的。

为什么时态系统 KtThoM 是一致的？

说明 KtThoM 是一致的，需要一般框架的概念(general frame)。一般框架是托马斯在讨论时态语言时所采用的概念，正是运用这样一个概念，托马斯证明了：基于框架的语义学是不完全的，但是基于一般框架的语义学则是完全的。① 一般框架概念可以简略地理解如下：

> 在模型的层次上，基本概念是可满足。这是一个相对简单的概念，仅涉及一个框架和一个单一的赋值。通过升到框架的层面上，我们对关系结构获得更深的理解——但要付出一些代价。有效性缺乏可满足的具体特性，因为有效性概念依据对于一个框架上的所有赋值来定义。然而，有一个中间的层次：一个普遍的框架(f，φ)是一个框架 f 加上一个有限的，但可允许赋值的集合φ，集合φ是恰当的、适于操作的(世界或者点的)集合。②

在这样的普遍框架的条件下，最小时态逻辑 KtTho 中的所有公理都是有效的，带有(M)公理的时态系统 KtThoM 中的所有公理也是有效的，因此，时态系统 KtThoM 必定是一致的。然而，具有这种一致性的

---

① S. K. Thomason：Semantic Analysis of Tense Logics，*The Journal of Symbolic Logic*，Vol. 37，No. 1，1972，pp. 150-158.

② Patrick Blackburn，Maarten de Rijke，Yde Venema：*Modal Logic*，Cambridge，Cambridge University Press，2001，p. 28.

时态系统 KtThoM，它既不是任意框架的空类的逻辑，也不是任意框架的非空类的逻辑。也就是说，它不是任意框架类的逻辑，所以，这个系统就是框架不完全的。①

二、模态语言和计算机理论

(一)可以用模态语言说些什么

模态逻辑发展的经典时期，对正规模态逻辑和模态的完全性问题有高度的关注。模态理论的现代时期，更为关注的是模态语言本身，即经典命题逻辑的语言加上必然和可能算子所构成的基本模态语言。理解模态逻辑的现代观念，应该简单地问这样一个问题：我们能够用模态的语言说些什么，然后就迅速地导向我们感兴趣的一些和模态语言相关的领域。②

1. 模态语言的表达力

我们问“模态语言能够说些什么?”这里包含着模态语言的表达力问题。模态发展的经典时期，因为偏好于完全性问题，对模态语言表达力的研究是忽视的。这种忽视因为萨尔奎斯特(H. Sahlqvist)的工作而得到纠正。③ 由萨尔奎斯特提出，随后又为范本特姆发展起来的对应理论，开拓出模态语言的两条主要研究路线。其中的一条路线是，模态语言作为描述框架的工具，这里关于描述逻辑的研究包含着模态语言表达力的研究；另一条是模态语言作为讨论模型的工具。前者相关于二阶描述语言，后者则本质上是一阶语言的视野。

而模态语言的这种表达功能，又天然地和具有形象特性的图形相关。

2. 模态语言的工具特性

(1)模态语言是讨论图形的工具。

我们在前述章节，广泛地使用了图形方式来表达模态逻辑的语形学和语义学。而实际上，模态语言就是表达图形的一个工具。当我们用关系语义学来处理模态语言的时候，基本模态语言的模型(克里普克模型)就是一个有向的图表，表示可通达关系的箭头指明了世界或者点之间的有向关系。

---

① S. K. Thomason：Semantic Analysis of Tense Logics，*The Journal of Symbolic Logic*，Vol. 37，No. 1，1972，pp. 150-158.

② Patrick Blackburn，Johan van Benthem，Frank Wolter：*Handbook of Modal Logic*，Vol. one，Amsterdam，Elsevier，2007，p. 3.

③ Patrick Blackburn，Maarten de Rijke，Yde Venema：*Modal Logic*，Cambridge，Cambridge University Press，2001，p. 45.

模态语言作为表达图形的工具，因为图形方式可以运用到非常广泛的领域，模态逻辑由此就几乎可以延伸到和图形同样多的领域中，如时间、认知、知识表达、博弈、语法，等等。例如，一个认知主体的认知情境，我们假定为如下所述，则这个认知情境是可以借助于图形来描述的。

设这个认知主体为 a，他所处的状态点为 e，符号 p、q、r 为和主体 a 认知相关的命题。现在主体 a 知道 q 在 e 上真，又已知 e 之外有 u、v、w 三个状态点。在 u 点上 q 和 r 为真，在 v 点上 p、q 和 r 为真，在 w 点上 p、q 为真。根据这些条件，我们可以推断出 e 点上的主体 a 处于什么认知状态呢？显然，不难得出如下一些模态命题。

因为 a 在 e 点知道 q，在 u 点上 q 和 r 为真，所以有$\Diamond(q \wedge r)$；

同理，有$\Diamond(p \wedge q \wedge r)$，$\Diamond(p \wedge q)$；

由 q 在各个世界皆为真可知：$\Box q$。

以上是用混合语言来表达这一简单的认知情境，但实际上是用模态语言来描述，如图 9-2。

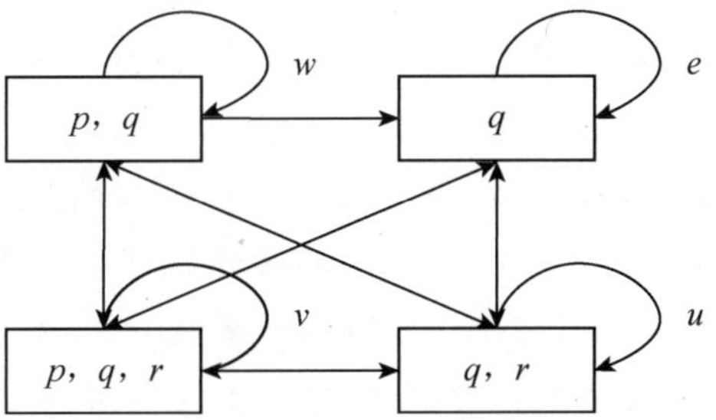

图 9-2　简单主体的认知状态

(2)模态语言描述计算图形。

模态语言不仅可以描述认知情境图表，当我们把二元关系看作为计算行为时，模态和计算机理论竟然也能建立起有趣的联系，这依然是把模态模型转为图形的结果，模态语言也就成为描述计算图形的工具。

例如，一个有限状态的计算实例。假定我们以 s 作为起点，在 s 点上的命题符号 p 被满足，则我们在 s 点读到符号 a 的时候，导致了在 t 点读符号 b。这个 s 点读符号 a 过渡到 t 点读符号 b 的过程，可以看作是一种关系，一种类似于可通达关系的关系。p 在 s 点上为真，则借助于这个 s 点读符号 a 到在 t 点读符号 b 的关系，可以导致 p 在终点 t 也是真的。这个结果可以用模态语言描述为一个分别在关系 a 和 b 上的$\Diamond$符号串所限定的命题 p。设$\langle a\rangle$表示在关系 a 上的$\Diamond$，设$\langle b\rangle$表示在关系 b 上的$\Diamond$，该结果可以描述如下：

⟨a⟩…⟨a⟩⟨b⟩…⟨b⟩p。

以上的语言描述，实际上是用模态语言来描述的图 9-3。

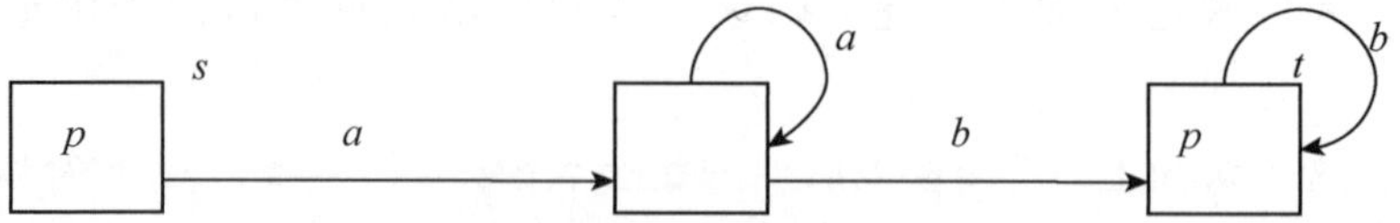

图 9-3 有限状态计算行为的图形描述

(二)计算机理论中的模态语言

1. 模态表达力和动态逻辑

以上计算图形的模态描述，来自于计算机理论对模态逻辑的影响。

计算机科学家对模态逻辑的研究，为模态逻辑的发展注入新的活力，这既和计算机理论紧密相关，同样还涉及语言问题。计算机科学家试图构建强有力的模态语言，以之作为描述计算机程序的工具，如描述计算机程序的时态逻辑语言和动态逻辑(Dynamic Logic)语言。我们在前面提及的模态语言表达力的研究，本质上也是由计算机科学所推动的。

以动态逻辑为例，动态逻辑的创立者普莱特(V. Pratt)有过这样一段话来描述动态逻辑的产生过程。

> 1974 年春天，我正在讲授一门程序语言的语义学和公理系统的课程。在我的学生莫尔(R. Moore)的建议下，我考虑把模态逻辑应用到归之于豪厄(C. Hoare)结构的形式处理领域，这个豪厄结构形如“$p[a]q$”，它表达了以下的概念：在处理程序 a 之前，如果 p 成立，那么，随后 q 也成立。虽然我起初有些怀疑，但周末的休斯和克瑞斯韦尔的课程讨论会使我相信，在模态逻辑和程序之间的最和谐结合是可能的。这个结合对于计算机科学家是有益的，因为这个处理的力度和数学上的优美。这个结合似乎可能对于模态逻辑学家也是有益的，因为，这在模态逻辑和二元关系的塔尔斯基演算之间，形成了一个既有良好动机又潜在地具有丰富内容的联结。①

普莱特的基本观念是，把[л]看作是每一个程序 л 的□模态，语句[л]a 读作“在 л 之后，a”。符号 p[л]q 可以定义为 $p \to$[л]q，但[л]的语义解释不再用可能世界之间的可通达关系来说明，而是被看作为“可能处理状态之间”的移动关系 Rл。设可能处理状态为 x，y，如果 x，y 有

---

① R. Goldblatt: Mathematical Modal Logic: A View of Its Evolution, *Journal of Applied Logic*, Vol. 1, No. 5, 2003, p. 366.

这种关系，则这种关系可以表示为 $xR_{\text{л}}y$。由此，我们就有了把模态和计算机程序联结起来的动态逻辑。

2. 模态表达力和描述逻辑

在对应理论中产生的对模态表达力研究的兴趣，也是被计算机科学中的几个领域激起的，如研究共时系统的计算机科学家独立地分离出双模拟概念(bisimulation)[①]，这个概念为模态语言可以用于对各种过程不变性概念进行分类铺平了道路。

计算机科学对模态理论的发展最有意义的贡献之一是排除掉人们对模态理论的一个缠绕不休的倾向，即认为模态语言本质上是"内涵的"形式主义，它仅仅只适合于分析知道、义务、信念这样一些概念。计算机科学家构造了拟模态的描述逻辑，描述逻辑既是配备有效推理方法的语言家族，它还对平衡语言表达力、计算和算法复杂性之间的关系有某种特别的关注。这导致了模态语言在诸多领域中各种各样的新奇用法[②]，因此，模态本质上只看作是内涵的逻辑并不是一个十分合适的说法。当我们思考模态的框架不完全性，并且考虑计算机理论对模态的强大影响的时候，很明显，模态显露出了异彩纷呈的绚丽景观。

三、现代模态逻辑的多样化图景

(一)模态逻辑理论的现代时期

在第八章，我们已经引用过以下一段语录：

> 框架不完全性的结果迫使模态逻辑学家重新考虑这样一个问题，模态语言实际上是什么；而计算机科学的影响，则从根本上改变了人们对于模态语言能够用来做什么，模态语言将如何被运用的期待。[③]

增加逻辑的内涵因素，这是模态逻辑从语形时期到经典时期历史的一个发展线索。当我们对模态的认知焦点集中到模态语言时，增加内涵因素作为模态逻辑的一个根本特征，已经显得不是那么重要，模态逻辑由此进入到现代时期。这个时期的模态研究，有一些令人惊异的新视角。模态逻辑和经典逻辑之间的关系似乎出现某种异乎寻常的颠倒，模态逻

---

① David Park: *Concurrency and Automata On Infinite Sequences*, Proceedings 5th GI-Conference on Theoretical Computer Science, Karlsruhe, March 23-25, 1981, Lecture Notes In Computer Science, Berlin, Springer, pp. 167-183.

② Patrick Blackburn, Maarten de Rijke, Yde Venema: *Modal Logic*, Cambridge, Cambridge University Press, 2001, p. 47.

③ Ibid. p. 44.

辑的研究重心似乎也发生某种偏离。而由于计算机理论对模态研究的影响，逻辑的动态性，这一逻辑学历史上从未得到过讨论的问题，也在现代模态研究中体现出来。这使得模态的研究呈现多样化的现代图景，产生许多超越经典时期的全新研究领域。①

(二)模态基本理论的多样化图景

1. 模态逻辑是经典逻辑的扩张

在经典命题逻辑基础上增加模态算子，这就构成了最初的模态命题逻辑，这是我们对模态逻辑的一种常规认知角度。这个扩张的结果导引出模态的关系语义学，并且，我们对模态的考察自然就沿着经典逻辑的研究思路，特别地关注模态逻辑的完备性问题。这样一种看待模态逻辑的方法，可以称作经典扩张的方法，它是模态逻辑研究中的第一种方法。

2. 模态逻辑只是经典一阶逻辑的一个片断

但是，模态研究的现代时期对上述常规认知角度来了一个颇为奇异的颠倒。模态逻辑不被看作是经典逻辑的扩张，而是相反，模态逻辑本质上是带有一个自由变元符号的一阶逻辑的某个片断。② 可以看到，现代逻辑学家在考察模态逻辑和经典逻辑之间关系的时候，所获得的结果几乎是来了一个180°的大转弯。但要注意，这不是现代逻辑学家在诉求辩证法，允许两个完全矛盾的态度同时存在，而是它们在考察同样的两个对象间关系的时候，转换了考察的角度。

如果从增加内涵的角度来看待模态逻辑和经典逻辑之间的关系，模态逻辑自然是经典逻辑的扩张。但是，如果我们撇开逻辑的证明模式，把对逻辑证明的关注，转换成对于关系结构的关注，把对形式系统的关注，转换成对逻辑语言的关注，则有一个新的关于模态的理论，即对应理论(correspondence theory)为我们展示出模态逻辑和经典逻辑之间另一种完全不同的关系。揭示这样一种奇异的新结论，需要引入一个语言和另一个语言之间的翻译关系，即一个语言总可以对应地翻译成另一种语言。于是，关于模态逻辑和经典逻辑之间关系，我们又获得一个新奇的结果，我们总可以通过标准翻译(standard translation)，把一个模态语句翻译为一阶逻辑中的某个对应语句。

---

① 〔荷〕约翰·范本特姆：《逻辑、信息和互动》，刘奋荣，余俊伟等译，北京，科学出版社，2008，前言。

② Patrick Blackburn，Johan van Benthem，Frank Wolter：*Handbook of Modal Logic*，Vol. one，Amsterdam，Elsevier，2007，p. 10.

3. 模态逻辑可以看作动态信息变化的基本理论

我们既可以从模态逻辑和经典逻辑之间的关系角度，来揭示模态逻辑理论的本质，我们也可以从模态和其他学科之间的关联来考察模态逻辑。如同我们在前述章节中所描述的，模态逻辑由于受到计算机理论的影响，动态逻辑作为一个模态的变种，超越了模态研究经典时期的视界。不仅仅是计算机理论促成了模态的进化，当我们研究信息结构和信息流的动态变化时，当我们把人和机器主体作为一体，来研究它们共有的信息和互动时，还有，当我们关注形形色色的社会博弈或者目标取向行为时，模态理论与所有这些原先和逻辑似乎没有多大关联度的领域都有着紧密的联系。模态逻辑竟然可以把以上提及的所有领域贯通为一个新的东西，它可以看作是所有这些互为关联主题的一个基本理论。①

4. 模态逻辑是研究图形的一个有力工具

可以设想的是，模态逻辑必定还有很多种超越经典时期的现代视野。在这里还需特别重复的一点是，它是研究图形的一个有力工具。经典的克里普克模型可以被看作是一个有向图形，许多重要的模态观念总可以用一个相对简单的类似于结构的图形来表述。就此而言，现代模态理论是关于图形理论的一个发展。

(三)现代模态逻辑基本理论

1. 现代模态逻辑基本理论要素

我们从研究方法和研究指向的角度讨论了模态逻辑的现代视野，从模态理论本身来看，今天的模态逻辑已经是一个巨大的学科家族，模态结构似乎出现在这个世界的每一个地方。2007 年出版的三大卷《模态逻辑手册》用 4 个部分分列了这一学科的丰富内容，其中的基本理论部分又分成 4 章②，现录译如下。

(1)模态逻辑：一个语义学视野。

(2)模态证明论。

(3)模态逻辑的复杂性。

(4)计算的模态逻辑。

2. 现代模态基本理论的基础

模态经典时期创建的克里普克语义学，在现代时期发展成理解模态

---

① 〔荷〕约翰·范本特姆：《逻辑、信息和互动》，刘奋荣，余俊伟等译，北京，科学出版社，2008，前言。

② Patrick Blackburn, Johan van Benthem, Frank Wolter: *Handbook of Modal Logic*, Vol. one, Amsterdam, Elsevier, 2007, contents.

的对应理论。一个克里普克模型可以用图表来加以表示，模态语言用来解释这些图表，但经典时期的模态语言被看作是经典逻辑语言的扩张。现在我们把视角颠倒过来了，我们有一个一阶对应语言，可以把每一个模态语句转换为这种一阶对应语言。为什么能够这样？因为我们有一种标准翻译，标准翻译恰好具有这样一种转换功能。因此，考察现代模态的基本理论，总是从克里普克语义学开始，然后就关注不同语言之间的转换，这就需要我们把对模态的思考，投向具有语言转换功能的标准翻译概念。

第二节 标准翻译

一、标准翻译的背景性概念

(一)关系语义学的新视角

标准翻译是模态语言和经典一阶逻辑语言之间的翻译，模态语言意指模态经典时期的语言，但这个语言在模态的现代时期，作了以下一些对应于标准语言概念的处理，同时在这个语言基础上给出了一些相关的概念。

1. 基本模态语言

(1)基本语言符号。

基本语言符号类型包括：基本命题符号，命题联结词符号，模态词符号，量词符号和模型符号等。这些符号对于我们是熟悉的，但是，为了提供一个清晰的标准翻译概念，在给出基本模态语言的定义之前，引入以下概念并对某些基本符号给予解释是合适的。

(2)基本模态语言的定义。

基本命题符号 p，q，r，或者 $p_1, p_2, \cdots, p_n$，这称之为命题变元。基本命题符号⊤和⊥，这称为命题常元，我们也常常称命题为语句。

命题联结词符号不被看作是模态语言的初始符号，而被看作是布尔常元，它来自于我们以下将要另加说明的可满足定义。基本命题符号和联结词符号的组合，构成组合命题或者称组合语句，这两类语句构成了命题集合，用大写字母 PROP 表示。命题集合 PROP 默认为是可数并且无限的集合。

模态词(模态算子)符号为了表述的方便做了一些处理，但基本意义完全相同。和以往的◇与□不同，我们用大写字母 MOD 表示模态的集合，因为两个模态词是互为定义的，基本模态词可以任选，MOD 显然就是一个单元素的集合。我们用$\langle m\rangle$表示$\Diamond$模态，用$[m]$表示$\Box$模态。

因为模态词可以赋予各不相同的语义，所以有一个对于模态词意义的选择问题，这个选择总是和命题集合 PROP 与模态词集合 MOD 相关，我们把这种选择结果称作为该语言的类似类型(similarity type)或者称作签名(signature)。

由此我们可以给出一个基本模态语言的定义。

设符号φ，ψ表示一个语言中的任意命题，它们是元命题符号。

$\varphi::p\ |\top|\bot|\neg\varphi|\varphi\wedge\psi|\varphi\vee\psi|\varphi\rightarrow\psi|\varphi\equiv\psi|\langle m\rangle\varphi|[m]\varphi$。

由这个定义可知，基本模态语句可以是命题符号、命题符号和布尔常元的组合，也可以是命题前置以模态词组合成的语句。

2. 基本模态语言的相关定义

(1)子公式(语句)。

公式φ的子公式是公式φ本身加上构成φ的所有那些公式。

(2)子公式的肯定出现和否定出现。

如果一个公式φ的子公式ψ是在偶数个否定的情形之下出现，则公式ψ称作肯定出现；否则就是否定出现。

(3)模态算子深度。

基本模态公式φ的深度，简称为模态度，它是指在公式φ中带有最多模态算子的那个子公式前的模态算子数目。我们用$md(\varphi)$表示这个数目。

(二)模型、框架和可满足

模型、框架和可满足的定义等同于前述可能世界语义学的基本定义。需要强调二点，一个是，模态语言中的模型应该看作是一个有向的图形；另一个是，需要引进全域可满足以及与此相关的有效概念。

1. 全域可满足和有效

(1)全域可满足。

设$\mathfrak{M}$为模态语言 ML 的一个模型，如果公式φ在模型$\mathfrak{M}$上的所有世界都被满足，则公式φ是全域可满足。

这写为：$\mathfrak{M}\vDash\varphi$。

(2)有效。

如果公式φ在模态语言 ML 的所有模型上都是全域可满足，则公式φ有效。

这写为：$\vDash\varphi$。

2. 常元命题的可满足

因为在模态语言中增加了⊤，它的可满足定义恰好和⊥形成对应，也就是：如果设 $\mathfrak{M}$ 为模态语言 ML 的一个模型，w 为世界 W 上的一个世界，则公式⊤和⊥在 $\mathfrak{M}$ 中的世界 w 上可满足，可以分别给出如下定义。

$\mathfrak{M},w\models\bot$，决不。

$\mathfrak{M},w\models\top$，总是。

3. 公式集合的可满足与语义后承

(1)公式集合的可满足。

设 Σ 为基本模态公式的集合，如果在有些模型的有些世界之中，Σ 所包含的所有公式，都是在这些模型的这些世界中可满足，则公式集合 Σ 可满足。

(2)语义后承。

如果对于所有的模型 $\mathfrak{M}$，以及所有在模型 $\mathfrak{M}$ 中的世界 w，如果有 $\mathfrak{M},w\models\Sigma$，那么就有 $\mathfrak{M},w\models\varphi$，则公式$\varphi$是公式集合 Σ 的语义后承。

(三)模型结构的外延处理和同构(isomorphic)概念

模态经典时期的克里普克模型 $\mathfrak{M}$，我们用 $\langle W,R,V\rangle$ 表示，W 上世界和世界之间的关系标记为 R。我们是从 $\mathfrak{M}$ 中的一个世界点上命题 p 的真，借助于关系 R 来考察 p 在其他的世界点上是否保持了真。在这里，模态逻辑看作是一种增加内涵因素的逻辑，世界是理解命题真值的语境条件。模态的这种语义解释影响深远，但这个解释遮盖了另外一些有意义的解释。实际上，完全可以从外延的角度来看待模态逻辑，在一阶逻辑的视野之内，我们同样可以处理模态逻辑。

1. 外延信息的模态图形

假定我们有一个由三个世界构成的模态语义图，三个世界意指 3 个人：张，王和李。张喜欢李，但讨厌王；李没有态度；而王喜欢李，但讨厌张。这样一类关系可以构造一个有向的语义图，如图 9-4。

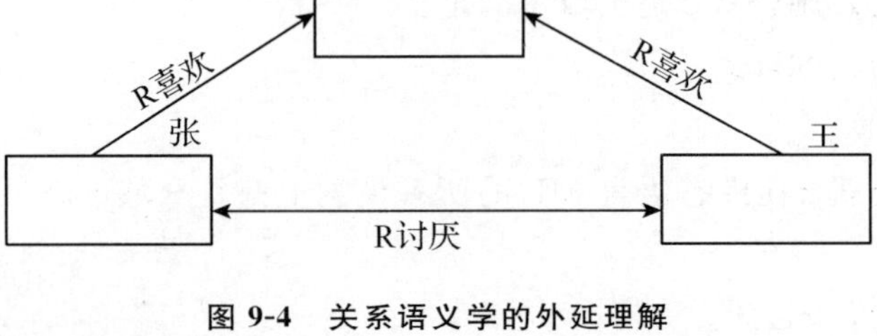

图 9-4 关系语义学的外延理解

在这样的图形中，把张、王、李看作是一个命题的成真条件，似乎有点怪怪的味道，他们显然是表达某个态度的行为主体，恰好就是外延的经典定义所在。这个图形给人们的启示是，一个多模态的语义图形可以在一阶逻辑的范围内得到处理，当我们给张的态度赋值为真的时候，我们可以得到一个有关张的一阶命题：张讨厌某个人，这个人和他一样，喜欢的是同一个人。

多模态的图形可以用一阶逻辑来加以刻画，自然可以让人联想到，一阶逻辑更能够用来刻画单模态的图形，模态逻辑也许就可以在一阶逻辑的范围内得到处理。标准翻译可以说提供了一个很好的思路，在给出标准翻译概念之前，还需要明确一个重要的概念，它和两个相比较的结构概念相关，这就是同构概念。

2. 同构概念

如果我们比较两个逻辑结构或者数学结构，他们在数学或者逻辑上不可区分，则这两个结构可以看作是同构的。同构概念和集合论中的双射概念有紧密联系，两个集合的元素是一一对应的，是这两个集合元素之间存在双射的结果。

逻辑结构有带一个关系的，如我们讨论过的模态 T 系统，也有带一个以上关系的，上述图 9-4 就带有喜欢和讨厌两种关系。我们以带有一个关系的模型和框架为基点给出同构的定义，对于多重关系结构的同构概念，可以在单关系基础上加以普遍化。

(1)框架同构和模型同构。

设有两个模型 $\mathfrak{M}=\langle W,R,V\rangle$，$\mathfrak{M}'=\langle W',R',V'\rangle$，再设 $f:W\mapsto W'$ 是一个双射。

如果对于任意在 W 中的世界 w 和 v，我们有 wRv，当且仅当 $f(w)Rf(v)$，那么，我们就说 f 是框架 $\langle W,R\rangle$ 和 $\langle W',R'\rangle$ 之间的一个同构，这两个框架就是框架同构的。

以上是框架同构概念的定义，如果我们给框架增加赋值概念，这就形成了有关模型的同构概念。

如果对于所有命题符号 p，我们对 p 的赋值 $V(p)$ 形成了一个世界集合，它实际上可以看作是 W 的一个子集合。任意世界 w 是 $V(p)$ 的成员，当且仅当 $f(w)$ 是 $V'(p)$ 的成员，那么，我们就说 f 是模型 $\mathfrak{M}$ 和 $\mathfrak{M}'$ 之间的一个同构，这两个模型就是同构的。

(2)同构定理。

由以上对框架同构和模型同构的定义，若 f 是模型 $\mathfrak{M}$ 和 $\mathfrak{M}'$ 之间的一个同构，φ是模态语言中的任意基本语句，很明显，f 在一个模型当中具有的信息，一定在另一个模型当中也具有，这就获得以下的同构定理：

设 f 是模型 $\mathfrak{M}$ 和 $\mathfrak{M}'$ 之间的一个同构，则有，对于所有的模态语句φ，所有在模型 $\mathfrak{M}$ 中的世界 w，我们都有：$\mathfrak{M},w\vDash\varphi$，当且仅当 $f(w)\vDash\varphi$。

二、标准翻译概述

(一)基本模态语句和一阶语句的对应

我们已经给出有关标准翻译的几乎所有基本概念，借助于这些基本概念，当我们换一个视角来看待模态逻辑和经典一阶逻辑之间的关系时，可以发现，模态逻辑本质上是带有一个清晰自由变元符号的一阶逻辑片断。要理解这一点，我们得从对克里普克模型的另一种解释开始。

1. 作为关系结构的克里普克模型

一个克里普克模型 $\mathfrak{M}=\langle W,R,V\rangle$，也称作关系结构。其中有量化的世界 W，有一个二元关系 R 在世界 W 的成员之间，还有一个赋值 V，它可以看作是对任意语句 p 的一元关系。于是模态算子在这样的模型之中得到解释，但是对关系结构的解释不是唯一的，我们并不一定非得使用模态语言来刻画关系结构。使用一阶对应语言的方法，关系结构也可以得到合宜的处理。

2. 模态语句和一阶语句

模态语言中的语句，可以在关系结构下予以语义描述，但也可以在一阶语言条件下得到解释。我们已经使用大写字母 MOD 表示模态的集合，并且，我们也用大写字母 PROP 表示命题集合，PROP 被默认为是可数并且无限的集合。正是这两个集合构成一个语言，在 PROP 和 MOD 上的模态语言。我们再把有关这个语言的模型中的二元关系用一个特殊的关系符号 R^m 来表示，其中的上标 m 标识为模态算子，即 $m\in$MOD。关系 R^m 作为单个集合，可以表示为$\{R^m\}$。此外，这个模态语言有一个一元关系符号 P，用来表示 PROP 中的每一个命题 p 中变元 x 的性质，这通常表示为 Px。于是，一个模态语言的关系结构就可以表示为$\langle W,\{R^m\},V\rangle$。现在我们先撇开关系结构，看看在 PROP 和 MOD 上的模态语言我们该如何处理。

在 PROP 和 MOD 上的模态语言称作一阶对应语言，为什么是这样一个称呼？原来，我们有一个对应语言，可以把模态语言中的任意语句依据某种翻译方式转换为对应语言的语句。模态语句竟然可以借助于这种翻译，归结为一阶语言中的某个对应的语句，这个翻译方式称作标准翻译。给出标准翻译的严格定义，首先需要有对应语言的概念。

(二)对应语言和标准翻译

1. 对应语言

在讨论正规模态系统的特征公理和它所对应的关系 R 的时候，我们曾经看到模态系统某种语形和语义的对应，这自然是对应理论中的一部分。但从模态语言的角度看，尽管模态语言与经典一阶语言相比，讨论关系结构的方式是非常不同的，但在两种语言都可以讨论关系结构这一点上是一致的。模态语言对关系结构的视角是内部的，它站在关系结构的某个点上看关系结构。一个模态语句就像一个放在结构内部某个点上的机器人，这个语句依赖于这些点之间的导向关系来判定。而一阶逻辑语言对关系结构的视角是外部的，鸟瞰似的，完全不依赖语句的语境条件。①

有趣的是，当我们把那些直观的数学内容分离出来，两种不同观察结构的方式却通过某些新观念(如互模拟概念)，产生某种语言上的对应。我们所讨论的模态语言，竟然可以在一阶语言中有与之对应的语言。对这种语言的研究所形成的对应理论，成为我们理解现代模态逻辑的基石。

我们已经简略地勾勒了在 PROP 和 MOD 上的模态语言，如果一个语言称作一阶对应语言，则每一个模态语言中的基本语句都可以通过某种标准的方式对应于一阶语言中的相应语句。

2. 标准翻译

设 x 是一阶变元，STx 表示标准翻译。如果一个模态语句通过以下等式转换为一个一阶语句，则这样一种转换称作**标准翻译**。

(1) $STx(p) = Px$ 。

(2) $STx(\bot) = \bot$ 。

(3)$STx(\neg\varphi)=\neg STx(\varphi)$。

(4)$STx(\varphi\wedge\psi)=STx(\varphi)\wedge STx(\psi)$。

(5)$STx(\langle m\rangle\varphi)=\exists y((xR^m y)\wedge STy(\varphi))$。

(6)$STx(\langle m\rangle\varphi)=\forall y((xR^m y)\to STy(\varphi))$。

显然，标准翻译映射了命题符号给一元谓词，用布尔联结词连接这些命题符号，在有模态算子的情形之中，用一阶量词来刻画二元关系 R^m。用计算机的语言来描述模态算子，这里的模态算子类似于宏。对二

---

① Patrick Blackburn, Johan van Benthem, Frank Wolter: *Handbook of Modal Logic*, Vol. one, Amsterdam, Elsevier, 2007, p. 5.

元关系 R^m 的量词编码是用清晰的一个自由变元符号进行的，所以，我们可以说：模态逻辑本质上是带有一个自由变元符号的一阶逻辑的某个片断。①

以下是将模态语句 $\langle m\rangle([m]p \rightarrow q)$ 通过标准翻译 STx 转换为一阶语句的一个实例。

$$STx\langle m\rangle([m]p \rightarrow q)$$
$$=\exists y((xR^m y) \wedge STy([m]p \rightarrow q))$$
$$=\exists y((xR^m y) \wedge STy([m]p)) \rightarrow STy(q)))$$
$$=\exists y((xR^m y) \wedge \forall z(yR^m z) \rightarrow STz(q)) \rightarrow Qy))$$
$$=\exists y((xR^m y) \wedge \forall z(yR^m z) \rightarrow P(z)) \rightarrow Qy))\text{。}$$

通过这样的转换，模态算子被一阶逻辑的量词所替代，变形后的语句等满足于原初的模态语句。也就是：对于任意的模型 $\mathfrak{M}$，$\mathfrak{M}$ 中的任意世界 w，我们有：

$$STx\langle m\rangle([m]p \rightarrow q) = \exists y(xR^m y) \wedge \forall z(yR^m z) \rightarrow P(z)) \rightarrow Qy))[x \leftarrow w]\text{。}$$

其中的符号 $[x \leftarrow w]$ 意味着给 w 指派自由变元 x，显然，这样一种关系是具有普遍性的。由此，我们可以获得相关于标准翻译的以下几个性质。

(三)与标准翻译相关的几个性质

标准翻译的引入为我们探索模态语言的表达力提供了一个新的研究模式，这就是对应理论。我们可以通过标准翻译把模态转化为一阶逻辑的某个片断，借助于刻画这个片断来测量模态逻辑对于模型的表达力。进一步理解这种对应理论，标准翻译的以下几个性质值得关注。

1. 模态语句和标准翻译语句的等价性

对任意基本模态语句 φ，任意模型 $\mathfrak{M}$，以及 $\mathfrak{M}$ 中的任意世界 w，我们都有：

$\mathfrak{M}, w \vDash \varphi$ 当且仅当 $\mathfrak{M} \vDash STx(\varphi)[x \leftarrow w]$。

这个结果告诉我们的是，标准翻译在模态逻辑和经典逻辑之间建造了一座桥，通过这座桥我们总可以把模态语句转换成一阶逻辑语句，我们也可以把一阶逻辑的元理论结果转换为模态逻辑语句。

2. 基本模态逻辑的紧致性

一阶逻辑具有紧致性，基本模态逻辑也具有紧致性。那就是：如果

---

① Patrick Blackburn, Johan van Benthem, Frank Wolter: *Handbook of Modal Logic*, Vol. one, Amsterdam, Elsevier, 2007, p. 10.

Σ 是基本模态语句的集合，并且每一个 Σ 的有限子集合是可满足的，那么，Σ 本身是可满足的。

3. 基本模态逻辑的骆文海—司寇伦性质

同样，一阶逻辑具有**骆文海—司寇伦(Lowenheim-Skolem)性质**，基本模态逻辑也具有这种性质。那就是：如果 Σ 是基本模态语句的集合，并且，Σ 至少在一个无限的模型中是可满足的，那么，Σ 在每一个无限基数的模型中是可满足的。

4. 基本模态语言中有效集合的递归可数性

模态语句通过标准翻译转换为一阶语言的语句，还可以获得一个性质。这个性质相关于基本模态语言中的有效语句集合，因为一阶有效语句的集合是递归可数的，而一个基本模态语句是有效的，当且仅当 $STx(\varphi)$ 是一阶有效语句。所以，基本模态语言中的有效语句集合具有**递归可数**的性质。

(四)标准翻译提升基本模态语言的功能

1. 从内部观察关系结构

通过标准翻译，我们这里给出的基本模态语言，它实际上是模态命题语言，也就具有了非常简洁的语形特征。我们在讨论关系结构的时候，仅仅用无变元的符号就可以深入到模型的内部。模态算子根据标准翻译变形为仅有一个自由变元，虽然可能有无数多个可能世界，但自由变元仅有一个，它标志着某个当前状态。其他标志可能世界的变元全部被约束，它们仅在相关的世界中起作用。模态对于关系结构的内部视野，既简化了模态的语形学，也意味着模态命题逻辑是我们观察关系结构的抽象工具。

2. 一阶逻辑的结果可以用于建立模态元理论

当我们运用标准翻译可以把基本模态语言的语句，翻译为一阶语言的语句的时候，表明我们能够系统地在一个自由变元的条件下把模态语句映射到一阶语句。由此，把一阶逻辑的已知成果用于模态的研究就成为可能，建立某些基本的模态元理论也是有希望的。作为现代模态逻辑基石的对应理论，自然就应运而生。

第三节　关系结构中的不变性结果

一、关系结构的比较研究及其相关概念

数学家很少孤立地去研究一个关系结构，他们通常对不同的关系结

构间的关系感兴趣，特别是对一个结构通过一些运算而变成另外一个结构感兴趣。数学家的这一研究套路也体现在逻辑学家的身上，特别表现在现代模态逻辑学家的身上。模态逻辑学家在经历了模态研究的经典时期之后，到了模态逻辑的现代时期，不同结构之间的关系受到特别地关注。尤其是，当两个有区别的关系结构，一个结构所具有的性质可以通过某个运算，也体现在另一个结构身上的时候，这种不变的性质究竟何以产生，模态逻辑学家是更为感兴趣的。由此而衍生出有关结构对应的一系列概念，并产生现代模态逻辑的基本理论：对应理论。

(一)不相交并及其断定命题

我们在上一节已经给出关系结构的框架同构和模型同构概念，进一步深化对关系结构比较的研究，还需要另外一些相关的概念。

1. 不相交并的几个图形

为了方便我们对关系结构图形的描述和理解，在以下的关系结构图形中，我们将把对世界的描述由方框变形为一个实心的点•，箭头的描述方式不变，用一个方框表示一个模型。现在我们假定，有以下两个不同的模型 $\mathfrak{M}=\langle W,R,V\rangle$ 和 $\mathfrak{M}'=\langle U,R',V'\rangle$，图 9-5 展示出了这两个模型。

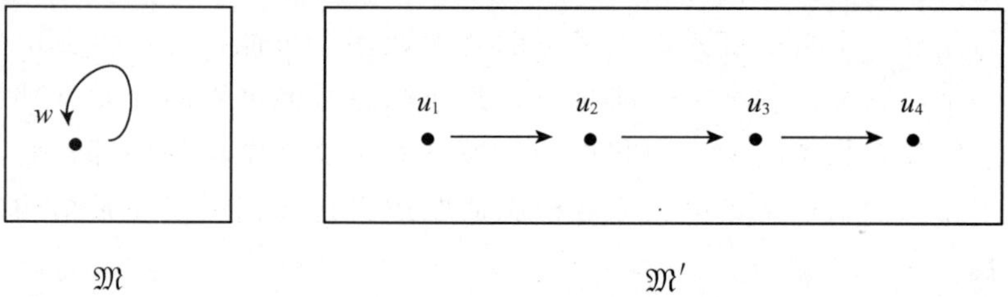

图 9-5 两个不相干的模型 $\mathfrak{M}$ 和 $\mathfrak{M}'$

因为两个模型找不到共有的点，它们是不相干的。现在我们把这两个模型合并为一个模型，这可以表示为 $\mathfrak{M}\cup\mathfrak{M}'$，则这个并模型 $\mathfrak{M}\cup\mathfrak{M}'$称作 $\mathfrak{M}$ 和 $\mathfrak{M}'$ 的不相交并，这可以用图 9-6 表示。

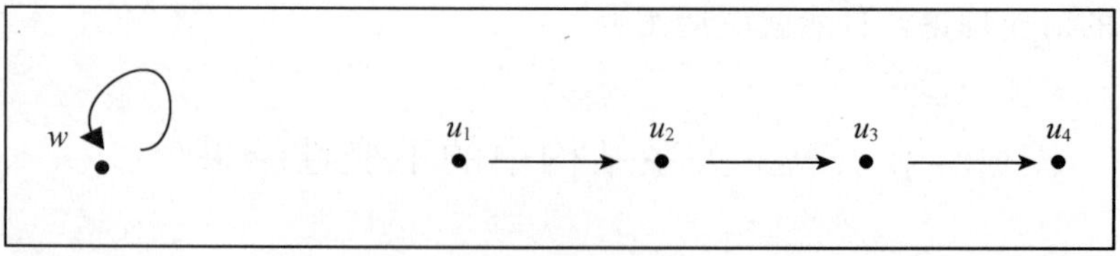

图 9-6 不相交并 $\mathfrak{M}\cup\mathfrak{M}'$

这个不相交并 $\mathfrak{M} \cup \mathfrak{M}'$，集中了两个较小的模型中所有的信息。我们没有对较小模型作任何改变，它们之中点与点之间的关联方式维持了原样，原子信息被分配的方式也没有更动。假定这个并模型是在基本的模态语言中，又假定，有语句φ在模型 $\mathfrak{M}'$ 中 u_1 点上为真，现在我们问：φ在模型 $\mathfrak{M} \cup \mathfrak{M}'$中 u_1 点上还是为真吗？把这个问题变成一个一般性的问题，在较小模型中的那些点上为真的语句，它们在不相交并中仍然保持了原有的真值吗？我们还可以反方向地提出同样的问题，在不相交并中那些点上为真的语句，它们在较小模型的同样情形中，仍然保持了原有的真值吗？

对这些问题的回答，形成了有关这类模型的定义和断定命题。

2. 不相交并的定义

对于基本模态语言的不相交并概念，我们可以给出以下的定义。首先定义不相交模型概念，然后定义不相交并概念。

定义：不相交模型。

设有模型 $\mathfrak{M}$ 和 $\mathfrak{M}'$，如果 $\mathfrak{M}$ 和 $\mathfrak{M}'$ 的定义域(也就是可能世界或者点的集合)没有任何共同的元素，则这两个模型是不相交的模型。

定义：不相交并。

设有不相交模型 $\mathfrak{M}_i = \langle W_i, R_i, V_i \rangle$（$i$ 是一个整数，即 $i \in I$，表示 i 个不相交模型)，则这个不相交模型的并就是由 i 个不相交模型一起合并为一个模型 $\bigcup^{+}_{i\in I} \mathfrak{M}_i = (W, R, V)$，其中，$W$ 是集合 W_i 的并，R 是关系 R_i 的并，并且对于每一个命题字母 p，都有 $V(p) = \bigcup_{i\in I} V_i(p)$。

不相交并概念可以扩展到一般的情形，这就形成有关不相交并的一个命题。

3. 关于不相交并的命题

设 σ 是一个模态签名，设 $\mathfrak{M}_i$ 是一个 σ-模型，$i \in I$，那么，对任意模态公式φ，对 $\mathfrak{M}_i$ 中的每一个元素 w 而言，都有 $\mathfrak{M}_i, w \vDash \varphi$当且仅当 $\bigcup^{+}_{i\in I} \mathfrak{M}_i, w \vDash \varphi$。

这可以描述为这样一个命题：模态可满足在不相交并的条件下是不变的。很明显，这个命题可以借助于对不同模态语句形式的归纳得到证明。

(二)生成子模型及其断定命题

我们给出的不相交并概念，是把小模型变成更大的模型。现在我们反过来看模型之间的关系，大模型是否能够变成小的模型。这样一个视角，引申出生成子模型的概念。

1. 一个大模型的例子

假定我们有这么一个模型 $\mathfrak{M}$，它基于一个整数的框架，Z 表示整数的集合，整数之间的关系是小于关系 $<$，则这个整数的框架就是 $\langle Z, <\rangle$，模型 $\mathfrak{M}$ 可以用图 9-7 表示。

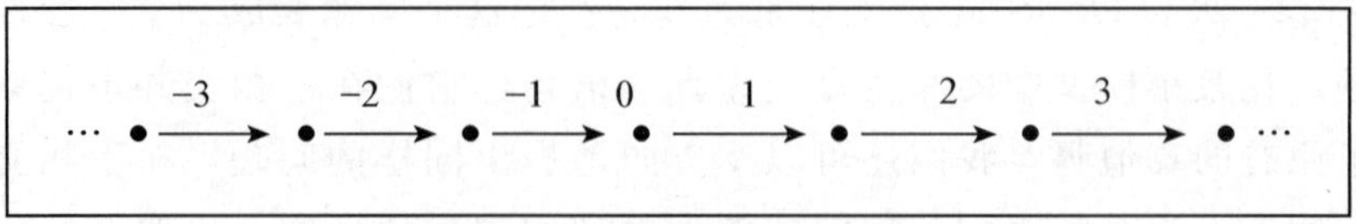

图 9-7 整数模型 $\mathfrak{M}$ 示意图

现在我们继续假定，我们在 $\mathfrak{M}$ 中通过丢掉整数中的正整数形成了一个 $\mathfrak{M}$ 的子模型 $\mathfrak{M}^-$，并且，我们对剩下的整数限定其最初的赋值，无论原先的数是什么。于是，模型 $\mathfrak{M}^-$ 如图 9-8 所示。

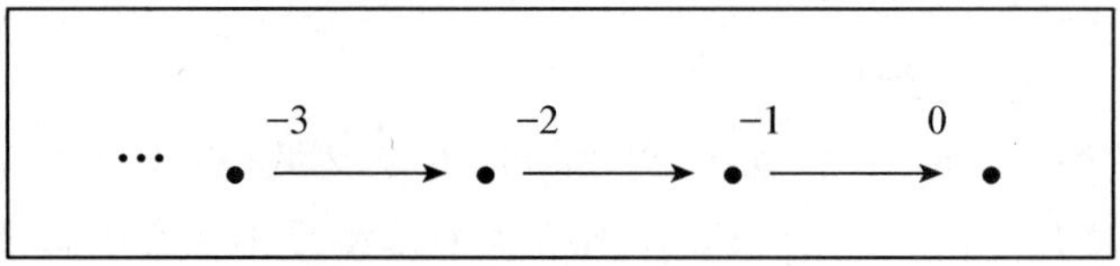

图 9-8 $\mathfrak{M}$ 的子模型 $\mathfrak{M}^-$

用基本模态语言看这两个模型，它们显然不同。例如，整数 0 在模型 $\mathfrak{M}$ 中有后继，所以，我们有模态语句 $\Diamond\top$ 在模型 $\mathfrak{M}$ 中 0 上为真，即 $\mathfrak{M}, 0 \vDash \Diamond\top$。但在模型 $\mathfrak{M}^-$ 中，0 没有后继，这被称为**死点**(dead point)，在该点上，$\mathfrak{M}^-, 0 \nvDash \Diamond\top$。这表明，我们从模型 $\mathfrak{M}$ 中获得的任意子模型没有不变的结果。

但我们可以换一种产生子模型的方法，现在还是在这个模型 $\mathfrak{M}$ 中，我们去掉其整数中的负数部分，这也是构成一个子模型，我们命名为 $\mathfrak{M}^+$，同样给这个模型中剩下的点赋值。结果是，这个子模型可以保持原初模型的性质。因为，假定有基本模态语句 φ 在模型 $\mathfrak{M}$ 中某些点上是可满足的，φ 也在 $\mathfrak{M}^+$ 中同样的这些点上可满足。而且，那些相关于 φ 可满足的点，都是大于负整数的点，而这些点既属于模型 $\mathfrak{M}$，也属于模型 $\mathfrak{M}^+$。反过来也是一样，如果基本模态语句 φ 在模型 $\mathfrak{M}^+$ 中某些点上是可满足的，那么，同样地，φ 在模型 $\mathfrak{M}$ 中的某些点上，也是可满足的。

这样的一个子模型 $\mathfrak{M}^{+}$，可以表示为图 9-9。

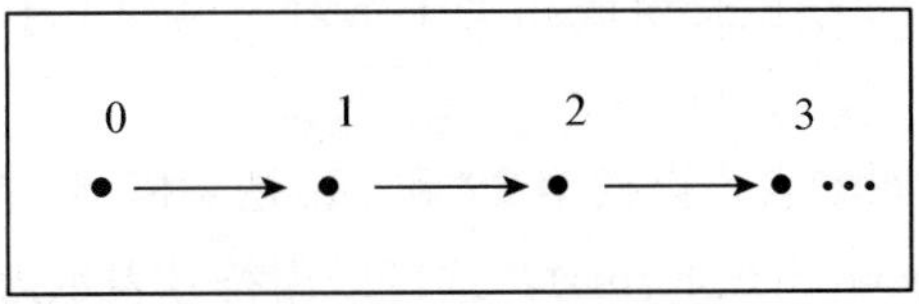

图 9-9　$\mathfrak{M}$ 的子模型 $\mathfrak{M}^{+}$

由这个子模型 $\mathfrak{M}^{+}$ 所具有的特性，我们可以获得生成子模型的定义。

2. 生成子模型的定义

模态不变性结果在模型 $\mathfrak{M}^{+}$ 中能够体现出来，这个子模型在原初的模型可通达关系下封闭，这样一种子模型，可以称作为生成子模型。对模态基本语言而言，生成子模型可以定义如下。

(1)生成子模型。

设有模型 $\mathfrak{M}=\langle W,R,V\rangle$ 和 $\mathfrak{M}'=\langle W',R',V'\rangle$。如果 W' 是 W 的子集合，R' 是 R 对 W' 的限制(那就是，$R'=R\cap(W'\times W')$)，V' 是 V 对 $\mathfrak{M}'$ 的限制(那就是对任意命题 p，$V'(p)=V(p)\cap W'$ V')。我们就说：$\mathfrak{M}'$ 是 $\mathfrak{M}$ 的生成子模型，这可以用符号表示为：$\mathfrak{M}'\mapsto\mathfrak{M}$。

(2)生成子模型的闭包条件。

如果模型 $\mathfrak{M}'$ 是 $\mathfrak{M}$ 的生成子模型，则对于所有模型 $\mathfrak{M}$ 中的点 w，我们有以下闭包条件成立：

如果 w 在 $\mathfrak{M}'$ 中，并且 wRv，那么，v 也在 $\mathfrak{M}'$ 中。

(3)关于生成子模型的命题。

设 σ 是一个模态签名，设模型 $\mathfrak{M}$ 和 $\mathfrak{M}'$ 是 σ-模型，并且，$\mathfrak{M}'$ 是 $\mathfrak{M}$ 的生成子模型。那么，对任意模态公式 φ，对 $\mathfrak{M}'$ 中的每一个元素 w 而言，都有 $\mathfrak{M},w\vDash\varphi$ 当且仅当 $\mathfrak{M}',w\vDash\varphi$。

这可以描述为这样一个命题：模态可满足在生成子模型的条件下是不变的。很明显，这个命题也可以借助于对不同模态语句形式的归纳得到证明。

(三)模态态射下的不变结果

探讨关系结构比较中的不变性结果，更一般的态射概念也是值得关注的。因此，尽管同构概念已经为我们所知，我们还需要对相关于态射的同态概念、嵌入概念，最后是有界态射概念有所理解。

态射也称作结构保留映射，它是指任意两个对象 A 和 B 对应一个集合C，构成集合C的元素称为态射。[①] 把这个现代代数的态射概念运用于模态逻辑，以下一些概念就既相关于态射，又相关于模态逻辑。

1. 同态概念

设σ是一个模态签名，设模型$\mathfrak{M}$和$\mathfrak{M}'$是σ-模型，我们说f是一个从$\mathfrak{M}$到$\mathfrak{M}'$的同态(homomorphisms)，这可以用符号表示为$f:\mathfrak{M}\rightarrow\mathfrak{M}'$。

那就是说，有一个从W到W'的函数f，该函数满足以下一些性质。

(1)对每一个命题符号p和$\mathfrak{M}$中的每一个元素w，如果w是$V(p)$的成员，那么，$f(w)$是$V'(p)$的成员。

(2)对于签名σ中的任意成员n元$\triangle$和$\mathfrak{M}$中的每一个$n+1$元元素$\overline{w}$，如果$(w_0,\cdots,w_n)$是R_Δ的成员，那么，$(f(w_0),\cdots,f(w_n))$是R'_Δ的成员。

性质(2)称作这两个模型的同态条件，模型$\mathfrak{M}$称作同态的源，模型$\mathfrak{M}'$称作同态的目标。对于基本模态语言而言，性质(2)可以表示为：

如果wRv，那么$f(w)R'f(v)$。

所以，我们可以说，性质(2)表达的是，同态保留了两个模型原先具有的关系。

2. 嵌入概念

如果我们把同态概念所满足的性质(1)和(2)从蕴涵关系变为等价关系，满足这样性质的同态称作强同态，双射的强同态就是我们已经引入的同构概念。

借助于这个强同态概念，我们还获得另外一个相关于同态的概念，这就是嵌入(embeddings)概念。

嵌入的定义：

从模型$\mathfrak{M}$到$\mathfrak{M}'$的一个嵌入是一个强同态$f:\mathfrak{M}\rightarrow\mathfrak{M}'$，$f$实际上就是从$\mathfrak{M}$到$\mathfrak{M}'$的一个内射。

3. 基本模态语言的有界态射

用态射概念来对不同模态模型进行比较，是不是能够获得模型比较后的不变性结果呢？答案似乎是否定的。因为有许多态射并不产生不变性的结果，在强同态条件下虽然有许多不变性结果，但遗憾的是，它们并不是真正模态上的不变性。然而，我们可以把态射概念进一步地精细化，使得它们可以用于对模态不变性结果的讨论，这就产生有关模态的两种态射，模态基本语言的有界态射和一般模态语言的有界态射概念。

---

① 游宏，刘文德：《代数学》，北京，科学出版社，2009，第41页。

基本模态语言的有界态射定义：

设有模型 $\mathfrak{M}$ 和 $\mathfrak{M}'$ 是对于基本模态语言的两个模型，模型 $\mathfrak{M}=\langle W,R,V\rangle$ 且 $\mathfrak{M}'=\langle W',R',V'\rangle$。如果一个映射 $f:\mathfrak{M}\rightarrow\mathfrak{M}'$ 满足以下三个条件，则这个映射就是一个**有界态射**。

(1) w 和 $f(w)$ 满足同样的命题字母。

(2) f 是相关于关系 R 的强同态，那就是，如果 wRv，那么 $f(w)R'f(v)$。

(3)如果 $f(w)R'v'$，那么存在 v 使得 wRv 并且 $f(v)=v'$。

由这个有界态射的概念引申出一个有界态射的象概念，这个概念可以描述为：如果有一个从 $\mathfrak{M}$ 到 $\mathfrak{M}'$ 满射的有界态射，那么，$\mathfrak{M}'$ 就是 $\mathfrak{M}$ 的一个有界态射的象。

4. 一般模态语言的有界态射

借用以上给出的同态概念和基本模态语言的有界态射条件(3)，一般模态语言的有界态射可以获得以下定义。

一般模态语言的有界态射定义：

设 σ 是一个模态签名，△是 σ 的成员，满足以下两个条件的态射是对于一般模态语言的有界态射。

(1)对所有属于 σ 成员的△，$wR_{\Delta}v_1\cdots v_n$ 蕴涵着 $f(w)R'_{\Delta}f(v_1),\cdots,f(v_n)$。

(2)如果 $f(w)R'_{\Delta}v'_1,\cdots,v'_n$，那么存在 $v_1\cdots v_n$，使得 $wR_{\Delta}v_1\cdots v_n$ 并且 $f(v_i)=v'_i$，$(1\leqslant i\leqslant n)$。

对于模态逻辑而言，这里的条件(2)是根本的，因为它表明的正是对应理论中的一个核心概念，互模拟概念。在转入对这个核心概念的讨论之前，我们用几个模态态射的实例，来巩固我们对这些有关模态不变性结果概念的理解。

二、基本模态语言有界态射的实例及其解释

(一)基本模态语言的有界态射实例

设模型 $\mathfrak{M}$ 和 $\mathfrak{M}'$ 是对于基本模态语言的两个模型，$\mathfrak{M}=\langle W,R,V\rangle$ 且 $\mathfrak{M}'=\langle W',R',V'\rangle$，其中：

$W=$ 自然数集合 N；m 和 n 是任意自然数，mRn 当且仅当 $n=m+1$；$V(p)=$自然数中的偶数集合。

$W'=$ 两个点 e 和 o 的集合；$R'=eRo$ 和 oRe 的集合；$V'(p)=$ 单集合 e。

现在我们有一个映射 $f:W\rightarrow W'$，这个映射的条件是：

$$f(n)=\begin{cases} e & \text{如果 } n \text{ 是偶数,} \\ o & \text{如果 } n \text{ 是奇数。} \end{cases}$$

这两个模型之间的映射可以用图 9-10 表示。

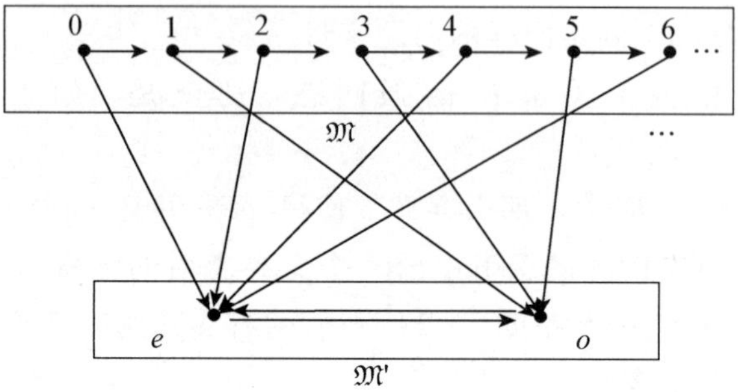

图 9-10 有关自然数模型 $\mathfrak{M}$ 和 $\mathfrak{M}'$ 的有界态射

(二)基本模态语言的有界态射实例图形解释

因为可以从模型 $\mathfrak{M}$ 向 $\mathfrak{M}'$ 映射，但不能够反方向进行，所以它显然不是强同态。但这个映射是从模型 $\mathfrak{M}$ 向 $\mathfrak{M}'$ 的满射，两个模型中的世界可以容纳同样多的命题字母，在这里是同样多的自然数，这就满足了基本模态语言有界态射条件(1)。同时，基本模态语言有界态射的条件(2)和条件(3)也是满足的。因为，在模型 $\mathfrak{M}$ 中的任意自然数 m 和 n ，如果 mRn ，自然可以得到 $f(e)R'f(o)$ ，这满足条件(2)。

对满足条件(3)的解释是最有趣味的，这个条件也称作返回条件。在模型 $\mathfrak{M}$ 中，任取 W 的一个元素 n 。现在假定，$f(n)R'(w')$ ，我们必定发现有一个 W 中的成员 m 使得 $f(m)=w'$ 。我们再来假定 n 是奇数，当 n 是奇数的时候，$f(n)=o$ 。所以，根据 R' 的定义，我们必须有 $w'=e$ 。但是，因为 $n+1$ 是偶数，所以，$f(n+1)=w'$ 。并且，依据 R 定义，我们有 $n+1$ 是 n 的后继。因此，$n+1$ 就是那个我们正在寻找的 m 。这就恰好满足了一个有界态射的条件(3)。

三、箭头逻辑和一般模态语言有界态射实例及其解释

一般模态语言有界态射涉及更为广泛的模态类型，我们用箭头逻辑语言，一种更为复杂的模态语言为例，来说明这种有界态射。所以，我们首先给出箭头逻辑的语言和这个逻辑的模型概念。然后，我们再给出一般模态语言有界态射的实例图形及其解释。

(一)箭头逻辑语言和模型

1. 箭头逻辑语言

我们说过，因为模态词可以赋予各不相同的语义，所以就有一个对于模态词意义的选择问题。这个选择又总是和命题集合 PROP 与模态词集合 MOD 紧密相关，在前面，我们已经把这种选择结果称作该语言的类似类型或者称作签名。如果我们选择的模态词用图形可以表示为一个箭头，这样一种带箭头的逻辑就称为箭头逻辑。

> 箭头框架和箭头逻辑的观念最先由范本特姆(1989)在关系代数的模态逻辑某些普遍化联系中引入。范本特姆的箭头框架由一组对象集合构成，其中，合成是一个三元关系，反转是一个二元关系，另带有一个恒等箭头的集合。①

在这样设想的箭头逻辑中，用形式符号表示这个逻辑的模态词，远比基本的模态词复杂。我们先给出它的语言，然后对这个语言做简略的解释。

箭头逻辑的语言用来讨论箭头结构中的对象，这个逻辑的语言是在基本模态语言基础上改变模态签名的结果，它可以表达为如下形式。

设符号φ表示一个语言中的任意命题，我们可用下式表示箭头逻辑的语言。

$$\varphi::=p\mid\top\mid\bot\mid\neg\varphi\mid\varphi\vee\psi\mid\varphi\bigcirc\psi\mid\odot\varphi\mid \mathrm{T}。$$

由这个定义可知，箭头模态语句可以是命题符号、命题符号和布尔常元的组合，也可以是把命题用箭头模态词组合而成的语句，其中，还有一个特殊的命题形式 I'。这就是上述箭头语言中合式公式表达式中，后三个公式中所带的三个专指符号。

(1)$\varphi\bigcirc\psi$，$\bigcirc$ 表示**合成**(composition)，这个语句可以读为，“先有语句φ，然后有语句ψ”，$\bigcirc$ 表达了两个语句间的二元关系。

(2)$\varphi\odot\psi$，$\odot$表示**反转**(converse)，这个语句可以读作，“反转语句φ”，这个符号是箭头语言的签名，类似于模态$\Diamond$。

(3)I'，这是一个模态常元符号，表示恒等(identity)，可以看作是**零元模态**，它可以看作是动态过程中的“跳过”含义。

2. 箭头逻辑的框架和模型

(1)箭头逻辑中的基本关系。

箭头逻辑来源于对某种动态概念的理解，如数学中的向量、函数和

---

① Dimiter Vakarelov: *A Modal Theory of Arrows. Arrow Logics I*, JELIA'92 Proceedings of the European Workshop on Logics in AI, Berlin, Germany, September 7-10, 1992, Lecture Notes In Computer Science, London, Springer.

态射，计算机中的程序，语言中的语境变换，还有哲学家考察的主体认知行为，等等。在这些概念中，都存在某种从一个状态向另一个状态的转移行为，从一个输入的状态向输出状态的转移行为。有很多方式来解释这种转移，但在一阶语言的范围内，箭头结构是一个很好的方式。这个箭头结构在箭头逻辑的范围内，就是这个逻辑的模型和框架。

箭头逻辑的模型是比基本模态逻辑的模型更为复杂的模型，这个模型的核心关系是三元合成关系，我们用 C 来表示这种关系。箭头逻辑模型所处理的对象是箭头，由箭头所联系的对象则类似于模态的可能世界概念或者点。

设任意一个箭头为 a ，箭头的起端为 a_0 ，箭头的终端为 a_1 ，显然，一个对偶（a_0, a_1）就指称的是箭头 a 。设 abc 为三个箭头，$a = (a_0, a_1)$，$b = (b_0, b_1)$，$c = (c_0, c_1)$。一个三元合成关系 $Cabc$ 告诉我们的是：箭头 a 是把箭头 b 与箭头 c 合成之后的结果。或者反过来说：箭头 a 可以拆解为 b 和 c 。所以，三元合成关系 $Cabc$ ，在二维箭头的结构中可以是以下等价式：

$Cabc$ 当且仅当 $a_0 = b_0$ 并且 $a_1 = c_1$ 并且 $b_1 = c_0$ 。

这可以表示为图 9-11 的形式。

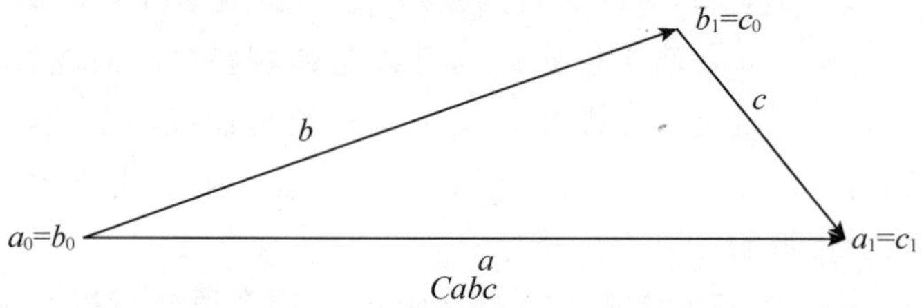

图 9-11 三元合成关系 $Cabc$ 示意图

箭头结构还有一种常见的情形，即所谓退化箭头，它有转移的行为，但转移的结果保持和原来同样的状态，这就是恒等箭头。在模态语言中用 I' 表示，用符号来表达恒等箭头的意义，这可以表述为：$I'a$ 当且仅当 $a_0 = a$ 。

第三种箭头模型元素是反转，它有点类似于机械操作中的取消行为。反转是一种二元关系，在二维结构中的一个二元关系反转，可以描述为以下等价式：

设 R 为反转二元关系，ab 为任意箭头；

aRb 当且仅当 $a_0 = b_1$ 并且 $a_1 = b_0$ 。

恒等箭头和反转关系在二维结构中可以用图 9-12 表示。

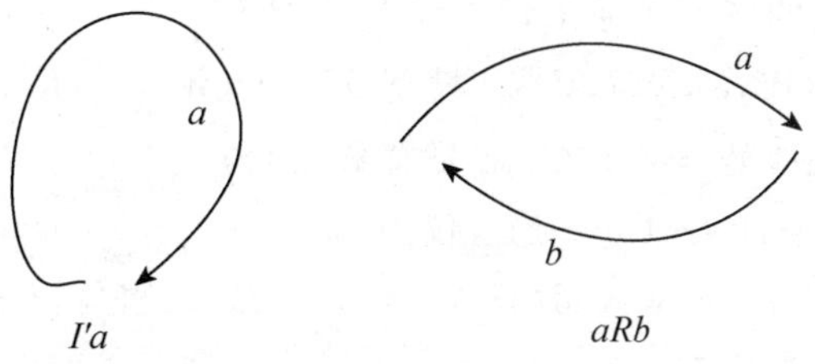

图 9-12　恒等箭头和反转关系

(2)箭头逻辑的框架。

我们给出了有关箭头逻辑的几种关系，也给出了箭头逻辑的基本结构对象，现在就可以给出箭头逻辑的一个形式框架了。

一个箭头逻辑的框架是一个四元组 $\langle W,C,R,I\rangle$ 使得 C 在 W 上是一个三元关系，R 在 W 上是一个二元关系，并且 I 在 W 上是一个一元关系，W 是构成箭头端点的集合。

(3)箭头逻辑的模型。

设 $\mathbb{F}=\langle W,C,R,I\rangle$，$V$ 是一个赋值，则箭头逻辑的模型 $\mathfrak{M}=\langle \mathbb{F},V\rangle$。

一个二维结构的箭头模型有效语句，可以用一个四边形的图形表示，如图 9-13。

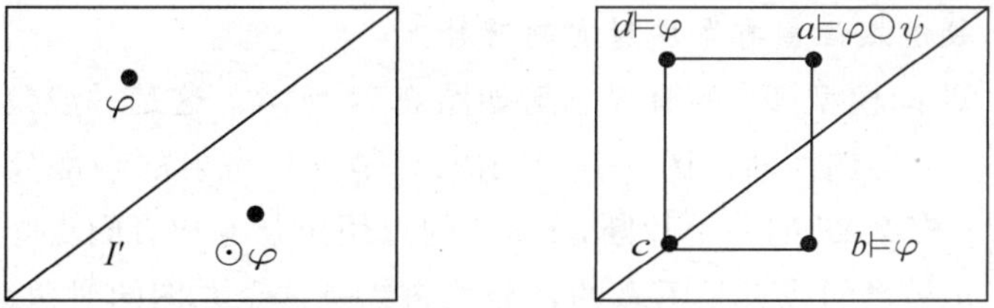

图 9-13　二维结构的箭头逻辑四方形

从图 9-13 中不难看到，模态常语句 I' 在对角线位置的点上为真。这个对角线的位置正好是左边的三角形和右边三角形对称的位置，如果有一个箭头指向这个位置，这个箭头并没有造成状态移动。

$\odot\varphi$ 在一个点上为真，当且仅当 φ 在其相关于对角线的镜像上成立。

$\varphi\bigcirc\psi$ 在点 φ 上成立，当且仅当我们能够画出一个矩形 $abcd$ 使得：b 位于通过 a 的垂直线上，d 位于通过 a 的水平线上，c 位于对角线上。

(二)一般模态语言有界态射实例及其解释

1. 一般模态语言有界态射实例

现在，我们可以用实例来简要说明一般模态语言的有界态射了。

考虑两个模型，现在这两个模型是箭头逻辑的复杂模型，其中包含着我们刚刚讨论的三元关系 C，二元关系 R 和一元关系 I。

模型 $\mathfrak{M}=\langle W,C,R,I,V\rangle$，模型 $\mathfrak{M}'=\langle W',C',R',I',V'\rangle$。

在模型 $\mathfrak{M}$ 中，$W=\mathbb{Z}\times\mathbb{Z}$，$\mathbb{Z}$ 是整数集合；

设 xyz 是任意箭头，$Cxyz$ 当且仅当 $x_0=y_0$，$z_1=x_1$，$y_1=z_0$；

xRy，如果 $x_0=y_1$，并且 $x_1=y_0$；Ix，当且仅当 $x_0=x_1$。

最后再设：赋值 $V(p)=\{(x_0,x_1)\mid(x_0-x_1)$ 是偶数$\}$。

在模型 $\mathfrak{M}'$ 中，$W'=\mathbb{Z}$；

设 s,t,u 是任意箭头，$Cstu$ 当且仅当 $s=t+u$，并且 $z_1=x_1$；

$sR't$，当且仅当 $s=-t$；$I's$，当且仅当 $s=0$；

最后再设：赋值 $V'(p)=\{s\in\mathbb{Z}\mid s$ 是偶数$\}$。

这样两个模型间是个什么关系呢？用图形的方式可以得到最好的说明(如图 9-14)。

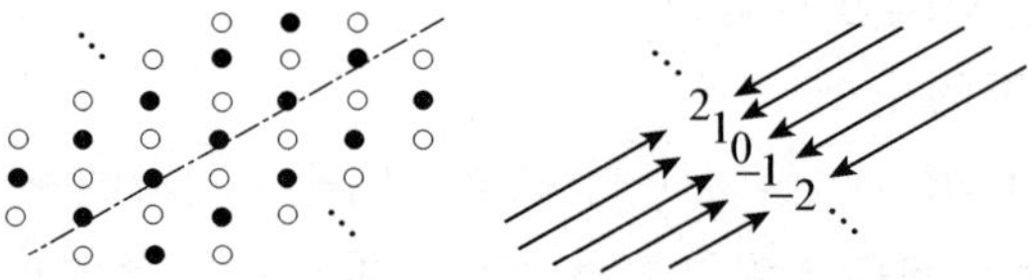

图 9-14　一般模态语言的有界态射片断实例

2. 一般模态语言有界态射实例解释

模型 $\mathfrak{M}$ 向模型 $\mathfrak{M}'$ 的有界态射如图 9-14 所示，这是一般模态语言有界态射的一个实例片断。图 9-14 展示的只是这种态射的一部分，其中的左图显示了模型 $\mathfrak{M}$ 的一个片断，$\mathbb{Z}\times\mathbb{Z}$ 的点用黑点 ● 或者圈点 ○ 表示，依赖于命题 p 是真的或者是不真的，显然斜线是这个左图的对角线。

右图是从 $\mathbb{Z}\times\mathbb{Z}$ 到 $\mathbb{Z}$ 的映射 $f:\mathbb{Z}\times\mathbb{Z}\rightarrow\mathbb{Z}$，也就是，$f(z)=z_1-z_0$。把对角线左方的数字 z_1 减去对角线右方的数字 z_0，将在这个映射中呈现出三种为真的关系。

第一种关系是一元关系 I，对任意在 $\mathbb{Z}\times\mathbb{Z}$ 中的 z，$z_1=z_0$ 当且仅当 $z_1-z_0=0$，这种关系是右图中两个相同的数字相减，箭头的起端和终端自然相同，即 $x_1=x_0$。很明显，每一个整数自身相减的结果就是 0。它实际上表现的是，在这种条件下，命题 p 为真。一元关系 Ix 体现为恒等的关系。可以看到，这是一种自反性的关系。

第二种关系是二元关系 R，要满足“(x_0-x_1) 是偶数”的命题 p 为真，对任意在 $\mathbb{Z}\times\mathbb{Z}$ 中的 z_1 和 z_0，z_1Rz_0 当且仅当有箭头 x 和 y，$x=(x_0,x_1)$，$y=(y_0,y_1)$，且有，$x_1=y_0$ 并且 $x_0=y_1$。也就是箭头的结构可以表示为对称性关系 R。

$$(x_1 - x_0) = (y_1 - y_0)\text{。}$$

在对称性关系的条件下，命题 p 在这个模型中成立。

第三种关系是三元关系 C，这是所谓的同态条件。我们设 xyz 是任意箭头，$x=(x_0,x_1)$，$y=(y_0,y_1)$，$z=(z_0,z_1)$，假定 $Cxyz$ 是对于 xyz 的三元关系，这个三元关系似乎可以用图 9-15 来表达。

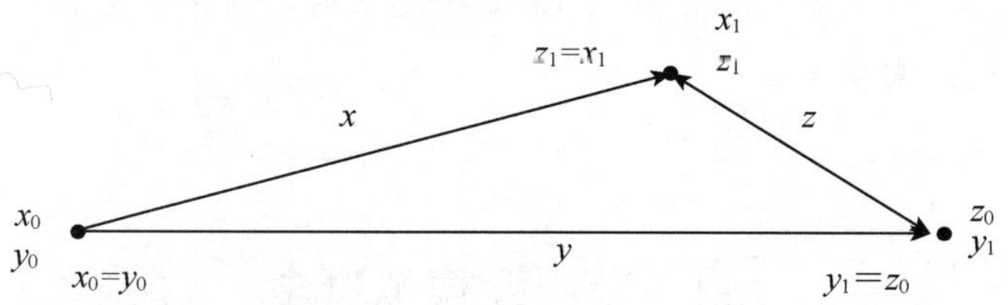

图 9-15　三元关系 $Cxyz$ 图

要满足"$(x_0 - x_1)$ 是偶数"的命题 p 在这样的关系下为真，可以从图中发现，如果有：$x_0 = y_0$ 并且 $y_1 = z_0$ 并且 $z_1 = x_1$。

那么我们就有：

$$f(x) = (x_1 - x_0) = (z_1 - y_0) = (z_1 - z_0 + y_1 - y_0) = f(z) + f(y)\text{。}$$

在模型 $\mathfrak{M}$ 中的这样一种三元关系 C，通过构造另外一个模型 $\mathfrak{M}'$ 可以实现。这就是我们在本节开头定义的模型 $\mathfrak{M}' = \langle W', C', R', I', V' \rangle$。同样的结构保留在这个模型 $\mathfrak{M}'$ 之中，三个关系 I, R, C 也都在这个模型中可满足。这也就是从模型 $\mathfrak{M}$ 到模型 $\mathfrak{M}'$ 的一个一般模态语言的有界态射。

四、朝向不变形结果的对应理论

一般模态语言有界态射的一般性，表现在它覆盖了基本的时态语言、动态命题逻辑以及我们给出的箭头逻辑。有关模态语言有界态射的一些不变形结果，包括不相交并和生成子模型的不变形结果统一在模态的现代基本理论，对应理论之中，这恰好就是本书下一章的任务。

第十章 互模拟概念和模态逻辑

“互模拟”词项最早是帕克在1981年使用的，用来表达两个自动机状态之间的交互模拟关系。

——格尔巴特

第一节 互模拟概念

一、计算机科学中产生的互模拟概念

(一)互模拟概念的原生概念：模拟

在计算机和人工智能的研究中，20世纪70年代产生模拟(simulation)概念，它来自于计算机科学家对于自动机(automata)的研究。在自动机研究中使用w-正则语言，存在着如何判定这些语言之间的等价性问题。

一个证明/判定这些语言之间等价的一般方法得以建立，来自于米尔勒(Milner)的“模拟”概念。①

按照帕克(David Park)的说法，对自动机运作规则的探讨，本可以从已知的判定步骤来建立起一套规则。但帕克在他的论文中另辟了一条思路，和这条思路最相关的概念是“弱同态”概念或者“模拟”概念，这个模拟概念出自于米尔勒(R. Milner)1971年的一篇论文《程序之间模拟的一个代数定义》。② 而同态概念相关于态射概念，这是一个更为传统的概念，按照范本特姆的说法，它来自1870年左右在几何学中体现的克莱因爱尔兰根纲领③的精神。

① David Park: *Concurrency and Automata On Infinite Sequences*, Proceedings 5th GI-Conference on Theoretical Computer Science, Karlsruhe, March 23-25, 1981, Lecture Notes In Computer Science, Berlin, Springer, p. 167.

② R. Milner: *An Algebraic Definition of Simulation Between Programs*, IJCAI'71 Proceedings of the 2nd international joint conferece on Artificial intelligence, London, England, September 1-3, 1971, San Francisco, Morgan Kaufmann Publishers.

③ 《关于现代几何学研究的比较考察——1872年在爱尔兰根大学评议会及哲学院开学典礼上提出的纲要》，参见中国科学院自然科学史研究所数学史组，中国科学院数学研究所数学史组：《数学史译文集》，上海，上海科学技术出版社，1981，第1～32页。

可以简单地用以下符号来描述模拟概念：对于两个有限的自动机模型 $\mathfrak{M}$ 和 $\mathfrak{M}'$，说 $\mathfrak{M}$ 模拟 $\mathfrak{M}'$，那就是在说，模型 $\mathfrak{M}$ 和 $\mathfrak{M}'$ 之间有一个关系 R，我们用一个单箭头来表示这种模拟关系 R，这可以表示为 $\vec{R}$，则 $\mathfrak{M}$ 模拟 $\mathfrak{M}'$ 可以表示为：

$$\mathfrak{M}\vec{R}\mathfrak{M}'。$$

设 $\mathfrak{M}$ 中的状态(类似于点和世界)为 S，$\mathfrak{M}'$ 中的状态为 S'；S 中的任意状态为 s，S' 中的任意状态为 s'。再设 $\mathfrak{M}$ 中的函数为 F，$\mathfrak{M}'$ 中的函数为 F'；这种关系表明的是：

(1)若 S' 中有状态 s_0'，则有 S 中的状态 s_0，$s_0\vec{R}s_0'$。

(2)若 s 是 F 中的一个成员，$s\vec{R}s'$，则可以导出 s' 是 F 中的一个成员。

(3)省略掉这个特征的描述，有兴趣可参看帕克的论文第 170 页。

(二)计算机理论中的互模拟概念

把上述模拟概念换一个方向考虑，也就是，我们可以反方向地来看 $\mathfrak{M}$ 和 $\mathfrak{M}'$ 之间的模拟关系，即 $\mathfrak{M}'$ 也可以模拟 $\mathfrak{M}$，这样形成的模拟关系自然是 $\mathfrak{M}'\vec{R}\mathfrak{M}$，这就构成了 $\mathfrak{M}$ 和 $\mathfrak{M}'$ 之间的互模拟关系，可以用双向箭头符号表示为：

$$\mathfrak{M}\overleftrightarrow{R}\mathfrak{M}'。$$

这个互模拟概念可以用来覆盖许多不同的过程概念，在 20 世纪 90 年代，一篇论述过程代数的互模拟概念的论文，竟然做出了超越 155 个互模拟概念变体的列表，并且用一个让人感到惊奇的图形来描述各种各样有关时间的互模拟。①

互模拟概念具有如此巨大的表述范围，用这个概念来说明形形色色的模态系统就是一件十分自然的事情。

二、模态理论中的互模拟概念

(一)互模拟概念在模态理论中的引入

互模拟概念于 20 世纪 70 年代被范本特姆引入对应理论。

> 在称作 p-关系的名称之下，互模拟概念由范本特姆在其论对应理论的著作中引进。这里重要的文献是范本特姆 1976 年的博士论

① R. V. Glabbeek：*The Linear Time-branching Time Spectrum* Ⅱ，Proceedings of the 4th International Conference on Concurrency Theory，Hidesheim，Germany，August 23-26，1993，Lecture Notes In Computer Science，Berlin，Springer，pp. 66-81.

文；他 1983 年基于博士论文撰写的著作以及他 1984 年为对应理论所作的概论似的论文。在保持那个时代精神的同时，范本特姆论对应理论的早期大部分著作处理框架的可定义性（事实上，他在一本 227 页的著作中，仅有 6 页讨论模型的表达力）。①

由于互模拟概念在对应理论中的引入，对一个更广泛范围中的扩张的模态逻辑表达力的问题，就有了一个有力的分析工具。这样一种运用互模拟分析模态语言表达力的方法，现在也成为人们进行逻辑分析的方法。

（二）模态模型的互模拟

1. 模态系统的等价

本书的第六章，我们用模态公理和其关系条件对应的方式来表明正规模态系统之间的等价性，这实际上是对应理论在正规模态逻辑中的运用。第五章指出，当系统扩张到 S5 的时候，不同的关系集成是等价的。以图 5-8 中的等价系统为例：S5＝TE＝T4E＝TBE＝T4B＝D4B。这些系统之间的等价关系可以用其框架关系性质之间的相等来加以证明，这可以表述为如下等式：

自反性＋欧性
＝自反性＋传递性＋欧性
＝自反性＋对称性＋欧性
＝自反性＋传递性＋对称性
＝持续性＋传递性＋对称性。

我们也证明过，一个具有传递和对称关系的 K 扩张系统，它是欧性的。我们同样可以证明一个具有自反和欧性的 K 扩张系统，它也具有自反性＋传递性＋欧性；反过来，具有自反性＋传递性＋欧性的 K 扩张系统，它也具有自反性和欧性。现在我们把模态系统之间的对应研究再深入一步，用模态的眼光来看待不同的模型，进而用模态的眼光来看待框架。

用模态的眼光来看待模型，一个自然要回答的问题就是：什么时候两个模型被看作是等同的？我们用范本特姆给出的一对模型实例来回答这个问题。

2. 两个认知上等价的模型

设有模型 $\mathfrak{M}$ 和 $\mathfrak{M}'$，可用图 10-1 表示。

对图 10-1 中的模型 $\mathfrak{M}$ 和 $\mathfrak{M}'$ 予以认知的解释，这两个模型表达了同

① Patrick Blackburn, Maarten de Rijke, Yde Venema: *Modal Logic*, Cambridge, Cambridge University Press, 2001, p. 119.

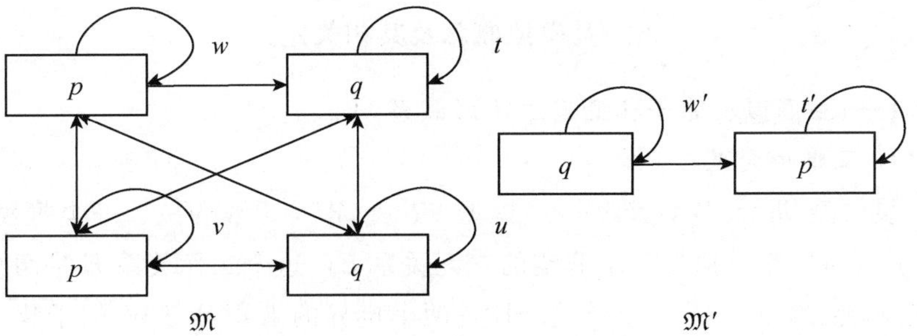

图 10-1　两个认知等价模型

样的认知状态吗？我们可以先从两个方向来考虑这个问题。一个方向是从 $\mathfrak{M}$ 出发，在 w 点上有语句 p 成立，w 通向 t，t 点上语句 q 成立；反过来看，由于 t 也通向 w，q 在 t 点成立，也有在 w 点上 p 成立。另一个方向是从 $\mathfrak{M}'$ 出发，模型 $\mathfrak{M}'$ 上，在 w' 点上有 p 成立，w' 通向 t'，t' 点上 q 成立，反过来也有同样的结果。这两个模型的比较告诉我们，在对模型进行比较的时候，这两种可以看作等同的认知状态是被模态语言所描述的。这就引申出对不同结构进行模态角度比较的互模拟概念，范本特姆对于这种互模拟概念的获得，有以下一段评论。

> 询问什么时候两个有区别的结构是模态上等同的(那就是使得同样的模态语句真)，模态逻辑学家的观念处在一个较古老的(也是较广泛的)的传统之中。这个传统是：在一个给定的数学范围之内寻求结构保留态射，并且，让对应理论描述对这些态射是不变的那些概念。这个传统正是 1870 年左右在几何学中提出的克莱因纲领的精神，这个精神仍然在许多领域产生影响。当然，对于什么时候两个结构是等价的这个问题，这不是唯一的答案。近年来，这个观点在莱温斯基案件听证期间，被当时的美国总统克林顿给出过强有力地陈述：*“这全都依赖于你用‘是’意味着什么。”*模态逻辑的克林顿原则意味着，我们应首先设法规定那些对于模态语言合适的模型而言称作结构等价的概念。①

这就是说，我们对模型等价的理解，同样依赖于结构等价我们是如何定义的，而互模拟概念正是说明结构等价概念的核心概念，由此，我们有以下互模拟概念及其相关概念的定义。

---

① Patrick Blackburn, Johan van Benthem, Frank Wolter: *Handbook of Modal Logic*, Vol. one, Amsterdam, Elsevier, 2007, p. 14.

三、互模拟概念及其相关定义

(一)互模拟、原子和谐与之字形联系

1. 互模拟定义

设模型 $\mathfrak{M}=\langle W, R, V\rangle$，模型 $\mathfrak{M}'=\langle W', R', V'\rangle$。一个模型 $\mathfrak{M}$ 和 $\mathfrak{M}'$之间的互模拟是一个非空的二元关系 E，这个二元关系 E 是两个模型定义域之间的关系，也就是，E 是两个世界的乘积 $W\times W'$的子集：记为 $E\subseteq W\times W'$，并使得每当 WEW'的时候具有原子和谐的性质，还有在模型 $\mathfrak{M}$ 和 $\mathfrak{M}'$中，分别体现出的之字形联系。

2. 原子和谐

原子和谐是两个世界之间的一种关系，设有 $w\in W$，$w'\in W'$，如果 w 和 w'满足同样的命题符号，则他们是原子和谐的。

3. 两种之字形关系

和互模拟紧密相关的还有之字形联系的概念，在模型 $\mathfrak{M}$ 中的之字形联系称作 Zig，它以模型 $\mathfrak{M}$ 中的关系 R 为条件，我们将这种之字形 Zig 联系翻译为"之形"。在模型 $\mathfrak{M}'$中的之字形联系称作 Zag，它以模型 $\mathfrak{M}'$的关系 R'为条件。我们将这种之字形 Zag 联系用大写字母 Z 表示，翻译为"Z 形"，以和前者相区别。

(1)之形(Zig)联系。

设有 w，$v\in W$，并且 w'，$v'\in W'$。

如果 wRv，那么存在一个在 $\mathfrak{M}'$中的世界 v'，使得 vEv'并且 $w'R'v'$，这种联系称为之形联系(Zig)。

显然，还有对应的 Z 形联系(Zag)。

(2)Z 形(Zag)联系。

如果 $w'R'v'$，那么存在一个在 $\mathfrak{M}$ 中的世界 v，使得 vEv'并且 wRv。

这两种联系可以统称为之字形联系，英文名为 zigzag。

由以上基本概念的定义，我们还可以获得以下一些关系。

(二)匹配的转换可能性和互类似

1. 匹配的转换可能性

设有模型 $\mathfrak{M}$ 和 $\mathfrak{M}'$，在其中的一个模型中，如果有从一个世界向另一个相关世界的转换是可能的，则如果模型 $\mathfrak{M}$ 和 $\mathfrak{M}'$是互模拟的，那么，这种互模拟的两个模型，必定有一个匹配的转换可能性，把在一个模型中的上述转换传递给另一个模型，使得另一个模型有对应的转换关系。这种关系称之为匹配的转换可能性，这种匹配的转换可能性可以用来定

义互类似概念。

2. 互类似

设 w 和 w' 是两个模型 $\mathfrak{M}$ 和 $\mathfrak{M}'$ 中 W 和 W' 的任意世界，如果在 w 和 w' 上保持了原子信息的真，并且还加上它们匹配的转换可能性，则 w 和 w' 这两个世界之间的关系是互类似的，进而，这两个世界所在的模型也是互类似的。

我们以上讲到的原子和谐性和匹配转换概念，它们都体现在互模拟的两个模型的之字形联系之中，并因此而使得互模拟成为一个自然的过程等价概念。而一个具有互模拟性质的两个模型，它们相关于那些互类似的点，自然也是互类似的。

3. 互模拟和互类似模型的符号表达式

(1)互模拟的符号表达。

如果模型 $\mathfrak{M}$ 和 $\mathfrak{M}'$ 之间是互模拟的，即 $E \subseteq W \times W'$，同时两个模型保持了原子和谐，并且模型间有之字形联系，那么，我们可以把这种模型间的互模拟用以下符号表示：

$$\mathfrak{M} \underline{\leftrightarrow} \mathfrak{M}'。$$

(2)互类似的符号表达。

如果 E 是模型 $\mathfrak{M}$ 和 $\mathfrak{M}'$ 之间两个世界 w 和 w' 上的互模拟，则 w 和 w' 这两个世界之间的关系是互类似的，这可以用符号表示为：

$$E：\mathfrak{M}，w \underline{\leftrightarrow} \mathfrak{M}'，w'。$$

如果这两个模型是清楚的，也可以缩写为以下符号。

$$w \underline{\leftrightarrow} w'。$$

4. 互类似模型实例和解释

(1)互类似模型实例。

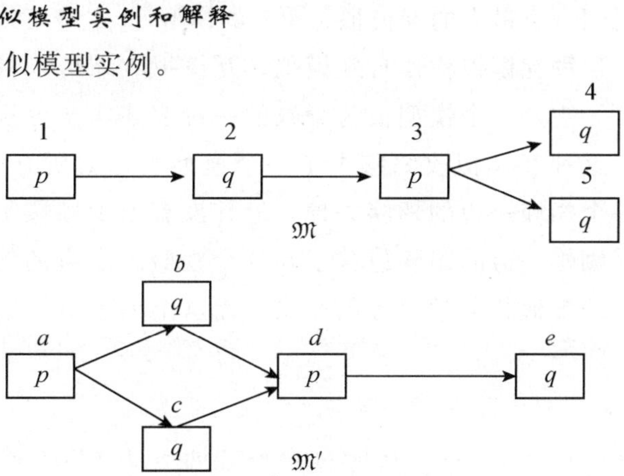

图 10-2　两个互类似的模型

(2)互类似模型图形解释。

图 10-2 中的模型 $\mathfrak{M}$ 和 $\mathfrak{M}'$之间是互类似的，其中方框内的字母是语句符号，方框边的数字和字母是世界或者点。模型 $\mathfrak{M}$ 和 $\mathfrak{M}'$为什么是互类似的？从两个模型点之间的互模拟可以看到这一点。显然，模型 $\mathfrak{M}$ 和 $\mathfrak{M}'$中世界的点之间具有二元关系 E，它们满足互模拟的三个条件(条件三省略)。

第一，模型 $\mathfrak{M}$ 中的每一个点(1，2，3，4，5)和 $\mathfrak{M}'$中的每一个点(a，b，c，d，e)是原子和谐的，每一个对应的点都满足对应的语句符号(p 或者 q)。

第二，它们具有之字形联系，如果有 wRv，这里是 $1R2$，或者 $2R3$，$3R4$，$3R5$，则在模型 $\mathfrak{M}'$中存在着点 v'，这里是 a，b，c，d 或者 e，使得 vRv'并且 $w'R'v'$，如 $1Ra$，$2Rb$，$2Rc$，…，等等，并且 aRb，aRc，bRd，…，等等，这是之形联系；反过来又有 Z 形联系。

这就表明，这两个模型中的点都满足互模拟定义中所要求的转换可能性匹配。在模型 $\mathfrak{M}$ 中的任何移动或者转换，都可以在模型 $\mathfrak{M}'$中找到类似的匹配，也就是，它们匹配的转换可能性。所以，这两个模型是互类似的。

(三)互模拟概念的几种情形

1. 互模拟收缩

(1)互模拟收缩概念。

互模拟概念还可以得到进一步地延伸，当我们想使得一个模型 $\mathfrak{M}$ 尽可能小的时候，可以得到互模拟收缩的概念。为了定义这个互模拟收缩的概念，需要注意的是，从以上的互模拟定义可以导出：两个模型之间任意互模拟的并本身也是一个互模拟。因此，两个模型之间所有互模拟的并是它们之间一个最大的互模拟。单一的模型 $\mathfrak{M}$ 本身可以形成一个最大的互模拟，这种互模拟称作自互模拟。互模拟收缩可以看作是自互模拟的一个特例，它是一个模型最为紧致的一种表述，至少从模态的观点可以这样看。这种互模拟收缩移去了一个模型表达式所有多余的东西，就像我们把一个蝴蝶一边的翅膀去掉，但并没有减少蝴蝶所包含的信息一样。因为，蝴蝶一边的翅膀包含了在这个视野下所有的信息，我们仅仅只是去掉了蝴蝶形状美学对称的因素，而这个因素对于信息保留而言是多余的。①

---

① Patrick Blackburn，Johan van Benthem，Frank Wolter：*Handbook of Modal Logic*，Vol. one，Amsterdam，Elsevier，2007，p. 15.

(2)互模拟收缩的图形实例。

图 10-3 是互模拟收缩的一个图形实例。

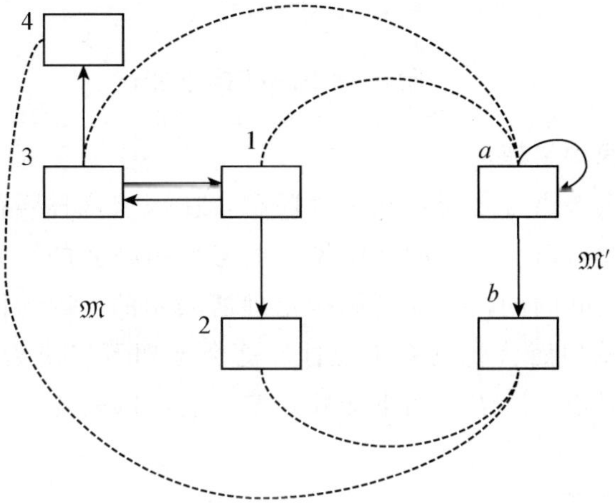

图 10-3　互模拟收缩的图形实例

(3)图 10-3 解释。

图中大模型 𝔐 收缩为小模型 𝔐′，𝔐 中的 1，2，3，4 点，其中的 1 和 3 点，因为 𝔐′中的 a 点是自反的，所以，1，a 与 3，a 这两对是互模拟的。同样，4，b 与 2，b 这两对也是互模拟的，如图中虚线所示。因为它们都满足我们对互模拟的定义，它们是原子和谐的，并且都具有之字形联系，而且，𝔐′是 𝔐 最紧致的图形表达。

由这种互模拟的收缩，很自然地可以联想到我们在前所定义的生成子模型，它也是由一个大的模型变换为一个小的模型，小的模型保留了大模型的信息，只不过它不是尽可能的小，而是可以变得比原生模型小。很容易证实，一个生成子模型和产生它的那个原生模型是互类似的。

我们在前面也对有界态射概念作过定义，同样明显，一个模型 𝔐 有界态射所形成的象，我们称模型 𝔐′，这两个模型也是互模拟的。从历史渊源考察，正是有界态射的概念引发出了今天的互模拟概念。

2. 不相交并中的互模拟

互模拟可以通过收缩把大的模型收缩为小的模型，它还可以把小模型变为大模型。其中一个重要的构造方式就是我们在前定义过的不相交并，把不相交的模型合并为一个大的模型，在一定条件下，一个合并的不相交并，和构成这个不相交并的构成成分之间可以是互类似的，互模拟关系 E 可以在这样的模型之间存在。

第二节 结构不变性和有限模型性质

一、一阶逻辑中的结构不变性

(一)一阶同构定理

互模拟和模态语言之间存在某种匹配，在探求这种匹配之前，先对一阶语言和互模拟概念之间的匹配做一些考察是必要的。原生结构的不变性是指模型之间的同构，如同同构定理所表明的，因为同构，模态语句对于同构的模型而言就具有不变性。这个定理可以更为普遍地使用，它可以延伸到对于一阶语句的不变性判定，这可以表述为一个更普遍的命题。

一阶同构定理：

如果 f 是在两个模型 $\mathfrak{M}$ 和$\mathfrak{N}$之间的一个同构，那么，对于每一个一阶语句$\varphi(x_1, \cdots, x_k)$，和每一个在 $\mathfrak{M}$ 中匹配的对象组$\langle d_1, \cdots, d_k\rangle$，以下的等价语句是成立的。

$$\mathfrak{M}\vDash\varphi[d_1, \cdots, d_k] \quad iff \quad \mathfrak{N}\vDash\varphi[f(d_1), \cdots, f(d_k)]。$$

换一个方式来解释这个等价语句，这个语句表明的是，一阶语句对于同构是不变的。但是，这个定理在某些特殊的模型中是不成立的，如两个模型间仅有潜在同构的情形，这个语句的反方向就不成立。

(二)模态的结构不变性

1. 互模拟中的结构不变

因为有互模拟概念的引入，我们现在来考察模态的情形。在互模拟的条件下，模态能够保持它的结构不变性吗？以下互模拟不变性引理，对这个问题给出了一种回答。

(1)互模拟不变性引理Ⅰ。

设模型 $\mathfrak{M}=(W, R, V)$，$\mathfrak{M}'=(W'R'V')$，并且有 wEw'，那么 w 和 w'满足同样的基本模态语句。

证明： 对模态公式的结构进行归纳，根据互模拟所要求的原子和谐，命题符号的情形自然可以满足，由布尔运算子所构成的命题也是可以满足的。

带有模态词$\Diamond$的命题，因为要满足之字形联系的两个方面的要求，我们分成两个方面来加以证明。

先证从左到右的方向，给定 $\mathfrak{M}$，$w\vDash\Diamond\varphi$并且 wEw'，我们要证明

$\mathfrak{M}'$，$w' \vDash \Diamond\varphi$。

由 $\mathfrak{M}$，$w \vDash \Diamond\varphi$ 可知，它意味着在 $\mathfrak{M}$ 中有某些 v，使得 wRv 并且 $\mathfrak{M}$，$v \vDash \varphi$。根据之形联系可知，一定在 $\mathfrak{M}'$ 中有一个点 v'，使得 vEv' 并且 $w'Rv'$。根据归纳假设，$\mathfrak{M}'$，$v' | = \varphi$，因此有 $\mathfrak{M}'$，$w' \vDash \Diamond\varphi$。

对于从右到左的证明同从左到右的证明，用 Z 形联系来代替之形联系。

(2)模态公式用来区分不同的模型。

互模拟不变性引理可以用来说明，如果一个模态语句在一个模型的点上可满足，但在另一个点上不是可满足，则这两个模型指派点之间没有互模拟关系。这表明，模态公式可以作为区分不同模型的一个工具，如图 10-4。

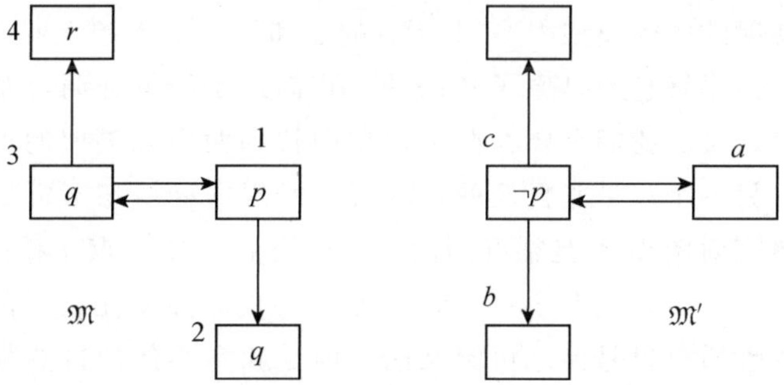

图 10-4　模态上可区分的模型

在这对模型中，语句 p 在模型 $\mathfrak{M}$ 中点 1 上为真，但在模型 $\mathfrak{M}'$ 中点 a 上为假。例如，如果语句 $p = \Box(\Box\bot \vee \Diamond\Box\bot)$，它在模型 $\mathfrak{M}$ 中点 1 上为真，但在模型 $\mathfrak{M}'$ 中点 a 上为假。因此，模态语句可以作为区分模型的工具。

2. 某些结构概念是模态不可定义的

互模拟不变性引理还可以用来说明，某些结构概念是模态不可定义的。例如，我们可以用这个引理证明，在一个模型中具有非自反性的点上，没有模态语句能够在这个点上成立。图 10-5 是对这个应用的一个很好的说明，该图形是从一个自然数的模型向一个单一自反性点模型的有界态射图形。

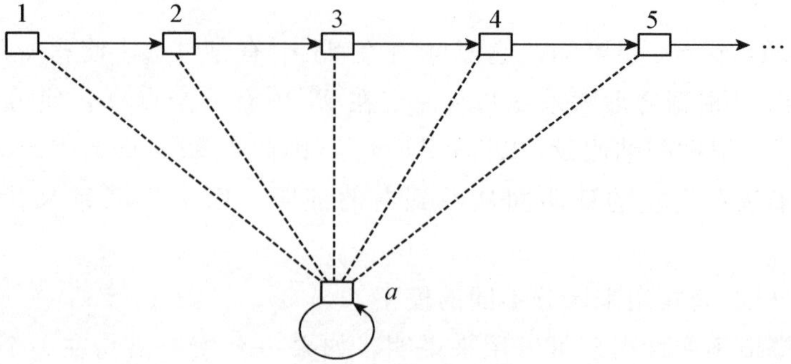

图 10-5 从自然数向自反性点的有界态射

这个有界态射是互模拟的，互模拟关系中的之字形联系在这里表现为，那个 R 保留态射 f 成立的条件已经蕴涵了之形联系和 Z 形联系，而这个有界态射的一个模型中 W 上所有的点和另一个 f-象上的点之间是原子和谐的。但尽管它们是原子和谐的，我们还是能够证明，非自反性不满足模态可定义。我们只要在两个模型中找到两个互类似的点，一个点是自反的，另一个点是非自反的，就可以发现这种模态不可定义的非自反性。有界态射图 10-5 是很好的例子，在图 10-5 中，点 a 和自然数模型中的任意一个点(1，或者 2，或者…)是类似的。点 a 是自反的，有 aRa 性质，这种性质可以是模态可定义的。但是和它类似的自然数模型中的点不是自反的，具有 $\neg wRw$ 的性质，这个性质就是模态不可定义的。

(三)三种模型的结构不变引理

互模拟不变性引理运用于我们在前定义过的三种结构，一个结构是不相交并，一个结构是生成子模型，第三个结构是有界态射。可以发现，这些结构都具有结构保留的特性。由此，可以得到另一组结构不变性引理，我们将这个引理命名为结构不变性引理Ⅱ。

1. 结构不变性引理Ⅱ

模态可满足在不相交并、生成子模型和有界态射下是不变的。

因为上述引理涉及三个结构，该引理自然由以下三个部分构成。

(1)设有模型 $\mathfrak{M}$ 和 $\mathfrak{M}_i$，$\mathfrak{M}=(W, R, V)$，$\mathfrak{M}_i=(W_i, R_i, V_i)$。对于来自某些索引集合 I 中的 i，如果 $\mathfrak{M}$ 是 $\mathfrak{M}_i$ 的不相交并，那么，对于所有 $i\in I$ 和所有 $w\in W$，我们就有：

$$\mathfrak{M}, w\vDash\varphi \quad iff \quad \mathfrak{M}_i, w\vDash\varphi。$$

(2)设有模型 $\mathfrak{M}$ 和 $\mathfrak{M}'$，$\mathfrak{M}=(W, R, V)$，$\mathfrak{M}'=(W', R', V')$。如果 $\mathfrak{M}'$ 是 $\mathfrak{M}$ 的生成子模型，那么，对于所有 $w'\in W'$，我们就有：

$$\mathfrak{M}, w'\vDash\varphi \quad iff \quad \mathfrak{M}', w'\vDash\varphi。$$

(3)设有模型 $\mathfrak{M}$ 和 $\mathfrak{M}'$，$\mathfrak{M}=(W, R, V)$，$\mathfrak{M}'=(W', R', V')$。如果 $\mathfrak{M}'$ 是 $\mathfrak{M}$ 在有界态射 f 下的一个有界态射象，那么，对于所有 $w\in W$，我们就有：

$$\mathfrak{M}, w\vDash\varphi \quad iff \quad \mathfrak{M}', f(w)\vDash\varphi。$$

2. 结构不变性引理Ⅱ证明

证明：这个引理的三个部分，可以通过对语句φ上的结构予以归纳获得证明。但借助于前面对不相交并、生成子模型和有界态射的已经给出的定义和说明，我们知道，它们都属于互模拟的例子。我们既然已经有互模拟结构不变性引理Ⅰ，这个引理Ⅱ自然可以从引理Ⅰ得到证明。

二、有限模型

到目前为止，我们对互模拟的讨论一直都是在说明，互模拟蕴涵着模态等价。反过来看行不行呢？模态等价是不是蕴涵着互模拟？这就涉及模型的有限性问题，如果我们面对的是有限模型，这种蕴涵关系是可能存在的。由此，需要对有限模型概念予以简要的说明。在给出这个概念之前，我们先用两个模型的比较来说明模态等价和互模拟之间的某种不对等的关系。

(一)等价但不是互类似的两个模型

1. 模型 $\mathfrak{M}$ 和$\mathfrak{N}$之间的比较图形

设有模型 $\mathfrak{M}$ 和 $\mathfrak{N}$，$\mathfrak{M}=(W, R, V)$，$\mathfrak{N}=(W', R', V')$，我们分别以模型 $\mathfrak{M}$ 中的 w 和模型$\mathfrak{N}$中的 w'为起点作图 10-6。

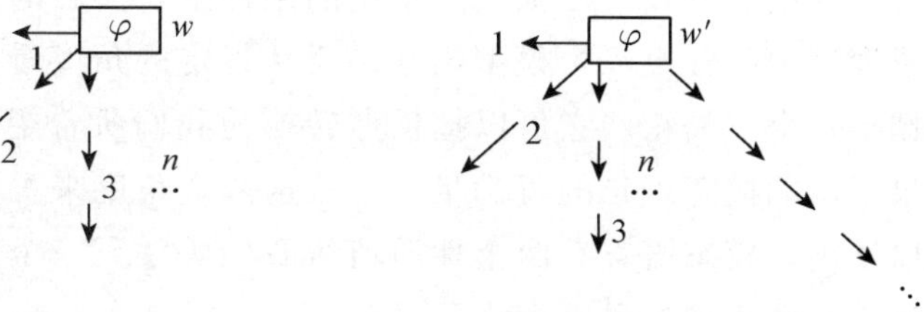

图 10-6　等价但不互类似的模型

图形中的箭头边数字指谓 $1\sim n$ 个箭头，表示一个点到另一个点的转换数，带 n 的符号…表示分支的有限，右图箭头末端的标点符号…表示该分支的无限。由图 10-6 可知，模型 $\mathfrak{M}$ 和$\mathfrak{N}$都有长度为 n 的分支，模型 $\mathfrak{M}$ 因此而被称为有限模型。模型 $\mathfrak{M}$ 和$\mathfrak{N}$之间的唯一区别是模型$\mathfrak{N}$有一个位于最右边的无限分支，由此，模型$\mathfrak{N}$而被称为非有限模型。

2. 图 10-6 说明

很容易理解，将模型 $\mathfrak{M}$ 和$\mathfrak{N}$进行比较，模型 $\mathfrak{M}$ 是$\mathfrak{N}$的一个子集合，把$\mathfrak{N}$中的无限分支去掉，剩下的就是模型 $\mathfrak{M}$ 和$\mathfrak{N}$中相等的部分。这样的两个模型显然是互模拟的，并且对 n 度的模态语句而言，这些模态语句是等价的。但是，即使模型 $\mathfrak{M}$ 中的 w 与模型$\mathfrak{N}$中的 w'是模态上等价的，$\mathfrak{M}$ 和$\mathfrak{N}$这两个模型却并没有连接它们的互模拟性质，我们可以用归谬法来证明这一点。

假定 $\mathfrak{M}$ 和$\mathfrak{N}$这两个模型是互模拟的，即 WEW'，根据这样的前提，我们可以推出以下的结果。

因为 WEW'，w 和 w'是互模拟的，即 wEw'，则一定有一个 w 的后继 v_0，它和从 w'出发的无限通道上的第一个世界 $v_0{}'$是相连接的。我们再假定，n 是从 w 导向 v_0 的那个最大通道的长度，并且 w，v_0，…，v_{n-1} 是这个通道上的后继点。使用互模拟条件 $n-1$ 次，我们可以发现，在无限通道上从 w'点出发的那些点 v'_0，…，v'_{n-1}将使得 $v'_0R'v'_1\cdots R'v_{n-1}$，并且对于每一个 i，$n>i>0$，都有，$v_iEv'_i$。但是，v'_{n-1}有后继，v_{n-1}没有后继。所以，这样的两个点不可能是互类似的，它们是互模拟的假定自然就是不成立的。

(二)模态语言的树模型性质

1. 模型转换不变性结果的两个视角

可以从两个视角来看模型转换不变性结果，一个视角是肯定的视角，另一个是否定的视角。从否定的角度看，模型转换的不变性结果反映了模态表达力的限度。例如，在生成子模型的条件下，模态语言并不能够从其生成子模型中区分出一个模型出来。而从肯定的角度看，模态语言又可以看作是一个工具箱，它可以把模型转换为我们所希望的形式，让转换的结果不影响模态语句的可满足性。从这两个角度来看模型不变性结果，可以发现，模态语言有两个性质值得我们关注。一个性质是树模型性质，另一个性质是有限模型性质。

2. 树图和树模型

(1)树关系结构的一个图形实例。

我们在第六章就已经讨论到树图和树模型，这里将进一步讨论树模型性质。为了方便对树模型的进一步讨论，这里先给出一个更清晰的有关语句结构的有限树图(如图 10-7)，然后对类似于树图和树模型的两个派生概念给出不那么严格的定义。

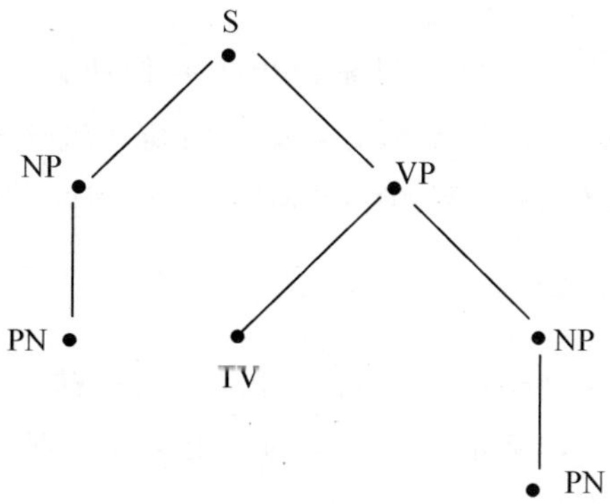

图 10-7

这是一个树图实例，它表明一个语句 S 的构成情形。第一个层次，S 是用名词短语 NP＋动词短语 VP 构成的；第二个层次，NP 由专有名词 PN 构成，VP 则是由 TV＋NP 构成；第三个层次，NP 由 PN 构成。“小李打小张”是这类语句的一个语言实例。

(2)树图的相关概念。

这样一个语句的结构分析图形可以看作是一棵树，树中的每一个点称为节，因为它有起点，S 是其起点的节，这个起点节，我们称作树的根，树根可以缩写为 r(树根的另一个常见的称呼是端点)。在图 10-7 中，显然 S 是这个图形的根 r。一个有根的关系结构，称之为有根的结构。

从 S 出发形成的节称为 S 的后继，每一个后继前面生成的节称为后继的前驱。看图 10-7，最左边的分支中，NP 是 S 的后继，同时，它又是 PN 的前驱(我们在第七章中分别称为孩子和双亲)。

(3)树图定义。

设 T 是一个树图，$\mathbb{T}$为节点的集合(相当于世界的集合 W)，R 为$\mathbb{T}$中元素间的二元关系(同一般关系结构中的 R)，R^*是 R 中的自反传递性二元关系。如果一个图形$\mathcal{T}=\langle\mathbb{T}, R\rangle$满足以下三个条件，则称这个图形为树图。

①节点的集合$\mathbb{T}$仅含有唯一的根 $r(r\in\mathbb{T})$，使得对于所有的节点 $t\in\mathbb{T}$，都有 rR^*t。

②每一个不同于根 r 的集合$\mathbb{T}$成员都有唯一的 R 前驱，这可以表述为，对于任意的 $t\neq r$，仅有唯一的 $t'\in\mathbb{T}$，使得 $t'Rt$。

③R 是非循环的，也就是对于所有 t 而言，都有$\neg(tRt)$。这实际上表明，关系 R 是非自反的。

(4)似树和似树模型概念。

以上对于树的定义，仅仅只是给出了我们所讨论对象的关系结构，相当于我们前面讨论过的框架概念。我们可以由此引申出两个和树图相关的概念，一个是似树结构(tree-like structure)，另一个是似树模型(tree-like model)。

①似树结构。

如果在一个关系结构中，我们总可以找到一棵树，也就是说在这个结构中所定义的关系，满足以上给出的三个条件，则这样一个关系结构，我们称之为似树结构。

②似树模型。

很明显，给一个树关系结构增加模态语言的一元赋值关系 V，这就构成了树模型概念。由此，我们就可以自然地得到似树模型的概念。

如果一个模型的关系结构中，我们总可以找到一棵树，也就是说在这个结构中所定义的关系，同样满足以上树图给出的三个条件，则这样一个模型，我们称之为似树模型。

3. 似树模型定理

我们曾经指出，在有界态射条件下，模态可满足性质是不变的。在引入似树结构和似树模型概念之后，用肯定的视角来看结构不变性的结果，我们还可以获得的一个结论是，模态语言有树模型性质。这个结果可以描述为似树模型定理，它告诉我们：一个带有模态签名的逻辑，它的任何可满足的语句，在一个似树模型中也是可满足的。这个性质换一个说法来表述就是：模态逻辑有树模型性质。这个性质的成立，为模态完全性讨论奠定了基础。

似树模型定理：

假定 σ 是一个仅含◇符号的模态签名，那么，对于任意的有根 σ 模型 $\mathfrak{M}$，有一个似树 σ 模型 $\mathfrak{M}'$ 使得 $\mathfrak{M}' \mapsto \mathfrak{M}$。

因此，任意可满足的 σ 语句在一个似树模型中是可满足的。

(三)模态语言的有限模型性质

模态语言有似树模型性质，这种不影响可满足性的性质，还可以获得一个更一般的结果。这就是模态语言的有限模型性质，有限模型性质是用定义的方式给出的，以下是有限模型性质的定义。

1. 有限模型性质的定义

有限模型性质：

设 σ 是一个模态签名，$\mathfrak{M}$ 是 σ-模型类。模态签名 σ 具有相关于模型

类 $\mathfrak{M}$ 的有限模型性质，这是指这个模态签名 σ 满足以下条件：

如果语句 φ 是模态签名 σ 的一个公式，并且 φ 在 $\mathfrak{M}$ 中有些模型中可满足，那么，语句 φ 在 $\mathfrak{M}$ 中的有限模型中可满足。

2. 模态语言表达力的限度

模态语言这种有限模型性质表明一个有限的结果，这一语言可以用来表达有限模型，却没有力度去说明无限模型的存在。但模态语言的有限模型性质也有呈现它表达力的地方，因为，尽管这种语言不适合于涉及无限模型，但我们总是可以找到某种等价有限的模型类。因此，模态语言的这样一种性质，仍然可以在很多领域发挥作用。

三、模态语言是一阶逻辑语言的片断

模态语言的限度，还可以通过模态语言和一阶逻辑语言的比较来得到进一步的说明。在标准翻译那一节中，我们已经知道，每一个模态语句 φ 都对应于一个一阶语句 $STx(\varphi)$。那么，是不是每一个一阶语句 $STx(\varphi)$ 也可以转换为一个一阶语句 φ 呢？答案是否定的。因为，基本的模态语言仅是图表模型上的一阶逻辑语言的片断。我们现在可以来说明，它到底是一阶逻辑语言中的哪一个片断。

(一)一阶语句的不变性和范本特姆定理

说明模态语言是一阶逻辑语言中的哪一个片断，首先需要给出一个关于一阶语句不变性的定义。

1. 一阶语句的不变性

如果对于所有的模型 $\mathfrak{M}$ 和 $\mathfrak{M}'$，所有在 $\mathfrak{M}$ 中的 w 和所有在 $\mathfrak{M}'$ 中的 w'，以及在模型 $\mathfrak{M}$ 和 $\mathfrak{M}'$ 之间的所有使得 wEw' 的互模拟 E，我们有：

$$\mathfrak{M}\models\varphi[x\leftarrow w]\quad iff\ \ \mathfrak{M}'\models\varphi[x\leftarrow w']。$$

那么就可以说，一阶语句 $\varphi(x)$ 对于互模拟是不变的。

根据这个定义可以回答我们上面提到的问题，模态语言恰好对应于这样的一阶语言片断，那就是上述定义所指的：对于互模拟是不变的一阶对应语言片断。这样的结果可以表述为一个定理，称之为模态特征定理。因为范本特姆给出了原创性的证明①，也被称为范本特姆定理。

2. 范本特姆定理及其证明

(1)范本特姆定理。

对于所有在一个自由变元 x 中的一阶语句 $\varphi(x)$，下述两个命题是等

① Johan van Benthem：*Modal Logic and Classic Logic*，Napoli，Bibliopolis，1983.

价的。

①$\varphi(x)$对于互模拟是不变的。

②$\varphi(x)$等价于一个基本模态语句的标准翻译。

(2)范本特姆定理的证明。

证明：根据互模拟不变性引理，我们立刻可以证明这个定理中从②到①的方向。因为标准翻译中的一阶语句和模态语句的对应性，即对任意基本模态语句φ，任意模型$\mathfrak{M}$，以及在$\mathfrak{M}$中的任意世界w，我们都有：

$$\mathfrak{M}, w \vDash \varphi, \ iff \ \mathfrak{M} \vDash STx(\varphi)[x \leftarrow w]。$$

这实际上表明了$\varphi(x)$对于互模拟是不变的。

现在我们证明从①到②的方向。

这个证明是模态语言紧致性的再现，它表现为首先引入一个类似于紧致性的引理，这个引理恰好蕴涵着从①到②方向的证明。

一阶语句的互模拟不变性引理：

如果$\varphi(x)$是一阶逻辑的语句并且是互模拟不变的，那么$\varphi(x)$在n个互模拟下也是不变的(n是自然数)。

因为相关新概念太多，我们简略地用归谬法说明这个引理何以成立。

假定$\varphi(x)$在n个互模拟下并非是不变的(n是自然数)，这就是说，$\varphi(x)$在同样条件下并不等价。依据这个假定，可以列出所有形如(ψ_i)的模态语句(i是自然数)，然后挑选出(ψ_i)或者($\neg\psi_i$)构成模态语句的一个极大一致性集合T，它与φ和$\neg\varphi$是一致的。运用模态语言的紧致性，我们可以获得带点(世界)的克里普克结构$\langle\mathfrak{M}, w\rangle$和$\langle\mathfrak{M}, w'\rangle$。当这两个结构都满足同样的完全性模态理论的时候，它们是模态上等价的并因此而是互模拟的，都可以用语句φ来加以区分。这自然和我们的假定相矛盾，所以这个假定不成立。①

(二)一阶逻辑中的安保片断

1. 安保概念的来源

模态逻辑在一阶逻辑范围内的研究，另外一个重要的结果是将模态逻辑当作一阶逻辑的一个安保(guarded)片断(缩写为GF)来对待。原创性的思想来自于安德热卡(Andréka)等人1998年发表的论文：《模态语言

① Patrick Blackburn, Johan van Benthem, Frank Wolter: *Handbook of Modal Logic*, Vol. one, Amsterdam, Elsevier, 2007, p. 282.

和谓词逻辑的有界片断》①。导致安保片断的思路，很大程度上是标准翻译所暗示的，标准翻译把模态看作为对一阶量词的某种限定，模态成为一阶逻辑的一个片断。这就自然地让人们去思索，还会不会有其他有关模态的一阶量词的刻画。于是我们就先有安保语句，然后就构成了安保片断。

2. 安保片断的构造

(1)安保语句。

构造在一阶逻辑范围内的安保片断，首先我们给出一个安保语句φ的定义。

安保语句：

$\varphi ::= Q\bar{x}\neg\varphi|\varphi\wedge\psi|\varphi\rightarrow\psi|\exists\bar{y}(G(\bar{x},\bar{y}))\wedge\varphi(\bar{x},\bar{y})\forall\bar{y}(G(\bar{x},\bar{y})\rightarrow\varphi(\bar{x},\bar{y}))$。

现在我们对这个定义中的符号分别做出说明。

带上横杠的($\bar{x}$)和($\bar{y}$)是变元的有限元组，这个变元组显然相当于模态中的世界。Q是谓词符号，是变元组的合适类别的修饰符号或者变元组的性质。G是在安保中使用的符号，它也是一个谓词，可以把G看作是一个原子语句。其他的符号，都是我们在一阶逻辑中常见的联结词符号和量词符号。理解安保片断的一个关键点是，在表达量词的条件中间，所有语句φ的自由变元都在安保中出现。

(2)安保片断。

我们现在可以说明一个安保片断 GF 是什么了，因为已经有安保语句的定义，GF 可以定义为：它是所有一阶安保语句的集合。

3. 一阶逻辑和安保片断

安保概念被看作是处于模态逻辑中心位置的关键概念，安保片断则处在一阶逻辑范围内一些有模态意义的逻辑片断中的中心。图 10-8 显示出安保片断在一阶逻辑有界片断中所处的位置，概括了一阶逻辑、不可判定的有界片断和可判定的安保片断之间的关系，以及其他一些关系。

我们在图 10-8 中看到，安保片断处在一阶逻辑不同片断中最为中心的位置。用对应理论来解释这个图形，图中一阶片断对应于基本模态语言，带格状的梯形所表达的片断则需要在基本模态语言基础上增加 Until 算子。图中的 L2 和 L3 表示有两个和三个变元的一阶片断，显然，越往

① H. Andréka，I. Németi，J. van Benthem：Modal Languages and Bounded Fragments of Predicate Logic，*Journal of Philosophical Logic*，Vol. 27，No. 3，1998，pp. 217-274.

上走，所带的变元数目越多，一阶片断也就越复杂。模态基本语言适合 L2，但带 Until 算子的语言则越过了 L2 进入了 L3。

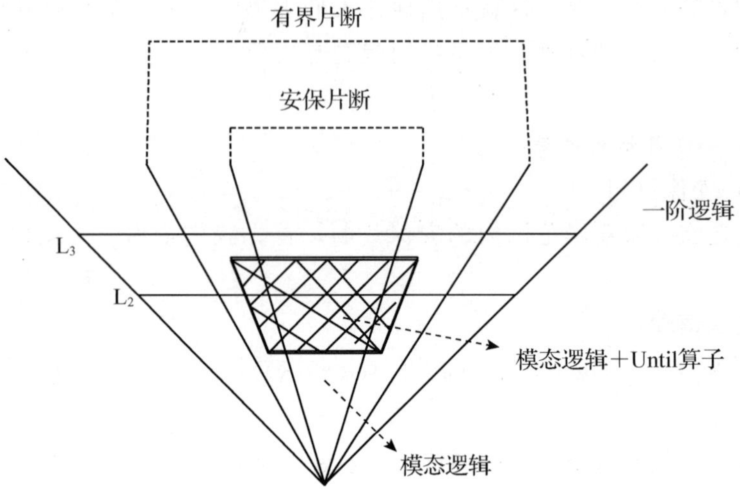

图 10-8 一阶逻辑中有模态意义的一些片断

4. 安保片断的保全特性

在安保概念的那篇原创性论文中，安保概念和安保片断何以被引入，有一段有趣的论述值得在这里摘录。

> 经典一阶逻辑的片断正在精确地展示什么“模态”行为？也许最有影响力的答案是岗比 1981 年给出的，岗比认为所谓的“有限变元片断”可以精确展示模态行为，也就是仅仅使用某些固定的有限变元(自由的或者约束的)。这个观点被许多学者认同，我们将探究这些片断并且发现，这些片断虽然是富于启发性而且是很有趣味的，但它们却缺乏在我们意义上所要求的优良行为(一些新的否定性的结果支持这个主张)。那么，作为一个对立的建议，我们定义了一个有关谓词逻辑的大片断，这里的谓词逻辑是被唯一的有界量词所刻画的。这个大片断就是安保片断，它具有上述优良特性，包括通过有效的有限模型性质所获得的可判定性(这些是新结果，从模态逻辑那里借助于普遍化的概念和技巧获得的)。而且，也包括在安保片断自身中具有的、内在的有限变元层级性质产生良好的模态行为。最后，我们将造成另一个转向。上述类比是两个方面起作用的，模态算子类似于量词，但反过来，量词也类似于模态算子。这个观察给人以灵感去建立对于一阶谓词逻辑的普遍的语义学。在这种语义学中，一阶谓词逻辑带有对可行的指派予以可通达关系的限定，也就是，早

期的量词限定引进了这种语义学。①

这段引文告诉我们安保概念的出发点，它实际上也告诉了我们安保的基本特性。图 10-8 间接地表达了这种安保特性，图 10-9 会给我们更为清晰的认识。

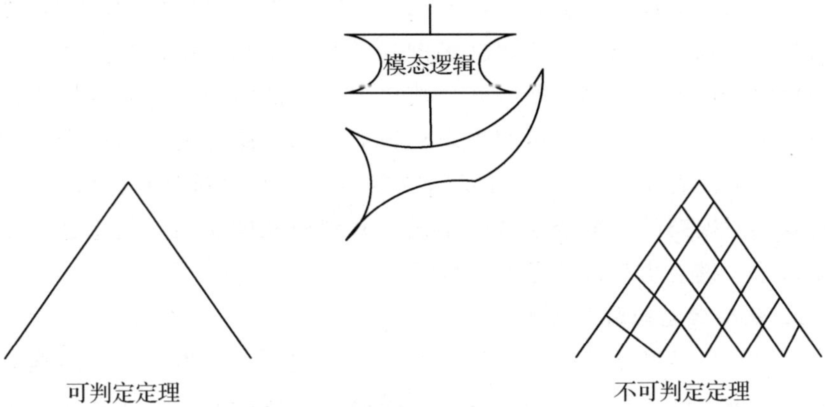

图 10-9　模态逻辑的安全和危险

图 10-9 正如一个比喻所形容的，模态逻辑仿佛一只在危险和安全之间航行的小船，在不可判定区域运用这个逻辑是有风险的，而在可判定区域运用这个逻辑则是安全的。② 正是在这个意义上我们使用安保片断，因为安保片断是可判定的，它也就是安保的。

第三节　更为丰富的模态逻辑和更为丰富的模态语言

一、更为丰富的模态逻辑

(一)模态历史的回顾

1. 语形时期的模态逻辑视野

语形时期的模态逻辑，如同我们在第五章到第六章所看到的，它更多地强调模态逻辑类别的多样化，这些多样化的类别通过对基本模态系统 K 增加公理获得扩展来实现，从而我们就有了基于 K 的各种模态系统。正规模态逻辑系统是其中极为重要的一个模态群体，不同模态公理

---

① H. Andréka, I. Németi, J. van Benthem: Modal Languages and Bounded Fragments of Predicate Logic, *Journal of Philosophical Logic*, Vol. 27, No. 3, 1998, p. 218.

② Patrick Blackburn, Johan van Benthem, Frank Wolter: *Handbook of Modal Logic*, Vol. one, Amsterdam, Elsevier, 2007, p. 44.

和系统 K 的合成给了我们一个丰富多彩的正规模态图景。

2. 经典时期视野

经典时期的克里普克语义学，为多样化的模态图景增添了新的景观。不同的模态公理，它们竟然可以对应于语义刻画中的各种各样的二元关系 R。在模态逻辑中使用模型论语义学，模态中的“世界”“算子”，等等经典概念，竟然可以给出如此之多的新解释。于是，使得模态逻辑从它的初创时期进入到成熟时期，并且绽放出无穷的活力。不完全性正规模态逻辑的发现和计算机理论对模态逻辑的影响，使得模态的视野更为开阔，模态的语言更为丰富。而互模拟概念，安保片断等新概念的引入，使得我们对模态的思考从模型的层面上升到框架的层面。模态逻辑是更为丰富了，模态语言也是更为丰富了。

3. 框架研究的简单回顾

自经典时期开始，框架就是模态逻辑研究的中心概念。但经典时期的框架研究方式，仅仅只是对框架某些简单性质的研究，如框架的传递性、对称性、自反性等，这些性质仅用于刻画正规模态逻辑。

> 框架可判定性概念和模态对于框架表达力的系统研究，它作为一个研究课题，仅产生于发现了框架不完全性结果之后。这些不完全性结果表明：并非所有的正规模态逻辑都可以给以基于框架的描述。①

如同我们在第九章就指出过的，框架研究的这一结果，根本上改变了模态逻辑的研究进程。我们对模态研究的兴趣，不再是借助给模态逻辑增加公理来形成更为丰富的模态逻辑，而是在框架层面上来讨论模态逻辑。可以说，正是在这样一个研究层面上，更为丰富的模态逻辑才得以产生。由此，我们对模态的研究兴趣，就应该集中在语言表达力的语义学方面。用范本特姆的说法，沿着这样一条路径，我们要回答的实际上是这样两个问题：我们能够用模态语句讨论框架的哪些东西？我们如何用模态语言来讨论框架？这两个问题又紧密地联系着以下问题的探讨：在模型层次上模态语言的表达力和在框架层次上模态语言的表达力，它们有哪些根本的区别。②

---

① Patrick Blackburn，Maarten de Rijke，Yde Venema：*Modal Logic*，Cambridge，Cambridge University Press，2001，p. 185.

② Patrick Blackburn，Johan van Benthem，Frank Wolter：*Handbook of Modal Logic*，Vol. one，Amsterdam，Elsevier，2007，p. 34.

(二)框架层面上的模态逻辑

1. 框架有效的相关概念

在对模态进行讨论的前述各章中，框架有效性概念并没有得到说明，在框架层面上理解模态逻辑，首要的概念是框架有效性概念。框架有效概念涉及一些相关的有效概念，我们先定义框架点有效。

框架点有效：

设φ是一个模态签名，p_1，…，p_n是语句符号，则$\varphi(p_1，…，p_n)$是建立在命题符号p_1，…，p_n之外的一个基本模态语句；再设框架$\mathbb{F}=\langle W，R\rangle$，$w\in W$，$V$是对命题符号$p_1$，…，$p_n$的赋值。我们所要定义的框架有效概念，就建立在上述模态语句和相关概念之上。

如果对于每一个在命题符号p_1，…，p_n上的赋值V，我们都有：φ在那个w上形成的模型中可满足；在这种情形中，我们写为：$\mathbb{F}，w\vDash\varphi$，那么，模态语句$\varphi(p_1，…，p_n)$在一个框架$\mathbb{F}=\langle W，R\rangle$中的$w$上有效。

框架有效：

如果φ在框架$\mathbb{F}$上的每一个点上都是有效的，则φ在框架$\mathbb{F}=\langle W，R\rangle$上有效。这可以表示为：$\mathbb{F}\vDash\varphi$。

框架类和框架类有效：

(1)框架类。

框架$\mathbb{F}$是单一的框架，在单一的框架中有效的语句，这称作框架有效。如果把单一的框架合并成一个类，这个类包含所有的框架，它就是一个框架类。我们用$\mathbf{F}$来表示这个框架类，则框架类有效概念可以获得如下的定义。

(2)框架类有效。

如果一个模态语句在框架类$\mathbf{F}$的每一个框架$\mathbb{F}$中是有效的，那么，这个模态语句在框架类$\mathbf{F}$中有效。

可以把这个定义和第九章有关有效的定义加以比较：如果公式φ在模态语言ML的所有模型上都是全域被满足，则公式φ有效，这写为$\vDash\varphi$。框架类有效表明的含义和这个定义是等同的，公式φ有效这样一个定义实际上是说：它在所有框架类上是有效的。

2. 框架类完全性问题引出的三种正规模态逻辑

(1)正规模态逻辑的子集合定理。

模态逻辑最为有趣的一个特性，是其模态公理和可通达关系性质之间的对应，K公理化的扩张产生数量上可以说是无限多的正规模态逻辑，这些正规模态逻辑通常都是在公理和可通达关系间对应的实例。

如同在本书第五章中所指出的，如果在基本模态逻辑中增加一个公理模式$\varphi \rightarrow \Box \varphi$，该公理模式就是有名的退化公理(Tr)，K＋Tr 由此被称为 Tr 系统。我们知道，这也是正规模态逻辑的类别。还有一个公理模式$\Box \bot$也值得我们关注，把这个公理加进 K 也能够生成正规模态逻辑。设 K＋Tr 生成的正规模态逻辑为 Id，再设 K＋$\Box \bot$生成的正规模态逻辑为 Un，著名的逻辑学家麦金西原创性地证明过以下定理①。

正规模态逻辑的子集合定理：

每一个一致性的正规模态逻辑，它或者是属于 Id 的子集合，或者是属于 Un 的子集合。

麦金西的这个断言是从代数角度给以证实的，利用前述生成子模型和有界态射的概念，结合我们刚刚给出的框架类和框架类有效的概念，我们可以简略描述出这个定理的语义学观念。

这个观念体现为：每一个(Tr)公理的特例，它在孤立的自反性点集合构成的框架中是有效的；恰相对应，每一个$\Box \bot$公理的特例，它在孤立的非自反性点集合构成的框架中是有效的。而且，很容易证明，Un 相关于第一种框架类是完全的，而 Id 相关于第二种框架类是完全的。

(2)TMEQ 定理。

考察模态语句关于框架能够说些什么，我们现在可以给出在正规模态逻辑范围内获得的另一个重要成果。那就是：正规模态逻辑的框架完全性成果只是一个例外，并不是一个规则。框架有效性概念并没有提供某种完备的语义学，去研究所有正规模态逻辑。如同我们在第九章所指出的，存在着有关正规模态逻辑框架不完全的例子，这里还有一个用 TMEQ 定理来表述的例子。

TMEQ 定理：

设 TMEQ 是在 K 基础上增加(T)公理$(\varphi \rightarrow \Diamond \varphi)$、(M)公理$(\Box \Diamond \varphi \rightarrow \Diamond \Box \varphi)$、(E)公理$\Diamond(\Diamond \varphi \wedge \Box \varphi) \rightarrow \Box(\Diamond \varphi \vee \Box \varphi)$和(Q)公理$(\Diamond \varphi \wedge (\Box(\varphi \rightarrow \Box \varphi)) \rightarrow \varphi$而获得的正规模态逻辑，没有框架类能够使得在 TMEQ 中的语句有效。

这样一个不完全性的结果在模态逻辑中非常重要，如同在第九章中就已经指出的，它迫使模态逻辑学家转换对正规模态逻辑语义学刻画的方式，从而导致模态逻辑代数语义学的复兴。除此之外，它导致了在框

① D. Makinson: Some Embedding Theorems for Modal Logic, *Notre Dame Journal of Formal Logic*, Vol. 12, 1971, pp. 252-254.

架层面上研究语义学的潮流，这个研究潮流的中心概念是框架的可判定性和它的不可判定性。

(三)框架的可判定性和不可判定性

1. 框架的可判定性

框架可判定性所要回答的问题，正是我们提出过的：模态语言它能够对框架说些什么？在讨论这个问题之前，我们再引入几个便于我们进一步回答这个问题的概念。

一个概念相关于公理化扩张系统 K，我们换一个角度来看系统 K，把 K 看作是产生新模态逻辑的一个标牌。这个标牌是产生新逻辑的基础，它是最小的正规模态逻辑，在这个基础上构造的新逻辑可以简单看作为一组理论(theories)。

另一个概念是框架可判定性，说一个模态语句φ定义了一个框架类$\mathbb{F}$，*iff* φ恰在$\mathbb{F}$中的框架上有效。那就是，不仅φ必须在$\mathbb{F}$中的每一框架上有效，而且，不在$\mathbb{F}$中的任意框架上使得φ为假，这一点也一定是可能的。

于是，我们就可能回答：模态语言可以定义什么框架类？以下就是回答这个问题的几个答案。

2. 模态语言可以定义的框架类

(1)传递性框架类的模态可定义。

模态语句$\Box\varphi\rightarrow\Box\Box\varphi$定义了传递性框架类；

那就是，使得$\forall xyz(xRy\wedge yRz\rightarrow xRz)$。

(2)孤立的自反性点的框架类模态可定义。

模态语句$\varphi\rightarrow\Box\varphi$定义了孤立的自反性点的框架类；

那就是，使得$\forall xy(xRy\equiv x=y)$。

(3)孤立的非自反性点的框架类模态可定义。

模态语句$\Box\bot$定义了孤立的非自反性点的框架类；

那就是，使得$\forall xy\neg(xRy)$。

(4)自反性框架类的模态可定义。

模态语句$\Box\varphi\rightarrow\varphi$定义了自反性框架类；

那就是，使得$\forall x(xRx)$。

3. 模态语言不可以定义的框架类

(1)保留框架有效转换定理。

模态语言可以定义的框架类应该是我们所熟悉的，如果我们转向对模态语言不可以定义的框架类，这会复杂很多。因为一个框架的转换过程中它能够保留框架有效，模态语言在这里就不发挥作用。所以，确定模态语言不可判定的框架类的第一步，是找出保留框架有效的那些转换，好在我们已经给出过这些转换。这就是不相交并、生成子框架和有界态射。对于这些保留框架有效的转换，我们有以下保留框架有效转换定理。

保留框架有效转换定理：

对所有基本的模态语句φ，我们有以下三种情形的保留框架有效：

①设$\{F_i \mid i \in I\}$是一个框架族，那么，如果对每一个在I中的i，$F_i \vDash \varphi$，我们也有$\biguplus F_i \vDash \varphi$。那就是说，框架有效性在不相交并形式之下被保留。

②如果F'是F的一个生成子框架，那么，如果$F \vDash \varphi$，我们也有$F_i \vDash \varphi$。那就是说，框架有效性在生成子框架形式之下被保留。

③设F'和F都是框架，f是从F到F'的满射有界态射。那么，如果$F \vDash \varphi$，我们也有$F' \vDash \varphi$。那就是说，框架有效性在有界态射像形式之下被保留。

(2)模态语言不可定义的框架类实例。

依据保留框架有效转换定理，很容易说明一些用模态语言不可定义的框架类。例如，以下将简要说明的联结性框架类、孤立自反性框架类、非自反性框架类。

①模态语言不可定义的联结性框架类。

具有联结性的框架类是模态语言不可定义的，即具有符号$\forall xy(xRy \vee yRx)$所表达的框架性质模态不可定义。因为这个类别在不相交并形式之下不封闭，当我们把具有这个性质的两个框架合成一个不相交并的时候，没有模态语言，我们也可以判定在不相交并中具有同样的性质。

②模态语言不可定义的孤立自反性框架类。

对这个类别的模态不可判定方式是类似的，因为这个类别在生成子框架形式之下不封闭。当我们把框架看作是由两个孤立点构成的时候，一个是自反的点，一个是非自反的点(如图 10-5 及其说明所示)。则这个框架本身用模态语言可以定义，但是其中生成的非自反性子框架，没有模态语言，我们也可以判定在生成子框架中具有同样的性质。

③模态语言不可定义的非自反性框架类。

具有非自反性的框架类是模态语言不可定义的，因为这个类别在有界态射象形式之下不封闭。在这种条件下，没有模态公式来定义非自反性，有界态射本身就保留了该框架的有效性。

依据保留框架有效转换定理，我们可以获得以上三种模态语言不可定义的框架类。还有更多模态语言不可定义的框架类，如框架的超滤扩张也可以获得一些模态语言不可定义的框架类。对来自于模型论视野的超滤扩张作进一步理解，需要我们把对模态的理解和代数紧密地结合起来，我们暂且中止对这个问题的讨论，把我们对模态的关注引向本章有关模态语言的另一个议题，我们已经讨论了模态语言究竟能够对框架说些什么，如果模态语言是讨论框架的工具，那么它是如何讨论框架的呢？对这个问题的回答，自然接之要讨论更为丰富的模态语言。

二、更为丰富的模态语言

(一)基本模态语言如何处理框架

模态语言可以给某些框架类予以定义，这是在回答“模态语言关于框架能够说些什么”的问题。进一步的问题自然是，模态语言如何来讨论那些它可以给以定义的框架。我们在本节“模态语言可以定义的框架类”中给出了4类框架类，它们可以用一阶模态公式加以定义，但这是一个让人感到困惑的答案。用范本特姆的话来说明这个困惑，可以摘引他以下一段语录。

> 毕竟，如果你考虑一个基本的模态公式$\varphi(p_1, \cdots, p_n)$，它在一个框架上有效，这究竟意味着什么，那么就可以看到，这个公式实际上是二阶的：我们量化了所有可能的赋值，并且，这些赋值指派了框架的子集合给命题符号。①

借助于前面已经给出的标准翻译，我们可以对这个一阶模态公式给以精确的二阶描述。设$\mathbb{F}=\langle W, R\rangle$是一个框架，$\mathfrak{M}=\langle W, R, V\rangle=\langle\mathbb{F}, V\rangle$是对框架$\mathbb{F}$的任意模型，再设$w$是框架$\mathbb{F}$中的任意世界，依据第九章第二节模态语句和标准翻译语句的等价性命题，可以得到以下结果：

$\langle\mathbb{F}, V\rangle, w\vDash\varphi(p_1, \cdots, p_n)$，*iff* $\langle\mathbb{F}, V\rangle\vDash STx(\varphi)(p_1, \cdots, p_n)[x\leftarrow w]$。

这个结果中的符号$(p_1, \cdots, p_n)$是用来翻译命题符号$(p_1, \cdots, p_n)$的一元谓词符号。很明显，这是一阶公式在模型层次上的等价，我们是让两个公式从模型层次上有效导出它们的等价。如何从模型层次的理解上升到框架层次的理解？答案是明显的。把本章本节已经定义过的框架有效概念用在这里，那就是：量化所有那些可以指派给x的点，这是一

① Patrick Blackburn, Johan van Benthem, Frank Wolter: *Handbook of Modal Logic*, Vol. one, Amsterdam, Elsevier, 2007, p. 38.

阶量化；并且，量化所有那些对一元谓词符号(p_1，…，p_n)的指派，这是二阶量化。这样做的结果，竟然就实现了框架有效和二阶逻辑之间的对应，这就是如下的等价式。

$\mathbb{F} \vDash \varphi(p_1, \cdots, p_n)$ *iff* $\mathbb{F} \vDash \forall(p_1, \cdots, p_n)\forall x STx(\varphi)$。

简略地描述这个对应结果，我们得到以下一些简要结论。框架有效把模态语句φ，处理为在关系模型上对φ进行标准一阶翻译的那个普遍一元二阶闭包。这种一阶对应语言的二阶升级，我们称之为框架对应语言，或者称之为：二阶对应语言。这样一个结果实际上也回答了我们意图回答的问题：模态语言如何来讨论框架？现在我们就获得了一个答案，模态语言是通过二阶逻辑来讨论框架，并且这个绕道似的依赖是不可消除的。

因为，尽管很多的模态语句对应于基本框架类上的一阶条件，但总有一些模态语句它不是一阶可定义的，我们讨论过的罗伯公理和麦金西公理就是典型的例子。因此，模态语言和框架类对应的结果又产生一些新的有趣的问题，这些问题都和基本模态语言相关。但我们对模态语言的关注，不能仅仅集中在基本模态语言上，我们姑且把那些有趣的基本模态语言和框架类对应的问题留给将来，而把我们对模态语言的关注，转向一个新的语言，一个比基本模态语言更为丰富的模态语言。

(二)基本模态语言的扩充

1. 基本模态语言表达力的扩充

基本模态语言对框架的表达力，依赖于互模拟概念。借助于二阶逻辑，基本模态语言可以构成框架对应语言，它有比一阶逻辑更强的计算性质。所以，这是一个相当优雅的语言。

现在我们又可以提出一个和基本模态语言相关的问题，既然这是一个优雅的语言，它能够把其魅力提升到更强的语言之中吗？这称之为基本模态语言表达力的扩充问题。可以把这个问题设想为，我们既要保留基本模态语言那些优雅的性质，我们还要在新的语言中强化它的优雅，给新语言增加更多一些原先所没有的性质。模态逻辑学家对模态语言的研究，实际上多年来都是在不断地扩充模态语言的表达力，以构成更为丰富的模态语言。

2. 基本模态语言的扩充方式

(1)从少到多的模态语言扩充。

把基本模态语言扩充为更丰富的模态语言，扩充的方式是多元的。它可以是模态词意义的扩充，如把模态的本原含义扩充到时间，扩充到道义或者扩充到认知、箭头、动态、空间，等等。这样一种扩充也可以看作是模型意义上的扩充，以下给出的一个多元模态系统 PML 的基本语言就是一个合适的例子。

设 $\mathfrak{M}$ 是 PML 的模型，$\langle m\rangle$是 PML 中表达模态◇的符号，R^m 表示模型中世界之间的关系，世界 w 和世界 v_1，…，v_n 是世界集合 W 的成员，(φ_1，…，φ_n)是 PML 中任意语句系列，显然$\langle m\rangle$(φ_1，…，φ_n)是 PML 中的模态语句，这个模态语句的可满足定义可以给出，如下：

$\mathfrak{M}$，$w\vDash_{PML}\langle m\rangle(\varphi_1, \cdots, \varphi_n)$ *iff* 对某些 v_1，…，$v_n\in W$，使得 $wR^m v_1\cdots v_n$。

我们有：$\mathfrak{M}$，$v_1\vDash_{\text{PML}}\varphi_1$，并且 $\mathfrak{M}$，$v_n\vDash_{\text{PML}}\varphi_n$。

这个可满足定义就比基本模态语言具有更多的良好性质，它可以用来描述更复杂的时空结构，比如我们可以增加一个三元模态去抓获“在……之间”的模态意义，或者去抓获箭头逻辑的模态意义。但这样的扩充方式虽然发展了基本的模态语义学理论，却似乎带有早期模态研究的痕迹。

(2)模态语言扩充的多元方向。

当代的基本模态语言扩充，展现了更为丰富多彩的图景。模态语言在许多原先未曾想到的方向上得到了扩展，这幅图景是令人惊异的。

一个方向是数学上的，普遍模态是很好的一个例子。在普遍模态中，模态被看作是数学上的基本关系。这种普遍模态可以借助第九章的全域可满足以及对应的局域可满足定义，给出一个简单的说明。假定我们正处在只有一个模态的语言中，我们再给这个语言增加第二种模态，用 E 表示◇形式，用 A 表示□形式，我们给它们以下固定的解释，那就是：在模型 $\mathfrak{M}=\langle W, R, V\rangle$中，两个模态解释为使用普遍性的关系 $W\times W$。根据这样一个解释，我们给出它们的可满足定义。在这个定义之下，E 被看作是普遍性◇，A 则被看作是普遍性□。

在基本模态语言中增加普遍模态算子，由此而形成更为丰富的模态语言，不仅给我们以模型层次上的超级表达力，而且，这也增加了我们对新的框架类予以定义的能力。这个逻辑更为详细的内容，可以参见《模态逻辑手册》的第 6 章。①

第二个方向是对语义概念的扩充，通过对模态算子更为复杂的可满足定义来丰富我们的模态语言。带有“直到……为止”(until)和“自……以

① Patrick Blackburn, Johan van Benthem, Frank Wolter: *Handbook of Modal Logic*, Vol. one, Amsterdam, Elsevier, 2007.

来”(since)的时态逻辑，还有条件句的逻辑都是很好的例子。以我们在图10-8中已经使用过的两个关于时间的模态算子符号为例，我们用 U 表示“直到……为止”，用 S 表示“自……以来”。在包含这两个算子的时态逻辑中，一个有关 $U(\varphi, \psi)$ 和 $S(\varphi, \psi)$ 的可满足定义可以表示如下。

$\mathfrak{M}, w \models U(\varphi, \psi)$ *iff* 存在一个世界 v 使得 wRv，并且 $\mathfrak{M}, v \models \varphi$，并且对所有 u 使得 wRu 和 uRv，我们有 $\mathfrak{M}, u \models \psi$。

$\mathfrak{M}, w \models S(\varphi, \psi)$ *iff* 存在一个世界 v 使得 vRw，并且 $\mathfrak{M}, v \models \varphi$，并且对所有 u 使得 vRu 和 uRw，我们有 $\mathfrak{M}, u \models \psi$。

这两个定义告诉我们，那些有关未来和过去时间点上的语句信息保留情况。U 断定：在未来的某些点上语句 φ 成立，并且在所有那些被赋值点和这个未来 φ 确证点之间，我们有 ψ 成立。这是关于将来的，而 S 正好对应地表达了有关过去的同样的断定。这样的模态算子，既有经典模态的影子，但又明显地扩充了我们基本模态算子的含义，具有更为强大的表达力。这个逻辑更为详细的内容，可以参见《模态逻辑手册》的第11章。①

第三个方向是在语形上的扩充，一些新的语形概念引入模态语言用以支持一些新奇的语义能力。混合逻辑(hybrid logic)，命题动态逻辑，还有模态 μ-演算等显示的就是这样一类扩充。以混合逻辑为例，它依赖一个很简单的观念，这个观念最早出自于普莱尔，那就是把命题看作是词项。这种模态语言给基本模态语言再增加一个命题符号的类别，该类别称之为命题符号的名(nominal)。基本的混合语言克服了基本模态语言在表达力上的一个弱点，不能够命名点。通过把命题看作为词项，在混合语言中就出现两类命题符号，一类是命题符号 p，q，r 等，另一类是命题命名的符号 i，j，k 等。由这个新符号的增加，随之以新模态符号的增加，混合逻辑在语义上也形成一些新的功能，从而扩充了基本模态语言的表达力。有关这个混合逻辑更为详细的内容，可以参见《模态逻辑手册》的第14章。②

第四个方向可以看作是第三个方向的特例，这个方向借助于逻辑语形学的转换来实现基本模态语言的扩充，把模态的语形学转换成一阶逻辑的语形学。我们前面描述过的安保片断是很好的例子，这样的模态语言可以看作是语形上的一阶语言。

---

① Patrick Blackburn, Johan van Benthem, Frank Wolter: *Handbook of Modal Logic*, Vol. one, Amsterdam, Elsevier, 2007.

② Ibid.

最后，我们也可以通过组合不同的逻辑来形成更为丰富的模态语言，或者是模态逻辑之间的组合，或者是模态逻辑和一阶逻辑的组合。这样一种组合逻辑，关于规划的逻辑是一个很好的例子。

规划涉及一类主体集合，这类主体必须推断，在他们已知一组行为结果的时候，他们应该做的事情。而且，他们还必须推断，为了解决那些他们一定要解决的问题，在什么地方去获得更多的重要信息。这可以看成是主体思路的两个方向，依据已知信息，你可以做些什么，这是一个方向。你实施了某些行动之后，你又获得了哪些信息，这是另一个方向。显然，要找到一种语言来描述这样两种方向，这个语言就既涉及主体的认知，又涉及主体的行为。莫尔(R. Moore)为此在1985年设计了一个组合语言，这个语言就有可能同时讨论到这两个模态情境。以下的两个符号是这个组合逻辑的基本模态语句，其中 K 是一个认知模态，$[\alpha]$是一个行为模态：

$$\mathrm{K}_i[\alpha]\varphi \text{和} [\alpha]\mathrm{K}_i\varphi\text{。}$$

前者表达的是：主体 i 知道实施α有结果φ。

后者表达的是：实施α使主体 i 知道有结果φ。

组合逻辑是当代模态逻辑研究中最为活跃的一个领域，它既是理论的又是实践的。有关这个组合逻辑更为详细的内容，可以参见《模态逻辑手册》的第15章。① 这本手册中列出的丰富的参考名录，为我们提供了大量的原创性文献。以上所讨论的各种方向的模态语言扩充，都可以在那里找到其原创起源。它们将启发和引领我们对这些新语言的思考，从而发现更新更优雅的模态语言。

3. 模态语言的共性

基本模态语言扩充为更丰富的模态语言，会让我们产生一个模态共性的问题。所有这些冠名为模态的语言，究竟是什么东西使得它们称之为模态呢？一个可能的答案是依据我们所使用的概念和理论，如果我们是通过这样的一个景观来考察我们所建立起来的语言，那么这样景观下的语言就可能是模态的。在这样的景观中，有许多如下所列的论题在其中反复出现，这些论题是：可判定性，互模拟的重要性，一阶逻辑和二阶逻辑片断的特征。安保片断中限定量词的观念，表达的就是这样一种景观。

---

① Patrick Blackburn, Johan van Benthem, Frank Wolter: *Handbook of Modal Logic*, Vol. one, Amsterdam, Elsevier, 2007.

还可以更简洁地来表述模态语言的共性，那就是，我们常常可以把对于基本模态语言的基本语义学理论提升到一个新层面，上述向各个方向扩充而形成的模态语言都具有这一特性，它们都是真正意义上的模态语言。

三、模态语言的普遍视野及其前瞻

现在，我们可以对模态逻辑和模态语言做一个整体性的描述了，在这一描述中，不仅要讨论模态语言的普遍视野，还要简略涉及有关模态的不同语义学，并且，我们在对现代模态逻辑基本理论有了基本的认识之后，还需要特别强调，关系语义学的核心观念在模态发展中的重要性。

(一)模态语言的普遍视野

模态语言的扩充是当代模态研究的一个标准特征，它起源于早期模态学者的工作。我们已经看到，许多更为丰富的模态语言都被看作是全部一阶逻辑语言的一些片断，这些片断用来刻画关系和性质的某些类似类型。

如同岗比早就观察到的，模态语言试图翻译为一阶逻辑的所谓有限变元片断，在这类片断中，仅仅使用有限数的固定或者约束变元。但随后的研究表明，有限变元片断虽然有某些令人愉悦的计算行为，却在带三个变元的一阶片断中，其可满足性是不可判定的。由此，我们对模态类型的解释就可能超越一阶逻辑，这样一种超越一阶逻辑的研究产生了所谓安保片断。

我们在前已经表明(如图 10-8)，安保片断处于模态逻辑的中心位置。这种分析所获得的一个吸引人的性质是，它具有某种逻辑上的还原性。这种还原性表现在，它在语言上的扩充不仅是一阶的，还可以是二阶或者高阶的。安保片断一个让人兴奋的结果表明了这一点，1999 年，格热德尔(E. Grädel)和瓦卢克威兹(I. Walukiewicz)发表了一篇有关安保片断的论文，他们用两个固定点算子来扩充安保片断，发现这个片断中语句的可满足性是可定义的。① 这个结果显示，在安保片断观念中体现的模态哲学，并未限制在一阶扩张的范围之内，它的确可以是更高阶的，安保量词可以支持更高阶的结构。

安保片断研究的另一个重要普遍成果，是把对模态语言有限的扩充

① E. Grädel, Rwth Aachen, I. Walukiewicz: *Guarded Fixed Point Logic*, Proceedings of 14th IEEE Symposium on Logic in Computer Science LICS'99, Trento, 1999, pp. 45-54.

延伸到无限，由此而出现有关无限模态逻辑的探索。按照这条线路，一个二阶的模态命题逻辑，即量词对命题的量化也是可能的。最后，应用抽象模型论的观念于模态语言，由此而形成的抽象模态逻辑也值得一提。① 而这种对模型论的关注，自然需要我们把对模态语言的讨论，用一个极为简略的描述，提及一下和模态逻辑紧密相关的当代语义学领域。

(二)现代模态语义学一瞥

1. 三种语义学变体

可能世界语义学，也称关系语义学，是模态的经典语义学。但把模态语义学仅看作是关系语义学，这是一个误解。还存在一些语义学的变体，它们和关系语义学有着紧密的联系，但它们都有其自身的特异和新奇之处。其中最值得我们关注的是代数语义学、邻域语义学和拓扑语义学。

2. 变体语义学概述

(1)以代数语义学为例。

①基本观念和构成。

把一个模态语句看作是一个词项，我们对模态语句的赋值相应地变成对一个对应的代数类型赋值，这就是代数语义学的基本观念。所以，我们在代数语义学中所要回答的关键问题，就是这样一个问题：代数中，有哪一类代数可以和模态逻辑对应？答案是明确的，带有运算子的布尔代数。这种布尔代数，我们将其缩写为 BAO。代数语义学有以下几个基本定义。

布尔代数：

一个布尔代数是一个三元组 $\mathfrak{A}=(A, +, \times, -, 1, 0)$，使得+号和×号是可交换和可结合的二元关系，并且是可分配的。一号，表示补，它是一元运算符号，该符号必须满足等式 $x+(-x)=1$ 和 $x\times(-x)=0$。零元符号(也称常元)1 和 0 必须满足等式 $x\times 1=x$ 和 $x+0=x$。

很容易理解，一个代数是一个命题逻辑的映射。因为我们可以把代数符号对应于逻辑符号：符号+可读作为∨，符号×可读作为∧，符号一可读作为¬，符号 0 可读作为⊥，符号 1 可读作为⊤。如果是模态逻辑，仅剩下那个模态算子的布尔代数对应符号，以下我们给出这个有关模态的对应布尔代数符号，这需要先给出 BAO 的定义。

BAO 是一个对偶 $\mathfrak{B}=(\mathfrak{A}, m)$，其中，$\mathfrak{A}$ 是一个布尔代数，m 是 $\mathfrak{A}$ 上的一元关系，并且满足等式 $m(x+y)=m(x)+m(y)$，也满足等式

① Patrick Blackburn, Johan van Benthem, Frank Wolter: *Handbook of Modal Logic*, Vol. one, Amsterdam, Elsevier, 2007, pp. 70-72.

$m(0)=0$。

②模态语句和布尔代数式的对应。

设 V 是一个赋值，φ，ψ是语句，它们在 BAO 中自然是布尔代数中的任意项，由此以下对应语句自然成立。

$V(\varphi \vee \psi)=V(\varphi)+V(\psi)$；

$V(\varphi \wedge \psi)=V(\varphi)\times V(\psi)$；

$V(\neg\varphi)=\neg V(\varphi)$；

$V(\Diamond\varphi)=m\,V(\varphi)$。

可以看到，布尔代数符号 m 对应于模态，它是一元关系符号。

(2)代数语义学、拓扑语义学和邻域语义学。

代数语义学研究的两个主题，一个是数学结构的表达，另一个是对偶理论。这些主题讨论的一个强有力结果，是建立起普遍模态，从而使得我们能够讨论抽象的模态逻辑。

拓扑语义学应该是最古老的模态语义学之一，几乎和模态的发展同步。1938 年，塔尔斯基就证明了模态系统 S4，相关于拓扑空间是完全的。但是，拓扑语义学的研究多年来似乎脱离模态研究的主流。只是到了当代，由于对空间逻辑的兴趣，也由于拓扑语义学在自身自然产生互模拟概念，它也就成为当代模态语义学中的重要变体。

邻域语义学产生于那些关系语义学显得太强的领域，如认知模态中的逻辑全知(logical omniscience)命题：一个主体知道φ，那么他就知道φ的一切逻辑后承。对这个关系语义学中太强语句的考虑，导致寻求一种更弱的语义学。邻域语义学有一种拓扑偏好，也有一些比关系语义学更好的特性，如它比关系语义学有更良好的计算性。

拓扑语义学和邻域语义学一起，指向关系语义学理论那些未曾指向的领域。使得模态逻辑和模态语言向着更深更广的领域进展，成为我们讨论图形的一个有力工具(有关这三种语义学的更详细的内容，可以分别参看《模态逻辑手册》的第 6 章、第 7 章、第 16 章)。但有一点必须指出，尽管有多种多样的语义学，强调现代关系语义学的中心观念是必要的，它有助于我们前瞻性地来看待模态逻辑理论的发展。

(三)关系语义学的核心观念和模态逻辑的前瞻

1. 关系语义学的核心观念

模态逻辑的发展动力来自于哲学，它一直都是在处理与哲学相关的基本范畴：模态，知识，条件，义务，等等。而由于还要处理时间、空间、可证性这样一些既有哲学意味，又有数学意味的范畴，模态逻辑又和数学结下了不解之缘。随着时代的推移，计算机科学、人工智能研究、网络、博弈等学科领域也相继涉猎模态逻辑，模态逻辑在当代呈现多元发展的指向。

面对这样一个多元化的发展指向，强调关系语义学的中心观念是必要的。这可以用范本特姆在"模态基本理论"章中，最后的一段话来说明。

> 什么是关系语义学的中心观念？本质上，这一章一直在试图使以下的观点变得清晰起来：关系语义学一直都存在的整个50年到60年期间，我们对它的理解变得越来越宽广，并且越来越深入。原本构想为区分和刻画各种逻辑(依据可靠性和完全性定理)的一个方法，逻辑学家已经渐渐地发现，其中含有更深的数学论题，这些数学论题隐藏在关系语义学温和的面孔之后。例如，这样一些论题，在模型层次对框架层次上的表达力论题，互模拟和其他似一博弈构造的重要性的论题，在模态普遍性和许多经典逻辑之间的系统联系的论题，这些经典逻辑的各种变体的范围包括从一阶逻辑到二阶逻辑再进一步通向更远的无限的逻辑。把这个可感知的语义学整体转换成定理不总是容易的。逻辑学家在组合模态逻辑领域所做的工作，获得的仍然是一些否定性的结果，一阶模态逻辑留下的是困难重重的领域。但是，一致性的论题，如安保，还有来自抽象模型论的观念应用的可能性，已经出现了。①

2. 模态发展前瞻

模态未来的发展，这大概很难预料，因为未来充满未知数。拿范本特姆的话：预测是一件危险的事情。反过头来看模态的历史，没有计算机理论对模态的涉猎，模态的历史很可能就是另一个图景。但可以想象的一点是，我们将深化对模态关系语义学内核的理解。并且，作为一门有着特殊魅力的学科，只要那些潜在的魅力有被挖掘出来的可能，那么，同样地，只要有人被模态的魅力所折服，那就总有推动它发展的动力。

---

① Patrick Blackburn, Johan van Benthem, Frank Wolter: *Handbook of Modal Logic*, Vol. one, Amsterdam, Elsevier, 2007, p. 80.

第十一章 模态逻辑、哲学和实在

凡哲学著述，过去的也好，现在的也罢，均对伟大的形而上学问题提供了解答；而这些解答除了让它们的作者满意之外，通常难觅任何知音。

——达米特

逻辑是从哲学中产生的，古希腊的哲学家把逻辑看作是哲学的一部分。现代科学则把知识分为各种各样的专门学科，现代逻辑就是这丰富多彩的学科门类中的一支。它从哲学那儿诞生，但因为自己的独立特性又从哲学中分离出来。然而，逻辑和哲学有一种无法了断的缘分，这种缘分一方面表现在对逻辑中哲学问题的探讨方面，这成为今天的逻辑哲学。但这还不能充分体现逻辑的独特性，因为许多学科都有这种对自身哲学问题的探讨，如语言哲学、数学哲学、物理哲学、生命哲学，等等。表现逻辑和哲学之间关系的独特性的，笔者以为是另一种缘分。在这门学科成长为经典的现代逻辑之后，它又反过来用这种经典的现代逻辑再加上新的成分去阐释哲学的基本范畴，从而形成了今天的模态逻辑。

在今天的知识大厦中，恐怕仅有模态逻辑才具有这种特性。正是这种独特性，我们在探讨了现代模态基本理论之后，把模态逻辑所讨论的哲学范畴，如必然、信念和道义范畴所构成的逻辑必然理论、信念理论以及行动和道义逻辑理论做一扫描，最后，我们将探讨模态逻辑背后可能具有的哲学，以及模态逻辑和实在世界的关系。

第一节 形而上学必然和逻辑必然

一、引言

哲学对于模态逻辑是重要的，因为模态逻辑是哲学的产物。模态逻辑对于哲学也是重要的，因为从哲学怀抱中，模态逻辑逐渐生成为独立逻辑分支的过程中，它又产生许多新的哲学问题。过去的一百年，哲学和模态逻辑就是这样一个互予互取的关系，这正如以下一段摘录所表示的。

> 卡尔纳普试图使用模态逻辑去解释古老的哲学问题，由此激励其他学者继续他的工作，同时，这又激励另外一些学者去批判他。卡尔纳普必定刺激了奎因，现在轮到奎因来提供动力了，他继续提出了一些挑战模态逻辑的东西，对模态逻辑学家而言却是富于建设性的挑战。而克里普克和D. 刘易斯的哲学，则用一种有趣的方式和他们所构建的模态逻辑连接起来。如果没有模态逻辑，分析哲学本该是有很多差异的。①

但是，模态逻辑的哲学问题，大都和量化的模态逻辑紧密相关。本书所讨论的模态基本理论，却是有意避开了模态谓词逻辑的内容，因此，我们自然也要避开对于这类模态哲学问题的讨论。好在模态逻辑的哲学问题，不全是关于模态谓词逻辑的，在模态基本理论的范围内，仍然有足够的问题供我们探讨。我们也按照冯·赖特对模态类型的分类，来分别讨论一些有关模态基本理论的哲学问题。

冯·赖特在《道义逻辑》一文中，把模态分成为四个类型，这个划分在今天仍然是有意义的。

> 所谓模态概念，可以方便地分为三种或者四种主要的组合。有真势模态或者真理模态，也就是必然(必然真)、可能(可能真)和偶然(偶然真)这样一些概念。有认知模态或者知道模态，包括已证实的(知道其为真)、未定的和已证伪的(知道其为假)这样一些概念。有道义模态或者义务模态，包括义务的(我们应该去做的)、允许的(我们被准许去做的)和禁止的(我们必须不去做的)这样一些概念。至于模态范畴的第四组主要形式，人们可以加上存在模态或者存在的模态，包括(属性或者类的)全称、存在和空这样一些概念。②

因为存在模态通常不归为模态的范畴，我们关于模态哲学的讨论就相关于前三类，分别是真势模态、认知模态和道义模态。在这三类模态中，我们将尽量避开有关量化模态的问题。很明显，在真势模态中的必然解释问题符合我们的要求，因此，我们以形而上学的必然和逻辑必然，这正是冯·赖特模态分类中的真势模态，作为模态哲学讨论的起点。

---

① Patrick Blackburn, Johan van Benthem, Frank Wolter: *Handbook of Modal Logic*, Vol. three, Amsterdam, Elsevier, 2007, p. 1149.

② 〔芬〕冯·赖特:《知识之树》，陈波，胡泽洪，周祯祥译，北京，生活·读书·新知三联书店，2003，第377页。

二、形而上学的必然和逻辑的必然

本书主要讨论的模态逻辑，首先是K系统，然后是在K基础上的扩张系统，它们都属于我们定义过的正规模态逻辑类型，我们探讨模态逻辑背后的哲学，自然也主要是正规模态中所隐含的哲学。我们是在模态命题逻辑层次上讨论必然模态，这需要我们对模态词既做出哲学上的解释，也给出其逻辑上的解释。

(一)形而上学的必然和可能概念

欧洲语言中的“形而上学”一词来自希腊语，在英语中是“metaphysics”。这一语词原是古希腊罗德岛的哲学教师安德罗尼柯给亚里士多德的一本著作起的名称，意思是“物理学之上”或者“物理学之后”。亚里士多德的《范畴篇》是讨论形而上学的一个范例，其中的必然和可能，就是形而上学讨论中的一对重要范畴。而模态逻辑，恰好就是这一对范畴植入经典逻辑的结果。

必然和可能范畴，就其古典的哲学意义来讲，是形而上学本体论研究关注的对象。但从哲学史的角度来看，本体论意义上的模态范畴，由于笛卡尔(Rene Descartes，1569—1650)在近代引入“思”，在现代又加进了对于语言本身的关注，我们对必然可能的形而上学思考，就越来越综合本体论、认识论和自然语言三个方面的意义。①

哲学是一门思辨的学问，形而上学是其思辨特征的极致。因此要从哲学的角度来讨论模态范畴，可以说，有多少种形而上学的哲学思辨，我们就可以追寻出多少种对于模态范畴的形而上学解释。这当然不是没有意义的，其中有一个意义是最能让人自明的，如果没有那么多的先哲关注这对思辨性的范畴，也许就不会有今天的模态逻辑。

(二)模态的形而上学解释或者反事实解释

尽管有无穷多关于必然可能范畴的形而上学解释，但你总得接受一种。笔者总是倾向于接受那些直观的，和逻辑的解释更相近的一种。依据英文版《模态逻辑手册》的说法，模态词有一种形而上学的解释，它可以描述为以下两个命题：

设原子命题为φ，则一个命题φ用模态词修饰，这可以分别表达为$\Box\varphi$和$\Diamond\varphi$，则这两个模态命题可以在形而上学的意义上解释为以下的命题：

① 王路：《逻辑与形而上学》，文史哲，2004年第1期。

命题 1　$\Box\varphi$：φ，并且本不可能会是$\neg\varphi$这种情形。

$\Box\varphi$：φ，and it could not have been the case that $\neg\varphi$.

命题 2　$\Diamond\varphi$：或者φ，或者本有可能会是φ这种情形。

$\Diamond\varphi$：either φ，or it could have been the case that φ.

用逻辑符号形式表达的这种解释，是形而上学的解释，但也被称为形而上学的或者反事实(counterfactual)的解释。

对模态的这种形而上学解释，很可能让研究哲学的人感到莫名其妙，这似乎不像哲学，更像逻辑。但笔者更倾向于接受这种简洁的解释。在进而用逻辑的或者元逻辑的解释来区分两种必然性之前，先插入对这两对命题的一个理解。

说这种解释是形而上学的解释，这是对超验的矛盾律的一个肯定。说一个东西是必然的，并没有别的什么标准，标准就是矛盾律，不能把一对矛盾的命题合取为一个命题，这就是必然的本质所在，形而上学思辨的终极所在，舍此，何谈必然。这对弄逻辑的人来说是很容易接受的，从这个意义上讲，只有不含矛盾的东西才进入到必然的界域之中。这就为必然和非必然给出了一个极为清晰的划界，这个划界的标准，的确是很带形而上学色彩的基本原则。

有了对必然的这种形而上学的解释，把必然划界，其余的就可以全放在可能的界域之中了。所以，这个可能模态，就成为实然或者其他可能性的一个析取。

由以上必然和矛盾律的紧密联系可知，把模态的形而上学解释，也称作"反事实的解释"实在是顺理成章，它不是从经验事实获得的某个原则，而是一种超验的、思辨的、在物理学之上的，或者之后的一个原则，这自然就是反事实的解释。

但值得注意的是，从本体论的角度看，这个时候，矛盾律的概念还没有概括出来，我们只有先验的两个互为否定的命题呈现。这个语言形式告诉我们的只是，说一个命题是必然的，不能是两个互为否定的命题共存。当矛盾律概念产生的时候，形而上学的必然，就从本体论的考虑引向了认识论的考虑，这时候，我们在形而上学解释中看到的必然，就被我们称作逻辑的必然。

(三)模态的逻辑解释或者称元逻辑解释

由以上形而上学的或者反事实的解释，我们接之以逻辑的或者元逻辑的解释，这个解释因为是逻辑的，使用逻辑符号就很自然。

命题 3 □φ：假定¬φ是这种情形是自相矛盾的。

□φ：it is self-contradictory to assume that ¬φ is the case .

命题 4 ◇φ：假定φ是这种情形不是自相矛盾的。

◇φ：it is not self-contradictory to assume that φ is the case. [1]

很显然，把这个解释称逻辑的解释，不正因为，支持模态的这样一种解释所依据的，恰好就是那个超验的形而上学原则矛盾律吗？用逻辑的方式来说明形而上学解释的模态和逻辑解释模态之间的关系，直觉上似乎是形而上学的模态解释衍生出逻辑的模态解释。

从哲学史的角度看，这种解释也贯穿在历代哲学家对必然的思考中。我们在讨论必然的开篇，引用了康德的一句名言，在这里讨论形而上学，它依然是非常有意义的。

> 不论我们知识的内容是什么，也不管这知识与客体有怎样的关系，一般说来，我们所有判断的普遍的、虽然只是消极的条件终归是：它们不自相矛盾；否则的话，这些判断自在地就本身而言(即使不考虑客体)便什么都不是。[2]

20 世纪 20 年代，因为这个超验原则，我们构筑起现代逻辑的大厦。到了 20 世纪 60 年代，我们依然依据的是这个超验原则，建立起了现代的模态逻辑。值得特别一提的是，在这个超验原则之下，逻辑学家在 20 世纪下半叶，终于找到了一种建立在模型论基础上，对模态合理而且更有技术含量的语义解释，这就是关于模态的可能世界语义学理论。

对可能世界也有个哲学解释的问题，奇怪的是，模态逻辑学家对可能世界进行技术解释的结果，竟然验证了我们对形而上学解释与逻辑解释之间衍生关系的直觉。因为，有一种对可能世界的理解，恰好是在表明，形而上学的解释虽然衍生出逻辑解释，但这并不是意味着，形而上学的解释蕴涵着逻辑的解释。为了对这两种必然分别加以讨论，以下，我们用□表示形而上学解释下的必然模态，把符号 L 看作是逻辑解释下的必然模态。

(四)可能世界语义学的哲学观

在“可能世界”一章中，我们已经对可能世界语义学做过较详细地讨论，但其哲学背景并未涉及。刚才就必然所做的形而上学思辨，用在可能世界概念上，这是否合适呢？这大概是个不大好回答的问题。可能世

---

① Patrick Blackburn, Johan van Benthem, Frank Wolter: *Handbook of Modal Logic*, Vol. three, Amsterdam, Elsevier, 2007, p. 1181.

② 杨祖陶，邓晓芒：《康德三大批判精粹》，北京，人民出版社，2001，第 160 页。

界不是哲学基本范畴，讨论它的形而上学似无必要，但对这个概念做一般哲学意义上的讨论还是可能的。

从人类认识的主客体的角度看，可能世界是人作为认知主体来面对的抽象客体。世界概念可以设想为一切事物得以居留的那个实在总体，在世界概念基础上设想的可能世界，则是作为本可以居留的那些可选世界的总体，这是莱布尼茨最早的设想。这样的设想为逻辑学家把模态词看作是对可能世界的量化打下了基础。这就为模态词的形而上学思辨，开放了一个极为宽广的想象空间。我们引用过克里普克关于可能世界的论述，另一位著名的逻辑学家辛迪卡也有一段颇引人深思的大致相同的论述。

> 我们也许可以说，当我们在做模态逻辑的时候，我们正在做在同样时间点上不只是单件的事情。我们用某些符号——常元和变元——去提及在我们论域中的那些实际存在的对象。但是，我们也用这些符号去提及不必是实在的那些其他事物状态。①

这个关于可能世界的观念体现在矛盾律的运用上，矛盾律不仅使得我们实在世界的知识得以可能，矛盾律还使得那些不那么实在，但又可以为我们想象的可能世界的知识也得以可能。至于这个可能世界的最终对象究竟是什么，就像我们对量词所量化的个体所分析的那样，可以留给形而上学的哲学家去做无尽的设想，我们只需要断定，可能世界所含蕴的哲学完全依赖于必然模态所依托的矛盾原则。就此而言，对于逻辑必然和形而上学必然的思考产生不同的哲学解释，如本质主义的解释、反本质主义的解释或者其他的哲学解释就是一件十分自然的事情。而本书所给出的一种解释，其主要依据文本是《模态逻辑手册》的第 21 章②，说这个解释是哲学的，是因为它给模态必然以形而上学的一种称呼，这种解释究竟属于什么样的一般哲学主张，仍然是仁者见仁智者见智的。不过，笔者认为，这种解释属于什么样的哲学主张是不重要的，重要的是，这种解释是否支持了模态逻辑作为一种逻辑的合理性。

由此，对于模态的形而上学解释，再加上我们对可能世界的以上分析，一个必然模态命题的真值指派定义就可以获得。这个定义如同经典逻辑的真值指派定义一样，是同样值得信任的。可以将这个定义称之为是，形而上学必然性的可能世界分析的结果。

---

① J. Hintikka：Modality as Referential Multiplicity，*Ajatus*，Vol. 20，1957，pp. 49-64.

② Patrick Blackburn，Johan van Benthem，Frank Wolter：*Handbook of Modal Logic*，Vol. three，Amsterdam，Elsevier，2007，pp. 1181-1183.

必然模态命题的真值指派：

命题 5 $\Box\varphi$在可能世界 w 上为真，*iff* φ在每一个可能世界上为真。

熟悉可能世界概念的读者知道，这个定义正好是莱布尼茨用可能世界对必然范畴的一种理解。正是这样一个准技术性的模态处理，引发了现代许多逻辑学家对可能世界概念的哲学思考，并进而分析，形而上学必然和逻辑必然之间究竟有什么样的一种关系。

(五)逻辑必然、形而上学必然和普遍必然

形而上学思辨超越实在，但对实在的关注似乎是除形而上学之外，所有知识探求的一个共性，逻辑学也不例外。当我们用命题 1 表达形而上学必然性的可能世界分析结果的时候，依据这个结果所获得的语义学可以发现，逻辑必然性和形而上学必然性之间的关系是不确定的，我们既不能保证逻辑必然性蕴涵着形而上学必然性，反过来同样是没有保证的。

1. 逻辑真、逻辑必然和形而上学必然的模型定义

假定我们依据模型类 K 来定义逻辑必然，K 中的任意模型用 $\mathfrak{M}$ 表示。集合 $U_{\mathfrak{M}}$ 表示 $\mathfrak{M}$ 中的世界集合，$@_{\mathfrak{M}}$ 表示模型 $\mathfrak{M}$ 上，世界集合中的实在(actual)世界，$u \vDash_{\mathfrak{M}} \varphi$表示命题$\varphi$在模型 $\mathfrak{M}$ 中的世界 u 上为真。

在一个模型 $\mathfrak{M}$ 中的真，由此被定义为在模型 $\mathfrak{M}$ 中指派的实在世界 $@_M$ 上为真。由以上假定，我们可以给逻辑真，也称有效性定义如下。

逻辑真：

一个公式φ在 K 中的每一个模型上为真，即为逻辑真。

这个逻辑真定义实际上是逻辑必然的一个概念变体，依据这个逻辑真定义，以下定义显然成立。

命题 6 $u \vDash_{\mathfrak{M}} \neg\varphi$ *iff* 并非：$u \vDash_{\mathfrak{M}} \varphi$。

命题 7 $u \vDash_{\mathfrak{M}} (\varphi \to \psi)$ *iff* 或者 $u \nvDash_{\mathfrak{M}} \varphi$或者 $u \vDash_{\mathfrak{M}} \psi$。

命题 8 $u \vDash_{\mathfrak{M}} L\varphi$ *iff* 对于 K 中的任意模型 $\mathfrak{N}$，$@_{\mathfrak{N}} \vDash \mathfrak{N}\ \varphi$。

这表明，逻辑必然是依赖实在世界中的有效来决定的，一个命题φ在实在世界中的每一个模型上为真，即φ是有效的，则这个有效可以贯穿到实在世界所在的整个集合之中。回顾前述章节对逻辑必然的讨论，这个定义实际上就是经典逻辑重言式的定义，一个重言式是典型的表达逻辑必然的公式，重言式真值表的每一行就是该公式的一个模型，每一行都取真值的公式，就是逻辑必然的公式。在这个意义上，逻辑必然也可以称作为重言必然。

与逻辑必然相对应，形而上学解释下的必然模态命题$\Box\varphi$的真，也可以用类似的方法给出定义，从以下定义可以看出，$\Box\varphi$的真是形而上学必然的一个概念变体。

命题 9　$u \vDash_{\mathfrak{M}} \Box\varphi$ *iff* 对于任意点 $v \in U_{\mathfrak{M}}$，$v \vDash_{\mathfrak{M}} \varphi$。

这个定义表明，形而上学的必然是依赖任意世界的有效来判定的。一个必然命题$\Box\varphi$，其中φ在任意的世界中为真，这才能称作必然命题是真的。

给定这样一种语义学，逻辑必然和形而上学的必然之间的关系很难确定，我们既不知道是前者蕴涵后者，也不知道是后者蕴涵前者。这可以从进一步地分析中得到说明。假定，我们在以上 K 中所使用的语言含有逻辑常元“实际上”（actually），带此常元的命题成真条件有如下定义。

命题 10　$u \vDash_{\mathfrak{M}}$ 实际上φ *iff* $@_{\mathfrak{M}} \vDash_{\mathfrak{M}} \varphi$。

这个定义可以理解为，实际上φ在模型中的一个点上是真的，当且仅当，φ在这个模型中那个指派的实在世界上为真。由此，我们可以获得这样的结果，下述模式的每一个特例都是有效的。

命题 11　L($\varphi \equiv$实际上φ)。

但是，以下的模式在两个方向上都会不成立。

命题 12　$\Box$($\varphi \equiv$实际上φ)。

按照我们对逻辑必然和形而上学必然的上述不同解释，命题 11 的有效是容易理解的，一个在实际世界的任何情况下都为真的命题，它应该强到在所有可设想的可能世界中为真，这正是逻辑理性的力量所在。而命题 12 的形而上学解释，似乎为必然寻找的是不那么坚实的本体。因为形而上学的必然解释，在必然所面对的世界面前，并没有实在世界和可能世界之间的区分，实在世界作为可能世界的一个成员，没有什么特别之处。所以，说一个命题φ蕴涵着实际上φ，这是形而上学必然的，这不一定成立；反过来，说一个实际上φ蕴涵着φ，是形而上学必然的，你也感觉不到有什么特别的理由在支持这个说法。

实际上，在可能世界观念产生的时候起，就有一种偏好实在世界的观念。这种观念接受可能世界概念，但又把实在世界看作是可能世界的一个特殊成员，可能世界仅仅是实在世界的一个仿本。这种偏好可能世界成员中的实在世界的观念，相当地满足人对自己生存的这个世界的依赖情感，也较为直观。[①] 所以，当人们很难确定这两种必然之间的关系

① 〔美〕索尔·克里普克：《命名与必然性》，梅文译，涂纪亮，朱水林校，上海，上海译文出版社，2001，第 23～27 页。

的时候，人们会倾向于接受：逻辑真应该蕴涵形而上学必然性的观点。而只要接受了这一观点，要么就重新审视必然的形而上学解释，要么就重新审视逻辑必然概念。人们是如此关注我们所在的这个实在的世界，所以在逻辑必然的理解上，就出现了对逻辑必然的多种诠释方式。这些诠释方式修改了上述逻辑必然的经典解释，给逻辑必然以新的解释和新的定义。

2. 实在世界的逻辑必然和普遍的逻辑必然

经典逻辑中的逻辑必然这一概念，它是关于实在世界的有效性，所以我们也可以将其称为实在世界的逻辑必然。扩展这个关于实在世界的概念，实在世界的有效就从单一的实在世界变为在普遍的可能世界中有效，这可以称为普遍有效。依据这个普遍有效的概念，一个命题φ是逻辑真，当且仅当它在每一个模型中的每一个世界上都真。于是我们有两种逻辑必然，或者称两种有效性，可以采用符号语言来对这两类逻辑必然予以刻画。

设$\vDash$和$\vDash^*$分别表示实在世界有效和普遍有效，这两种有效之间的关联可以表达为以下的符号串。

命题 13 $\vDash\varphi$ *iff* $\vDash^*$实际上φ。

命题 14 $\vDash^*\varphi$ *iff* $\vDash\Box\varphi$。

有了以上有效性定义，逻辑必然运算子L，就以另外一种身份，反映实在世界的元语言概念的身份进入到对象语言。同样，普遍逻辑必然的运算子L^*也被引入，这两个算子的成真条件分别可以表达为以下符号串。

命题 15 $u\vDash_{\mathfrak{M}}L\varphi$ *iff* 对于K中的任意模型$\mathfrak{N}$，$@_{\mathfrak{N}}\vDash_{\mathfrak{N}}\varphi$。

命题 16 $u\vDash_{\mathfrak{M}}L^*\varphi$ *iff* 对于K中的任意模型$\mathfrak{N}$和在$\mathfrak{N}$中的任意点v，$v\vDash_{\mathfrak{N}}\varphi$。

这两个成真条件表明，L对应于每一个模型中的那个实在的世界，而L^*对应于任意一个模型中的任意一个世界。这两种必然性由以上的成真条件可知，它们是互为定义的。

命题 17 $\vDash^*L\varphi\equiv L^*$实际上$\varphi$。

命题 18 $\vDash^*L^*\varphi\equiv L\Box\varphi$。

所以，我们可以获得这样一种结论：

命题 19 $\vDash^*L^*\varphi\rightarrow\Box\varphi$。

也就是，普遍的逻辑必然性蕴涵着形而上学的必然性，但反过来的公式则不一定成立。这个结论有直观的常识意义上的支持吗？我们以“白马是马”这个著名的命题为例，对这个结论做进一步地辩护。

按照子类和类的观念，白马是马类的一个子类。但是，我们也可以说，白马是白色和马的一个合成。显然，这个命题不可能有任何反例，也就是不存在任何的可能世界，其中白马不是由白色和马合成的。所以，即使“白马是马”不是逻辑必然的（中国古代的公孙龙就持这种观点，他持有著名的“白马非马”论），“白马是由白色和马合成”这个命题，它也是形而上学必然的。因此，在假定白马是刚性词项的条件下，我们有命题：

命题 20　“白马是由白色和马合成”是形而上学必然的，但不是逻辑必然的。

依据这个结论，我们可以说实在世界的逻辑必然 L 既不蕴涵形而上学必然□，也不被形而上学必然□所蕴涵。同时，普遍的逻辑必然 L^* 既不蕴涵形而上学必然□，也不被形而上学必然□所蕴涵。

根据克里普克的必然性理论，上述两种有关必然的讨论又涉及著名的先验和后验的问题。命题 18 中的语句，虽然是形而上学必然的，但显然是后验的。但如果我们换一个例句，“巴黎的米尺是一米长”，这个命题是先验真的，但它却不是形而上学的真。因为我们先验地以其为标准，但这个米尺放在其他地方，在不同的可能世界中的时候，它也许不是一米长。

逻辑必然和形而上学必然，在以上解释中都没有获得确定的结论。这隐含地告诉我们一个事实，实在世界的逻辑必然性并不处于优先的地位。逻辑也许是来自于对实在世界观察的结果，这构成了某种经验论哲学。[①] 但逻辑也许就是这个世界之先就出现的先验原则，这又构成某种先验哲学。每个具体的学人都会有自己特定的哲学感觉，这些哲学感觉形成不同的哲学。然而模态逻辑却给了我们一个分析必然性的新工具，它在必然性分析上给我们的哲学启示是：必然性是一个多面的概念，对必然的不同理解我们总可以相应地构成不同的模态逻辑，它们当然是同样反映不同的哲学，但都要依据那个构造一切数学和逻辑的矛盾法则。对真势模态逻辑的讨论是这样，以下将要讨论的认知逻辑也是这样。

---

① 涂纪亮：《分析哲学及其在美国的发展（下）》，北京，中国社会科学出版社，1987，第 722 页。

第二节　信念改变及其逻辑理论

一、信念改变的两种哲学观和逻辑观

(一)用模态逻辑诠释信念改变理论

信念改变理论现在已经是达到成熟阶段的一个理论，不用模态逻辑，这个理论也可以得到很好的描述。但是，用模态逻辑来讨论信念改变，可以使得信念改变理论有更高的系统化程度，并且，可以让我们对信念改变理论有更深刻的理解。

信念改变理论和属于模态逻辑的条件句逻辑有很强的联系，因为作为人的信念改变并非空穴来风，它总是在一定条件下的信念改变。信念改变理论和属于模态逻辑的认知逻辑自然也有很强的联系，因为认知逻辑的讨论对象恰恰就是关于人的信念的逻辑。模态、信念和认知都是哲学家始终关注的传统对象，讨论信念改变和两种模态逻辑之间的关系，自然回避不了在这些讨论背后蕴含的哲学。

(二)信念改变理论的两种范式

人的信念是如何改变的？这要从构成信念的要素，信息概念和承载信息的主体谈起。信息是信念必定要包含的内容，当一个人的信念发生改变的时候，人还是那个人，改变的只是信念的内容，也就是信念中包含的信息。人作为承载信念的主体，我们有个基本假定，这个主体是理性的主体(rational agent，以下简称为主体)。有了这个基本假定，以下的分析就容易理解。

主体总是生活在一定的情境之中，这可以用“世界”的概念来表达，有些类似于模态逻辑中的可能世界，也可以用更为抽象的“状态”概念来理解。我们把对状态概念的理解更为精确一点，一个主体有某些信念，如果这些信念在主体中有某种延续性，这些信念就和主体所在的情境联为一体，共同构成了某种信念状态。这个信念状态常常会因为新信息的涌入，在主体身上产生改变。原来的信念状态，因为有了新信息可能变成新的信念状态。哲学家自然就会思考这样一个问题：主体在这个世界上生活思考，他处在某个信念状态，新信息不断地向主体输入，这在今天的信息社会是再自然不过的事情，那么，这些新信息是如何影响主体现有的信念的？

可能有很多对这种影响的猜测，但主要猜测应该有两种。一种是信念的修正理论，它假定世界是静态的，世界本身不会改变。虽然主体总是在接受新信息，但他们接受新信息的结果并不会改变他们所在的那个世界，改变的只是原来的信念集合，导致的是信念集合的改变。因为这个范式最初由伽德否斯(P. Gärdenfors)、埃卡隆(C. Alchourròn)和麦金西创建，这种理论范式也被简称为 AGM 范式。另一种似乎复杂一些，称作为信念的升级理论，它假定世界是动态的。因为世界是变化的，主体就总是在接受新信息，接受新信息会造成原初信念集合的升级。因为这个范式最初由凯斯诺(H. Katsuno)和门德尔宗(A. Mendelzon)构想，这种理论范式简称为 KM 范式。[1]

> 假定世界处在满足语句$\varphi \vee \psi$这样的情形之中，再假定有一个改变已经做成，其结果保证$\neg\varphi$成立。信念修正理论将告诉我们，这个结果所在的情形必须要满足$\neg\varphi \rightarrow \psi$，它等价于这些公式的合取；它表明的是：无论什么时候这个合取是一致的，那么这就是修正的结果。然而，升级理论则论证：如果我们具有的所有语句就是$\varphi \vee \psi$，那么这个世界或者满足φ或者满足ψ。分别地考虑这些情形，我们将看到的一种情形是：在$\neg\varphi$加入后，这个世界要满足$\neg\varphi$。另一种情形是：在$\neg\varphi$加入后，这个世界要满足$\neg\varphi \wedge \psi$。而当我们不知道究竟是哪一种情形时，有关当下我们能够确信的所有东西就是，这个世界满足这个公式，即$\neg\varphi$。[2]

这里就涉及我们对世界的哲学观，这个世界是动态的还是静态的？模态逻辑似乎对各种哲学都有某种海纳百川似的宽容，一个哲学有一个哲学的理由，这些理由当然都不是必然的，但都是可能的。所以，一个哲学如果有它存在的理由，我们往往可以尝试给它一个相应的逻辑。我们在分析了这两种信念状态的基本理念之后，通过对基本概念的进一步分析，每一个信念状态都可以展现一串前后相承的导出链条。从这个意义上讲，模态逻辑在这里讨论的实际上就是信念领域的哲学问题。哲学的基本假定，导致了有关信念的不同理论范式。

---

① Patrick Blackburn, Johan van Benthem, Frank Wolter: *Handbook of Modal Logic*, Vol. three, Amsterdam, Elsevier, 2007, p. 1184.

② M. Ryan, Pierre-Yves Schobbens: Counterfactual and Updates as Inverse Modalities, *Journal of Logic, Language and Information*, Vol. 6, No. 2, 1997, p. 129.

二、信念修正理论 AGM 和信念升级理论 KM

(一)信念修正和条件句逻辑

1. 拉姆齐语录

拉姆齐是英国剑桥的一位奇人，英年早逝，也是著名哲学家罗素的弟子，维特根斯坦的好友①。信念改变两种理论范式的产生，很大程度上可以说来自于拉姆齐的以下设想。

> 如果两个人正在辩论“如果 p，那么将是 q 吗?”，并且这两个人都在怀疑命题 p，那么他们是假设地把 p 加在他们的知识堆之中，并且他们正在就 q 的基础在进行争辩；所以，在一个意义上，“如果 p，那么 q”和“如果 p，那么 $\neg q$”是互相矛盾的。我们可以说，他们正在确定对于给定 p 而形成 q 的信念度。如果 p 产生假，这个信念度可以看作是零。如果每一方都在一定程度上相信 p，这个问题对于每一方而言，除了作为依据某个法则或者假设推出的东西之外，就没有任何其他的意义了。②

拉姆齐在这段引文中提到的知识堆、信念度和条件推出等概念，今天被人们称为拉姆齐测试，缩写为(RT)。拉姆齐关于信念的设想，激发了现代模态逻辑关于认知的信念修正理论和信念升级理论的产生。我们首先来讨论其中的信念修正理论 AGM，并简略解释这个修正理论中隐含的哲学问题。

2. 信念修正理论 AGM

上述拉姆齐的引言，也被看作是现代条件句逻辑研究的一个原创出发点。信念修正理论，则可以看作是对于条件句逻辑研究的另一条思路。依据伽德否斯的设想，我们可以寻找一个不同类型的条件句理论，它不必依据可能世界的概念来构建其语义学，而是给定一个类似的形式语言。

设有一个类似于拉姆齐知识堆的信念集合 T，它可以看作是主体在某个场合中的一个信念集，这个集合 T 包括所有主体相信的命题。自然，这被假设为：相信所有在塔尔斯基意义上的那些理论，即所有的重言式，所有在分离规则下封闭的命题。伽德否斯信念改变理论的基础是一个特异的运算子的存在，这就是星号 * 运算。设 φ，ψ 是任意命题，星

---

① 胡作玄，邓明立：《名冠数学理论的哲人——弗兰克·拉姆齐》，自然辩证法通讯，2000 年第 3 期。

② F. P. Ramsey: *Foundations: Essays in Philosophy, Logic, Mathematics and Economics*, Ed. D. H. Mellor, London and Henley, Routledge and Kegan Paul, 1978, p. 149.

号 * 表示一个信念修正的运算，T 是信念集合，则 $T^*\varphi$ 表示，主体已经用命题 φ 修改了他们的信念 T，由此而形成主体的另一个信念集合。

给定星号 * 运算，上述引文中就“如果 p 那么 q”所做的辩论，可以用如下语言描述：

有两个信念主体，他们共享一个信念集合 T。他们争辩的问题可以用“如果 φ，那么将 ψ”来表示。这样一个语言描述的情境可以看作是，两个信念主体正在争辩 ψ 是否是 $T^*\varphi$ 的成员。用伽德否斯的分析，这就导致不是用真值条件而是用可断定性条件来表示命题 φ 和命题 ψ 之间的条件关系。该条件关系用符号 $\rightarrow$ 表示，把这个符号用在以下形式中，这就是拉姆齐测试公式(RT)。我们先给出这个(RT)测试命题，然后再给它一个简要解释。

(RT)　$\varphi \rightarrow_{\psi \in T}$ *iff* $\psi \in T^*\varphi$。

AGM 范式的创立者伽德否斯把对(RT)的理解，建立在他所给出的一套 AGM 公设的基础上。其公设的确立又基于两个理论概念，一个是背景理论概念，一个是修正了背景理论之后形成的理论概念。一个特指的信念集合理所当然地是一个背景理论，我们设任意 K 是某个背景理论。而一个修正背景理论 K 后形成的东西可以看作是包括 K 背景理论的理论，这个理论我们称之为 K-理论。伽德否斯的信念集合 T，显然就是一个背景理论 K 的特例。伽德否斯的信念修正而成的信念集合 $T^*\varphi$，显然就是一个 K-理论的特例。

伽德否斯的 AGM 公设及其信念修正理论可见其《流动中的知识》一书①，他给出的系列公设构成了 AGM 信念修正理论的语形学那一部分。但他同时看到，如果把(RT)所表示的条件加进 AGM 公设，结果不是不一致的，然而，依然要出现条件句概率研究中出现的所谓“平凡结果”(Triviality result)，即对于一个事件的概率没有意义的结果。② 所以信念修正理论的研究是一个有关直观的有趣例子，表面上看，它的结果是十分合理的，却又共同产生不相容的直观。这应合了一个古老的格言，那些探索者将找寻，但并不总是找到他们正在找寻的东西。应该说，伽德否斯并没有找到他想找的那个条件，然而，他和埃卡隆与麦金西一起，

---

① P. Gärdenfors: *Knowledge in Flux: Modeling the Dynamics of Epistemic States*, Combridge, Mass, The MIT Press, 1988.

② David Lewis: Probabilities of Conditionals and Conditional Probabilities, *Philosophical Review*, Vol. 85, No. 3, 1976, pp. 297-315.

的确是寻找到了一个有关信念修正的类似理论。

(二)信念升级和知识基概念

1. 信念升级的 KM 理论

AGM 理论对信念的理解基于静态的世界，当我们把世界看成是动态的时候，就产生另外一个信念改变的理论 KM。KM 的构想者相信，实在世界仅仅是可能世界集合中的某个集合中的一个世界，但我们很可能并不知道是哪一个集合。当我们被告知，实在世界在某些方面已经有所改变的时候，我们就去查验那些已经成为历史的可能世界中的每一个，并且会提出疑问，如果某个特指的世界一直就是指的实在世界，我们的信念本该如何改变呢?"实在世界已经改变的事实没有给我们任何依据去做出以下结论：那些过去的世界当中，有些世界实际上是不可能的。"所以，信念升级理论对这个世界变化的理解，与其说是强调世界的变化，不如说是对这个实在世界的想象。就此而言，信念升级理论可以看作是对世界的镜像(imaging)理论，这个概念来自于 D. 刘易斯的一篇论文①。

假定我们有概率函数 P，和任意的可能命题φ，以及一个世界 W。语句φ为真的概率用 $P(\varphi)$表示，而概率总要和一定的世界相关。所以，每一个世界的出现也有一个概率，这可以表示为 $P(W)$。此外，我们用 $W(\varphi)$表示语句φ在世界 W 上的真值定义，用$\sum_W$ 表示世界 W 上的概率之和。于是，我们有以下概率等式：

$$P(\varphi)=\sum_W P(W)\cdot W(\varphi)。$$

D. 刘易斯在这个等式基础上设想了两个有区别的世界，在这两个世界中，我们用所使用的语言产生一些语句，这些语句在一个世界上是真的，但在另一个世界中不真。如果我们的语言在表达力方面是缺乏充分性的，那么我们忽略可能造成的一些现象，用概率函数的概念来说明世界的命题变化。

我们再设另一个概率函数 P'和世界 W'，设 W_φ 是φ为真的那些世界中最类似于世界 W 的那个世界。对于任意世界 W'的出现概率 $P'(W')$，我们又有以下等式。

$$P'(W')=\sum_W P(W)\cdot\begin{Bmatrix}1,\text{如果 } W_\varphi \text{ 是 } W' \\ 0,\text{其他}\end{Bmatrix}。$$

于是，D. 刘易斯给出了以下世界镜像的概念。

---

① P. Gärdenfors: Imaging and Conditionalization, *Journal of Philosophy*, Vol. 79, No. 12, 1982, pp. 747-760.

让我们说，通过对语句φ予以镜像从 P 获得了 P'，P'称之为对语句φ上的概率 P 的镜像。直观上，一个概率函数对语句φ的镜像，是通过把世界 W 的原初概率转换到世界 W_{φ} 之后得以形成的，也就是转换到和世界 W 最近的那个世界而形成的。①

在信念修正理论中引入了*运算，作为镜像理论的信念升级理论也引入新的运算符号。运用这个新引入的符号，KM 理论利用一套 KM 公设来表明信念何以得到升级。这又需要我们对照 AGM 的信念集合概念，来说明 KM 有关知识的概念。透过这两种信念理论在运算概念使用上的差异，我们似乎又可以找到一些哲学上的感觉。

2. 知识基概念

信念升级理论没有直接讨论信念，这一理论强调增加知识所造成的改变和记录改变所造成的升级，这两者之间的区别。前者“增加知识所造成的改变”显然关联着信念修正理论，后者“记录改变所造成的升级”自然是关联着信念升级理论。实质上，信念修正理论意图刻画的是一个世界上的信息改变，不在意世界本身；而信念升级理论意图刻画的是那个因信息增加而改变了的世界本身，它意图去模仿那个改变了的世界。所以前者也就假定了世界的静态，后者则被看作是假定了世界的动态。在这样的背景下，AGM 有信念集合概念，KM 则有知识基(knowledge bases)的概念，简称为 KBs。

在 AGM 中称为信念集合的东西，一般而言，在 KM 中称作知识基。每一个知识基都恰好是由一个语句构成，它成为信念得以升级的基础。如同 AGM 引入*运算子一样，KM 也引入新运算子符号。

如果语句φ是一个知识基，ψ是一个表达新信息的语句，那么语句$\varphi\diamond\psi$是这样一个 KB，它是用ψ给φ升级获得的结果。由这样的运算符号$\diamond$可知，在前的知识基，可以升级为新的知识基，升级后的知识基则蕴涵着在前的知识基。自然，KM 也和 AGM 一样，有它自己的一套公设。

(三)AGM 和 KM 的比较

除了在世界的动态或者静态方面的差异之外，有关信念改变的这两种理论范式还可以在其他方面进行比较。以下，我们从两个方面对它们予以进一步的比较。

1. 逻辑语言方面的比较

AGM 和 KM 这两个范式之间的一个重要区别，体现在其逻辑语言

---

① P. Gärdenfors：Imaging and Conditionalization，*Journal of Philosophy*，Vol. 79，No. 12，1982，p. 750.

意义的比较上。当 AGM 中的运算子*不属于该范式语言中的一部分，这里的范式语言是指表达主体信念的语言，这时，KM 的运算子◇却属于该范式语言的一部分。因为这个原因，在逻辑这个词的通常意义上，AGM 不是一个逻辑，但 KM 却是一个逻辑。这两个理论范式的这一区别，很明显地体现在其公设的假定上。AGM 的运算子和其公设建立在背景理论和 K 理论的基础上，*符号可以不是这个理论的语言。但是，KM 的运算子和其公设则建立在有限多的命题逻辑语言基础之上，◇符号属于这个逻辑的语言。

2. 一个语言向另一个语言翻译的比较

但有趣的是，对于一个模态逻辑学家而言，AGM 可以当作一个模态逻辑来重新予以构造。这就如同著名的埃及罗塞塔石碑铭文那样，三段铭文，一段是埃及古象形文字，一段是埃及普通文字，一段是古希腊文。这三种语言经过学者的破解，如今是可以互为翻译的。[①] 同样，AGM 语言、普通语言和模态逻辑似乎也可以作这样一个比喻，它们之间也是可以互为翻译的，如表 11-1。

表 11-1

普通语言	AGM 语言	模态逻辑
主体相信φ	$\varphi \in T$	Bφ
在被φ修正主体的信念之后，主体相信χ	$\chi \in T^*\varphi$	$[^*\varphi]$Bχ

表 11-1 中的模态逻辑可以看作是一种认知逻辑类型，它借用动态认知逻辑(DDL)中的改变运算子来翻译 AGM 语言中的*运算子。$^*\varphi$表达式起着一个词项的作用，指称“主体对φ的接受”，这个词项可以是一个事件，也可能是一个行动。因此，我们可以说，非形式的 AGM 理论，或多或少地可以翻译为 DDL 中的形式理论。

但 KM 的翻译则不是这么简单，由于 KB 仅仅是单一命题，一个主体的单一信念，将这样的知识基 KB 的升级语句翻译为 DDL 中的相应语句，需要对现有语言予以强化，使得 DDL 有更强的表达力。但模态逻辑学家在这方面的工作，并没有获得十分有效的结果。

由于 AGM 和 KM 的这一区别，信念修正理论 AGM 总是和 DDL 相关，由此而引申出一系列有关 AGM 的对象语言。与此相对应，信念升级理论 KM 总是和条件句逻辑相关，由此而引申出较少的有关 KM 的对

① 李学勤：《古文字与古文明：二十一世纪初的认识和展望》，东岳论丛，2005 年第 2 期。

象语言。有关信念改变的这两大类对象语言及其相关联的模态逻辑更为详细的论述可见《模态逻辑手册》第 21 章的 2.2～2.5 节①。

第三节　行动、主体及其逻辑构想

一、行动、主体和世界

模态逻辑开始关注行动和主体，这是道义范畴和计算机的程序范畴引入模态的结果。道义逻辑因为涉及规范，而规范总是对人的行动的限制，所以道义逻辑的创立者冯·赖特，还包括其他一些著名逻辑学者，在对道义逻辑的研究中得出结论：

> 我认为，行动（原译文将行为译为行动，同一英文单词 action。引者注）逻辑和变化逻辑作为一个充分发展的规范逻辑（道义逻辑）的"子结构"是重要的。有许多与规范相关的区别不能在古典道义逻辑的形式体系内得到表达，它们所预设的那些区别需要行动逻辑来处理。②

我们要构建有关行动的逻辑，自然要对行动概念予以考察，而行动又离不开实施行动的主体，所以，本节就以讨论行动及其相关概念开始。

（一）行动概念的哲学分析

虽然在形而上学必然和逻辑必然的讨论中，谁是源，谁是派生并没有得到确定的结论，但我们对行动的讨论大概只能来自于实在世界的直观。行动是人类的行动，我们只能把行动固定在人的行动范围之内，这一点确定了，才可能在更广大的范围内讨论行动概念。直观地说，行动是造成这个世界某种改变的东西。冯·赖特说，一个行动不是这个世界的某种改变③，这个说法好像抽掉了行动的本性，行动就导致改变。它也许没有造成客体的改变，但只要是行动，它就或者是客体的改变，或者是给出行动的主体的改变，哪怕是微不足道的改变。"我正在阅读英文版的《模态逻辑手册》"，这应该是一个行动，因为我是从一个字符迁移到另一个字符，同时在动态地寻求字符背后的意义。这时候，主体的大脑

---

① Patrick Blackburn, Johan van Benthem, Frank Wolter: *Handbook of Modal Logic*, Vol. Three, Amsterdam, Elsevier, 2007, p. 1188-1197.

② 周祯祥：《道义逻辑——伦理行为和规范的推理理论》，武汉，湖北人民出版社，1999，第413～414 页。

③ G. H. von Wright: *Norm and Action: A Logical Inquiry*, London, Routledge and Kegan Paul, 1963, p. 36.

是处在行动之中的，虽然客体世界似乎没有任何改变。所以，把行动界定为，能用行为动词描述的对象，把主体限定在人的范围之内，这个对象就是行动。在逻辑的层面上讨论行动，一个是主体，另一个避不开的对象是逻辑层面上的命题概念。我们先讨论行动和命题的关系，然后再看行动、变化、世界和主体等因素之间的关系。

(二)行动和命题

行动可以是潜在的，也可以是被实施的。这里的意思是说，我可以不去进行一个行动，这是否定的行动。当然我也可以实施一个行动，这是肯定的行动。所以表示一个行动的命题，似乎不像一般的逻辑命题，它不是用真假作为行动命题的值，而是用实施与否来作为行动命题的值。所以，非行动的命题可以用真假来表示它的性质，表达行动的命题则需要不同于真值的另外一对范畴。但是要把这样一对新范畴弄成一个新逻辑，并不是一件简单的事情。

模态逻辑学家在这个方面所做的工作，是继续分析行动、世界和主体之间的关系，并假定一些基于行动的新概念含义。这些分析有时在决定论的哲学背景之下，有时又在非决定论的哲学背景之下。换一个说法，我们对这个世界的看法，有时候把世界整体看作是不变的，有时候把世界整体看作是可变的。这个哲学背景的讨论显然不是我们的任务，对于模态逻辑学家而言，只要我们预先对一些基本概念有共识，就有可能建立起有关这些概念的逻辑系统。

(三)行动、主体、变化和世界

我们不讨论这几个概念的许多可能解释，假定我们接受这样一种解释。行动造成变化，如果没有主体的行动，这个世界的整体绝不会改变。正因为主体对这个世界的干涉，世界会随时有变化。要描述世界的变化，世界还要分析为由状态(state)构成，世界可以看作是各种状态的一个整合。世界的变化是受这个世界之外的主体所影响的，这个主体我们假定是有限数量的，这个变化假定是有规律的，可以看成是变化规则在对世界起作用，这个世界依据变化规则而产生变化。这个变化有规律的假定，恰好反映笛卡尔观察世界的方法论原则：如果这个世界有秩序，我们就按照它的秩序来思考，如果这个世界没有秩序，我们就给它一个秩序，笛卡尔的秩序应该和规律是意义相同的概念。

二、关于世界变化的模态逻辑

依据对这些概念的假定，我们可以设想一个类似于传统模态逻辑的语义分析，这一分析可以基于以下关于世界变化的模态逻辑语义学构造。

(一)一个模态逻辑的语义学

设 U 表示以上假定意义的世界，A 表示为有限数量的主体集合，C 表示为变化规则的集合。这里的 C 实际上是函数。当主体把一个 C 变化规则运用在一个世界中的时候，这就导致另一个世界，一个变化了的世界的产生。由此，一个逻辑系统可以表达为是一个三元组 $\langle U, A, C\rangle$。

在这个三元组中，U 和 A 这两个集合是传统的。一个类似于可能世界语义学中的世界概念或者点的集合概念，一个类似于一阶谓词中的个体域。变化作为一个函数 C 则是一个新的初始符号，它更为复杂一些。一个世界的变化总是由变化函数来描述，所以，如果变化是有限的，那么任何有限的变化都是从在前的点(状态)移动到在后的点，也许在这两者之间还有许多的中间点；而如果变化是无限的，那么任何无限的变化可以用同样的方式来加以描述，唯一的区别是不存在有限变化中的在后点。

现在我们再假定，这个世界处于一个实在状态 u 中，$u \in U$，所有的主体都在这个点 u 上。并且，有主体分别奉献或者输入了 i_0，…，i_{n-1} 个状态，从主体方面仅输入这些状态，没有任何其他的干涉。这时候，就可能造成世界的某个变化，当然可以设想零变化的情形。

根据以上假定获得的结果，我们可以把世界的变化表述为一个有关状态点的序列 $p=C(u, i_0, \cdots, i_{n-1})$，其中，$u$ 是第一个元素，$C(u, i_0, \cdots, i_{n-1})$ 被看作是一个通道(path)，这个通道表示为 p，被看作是输入 i_0，…，i_{n-1} 之后获得的理论结果。

(二)语义学构造的哲学意蕴

这样一个看似简单的语义学构造，蕴涵着一些有趣的哲学背景，也引申出一些相关于行动的新概念。而且，我们依据这样一个语义学还可以继续构想有关行动和主体的模态逻辑。现在，我们对上述理论结果作一简单说明。对上述语义学所做的说明，自然要引申到行动和主体的模态逻辑的构建。

p 作为运用改变函数 C 而获得的理论结果，显然，C 依赖这个世界的当前状态 u，而不是其他的状态。

主体输入的性质在这个模式中没有被特别指定，并且，主体被假定为不属于这个世界的一部分，它处在世界之外。

因为变化规则是用一个给定的函数来表述的，所以，这个系统是可判定的，在哲学上就是决定论的。如果我们把变化规则用一个多通道的函数来表达，而不是如上所示的单通道函数表述的话，则这个系统就是不可判定的，也就是非决定论的。这样一种不可确定性称作本体的(ontic)，那就是，它不是归之于来自主体的有限知识，而是归之于系统本身的性质。

最后，这个系统的世界改变有可能出现零改变，因为主体有可能给出的是零输入，主体并没有奉献什么。例如，仅出于记录的目的输出的东西，就有可能是零输入或者零奉献。

(三)从世界变化到行动和主体的模态逻辑

1. 有关行动和主体的几个延伸概念

在讨论世界变化的逻辑时，主体是处在世界之外的。假定我们作为这个世界之外的观察者，来见证一个系统中出现的某个发展。我们能够对这个发展做些什么记录呢？任何世界之中的发展，都存在于世界的一个状态向另一个状态的转移之中。因此，知道了该状态系列，按照系列给出的秩序，就会有发生了什么事情的一个表述。但是，如果我们知道主体输入的东西，则会对发展有更完全的理解。所以，有了以上世界变化的语义学设想，我们还可以构想出一些概念来设计更为复杂的逻辑。

(1)历史与轨迹。

一个概念是历史，我们非常熟悉的一个语词。如果我们在状态 u 上分别奉献或者输入了(i_0，…，i_{n-1})个状态，这记为(1)(u，i_0，…，i_{n-1})，我们又在 u' 上分别奉献或者输入了(i'_0，…，i'_{n-1})个状态，这记为(2)(u'，i'_0，…，i'_{n-1})，并且，(1)和(2)是连续的，那么(1)和(2)就构成一个历史，(1)中的 u 是历史通道中的第一元素，(2)中的 u' 是历史通道中的第二元素。

作为一个记录的历史，可以扩充为更一般的函数概念。它指派某个通道 p 的每一真子通道 q 的 n 元组输入(i_0，…，i_{n-1})，这个历史函数我们用 h 表示。h 的引入又给我们一个新概念，通道 p 成为历史的轨迹(trace)，这可以用符号表示为一个公式：$tr(h)=p$。有了这个历史概念，经典模态逻辑的历史就是“单薄的”，而这里构造的模态逻辑的历史就要“丰满”一些。但是，两者之间有明显的联结点，那个丰满历史的轨迹一定是单薄的历史。

(2)事件和实现。

我们在讨论行动概念的时候，没有提及和行动概念紧密相关的事件(event)概念，因为上述新概念的引入，我们就可以说明事件这个概念了。事件是若干行动的集成，这用通道概念来说明十分合适，事件可以看作是有限通道的集合。我们用 e 表示事件，如果 p 是 e 中的一个通道，这可以表示为 $p \in e$，那么，我们又有一个新概念“实现”(realize)，我们就说 p 实现了 e。

2. 行动和单主体的模态逻辑构想

有了以上一些关于行动的相关概念，意图去建立一个关于行动的逻辑，这依然是困难的。因为主体的情形是复杂的，主体可以是多元的，主体输入的情形也是各种各样的。例如，当一个主体输入一个状态的时候，另外的主体可能输入相反的东西。主体输入的时候，也可能常常改变它们的想法，这些改变很难予以合适的处理。不仅在抽象的理论中而且在实际的现实生活中，判定主体确定责任都有困难。但是，我们可以从最简单的情形，单主体的情形做起，借助于以上给出的基本术语，以下单主体的行动和主体逻辑框架是可以设想的。

首先，我们给出简单情形概念的一个描述，这种简单情形是相关于历史的。如果通道 $p = C(u, i_0, \cdots, i_{n-1})$，其中，$i_a \neq 0$，至少有某些 $a < n$，并且，把历史 h 函数用到通道 q 的结果 $h(q) = (0, \cdots, 0)$，对于所有 $q < p$ 且 q 非空，那么，我们就说一个带有轨迹 p 的历史 h 是简单的。这表明，一个简单的历史是这样的一个历史，在这个历史之中，其轨迹仅是那个初始输入的理论结果。在这样的简单情形中，主体被允许运行在单一的路线之中，先在 q 基础上产生通道 p；然后主体的行动实现所有事件 e，对于事件 e 而言，有通道 p'，p'' 和 q 使得 $q \in e$ 且 $p = p'qp''$；主体用他们的行动对每一个实现了的事件负责。显然，在这种简单的情形中，主体的数量还不是单一的。

我们现在来设想单一主体的情形，这是很有趣的一种情形。假定历史 h 是简单的，则起点通道 q 的多主体，可以处理为是单一主体实施行动背景中的一部分。设这个单一主体是 a，那么我们可以定义一个改变函数 C 的 a-约简(reduct)为函数 C^a，该函数指派每一个对偶(u, i)给以下定义中的集合。

$$C^a(u, i) = \{p: \exists i_0, \cdots, i_{n-1}(c_a = i \wedge p = C(u, i_0, \cdots, i_{n-1}))\}。$$

依据这个定义，我们来尝试揭开单一主体输入的性质。单一主体输入的性质可以看作是对程序或者规划或者例行程序的一个呼叫，设这个具有呼叫功能的东西为 r，如果 r 在状态 u 中的那个世界开始运作，那么，在 $C^a(u, i)$中的通道则对应于依据 r 的可能发展，如果 r 是程序，则相应地是依据 r 的计算。于是，数学家就可能走得更远，他们会把主体 a 的输入看作是运作例行程序。这时候的 r，就等于把 a-约简函数 C^a

指派对偶 $C^a(u, r)$ 给相应的集合上，所以，$r=C^a(u, r)$。

由此，我们就有三个相关于 r 的实体，一个实体是例行程序 r，第二个实体是运作 r 的那个事件，第三个实体是运作 r 的结果。我们特别地解释一下第一个实体，并引申出由这个概念派生的一些有关行动的概念，以及在此基础上生成的行动逻辑的模态运算子。

第一个实体表明的是，主体实际上做什么。在把行动看作是人的身体行为的情形下，一个主体的例行程序也许就是他身体一部分的运动方式。借助于我们的身体运动，我们可以完成许多的行动。这里可以给“做一个行动”和“实现一个行动”这两个语词做一些区别，当我们说一个主体在“做一个行动”时，我们也许指的是该主体“实际上做这个行动”或者“直接地在做这个行动”；而当我们说一个主体在“实现一个行动”时，我们也许指的是该主体“用这个行动完成了什么任务”或者“间接地在做这个行动”。由这个区别，我们可以用不同的模态算子来标识它们。这样的运算子需要和事件概念相关，即以上提到的第二个实体，运作 r 的事件。

我们可以在模态语言中引入以下的事件运算子，并对这些算子补充合适的意义条件。

对应于现在做，我们有现在时的事件算子 $does_i$。对应于过去做，我们有过去时的事件算子 $done_i$。同样，对应于现在实现，我们有现在时的事件算子 $realises_i$。对应于过去实现，我们有过去时的事件算子 $realised_i$。在自然语言中没有直接的对应符号来描述它们的意义条件，但我们可以给出以下简略说明。

设 e 是由 α 所解释的事件，a 是指派给 i 的主体，上述事件算子的意义条件可以分别描述如下。

$does_i\alpha$：a 恰在做 e；

$done_i\alpha$：a 恰好完成了做 e；

$realises_i\alpha$：因为 a 的行动，e 恰好在被实现；

$realised_i\alpha$：因为 a 的行动，e 恰好已经被实现。

在这样一种模态语言中，几个相关于历史 h 的概念有如下说明。

如果历史是一个简单的历史序列，则这个历史是良一行为的。

如果历史 h 轨迹的最后一个成员，它也是历史 g 的最先的成员，则我们说历史(h, g)是一个链接的历史。在(h, g)中，在后的那个成员称作(h, g)的虚拟呈现。因为我们还将讨论和行动逻辑紧密相关的道义逻辑，关于历史的这几个概念是值得一提的。对于行动逻辑的进一步讨论，我们在对道义逻辑稍加评介之后，再结合道义逻辑一并进行。

三、道义逻辑的哲学思考

我们对行动概念的一些分析，也可以迁移到道义逻辑领域，一个涉及规范性概念的模态逻辑。在开始这个讨论之前，我们首先区分一下两种应该所构成的逻辑，一个是“应该是”的道义逻辑，一个是“应该做”的道义逻辑。

(一)“应该是”和“应该做”

1. 梅隆/齐硕姆论题和两种道义逻辑

(1)梅隆/齐硕姆论题。

在道义逻辑的历史上，自冯·赖特在 20 世纪 50 年代创立道义逻辑以来，这个逻辑的基本概念一直存在争论，其中的一个著名论题是由霍梯(J. Horty)命名的梅隆/齐硕姆论题。①

设 i 是一个主体，φ是一个语句，梅隆/齐硕姆论题认为，以下两个语句是等价的；

语句(1)：主体 i 导致语句φ，这是应该的。

语句(2)：主体 i 应该导致语句φ。

但进一步地研究表明，这两个语句很难等价，它们本质上是应该做的逻辑和应该是的逻辑之间的区分，语句(1)中的模态“应该”属于“应该是”的逻辑，语句(2)中的模态“应该”属于“应该做”的逻辑。应该是的应该对应于标准的道义逻辑，应该做的应该则对应于冯·赖特构建的经典道义逻辑，按照冯·赖特的说法，它需要行动逻辑作为其基础。

(2)两种应该的区别。

可以从两个方面来讨论它们的区别，一个区别涉及道义命题的主体。在语句(1)的情形之中，主体是可以被忽略的，因为它所表达的是语句φ的应该，可以和主体无关。但语句(2)则一定要关联主体，因为语句涉及行动，行动是有主体的。

另一个区别涉及道义模态关联的时间状态，语句(1)的“应该是”中的模态是一个具有长时间性质的模态，它覆盖某个范围内的任何对象。而语句(2)的“应该做”中的模态是一个具有短时性质的模态，它仅涉及某个事件或者某个场合，它和行动的暂时性是紧密相关的。

2. 简单的道义逻辑和关于行动的道义逻辑

在经典逻辑基础上加上道义算子 O，配之以(D)公理，这就构成了标

① John F. Horty：*Agency and Deontic Logic*，New York，Oxford University Press，2001.

准的道义逻辑，这就是前述的“应该是”的道义逻辑。它虽然也有一些可供探讨的问题，但它太为简单，无法处理大量的反例，也无法揭开由哲学家给出的谜团。以至于让很多人认为，用形式化的方法来构建道义逻辑本来就是一个幻想。但标准道义逻辑的构建虽然简单，却是逻辑学家处理规范概念的重要一步，它引导一些逻辑学家，包括冯·赖特，在行动逻辑的基础上努力寻求新的途径去建立应该做的道义逻辑。

3. 关于行动的道义逻辑

把道义逻辑理解为某种行动逻辑，一个较早的尝试是给动态逻辑加上道义算子，如果我们把动态逻辑看作是行动逻辑的一个类别的话。由此而形成的道义逻辑、道义算子就不是用来约束语句的，而是用来约束词项的。

设 e 是由 α 所解释的事件，a 是指派给 i 的主体，ob 表示应该，pm 表示允许，fb 表示禁止。相关于以上三个道义模态的语句，就可以分别表示为三个符号公式。

$ob_a\alpha=\alpha$ 对于 a 是应该的；

$pm_a\alpha=\alpha$ 对于 a 是允许的；

$fb_a\alpha=\alpha$ 对于 a 是禁止的。

20 世纪 60 年代，康格尔和安德森分别独立地设计了两个等价的道义逻辑系统[①]，这应该看作是用行动概念来描述道义逻辑的开端。康格尔引入 OK 算子，表示批准或者无制裁；安德森引入 S 算子，表示不批准或者有制裁。显然，$S\equiv\neg OK$ 是有效式，在康格尔和安德森的系统中，$[\alpha]$和$\langle\alpha\rangle$都表示道义语句，以下等价式是容易接受的。

语句(1)：$pm_a\alpha\equiv[\alpha]OK$ 并且 $fb_a\alpha\equiv\neg[\alpha]OK$。

语句(2)：$pm_a\alpha\equiv\langle\alpha\rangle OK$ 并且 $fb_a\alpha\equiv\neg\langle\alpha\rangle OK$。

简单解释这两个语句，语句(1)是所谓的自由允许，这种允许蕴涵着，做允许做的事情的任何结果都将获得批准。语句(2)则意味深长，如果那个主体 a 有一个做某个事情的允许，却并不意味着他做了那个被允许的事情就不被惩罚。所以，我们很可能有两种允许，一种是强的允许，一种是弱的允许。关于禁止的解释也有类似的结果，但禁止的情形和应该的情形一样，还有一个如何表达的问题。在标准道义逻辑中，$O\varphi\equiv F\neg\varphi$中的 F 表示禁止。把这个公式转换成动态逻辑中的道义逻辑公式，那就成为：

① Patrick Blackburn, Johan van Benthem, Frank Wolter: *Handbook of Modal Logic*, Vol. Three, Amsterdam, Elsevier, 2007, p. 1205.

$ob_{a}\alpha \equiv \neg pm_{a}(\neg\alpha)$。其中的 pm 我们已经作过简单讨论，我们再对$(\neg\alpha)$的情形作一些分析。当我们把道义逻辑看作是动态逻辑的变体的时候，$(\neg\alpha)$被看作是 α 的补，然而这样一种处理有某种难以克服的困难。主要的困难也许是，α 的补这个概念，虽然可以在形式语义学中给以精确的定义，但这个概念是和一些直观的概念不一致的。特别是，当我们把事件 e 看作是二元关系时，α 的补这个概念很难对应于集合论的实体。

对两种道义逻辑的分析，导致我们用动态逻辑的思路来讨论道义逻辑。当我们在探索的道路上遇到新的问题时，我们还需要寻求新的思路。对道义逻辑中的规范问题给以更一般性的分析，也许是另外一条有希望的路。

(二)规范概念的哲学思考

因为道义逻辑从根本上说是对于规范的逻辑分析，一个道义命题就是一个规范命题，我们现在就在更一般的意义上讨论规范概念。

1. 形形色色的规范

在我们的实在世界中，有形形色色的规范。我们不仅有各种复杂的道德规条，我们也有很多很多的法律规条。规范意义上的语词也是非常多，如礼仪、得体、随机应变之道、高雅的举止等。在中国文化传统中，忠、孝、仁、智、义这些语词，都有一定的规范意义；在西方文化传统中，平等、正义、人权等语词，也是具有规范意义的语词。

但是，一个具有规范意义的语词，当我们把它作为一个日常生活中的语词，一般地给以使用的时候，这个语词在规范上的意义是隐藏的，潜在的，它没有效度。规范性语词仅当和一定的规范系统相连时，它才真正是有规范意义的。所以，讨论规范，自然要立刻讨论到在一定规范系统中的规范。

2. 规范系统及其构建

(1)实在世界的规范系统。

规范之所以是规范，它一定是具有强制意义的，遵守规范对于规范主体而言是一种责任。而不遵守规范，触犯了规范，对于规范主体而言就要受到相应的惩罚或者制裁，这就是在康格尔和安德森设想的规范系统中出现制裁算子的原因。而要把规范的遵守和触犯对应于责任和惩罚，一个有效规范系统的构建就是一件必然的事情。

就此而言，规范一定是在一定系统中的规范。模态逻辑学家构造的规范系统是理想的规范系统，它是精确严格的，也是简单的并且是完全的。但这种严格、简单并且完全的规范系统，又总不是实在的现实生活中的规范系统。因为实在世界中的规范系统既不可能精确，也不可能完全。不论是国家的法律规范系统，还是一个社会中的道德规范系统，它们都是高度复杂的。它们是不严格并且是不完全的，所以，

> 我们需要专家，社会贤达、仲裁庭、法官、律师或者某些权威机构去补充这些系统。摩西十戒和金规则（golden rule）形成基于宗教的道德基础，但是，我们需要神学家去解释这些规范的意义，我们需要牧师告诉我们如何去运用这些规范。法律企图给出规则用来评定任何可能发生的情景，但是，法官们对于法律就特指案例所给出的评判常常是不一致的，因此，在许多国家，甚至是高级法庭也用投票方式来判定案例审判结果。①

不管实在世界的规范系统如何复杂，如何不完美和不精确，但我们总可以设想某个逻辑上完美的规范系统。它超越于实在世界，但我们从实在世界描述中获得的一些概念，在这样的系统中仍然可以发挥作用。这样的规范系统有实在世界的影子，但并非全是模拟，也许有一些实在世界可以借鉴的理念。

(2)宏大规范系统的一个设想。

可以用一种逆推的方式来设想一个称之为宏大的规范系统，它以一个宏大的历史作为其基本背景。如果我们要构想一个完全的宏大规范系统 NS，我们可以借用在行动逻辑设想中的历史概念，假设这个规范系统 NS 是在一个给定的，极大的历史背景下构建的，这个极大历史背景我们用 H 表示。我们先假定这个 NS 是完全的，并且我们作为分析主体完全地理解了这个 NS。由此我们就可以继续设想，在这样宏大的历史背景 H 中，它的起点到终点过程的任何一个阶段，是否有过对 NS 的触犯。大概不用怀疑，在理论上，这样的设想是可能的。因为这可以转换为三个方面的考虑，一个方面是全称触犯，一个方面是特称触犯，第三个方面是规范承继。

如果历史 H 中的任何阶段都触犯 NS，这是 NS 不起作用的历史，那么，我们亮起红灯，就给这个历史涂以红色；如果历史 H 中的某些阶段而不是全部阶段触犯 NS，这是部分触犯，那么，我们就给这个历史涂以黄色；历史背景 H 中的任何一个阶段，也许不存在对 NS 的触犯问题，它既不是全部也不是部分触犯，它是规范的承继，所以它既不是红色也

---

① Patrick Blackburn, Johan van Benthem, Frank Wolter: *Handbook of Modal Logic*, Vol. three, Amsterdam, Elsevier, 2007, p. 1206.

不是黄色，这样的历史我们涂以绿色，显然，这类阶段对于 NS 而言是承继的。

对历史阶段的这样一种区分，建立在对历史的这样一种理解之下。历史发展或者是既有规范的全触犯，或者是既有规范的部分触犯，或者是既有规范的延续。依据这样一个历史分类，如果 NS 是关于法的，那么，绿色历史的集合可以称作“法律的”；如果 NS 是关于道德的，那么，绿色历史的集合可以称作“道德的”；如果 NS 是关于政治上正确的，那么，绿色历史的集合可以称作“政治上正确的”。由此，我们把绿色的历史称作“规范的”，而把其他颜色的历史称作“不规范的”。显然，绿色的历史是一个规范延续的历史，但历史的发展变成为红色的历史，或者变成为黄色的历史，这都是可能的。而模态逻辑学家构造的规范系统，首先当然是以规范延续的绿色历史作为假定前提。

(3)一个模态的规范形式系统概述。

从形式上表述一个规范系统也有多种选择，这里仅给出其中的一种。这个规范系统以行动逻辑的一些基本概念为基础，追索这个行动逻辑发展的历程，它从 11 世纪的安瑟琳开始，到了现代，已经有了一个成熟的表述。[①]

设 U 是世界可能状态的集合，A 是主体的有限集合，T 是如同时间序列的线性序列，T-历史是从 T 到 U 的函数，H 是 T-历史的集合。我们再引进一个片刻概念，如果 $h\in H$ 并且 $t\in T$，则(h, t)就是一个片刻(a moment)。如前所述，(h, g)是一个链接的历史。在(h, g)中，在后的那个成员称作(h, g)的虚拟呈现。所以，“过去”可以看作是历史 h 对某些历史 g 而言使得 $hg\in H$；而“未来”可以看作是历史 g 对某些历史 h 而言使得 $hg\in H$。

如果 h 是一个过去，则我们用 $cont(h)$表示在 H 中的 h 的所有完全连续体的集合，用符号可表示为：

$$cont(h)=\{g: hg\in H\}。$$

用 $cont^{\circ}(h)$表示在 H 中的 h 的所有不完全连续体的集合，用符号可表示为：

$$cont^{\circ}(h)=\{g_0: \exists g_1(hg_0g_1\in H)\}。$$

现在我们有了规范函数概念，一个规范函数我们用符号 N 表示，它是从所有可能过去的集合到所有可能未来子集的集合，使得对于每一个

① Patrick Blackburn, Johan van Benthem, Frank Wolter: *Handbook of Modal Logic*, Vol. three, Amsterdam, Elsevier, 2007, p. 1198.

可能过去 h，都有 $N(h)\subseteq cont(h)$。如果 $g\in N(h)$并且 $g=g'g''$，那么可以说，g'是 h 的规范连续体并且 g 是 h 的完全规范连续体。

根据以上概念，相应的模态运算子就有历史必然算子$[H]$、道义应该算子$[D]$和未来总是算子$[F]$。自然就有对偶的历史可能算子$\langle H\rangle$、道义允许算子$\langle D\rangle$和未来有的是算子$\langle F\rangle$。这三种必然算子的成真条件可以给出以下的定义。

$(h,g)|=[H]\varphi$ iff $\forall g'(g'\in cont(h)\Rightarrow(h,g'\vDash\varphi)$。

$(h,g)|=[D]\varphi$ iff $\forall g'(g'\in normt(h)\Rightarrow(h,g')\vDash\varphi)$。

$(h,g)|=[F]\varphi$ iff $\forall h',g'((hg=h'g'\wedge\exists f(f\neq\varnothing\wedge h'=hf))\Rightarrow(h',g')\vDash\varphi)$。

(4)动态道义逻辑的一个片断。

上述关于规范系统的描述确实十分宏大，但对我们描述规范是有启发意义的。以下我们给出相关于指定个体、指定时间的一个应该做类型的动态道义逻辑片断的简略描述，以便我们对规范问题作进一步地思考。

设 e 是一个事件或者是一个行动(所以可以用 α 表示)，a 是一个主体。让我们考虑这样一个规范语句：对于 a 而言，e 是应该的。这也可以表述为：对于 a 而言，做 α 是应该的。我们用 $ob_a\alpha$ 表示这个语句。

用自然语言理解这个语句，它可以给出以下解释。只要你还没有做你应该去做的无论什么事情，你仍然被假定为要去做它，决不在意在过去已经发生过的对这个规范的触犯。但是，当你用一种规范方式做了这件事的时候，你因此也就解脱了对这个事情的责任。这是一种自然语言的说明，但我们似乎可以用半形式的语言，用我们前述历史的概念来解读这个规范语句 $ob_a\alpha$。

一个事件 e 对于主体 i(原先语句的 a)和过去的历史 h，是一个指定时间内的应该，当且仅当，如果在 h 的任意连续体 f_0 的终结点上，e 还没有被 i 实现，那么，就会出现以下两种结果。

①e 在 hf_0 的每一个规范连续体上实现；

②如果 k_0 是 hf_0 的一个不完全规范连续体，在 hf_0 上 e 已经实现，那么，就有一个 hf_0k_0 的规范连续体，其中，e 决不会再被 i 实现。

可以把这个半形式的解释继续升级，把它转换为一个形式语言。在这个形式语言的框架之下，我们给出的 ob_ae 就和那个宏大规范系统的几个模态联系起来，形成了以下的等价公式。

$ob_i\alpha\equiv[H](UNTIL realised_i\alpha[D]\langle F\rangle\langle realised_i\alpha\wedge\langle D\rangle[F]\neg realised_i\alpha)$。

一个有关应该的等价公式竟然如此复杂，这当然不是我们愿意看到的。但它还是至少忽略了一个重要的方面，即所谓含蓄的时间限度问题。这里的应该是一个指定时间内的应该，但指定时间的范围仍然是不清楚的，也许有某种可理解的时间限度。因此，借助于那个宏大历史的规范系统和动态逻辑所构建的动态道义逻辑，仍然有很多的问题值得探讨。

3. 规范系统和 AGM 范式

我们对规范系统的构建还有许多需要解决的问题，在规范讨论的最后一部分，我们特别提出关于规范的一个哲学上十分重要的疑点。如果一个过去的历史是另一个历史的连续体，那么，人们会期待，那个在前历史之后的规范情境和那个在后历史之后的规范情境，将处在某种紧密的关联之中。一个历史中的规范，如果它不具有某种哪怕是极小的一致性，这个规范将是不可运作的。对这个问题的考虑，把有关规范的逻辑和前述信念修正理论中的 AGM 范式联系起来了。

在 AGM 范式中，信念状态是可以用拓扑逻辑中的球形系统(sphere system)来描述的。同样，我们可以给出一个规范位置(norm position)的概念，也用球形系统来为规范位置构造模型。依据这样一个思路，对规范函数的定义可以改变为以下陈述。设 N 为规范函数，h 为一个历史，$cont(h)$表示在 H 中的 h 的所有完全连续体的集合，则规范函数 N，它是来自所有可能过去的集合使得对每一个可能的过去 h，$N(h)$是 $cont(h)$中的球形系统。也就是，我们把在 h 之后的规范位置看作是一个球形系统。

把规范系统和拓扑学的球形系统相联系，原创性的思想来自于阿科隆，他也是 AGM 范式的创立者之一，把这个思想用于规范系统的具体细节，可参看塞尔伯格的论文①。

规范系统、信念理论和拓扑学理论的这样一种联系表明，模态逻辑就哲学概念所做的理论构建有某种隐含的共同背景。

第四节　模态逻辑基本理论的形而上学思考

一、引言

(一)模态基本理论的形而上学

我们对模态逻辑的哲学问题就形而上学必然、信念、道义和行动等

① Patrick Blackburn, Johan van Benthem, Frank Wolter: *Handbook of Modal Logic*, Vol. three, Amsterdam, Elsevier, 2007, p. 1208.

概念进行了一些讨论，这些讨论显然只是模态局部的，更详细的讨论恐怕需要另外一本书。到目前为止，这个讨论应该是告一段落了。中国有一句老话，没有不散的筵席。一本十多章的书就是一顿大餐，不论这大餐的菜肴味道如何，也有最后买单的时候。在行将买单的时刻，本书的最后一节，将就模态逻辑基本理论(不包括模态谓词逻辑)的总体性质作一些探讨，仿佛是餐后的水果盘，这个总体性质的讨论，仿佛离开了模态历史和模态基本理论的本题，但在某种意义上，它又既是对模态历史探究的继续，也是对模态基本理论探究的继续。模态逻辑的总体性质之中，因为我们总是具有某种对实在世界的偏好，自然，它和实在世界之间的关系是最值得注意的，这将是本节的主题。在开始这个主题思考之前，如同我们在本章开头讨论形而上学必然一样，我们首先讨论形而上学思考的基本特征。

(二)形而上学思考的基本特征

对模态逻辑这样一个虽然很带技术性，但也很是抽象的学科进行形而上学的思考，得使用某种不那么哲学的比喻方法来说明何为形而上学，不然会令人难以理解。形而上学这个词，在我们这里似乎从来都是一个贬义词，但我们的这个比喻，也许可以去掉它的一些不那么惹人喜欢的品性。我希望这个比喻不是走错了房间，你本来想进“形而上学”这个房间，但一个错误的比喻却让你走进另一个和形而上学没有关系的房间。

时下一些战争电视剧或者电影，一个恒久的主题肯定是，一方代表正义，一方代表邪恶，正义的子弹消灭邪恶的敌人。为了正义，应该把敌人消灭得越多越好，同样，为了正义而牺牲，那也是责无旁贷的，要奋斗就一定有牺牲。

但是在美国南北战争的历史上，美国的第16任总统林肯，是当时北方军的总司令。在一次大仗后听说北方军仅用800人的代价，战胜了南方军3000多人，大获全胜，他很是震惊。作为北军的总司令，他本应该非常振奋，因为他们打了大胜仗，但林肯却低下了头，他为战争造成那么多人的死亡而悲哀。林肯把对战争的思考引向一个更高的层面，对人的生命的思考，一种似乎是脱离战争实际的思辨性思考。笔者以为，这有点类似于形而上学思考。不过，对一个对象进行形而上学思考，要比对生命的思考更为虚玄，更为远离那个对象本身。用叶秀山先生的一段论述来表明笔者对形而上学思考的观点：形而上学思考是干什么的呢?它要思考的是，那个最根本、最原初的“所以然”的那个然，它试图探究，那个使世界万物成其然的那个本质的“然”是什么，也就是古希腊的爱智哲学精神当中，一个突出的核心问题，弄清楚世界的本原①，即所谓哲学的本体论问题。首先是何以为“是”，然后则是，如果“是”，那么“是什么”?

把这种形而上学用在对模态逻辑的思考，势必涉及和模态相关的众多范畴，以及和模态相关的众多哲学问题，这不是笔者所能胜任的。本章开篇，我们已经讨论到逻辑必然和形而上学必然，自然，本节笔者能够做的探讨对象，是本书剩下的三个基本模态范畴：蕴涵、可能世界和可通达关系。

二、蕴涵的形而上学思考

(一)不变的蕴涵范畴

正如我们已经讨论过的，在一定的意义上，模态逻辑是因为意图消除实质蕴涵悖论而产生的。由此而先有 C. I. 刘易斯的严格蕴涵系统，在这个系统基础上再出现各种各样的模态命题逻辑系统。经过严格蕴涵的中介，在经典逻辑基础上创立的模态命题逻辑中可以看到，我们关于蕴涵的基本理解，还是回到了 2000 年前菲罗蕴涵的原意。

一个很有形而上学意蕴的思考也表现在蕴涵的产力上，这个含义不变的菲罗蕴涵，不仅是模态逻辑产生的一个基础，也是很多新逻辑产生的基础。在本书的第五章，我们就指出过，对蕴涵式的思考，导致了对于蕴涵的两个方向的研究。一个方向是模态逻辑的，另一个方向则是由蕴涵所体现的可推出关系而生成的，如相干、衍推等逻辑分支。条件句的或者反事实条件句的逻辑，大概既可以看作是模态的，也可以不用模态的概念来说明。但有一点应该是清楚的，在这些新的逻辑分支中，蕴涵的含义依然是菲罗式的经典蕴涵。

由自然语言所表达的范畴，按照我们对哲学范畴的常规理解，它是会伴随着历史而演变的，何以这个古老的逻辑范畴，一点都不受历史的干扰呢？这让笔者想到了自然数，自然数的概念应该没有蕴涵那么古老。按照数学史的记载，阿拉伯数字的自然数 0，直到 10 世纪才被阿拉伯人发现。

> 印度的 sunya 如何变成今日的零，实在是文化史中最有趣的一章。当十世纪的阿拉伯人采用印度的命数法时，他们把印度的 sunya 译成他们自己的 sifr，这个阿拉伯字的意义是“空”。到印度一阿拉伯

---

① 宋继杰：《BEING 与西方哲学传统》，保定，河北大学出版社，2002，第 72 页。

命数法最初传入意大利的时候，sifr 就拉丁化而成了 zephirum。这是十三世纪初叶的事；在这以后的一百年间，它又经历了一系列变化，最后成为意大利字 zero。[①]

我们暂且不管数产生于什么时候，但有一点大概可以肯定，一个自然数，从它产生的时候起，它的含义也不会有什么转变。不管它出现的时候是个什么含义，历史也不会干扰它，让它的含义随着历史而改变。它不会像货币，也不会像商品，更不像所谓人类历史那样，与时俱进或者与时俱退。这些范畴的含义是很有刚性的，它们一点都不随波逐流。

(二)蕴涵和自然数含义类似的规定性特征

其实，蕴涵的含义从古到今并无变化，和自然数相比，这是很容易理解的。因为自然数已经潜移默化到每一个人的血液中，尽管我们都不知道数总体究竟该如何定义，但每一个自然数的含义总是清楚而且单纯的。依据弗雷格的说法，1 就表示自然数的起点，如果我们一定要给 1 这个数一个规定的话，那需要用到两个基本概念 0 和后继。于是，1 就要规定为是 0 的后继并且如果还有 0 的后继的话，这两个后继数是相等的。[②] 由此可以很明显地看到，1 作为一个数的规定性特征。这个对于数的规定性描述，表明人的思维面对的是最为抽象但又非常清晰的自然数范畴，每个自然数字的含义，也就以非常纯粹的含义为人们所知。

把对自然数的规定性特征描述用在蕴涵上，虽然规定方式相关的是另一些范畴，但蕴涵依然体现的是人的思维对逻辑基本范畴的规定性。蕴涵式是以函数的形式，也是数学形式，由弗雷格最先给出定义的。这个定义相关于逻辑，特别是哲学中的“真”这个更为抽象的范畴，它从来就没有给出过统一的定义。有趣的是，数字的“相等”，这个被莱布尼茨提升为全部知识基础的和“同一”等义的范畴，好像也没有统一的定义。但弄逻辑的人几乎都知道，正是弗雷格对逻辑运算子使用函数概念来定义，使得传统逻辑能够走向现代逻辑。这已经是逻辑史的一个常识，不需要我们在这里做更多的评论。

(三)蕴涵的扩张特性

尽管蕴涵的含义具有不变性，但这并不是在表明有关蕴涵的理论是不变的，恰恰相反，正是这种不变性导致蕴涵理论不断地扩张。

这一点，蕴涵也类似于自然数，自然数一直在不断地扩张。早在

---

① 〔美〕T. 丹齐克：《数 科学的语言》，苏仲湘译，北京，商务印书馆，1985，第 25 页。

② 〔德〕弗雷格：《算术基础》，王路译，北京，商务印书馆，1998，第 73 页。

1831 年，数学天才高斯(C. Gauss)就这样来描述过算术。他说，我们的广义算术，其范围远远超过了古代几何，完全是近代的产物。它从绝对整数的观念开始，逐渐扩大其领域。整数之外加以分数，有理数之外加以无理数，正数之外加以负数，实数之外加以虚数。虚量，这个被看作是不可能的量，也作为数的形式被人们所研究。高斯之后的年代，数的扩张仍然一刻也不停步地在继续进行。①

高斯所探讨的自然数在不断扩张的同时，蕴涵范畴也在迈开自己扩张的脚步，我们在有关蕴涵发展两个方向的讨论中，已经提及各种和蕴涵范畴相关的逻辑。如果把蕴涵范畴放在经典逻辑的范围之内来加以观察，我们也可以发现许多几乎等义于蕴涵的词项，它们都在蕴涵观念基础上得到合宜的处理，如等价范畴、演绎范畴、导出范畴、断定范畴、衍推范畴、推论范畴，包括可满足、有效、反例，等等，基本的逻辑范畴，没有哪一个不和蕴涵的基本含义紧密相关。

仅就蕴涵扩展为各种不同的逻辑而言，和可能世界结合而生成的模态逻辑，是蕴涵概念扩张的典型例子。因为模态不完全性结果和计算机理论而生成的现代模态逻辑，其互模拟概念、对应概念，等等，都毫无例外地具有蕴涵的身影。

那么，我们该如何理解蕴涵的形而上学呢？单独地讨论蕴涵的形而上学，虽然是可能的，但在这里似乎是不必要的。我们还需要继续探讨可能世界和关系范畴，在对这些范畴给以基本的讨论之后，统一地理解这些有关模态的基本范畴，这会为模态逻辑的形而上学提供一个更为合适的答案。

三、可能世界的形而上学思考

(一)富于弹性的可能世界范畴

我们用一章讨论过可能世界，可能世界究竟是什么？这里的“是”，是本体论的那个“是”，还是和那个“是”完全同音的汉语“实”？而那个“什么”，它是指称那些如同自然数中的“虚数”的东西，还是对实在世界的一个模仿？我们的讨论似乎没有给出任何确定的答案，我们对这个范畴也没有像自然数和蕴涵那样，给它一个规定性的描述。但这个范畴具有展延性，它可以引申为许多和它类似的东西，如点、片刻、方位、状态、数字集合、认知情境、程序过程、存储记忆的装置，等等。

① 〔美〕T. 丹齐克：《数　科学的语言》，苏仲湘译，北京，商务印书馆，1985，第 159～171 页。

这就表明，这个范畴具有数字和蕴涵完全不同的性质，它是一个具有高度弹性的范畴。它可以和任意抽象范畴进行类比似的联想，不管是那些很实在的范畴，如数字集合、程序过程、时空方位，等等；还是那些看起来和实在隔得很远的范畴，如虚拟世界、理想世界、不可能世界，等等，换一个不用世界的语词，那些依据人的想象而构造的“时间机器”或者“乌托邦”，都可以理解为是可能世界某个界域内的成员。

哲学家曾经创立过很多无法超越的范畴，如“物”是不可超越的，没有“物”外之物，如“精神”范畴，没有精神之外的精神，“范畴”也被看作是最高的，没有“范畴”之外的范畴，如果有，那它还是范畴。所以，可能世界概念是一个富于弹性的概念，这种弹性尤其表现在它在界域范围上的超越性。正是这种超越性，用可能世界范畴建构的模态逻辑，可以涉及许多以前难以想象的领域。它既可以讨论许多具有数学意义的逻辑，如拓扑逻辑、可证性逻辑、直觉主义逻辑等；它也可以讨论许多具有哲学意义的逻辑，如认知逻辑、道义逻辑、信念逻辑等；它还可以结合计算机理论来讨论逻辑问题，如箭头逻辑、动态逻辑、程序逻辑，等等。

可能世界的观念从根本上改变了人们的哲学观念，这个断言可能有些夸张，但是说这个观念如海纳百川似的宽容，为哲学家提供了一个非常方便的讨论很多学科的工具，则是一点都不过分。

(二)可能世界的动态性

可能世界范畴是富于弹性的，是就这个范畴本身的含义而言的。如果我们把考察的主体放在这个范畴之外，可能世界只是主体观察的不同对象，主体是就可能世界之间的关系在进行讨论，你会发现，这个范畴不是静态的，而是动态的，这个动态表现在世界之间的过渡过程方面。动态性的考察离不开关系，在本节的下一部分，我们将专门讨论那个独特的关系范畴。在此，我们仅讨论那些暂时可以避开关系来讨论的动态特征。

把可能世界概念和信息概念联系起来，这是模态逻辑发展的重要标记。由信息整合而形成的知识，它的流动性以前是逻辑所无法描述的。可能世界范畴的引入则使这种描述成为可能，原来，信息是在历史过程中流动的。这就变成了，在一个世界上建立起来的信息，当转换为另一个世界的时候，这些信息是保存下来了，还是历史把这些信息给吞没了？我们对现代模态理论的讨论，本质上就是在讨论这个问题。很显然，这个时候，可能世界变成了一个流动的世界。也许，世界的流动并没有造成世界本身的改变，但是，世界在流动的过程中，原先的世界所拥有的信息在新的世界之中，有些是丢失了，但有一些却保存下来。模态逻辑的这一新视角，是可能世界范畴动态性的一个绝妙表现。这种动态性也表现在对于博弈逻辑的研究方面，它展示了模态逻辑基本范畴的巨大活力。

(三)可能世界的形象性

如同我们在第九章所描述的，由于可能世界可以表现为空间的一个点或者空间的一个方框，它就与图形结下了不解之缘。无论是经典时期的模态逻辑语义刻画，还是现代时期模态逻辑对于结构不变性的描述，都可以借助于图形来表达。可能世界的形象性依赖于世界之间的各种有向关系，这需要和另一个基本范畴，关系范畴联系起来考察。在讨论关系之前，这里再就世界的形象性质做一些评论。

如果我们暂时撇开对世界之间有向关系的考虑，世界的形象性也可以理解为世界的可想象性。在哲学家对于可能世界的讨论中，实在世界是我们所经验的世界。经验世界就是一个通过感觉，以形象反映在我们头脑中的世界。这个世界是否是我们思考的唯一摹本呢？我们对于那些无穷无尽不同于实在世界的想象，是否只是实在世界的扩充或者简化呢？因为可能世界的形象性特征，人们想象出许多饶有趣味的世界图景，你从这些想象中仿佛看到了一幅一幅富于色彩的图画。

逻辑学家 D. 刘易斯(D. Lewis)做过这样的想象，他说：可能世界可以是这样的。

> 一个世界有电子，而另一个世界没有；一个世界有灵魂，而另一个世界没有，但这些差别有时同作为单个世界的部分的事物之间的差别一样并不发生，如在某个世界中，电子与灵魂共存。①

可能世界的形象性特征，特别表现在其幻想的奇特上，可能世界是进行科学幻想的绝妙素材。

> 一些科幻作家已经阐释了可能世界这个概念，并把它溶入他们的小说。一个特别引人注目的例子是伊萨克·阿西莫夫(Isaac Asimov)写的《众神之身》(*The Gods Themselves*)。这部小说描述了人们发现"物理上不可能的"元素的样品，这种元素很不稳定，会迅速蜕变为稳定的元素，在这个过程中产生有用的能量。这些样品从何而来？原来它们来自一个与我们的宇宙类似的宇宙，在其中自然规律有些不同，以致"物理上不可能的"元素在其中不是不可能的。②

---

① D. Lewis: *On the Plurality of Worlds*, Oxford, Basil Blackwell, 1986, p. vii, p. 2.

② 〔英〕斯蒂芬·里德：《对逻辑的思考》，李小五译，张家龙校，沈阳，辽宁教育出版社，牛津，牛津大学出版社，1998，第120～121页。

对可能世界还可以做出很多饶有趣味的想象，并由此归结到不同的哲学本体，对这些想象的形而上学思考，同样是饶有趣味的，我们留待完成了对关系范畴的评介之后一并讨论。

四、关系范畴的形而上学思考

(一)关系范畴的回顾

近现代逻辑学特别注重对关系的研究，但逻辑史上的一个奇怪现象是，近代之前，包括亚里士多德和莱布尼茨这样远见卓识的逻辑学家，据我所知，都没有对关系范畴的专门论述。有关关系范畴的许多有趣想法是由皮尔斯在 1868 年至 1903 年所写的一系列论文中提出的，在这里特别值得一提。皮尔斯在 1868 年发表过一篇《论新范畴表》的论文，在这篇论文中，他反复讨论过关系范畴。全文的第 8 到第 15 节都是对关系范畴的集中讨论，如第 9 节中，皮尔斯表达了这样的观点。

> 我们考察某个对象行为的时候，假定某个对象有谋杀行为，则对应于每个谋杀者或者对应于每次谋杀，则一定有一个被谋杀的人。所以，我们总是会求助于某个中介的表象，它就代表相关对象的某种关系，由此，中介的表象自身就存在于关系之中了。我们在运用这样的表象的时候，把纷呈的观念或者对象集合在一起，但并没有把这个中介式的表象加到实体上去，而是把实体自身的多样性统一起来。①

关系范畴其后就有很快的发展，特别是在集合论理论中的发展。而模态逻辑似乎一开始就和关系理论紧密相关，到了它发展的经典时期，更形成以可及关系为基础的可能世界语义学，更一般性的称呼是关系语义学。

模态逻辑能够进展到关系语义学这一步，很大程度上归功于皮尔斯对于关系符号记法的历史性贡献。因为，皮尔斯其后对关系代数的研究给出的一套符号记法，非常适合于对各种不同关系的表述。

(二)关系范畴的特征

1. 性质和关系范畴的互为描述

在传统逻辑中，性质和关系似乎是可以互为转换的一对范畴。一个性质就是一个关系，反过来，一个关系就是一个性质。对于这对范畴的

---

① 〔美〕皮尔斯：《皮尔斯文选》，涂纪亮，周兆平译，北京，社会科学文献出版社，2006，第 208 页。此处是对原文的简要概述。

一个直觉是，从意义上我们可以很容易地给它们以区分，传统的主谓命题，总是用谓词来表达主词的性质。而关系则总是疏离在主词之外，它不是主词所拥有的，似乎是那些考察对象的主体站在对象之外，指派给对象的某种对象外的东西。它有些类似于那个单纯和清晰的自然数，不是对象本身所具有，却又完全为我们所理解。

在覆盖范围上，这对范畴具有很不相同的特征。性质的覆盖范围远远不能和关系的覆盖范围相比。性质是一个主项所拥有的某种东西，关系则不是一个主项所拥有的东西，它只是连接 n 个主项的东西，它飘浮在主项之上，不能为某个主项单独拥有。性质附着在一个主项之中，而我们论及关系的时候，关系可以结合的主项，理论上是无限多的。传统逻辑的命题是对一个主词性质的刻画，这被称为一元关系。关系语义学中的可通达关系，它是任意两个世界之间的关系，这被称为二元关系。自然还可以有三元关系，一直到 n 元关系，无穷元的关系。

但这里有一个奇妙之处，尽管我们可以把一元谓词看作是性质，但我们也可以定义关系的性质。这表明，性质范畴虽然在范围上不可与关系相比，但这个范畴的渗透力也非同小可，讨论关系还是离不开性质这个范畴。就关系语义学中的可通达关系而言，有许多种关系性质，传递性、对称性、自反性，等等，这都是二元的关系。自反性的二元却有些特别，它是把自身看成是不同的元，自身与自身的可通达，把这看成是两个对象之间的一种关系性质，也不是十分别扭，但非我们的直观所能穿透，似乎需要某种超验的东西。

2. 可通达关系的图形特征

笔者很喜欢的一本书，《数　科学的语言》，开卷扉页中是著名数学家彭加勒(H. Poincaré)的两句诗：源头茫昧虽难觅，活水奔流喜不休。[①]人类对终极目标的追逐恐怕只是一个理想，永远都不会有一个尽头。莱布尼茨可能世界的设想也包含着这一理念，我们有无数可以想象的可能世界，哪里会有想象的尽头。但我们的思考不会停步，而且，我们的思考总会把我们所欲了解的对象安排在一个合适的范围，可通达关系范畴的引入就是这样一种安排。我们在对一般关系做出基本描述之后，集中在对可通达关系这样一个二元关系的讨论上，也是这样一种安排。

由于可通达关系的引入，我们对世界的讨论一下子就有些明朗起来，一个无序的世界观念变得有些秩序了，这个秩序是由可通达关系的有向

① 〔美〕T. 丹齐克：《数　科学的语言》，苏仲湘译，北京，商务印书馆，1985，文前插页。

特征确定的。有向就意味着图形，因为世界之间的有向性，我们就可以继续探究这种有向性的种种表现，从而借用在关系理论中构建出来的各种二元关系性质，来更为精细地讨论模态逻辑的语义学。这已经在前述章节用很多很多的图形作了表述，不用在这里再费笔墨。

3. 可通达关系的实在特征

实在是哲学家最感到头疼，但也是哲学得以生生不息的永恒话题。就实在最为直观素朴的本意，它就是我们的现实世界而言(这当然只是实在的一种理解)，可通达关系具有最为素朴简洁的实在特征。

原因很简单，计算机科学家把可通达关系借用到对于计算机程序理解的层面，这种关系竟然成为某种动态的关系。模态逻辑和有关信息的理论结合起来，可通达关系竟然就和信息的流动具有了关联。我们对信息流动的理解，进而对知识表达的理解，现在可以看作是：一个点上的信息是否可以合法地转换为另一个点上的信息的问题。这个想法的进一步扩张，又变为一个点上的知识结构，是否可以合法地转换为另一个点上的知识结构的问题。模态逻辑由此而和这个实在世界的种种实在问题，建立了有实际意义的关联。这大概是创建模态逻辑这门学科的那些创始人，最初所完全没有想到的，因为那时没有计算机这个东西，也没有信息流动、知识表达这样一些现代术语。

对可通达关系还可以给出更多的特征描述，但我们还是留下一些篇幅，以便对模态逻辑和实在的关系给以更一般性的评论。

五、模态逻辑的实在问题

这本讨论模态逻辑的书，因为仅在其基本理论的框架内，本身似乎不存在什么哲学问题，模态本身的哲学问题大都在模态谓词逻辑的范围之中。这给本书最后的议题提供了方便，我可以撇开那些有关谓词逻辑的复杂讨论，仅仅选择一个最一般的哲学问题：模态逻辑究竟反映一个什么样的实在？

我们所讨论的必然、蕴涵、世界和关系范畴，是模态逻辑得以建构的基石。在全书的最后一个小节，我们先就这几个范畴的实在问题给以简单地讨论，然后再讨论模态逻辑的实在问题。

(一)基本模态范畴的实在

在建构模态基本理论的这四个范畴中，必然、蕴涵和关系(可通达关系)似乎都可以看作是“关系”范畴的特例。简单地说，蕴涵实质上是语句和语句之间的关系，必然实质上是一个语句和一组语句之间的关系，而可通达关系本来就是关系中的一个类别。如果我们可以给出关系的实在解释，那么，必然和蕴涵的实在解释应该是容易获得的。你对"关系"的实在如何理解，你也就相应地理解了必然和蕴涵的实在。自然，这里面也会有一些微妙的区别，但我们也只能把这些微妙的区别暂且搁置。理论的形而上学讨论总是不完全的，用不着为这种不完全感到遗憾。

这样，我们对基本模态范畴的实在讨论，现在就变成了世界和它们之间关系的实在讨论，这使得我们的讨论简洁了许多。我们不断地修枝去叶，因为对所讨论问题的如此修剪，基本模态范畴的实在问题，最后就自然归结为对于可能世界本体的讨论，这个世界，这里指称的是模态范畴的可能世界，它的实在本体究竟是什么呢？

我们还需要继续修剪，对可能世界的实在思考，一个自然的结果既是关于可能世界的，也是关于模态逻辑的。模态基本理论的语义解释，之所以能够形成经典的可能世界语义学，就在于"可能世界"范畴，它为模态理论的大厦提供了一个坚强的实在基础，对模态命题的成真指派是相关于"世界"的。在这个基础之上，模态基本理论得以形成。

更进一步，在模态基本理论的框架之上，再经过不到两代人的努力（1959—2000年[①]），一个模态的知识群落也得以形成，而且，这还是一个跨越众多学科领域的知识群落。于是，我们关于基本范畴的实在探讨，也用不着单独进行。基本模态范畴的实在问题，主要是可能世界的实在问题，也就自然地提升到对于模态逻辑实在问题的探讨之中。

（二）模态逻辑的实在问题

如果说经典逻辑是一个只有一个世界的逻辑，这个世界就是现实世界，那么模态逻辑是对世界的一个超越，逻辑学家面对的是形形色色的世界。仅就基本的正规模态系统的S1—S5而言，S1—S5给我们展示出具有各种不同关系的可能世界。我们有等价性的S5系统，这个系统的各个世界是等价的，一个系统中成立的语句，在另一个世界也一定成立。我们也有传递性的S4系统，这个系统的世界之间的关系是传递性的。还可以排列出更多具有不同关系的模态系统，它们反映出世界之间纷繁复杂的各种关系。

那么，模态逻辑在这里描述的世界到底是个什么东西呢？它是我们对先验世界的一个模仿，如同柏拉图所设想的，那个凭我们智能构造的

① Patrick Blackburn, Maarten de Rijke, Yde Venema: *Modal Logic*, Cambridge, Cambridge University Press, 2001, pp. 38-44.

东西，或者是如同里德命名的模态柏拉图主义，只要是可想象的可能世界就是一个先验的实在。[①] 这些先验的实在，它把现实世界和可能世界放在同等的地位，这种实在论的观点常被称为极端实在论。

克里普克不赞成模态柏拉图主义，他把柏拉图主义颠倒过来。不是现实世界模仿理念的世界，而是理念的世界模仿现实世界。真实存在的世界只有一个，可能世界只是现实世界及其各种可能状况的反映。

> 我反对对这个概念的误用，即把可能的世界看成遥远的行星，看成在另外一个空间里存在的、与我们周围的景物相似的东西，或者由此引出所谓"超世界的同一性"的荒谬的问题来。况且，如果有人想避免许多哲学家用"世界"这样的词带来的"世界忧虑"和某些哲学混乱的话，我倒愿意推荐他使用"世界的可能状态(或历史)"，或"非真实的情形"这类说法，这样可能会更好一些。[②]

克里普克等人关于模态逻辑实在问题的这种思考，常被称为温和实在论。还可以有很多种关于模态可能世界的实在观念，如科学的实在论、概念的实在论，等等，它们都对模态可能世界的实在问题有一些特殊的解释。

与实在论相对立的还有一种反实在论，它们对模态可能世界的观念更为特别，如直觉主义学派的反实在论"可能世界"观。因为反实在论者一般认为：电子、光子根本不存在，之所以建立关于微观状态、过程和对象的理论，仅仅是为了预测和产生我们感兴趣的情形。所以电子等是虚构的，认识不一定反映外部世界，关于认识的理论只不过是工具罢了，即使最有效的理论也不是真的。并且，理论在很大程度上无所谓成功还是不成功，即使成功，也不要求其词语都有指称。科学世界只是日常世界的概念之网，理论不能说明事物的存在。科学只旨在给我们经验上看来适合的理论，科学规律是虚设的。自然，可能世界也就是一个虚构的范畴，它并不需要和实在有什么联系。

对于模态逻辑的实在问题的探讨，因为讨论的是形而上学问题，这会出现许许多多互为冲突的哲学理论。我们可以接受其中的任何一种，同样我们也可以否认其中的任何一种，当然，我们也可以完全不理睬它。就笔者自己而言，笔者可能更倾向于科学实在论，因为科学的实在论，

---

① 〔英〕斯蒂芬·里德：《对逻辑的思考》，李小五译，张家龙校，沈阳，辽宁教育出版社，牛津，牛津大学出版社，1998，第123页.

② 俞吾金：《二十世纪哲学经典文本 英美哲学卷》，上海，复旦大学出版社，1999，第717～718页.

它似乎更符合笔者对一个理论的直观和对科学的信奉。但是，这并不意味着和科学实在论相对立的其他哲学观点就一无是处，这里用得上达米特的一段摘录：

> 千百年来，哲学家之间的拉锯战司空见惯。一方的论证在这场竞争的一部分看客中引起反响，而另一方的论证则让他们中的另一些人着迷；但我们却没有裁决胜负的标准。没有谁被彻底击倒。必须以点数判决；而我们又不知道如何计点。①

对模态逻辑哲学问题这种近乎虚无的探讨，是不是在否定哲学，进而在否定逻辑呢？我想说的是，哲学家对于逻辑哲学问题所做的探讨，实际上和逻辑学家是一致的。想象一下引入可能世界的模态逻辑，它不仅面对的是现实世界，一般而言，可以简单地把经典逻辑看作是只有一个世界的逻辑，这个世界当然最好看作是现实的世界。模态逻辑以经典逻辑为基础，自然要面对这个现实世界。但是模态逻辑也要面对形形色色的可能世界。很大程度上，是哲学家关于实在的奇思异想在激活逻辑学家对世界种种结构的猜想。反过来，逻辑学家关于世界结构的形式化设计，又为哲学家寻求实在世界的终极答案提供了某种合理并且有效的工具。至少，当代哲学许多关于实在的思考需要借助于模态逻辑，特别是那个可能世界范畴。同时，模态逻辑关于可能世界，关于关系等范畴的一些形式化思考本身，又生发出新的形而上学问题供哲学家来分析。

我们尽管很难找到形而上哲学的终极答案，但逻辑学家对于实在的思考常常导致他们对于思想结构的思考。一个对实在的可能答案是，这个世界是可任意想象的，但有一个结构的共相是人们能够进行思想交流沟通的基础。所以，弗雷格有一个著名的断言，逻辑是一门规范性的科学，它是一门讨论真的科学。但是，我们不要求它探讨每一知识领域特殊的东西和对象；相反，我们赋予逻辑的任务是仅仅说明对所有思维领域都有效的最普遍的东西。而要达到这个目的，光凭自然语言是不够的，需要一种有显微镜功能的形式语言。因为现有的各种语言都是不完善的，所讨论的关系越复杂，这种不完善性就越明显。弗雷格构造概念文字的动力，即是来自于对语言的完善，由此而产生现代的形式语言。

> 如果我把我的概念文字对日常语言的关系比作显微镜对眼睛的关系，我相信能够十分清楚地说明这种关系。眼睛在其可应用的范

---

① 〔英〕迈克尔·达米特：《形而上学的逻辑基础》，任晓明，李国山译，北京，中国人民大学出版社，2004，第11～12页。

围方面，在其可用于各种不同情况的灵活性方面，都比显微镜优越得多。如果把眼睛看做一种光学仪器，它当然显示出许多缺陷，只不过由于它与精神生活有内在联系，这些缺陷一般不被注意罢了。但是一旦为了科学的目的，人们提出精确的分辨这种更高的要求，眼睛的不足就显示出来了。而显微镜却恰恰完全适合这种目的。但是正因为这一点，它在所有其他方面是不能运用的。①

弗雷格所构造的形式语言在他所在的那个时代构成了经典数理逻辑，弗雷格为这个逻辑奠定了基石。而一旦奠定了这个基石，逻辑学就迅速取得了比以前任何时期都要巨大的进展。本书所讨论的模态逻辑，则是这个进展的当代标志，它是弗雷格对形式语言思考的延续。但弗雷格却低调地误测了这个逻辑的运用价值，由它开创的经典数理逻辑，并非仅仅只是保证推理的精确性，也并非仅有一个语言完善的价值。模态逻辑以及其他一些逻辑新领域的诞生，远远超越了他对这个逻辑的估价。逻辑不仅是观察推理的显微镜，它在所有其他方面都蕴藏着巨大的知识价值、技术价值和人文价值。

① 〔德〕弗雷格：《弗雷格哲学论著选辑》，王路译，王炳文校，北京，商务印书馆，2006，第2～3页。

参考文献

[1]M. Fitting，R. Mendelsohn：*First-Order Modal Logic*，Dordrecht，Kluwer Academic Publishers，1998.

[2]D. M. Gabbay，F. Guenthner：*Handbook of philosophical Logic*，Second Edition，Vol. 3，Dordrecht，Kluwer Academic Publishers，2001.

[3]David Lewis：*Papers in Philosophical Logic*，Cambridge，Cambridge University Press，1998.

[4]James W. Garson：*Modal Logic for Philosophers*，Cambridge，Cambridge University Press，2006.

[5]Patrick Blackburn，Johan van Benthem，Frank Wolter：*Handbook of Modal Logic*，Amsterdam，Elsevier，2007.

[6]G. E. Hughes，M. J. Cresswell：*A New Introduction to Modal Logic*，London，Routledge，1996.

[7]Alesander Chagrov，Michael Zakaryashev：*Modal Logic*，Oxford，Oxford Science Publications，1997.

[8]Patrick Blackburn，Maarten de Rijke，Yde Venema：*Modal Logic*，Cambridge，Cambridge University Press，2001.

[9]Ahti-Veikko Pietarinen：*Sign of Logic*，Dordrecht，Springer Netherlands，2006.

[10]Richard L. Epstein：*Propositional Logics*，Belmont，Wadsworth Thomson Learning，2001.

[11]周礼全：《模态逻辑引论》，上海，上海人民出版社，1986。

[12]〔波兰〕塔尔斯基：《逻辑与演绎科学方法论导论》，周礼全，吴允曾，晏成书译，北京，商务印书馆，1963。

[13]冯棉：《广义模态逻辑》，上海，华东师范大学出版社，1990。

[14]〔美〕R. B. 马库斯等：《可能世界的逻辑》，康宏逵编译，上海，上海译文出版社，1993。

[15]弓肇祥：《广义模态逻辑》，北京，中国社会科学出版社，1993。

[16]周北海：《模态逻辑导论》，北京，北京大学出版社，1997。

[17]〔美〕索尔·克里普克：《命名与必然性》，梅文译，涂纪亮，朱水林校，上海，上海译文出版社，2001。

[18]张家龙：《模态逻辑与哲学》，北京，中国社会出版社，2003。

[19]李小五：《现代逻辑学讲义：模态逻辑》，广州，中山大学出版社，2005。

[20]〔荷〕约翰·范本特姆：《逻辑、信息和互动》，刘奋荣，余俊伟等译，北京，科学出版社，2008。

主要逻辑符号

$\Box$	必然
$\Diamond$	可能
$\neg$	并非
$\wedge$	合取
$\vee$	析取
$\rightarrow$	实质蕴涵
⥽	严格蕴涵
$=df$	定义
iff	当且仅当
$\perp$	矛盾
$\exists$	存在量词
$\forall$	全称量词
$\Rightarrow$	推出
$\vdash$	可证
$\nvdash$	不可证
$\vDash$	有效
$\nvDash$	非有效
$=$	等号
$\leqslant$	小于等于号
$\geqslant$	大于等于号
$\equiv$	等值
$\in$	属于
$\subseteq$	包含于

名词索引

主要人名译名索引

后　记

2017年刚到，我仿《天净沙·秋思》作小曲一首，以表年末年初之叹，词曰：

> 日出中天落霞，童稚壮心花甲，舞文弄墨涂鸦，六十进八，任由海角天涯。

人近古稀之年，自然该刀枪入库马放南山，去做那散漫飘逸之事，以领略人生落日黄昏之美。谁料知，几年前的文稿，在新年之际由北京师范大学出版社弄出了清样，待我校对之后很快就可面世。出版社清样稿恰临赴德国探女儿一家之际，编辑王玲玲女士用电邮传给我。看来，想在鸡年春节，在德国散漫飘逸无所事事一番，是没有希望了。不过有书出版也是幸事，信息技术的发展似乎让个人的文字传播，成为人人都能做到的事情，但由出版社承印你的学术文字正式出版，还是给人以特别的愉悦。

近几年的两部书稿总与德国相关，2014年出版的那本讨论模态与实用主义哲学的书，全部书稿完稿后的统稿整理，是在德国巴伐利亚州的一个小镇完成的。这次的清样稿校对，从巴州转到了巴登符腾堡州，又得忙它一些日子了。女儿一家前年从巴伐利亚州迁至巴登符腾堡州，没赶上看她们在巴登符腾堡州普福林根小城租住的公寓。却有幸赶在鸡年春节期间，看她们在罗伊特林根小城刚买的住房，还搭上完成清样稿的校对，这个搭配，的确很有点意思。既让我有幸享受儿孙绕膝的天伦之乐，也有幸享受咬文嚼字的弄文之乐，一定会在脑海中留下非同寻常的记忆。

在华南师范大学十多年，主教的课程一是西方逻辑史，一是模态逻辑。这个清样稿可说是这两门课长期教学的混成，花费了很多心血，但感觉却不是那么自信。2008年获得这个基金项目后，2010年年底交稿，后来就一直没有消息。因为对文稿不是很有信心，也就难得追问。去年年中，突然传来在北京师范大学出版社出版的消息，很让人感觉意外。仅半年多时间，书稿清样也弄出来了。看来，花费了心力的东西总会有回报。

逻辑学科的学术研究，艰涩而又深沉，非苦心孤诣，难以有成。即使你真的苦心孤诣去做了，也未必能有所建树。笔者在这本书上所做的工作在学术之海中，自认微不足道，也许连大海之中的一滴水都称不上，唯一可自慰的一点，就是尽心尽力地去做了。做这部书稿的过程，同时也是不断深化教学与学术研究水平的过程。但愿本书的出版，至少对于从事逻辑史与模态逻辑教学的同仁有所助益。果如此，那就让人深感欣慰了。

本书清样校对之时，恰好也是美国新任总统特朗普就职宣誓之时。这位新总统的政治倾向，很让人不安。但希拉里和特朗普这两位老人在美式体制下的激烈角逐，让人感觉年龄竟然不是包袱，而是资源。这真是21世纪的一个奇迹：年过七十不但不称老，还开创了新的职业生涯，的确是非常有趣的一件事。

特希之争的结果虽未如我愿，但这两位美国人老当益壮，志存高远的心态，的确也能够激励人。有这样的样板，你大概也会在年龄问题上有点信心，人过七十委实不是“古稀”，还真有一番奔头。

眼前的这部著作，也许是个人学术生涯结束的一个象征。它预示着一个新的起点，但起点究竟在何方，还真没有拿定主意。德国巴登符腾堡州的九十天，也许会给出一个还可以着力的新方向。

既然开头用的是一首短词，后记之末也用小诗一首来作结吧。

德国小城冬日校稿

感怀一首

猴岁将尽辞羊城，
小居德国符腾州①。
巴州②书稿引旧忆，
罗市③清样成新俦。
黄昏落霞千般色，
梦幻云烟几度秋。
鸡年坐享天伦乐，
文案香茶思悠悠。

2017年猴年鸡年交替之际
写于德国巴登符腾堡州罗伊特林根市

① 符腾州：德国巴登符腾堡州。
② 巴州：德国巴伐利亚州。
③ 罗市：德国巴登符腾堡州的罗伊特林根市。